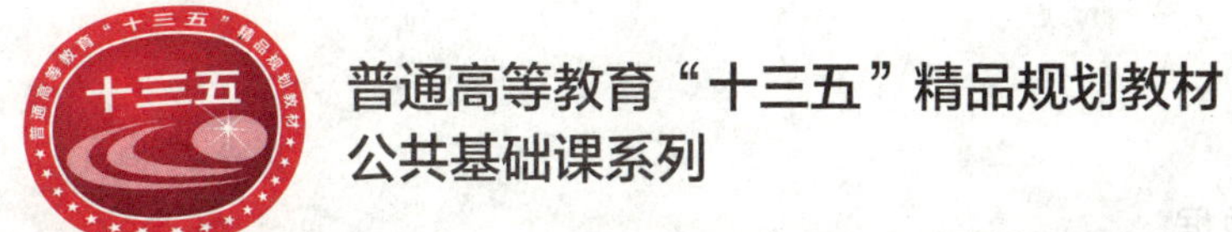

普通高等教育“十三五”精品规划教材

公共基础课系列

DAXUE JISUANJI JICHU
YU SHIXUN JIAOCHENG

大学计算机基础与实训教程

（含微课）

主编◎王慧娟　胡成松　戴晶晶

副主编◎陈　涛　蒋俊锋

首都师范大学出版社
CAPITAL NORMAL UNIVERSITY PRESS

图书在版编目（CIP）数据

大学计算机基础与实训教程 / 王慧娟, 胡成松, 戴晶晶主编. -- 北京 : 首都师范大学出版社, 2017.6

普通高等教育“十三五”精品规划教材. 公共基础课系列

ISBN 978-7-5656-3624-0

Ⅰ. ①大… Ⅱ. ①王… ②胡… ③戴… Ⅲ. ①电子计算机—高等学校—教材 Ⅳ. ①TP3

中国版本图书馆CIP 数据核字（2017）第 134385 号

大学计算机基础与实训教程

责任编辑　赵自然

首都师范大学出版社出版发行

地　　址　北京西三环北路105 号
邮　　编　100048
电　　话　68418523（总编室）68905886（发行部）
网　　址　www.cnupn.com.cn
印　　刷　北京洲际印刷有限责任公司
发　　行　全国新华书店
版　　次　2017 年 7 月第 1 版
印　　次　2017 年 7 月第 1 次印刷
开　　本　787 毫米 × 1092 毫米　1/16
印　　张　24
字　　数　470 千
定　　价　[illegible]元

前言

在教育部关于高等学校计算机基础教育三层次方案的指导下，我国高等学校的计算机基础教育事业蓬勃发展。经过多年的教学改革与实践，全国很多学校在计算机基础教育这一领域中积累了大量宝贵的经验，取得了许多可喜的成果。随着科教兴国战略的实施及社会信息化进程的加快，目前我国的高等教育事业正面临着新的发展机遇，但同时也必须面对新的挑战。这些都对高等学校的计算机基础教育提出了更高的要求。

本书编写的宗旨是使读者具备计算机实际应用能力，并能在各自的专业领域自觉地应用计算机进行学习与研究，因此实训是本课程的重要环节，根据学习者计算机水平的现状构建科学合理、内容新颖、突出综合知识应用能力的实验体系是提高本课程教学质量的手段之一，基于这种背景，我们编写了这本书。

本书以Windows7和Office2010为系统环境，分为两个部分，第一部分为理论篇，主要介绍计算机的发展、特点、应用以及Windows7的基本操作方法和Office2010三个基本组件的操作方法，第二部分为实训篇，目的是提高读者综合应用计算机知识、技能、技术和方法来解决实际问题的能力。两部分在编写风格上有所侧重，如在实训篇中，主要侧重计算机技能的综合应用，包括实训目标、实训任务、实训步骤和实训练习。其中在“实训任务”中精选了若干实训项目，而在“实训步骤”中针对“实训任务”给出了相应的操作方法和步骤，便于读者使用。

参加本书编写的作者是多年从事一线教学的教师，具有丰富的教学经验。在编写时注重理论与实践紧密结合，注重实用性和可操作性结合，案例的选取上注意从读者日常学习和工作的需要出发，文字叙述上深入浅出，通俗易懂。

为了极大的提高大家的学习质量，本书还配有丰富的如课件、考试题库、视频等电子资源，用户可以通过网站或者二维码获取这些资源。

本书由王慧娟、胡成松、戴晶晶主编，陈涛、蒋俊锋参与编写，由于本教材的知识面较广，要将众多的知识很好地贯穿起来，难度较大，不足之处在所难免。为便于以后教材的修订，恳请专家、教师及读者多提宝贵意见。

编者

2017年4月

目 录

第一篇 大学计算机基础理论篇

模块一 信息科学与计算机基础知识

项目一 计算机概述……4
项目二 计算机中的信息……9
项目三 计算机系统……16

模块二 Windows 7操作系统

项目一 操作系统概述……22
项目二 Windows 7基本操作……24
项目三 系统的管理与维护……39
项目四 Windows 7附件程序……56

模块三 Word 2010文字处理软件

项目一 Word 2010的基本操作……60
项目二 Word文档的基本排版……70
项目三 Word文档的高级排版……83
项目四 表格处理……96
项目五 页面设置与打印……109

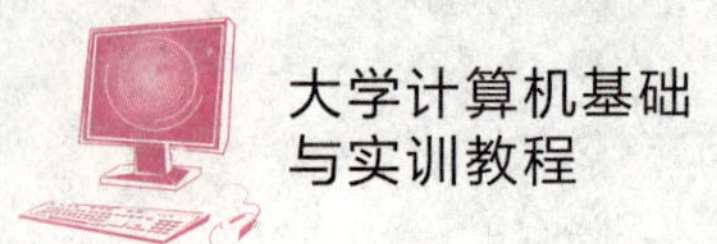

模块四　Excel 2010表格处理软件

项目一　Excel 2010的基本操作 ······ 132
项目二　单元格的格式化 ······ 139
项目三　公式与函数 ······ 153
项目四　数据管理 ······ 172
项目五　图表操作 ······ 187

模块五　PowerPoint 2010演示文稿软件

项目一　PowerPoint 2010基础操作 ······ 204
项目二　幻灯片的基本操作 ······ 209
项目三　文本格式设置 ······ 212
项目四　幻灯片中插入对象 ······ 218
项目五　演示文稿的动画设置与放映 ······ 238

第二篇　大学计算机基础实践篇

模块一　计算机基础

实训一　计算机系统 ······ 253
实训二　计算机的组装与常见故障维护 ······ 255
实训三　计算机键盘操作 ······ 256
实训四　杀毒软件的安装与使用 ······ 258
综合上机练习 ······ 262

模块二　Windows 7操作系统实训

实训一　Windows 7基本操作 ······ 263
实训二　Windows 7文件与文件夹管理 ······ 268
实训三　Windows 7个性化环境设置 ······ 274
实训四　常用附件与工具软件 ······ 281
综合上机练习 ······ 288

模块三 Word 2010的使用

实训一 Word 2010文档管理与排版 …… 289
实训二 产品信息表——Word 2010表格制作 …… 296
实训三 产品宣传海报——图文混排 …… 300
实训四 毕业论文排版——长文档编辑 …… 308
实训五 批量制作录用通知书——邮件合并 …… 314
实训六 制作公司行政组织结构图——SmartArt图形 …… 320
综合上机练习 …… 325

模块四 Excel 2010的使用

实训一 企业员工信息表制作——Excel 2010的基本操作 …… 327
实训二 员工工资数据处理——Excel 2010公式与函数使用 …… 334
实训三 期末考试成绩管理——Excel 2010的数据管理 …… 337
实训四 成绩单的数据分析——Excel 2010的图表处理 …… 342
综合上机练习 …… 344

模块五 PowerPoint 2010的使用

实训一 “珍爱地球”宣传幻灯片的制作——幻灯片基础操作 …… 347
实训二 “驾校报名”宣传演示文稿的制作——图表操作 …… 352
实训三 “十月电影推荐”宣传幻灯片的制作——动画设置 …… 359
实训四 “个人简历”演讲幻灯片制作——文稿外观设计及放映设置 …… 366
综合上机练习 …… 372

模块六 计算机网络基础知识 …… 375

附 录 计算机网络基础理论知识 …… 376

第一篇

大学计算机基础

理论篇

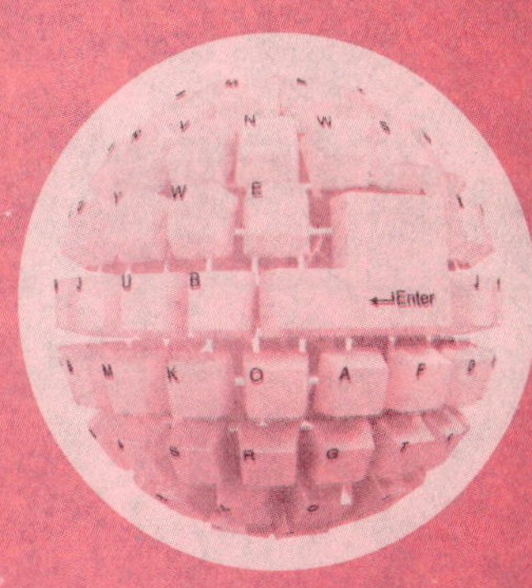

模块一 信息科学与计算机基础知识

模块导言

人类最伟大的发明就是20世纪中叶诞生的电子计算机，随着半个多世纪的发展，电子计算机的应用遍及人类社会的各个领域，极大地推动了人类社会的进步与发展。由计算机技术和通信技术相结合而形成的信息技术是现代信息社会最重要的技术支柱。通过本章的学习，学生可以了解什么是计算机、计算机的系统、计算机中的信息、常用的设备等等，为以后的学习奠定初步的基础。

学习目标

1.熟悉计算机的发展历史、类型、应用领域及特点。

2.掌握进制概念，能够熟练进行十进制、二进制、八进制和十六进制之间的转换。

3.掌握数据的存储单位（位、字节、字）、西文字符及ASCII码、汉字编码的基本概念。

4.掌握计算机硬件系统的组成和功能，包括CPU、存储器、常用输入输出设备等。

5.掌握计算机的软件系统的组成和功能。

项目一 计算机概述

人类对计算工具的使用和研究由来已久，开始时人们利用小棍来记数和计算，后来我国发明了算盘并用它来计算。随着计算复杂程度的提高和计算量的增大，人们发明了计算机以解决复杂的和高精度的计算问题。最初的计算机只是为了解决大量烦琐的计算，但是，到了今天，计算机的功能已远远不止用于科学计算了，它对人类的政治、经济、科研、教育、生活和生产等各方面都产生了巨大影响。计算机的发明是现代人类文明进入高速发展时期的重要标志之一。

一 计算机的产生

世界公认的真正意义上的第一台数字式电子计算机于1946年2月，由美国宾夕法尼亚大学的一批年轻的科技人员研制成功，并被命名为ENIAC。这台计算机共使用了18000多个电子管，1500个继电器，7000个电阻器，18000个电容器，耗电150kW，占地面积约为170平方米，重30吨，堪称为“巨型机”。ENIAC能在1秒内完成5000次加法或400次乘法运算。

ENIAC的问世具有划时代的意义，表明了计算机时代的到来。美籍匈牙利人冯·诺依曼（John von Neumann，1903~1957）提出了“存储与程序控制”理论，把程序存储在计算机里，大大地提高了计算机的工作效率，使计算机的应用更加广泛。目前，具有“存储程序”的功能已成为现代计算机的重要标志，人们把“存储与程序控制”原理也称为冯·诺依曼原理。

二 计算机的发展

（一）计算机发展的几个阶段

从第一台电子计算机问世到今天，电子计算机的发展异常迅速，电子元器件的更新是其发展的重要标志之一。

第一代（1946~1958年），电子管计算机时代。这一代计算机的逻辑电路是由电子管组成的，因而体积大、耗电多、运算速度慢、存储容量小、可靠性差、价格昂贵，计算机软件也只有机器语言和汇编语言。这一时期是电子计算机的初创时期，使用很不普遍，一般只用于科学计算和军事方面。

第二代（1959~1964年），晶体管计算机时代。这个阶段用晶体管代替电子管作为计算机的基本电子器件，并且采用了磁芯存储器为内存储器。另外，FORTRAN

等高级语言也已出现。由于晶体管与电子管相比，具有速度高、可靠性高、耗电低和体积小等特点，所以这一代计算机体积、重量、速度和可靠性等方面都较第一代计算机向前跨进了一大步。

第三代（1965～1970年），集成电路计算机时代。集成电路是通过半导体集成技术将许多逻辑电路集中做在一块只有几平方毫米的硅片上，构成电子计算机的主要器件。其体积缩小，功耗降低，功能有了较大改进，可靠性大大提高，使计算机实现了小型化。操作系统正式形成，并出现了BASIC等高级语言程序。

第四代（1970年以后），大规模集成电路计算机时代。用大规模集成电路作为电子器件装配的电子计算机，无论是体积、重量、耗电量、运行速度和可靠性等诸方面，都达到了一个新的水平。仅用几块大规模集成电路装配成的微处理机，其功能就与世界上第一台电子计算机相当。系统软件不断完善，应用软件更为普及。大规模集成电路广泛应用于微型计算机和单片机处理，是计算机技术发展史上新的里程碑。

目前，计算机的运行速度达到了几十亿条指令/秒，体积减小到可以随时提在手上，并且可以将世界各地的计算机都联成一个大网络，形成规模庞大、几乎无所不能的计算机系统。

（二）微型计算机的发展

计算机发展史

视频来源：优酷网

微型计算机指的是个人计算机（Personal Computer，简称PC机），俗称微机，其主要特点是采用微处理器（CPU，又称中央处理器）作为计算机的核心部件，并由大规模、超大规模集成电路构成。

微型计算机的发展历程，从根本上说也就是微处理器的发展历程。微型计算机的换代，通常以其微处理器的字长和系统组成的功能来划分。自1971年问世以来，微型计算机经历了4位、8位、16位、32位和64位微处理器的发展阶段。

微机的起步虽晚，但更新换代相对更快，大约平均每两年CPU芯片的集成度就提高一倍，几乎每个月都有新的微型机问世。未来的微型计算机将采用新的结构和思维方法，向巨型化、微型化、智能化、网络化、多媒体化的方向发展。

三　计算机的特点与分类

（一）计算机的特点

1.运算速度快

目前计算机的运算速度已超过千万亿次/秒，一般的微型计算机的速度也在几百万亿次/秒以上。它使得过去需要几年甚至几十年才能完成的工作，现在只要几天、几小时，甚至更短的时间就可以完成，极大地提高了工作效率。

2.计算精度高

计算机的内部数据采用二进制，数据位数为64位，可精确到15位有效数字。经过处理，计算机的数据可达到更高的精度。

3.存储容量大

计算机具有极强的数据存储能力，特别是通过外存储器，其存储容量可达到无限大。目前常用来存储信息的硬盘容量达到了4TB，而人的大脑可以存储的信息约为14GB。

4.具有逻辑判断能力

在相应程序的控制下，计算机具有判断“是”与“否”，并根据判断做出相应处理的能力。1997年5月，举世闻名的“人机大战”在美国举行，国际象棋大师卡斯帕罗夫最终输给了IBM的“深蓝”计算机。主要原因是“深蓝”每秒能够进行2亿步棋的判断，而卡斯帕罗夫每秒只能分析3步棋。当然，计算机的判断能力要靠人编制程序来赋予。

5.工作自动化

计算机内部的操作运算都是在程序控制下自动完成的，人们只要按要求编写正确的程序，存入计算机，机器运行相应的程序就可以自动完成任务，而不需要人的外部干涉。

（二）计算机的分类

依据IEEE（美国电气和电子工程师协会）的划分标准，计算机分成巨型机、小巨型机、大型机、小型机、工作站和个人计算机六类。

1.巨型机

巨型机又称超级计算机，是指目前速度最快、处理能力最强、造价最昂贵的计算机。巨型机的结构是将许多微处理器以并行架构的方式组合在一起，其速度已可达到每秒几千万亿次浮点运算，且容量相当大。巨型机的主要用途是处理超标量的资料，如人口普查、天气预报、人体基因排序和武器研制等，主要使用者为大学研究单位、政府单位和科学研究单位等。我国研制的“银河”“曙光”和“天河”（如图1–1所示）等代表国内最高水平的巨型机就属于这类计算机。

2.大型机

大型机比巨型机的性能指标略低，其特点是大型、通用，具有较快的处理速度和较强的综合处理能力，速度可达每秒数千万亿次。大型机强调的重点在于多个用户同时使用，一般作为大型“客户机/服务器”系统的服务器，或者“终端/主机”系统中的主机，主要用于大银行、大公司、规模较大的高等院校和科研单位，用来处理日常大量繁忙的业务。

图1-1　“天河一号”超级计算机

3.小型机

小型机规模小、结构简单、设计研制周期短，便于采用先进工艺、易于操作、便于维护和推广，因而比大型机更易于推广和普及。小型机的应用范围很广，如用于工业自动控制、大型分析仪器、测量仪器、医疗设备中的数据采集和分析计算等，也可以用作大型机、巨型机的辅助机，并广泛用于企业管理，以及大学和研究机构的科学计算等。

4.工作站

工作站是一种介于小型机和微型计算机之间的高档微型计算机。工作站有大容量的主存和大屏幕显示器，特别适合于计算机辅助工程。例如，图形工作站一般包括主机、数字化仪、扫描仪、鼠标器、图形显示器、绘图仪和图形处理软件等，可以完成对各种图形的输入、存储、处理和输出等操作。

5.微型计算机

微型计算机又称个人计算机，简称为微机，俗称电脑，是大规模集成电路的产物。微型计算机是以微处理器为核心，再配上存储器、接口电路等芯片组成的。微型计算机以其体积小、重量轻、功耗小、价格低廉、适应性强和应用面广等一系列优点，迅速占领了世界计算机市场并得到广泛的应用，成为现代社会不可缺少的重要工具。

四 计算机的应用

计算机以其卓越的性能和强大的生命力，在科学技术、国民经济、社会活动等各个方面都得到了广泛的应用，并且取得了明显的社会效益和经济效益。计算机的应用几乎包括人类的一切领域。根据计算机的应用特点，可以归纳为以下几大类。

（一）科学计算

在科研和实际生产中，经常有需要大量计算的问题，因此利用计算机进行科学计算仍是计算机的一大应用领域。随着计算机科学的发展，其计算能力不断增强，速度不断加快，计算精度不断提高，被广泛地应用于各种高科技的领域，例如，天气预报、地质勘探、宇宙探索、航天飞机的轨道设计、导弹的弹道设计等。

（二）自动控制

计算机常用于连续不断的监测、控制整个试验或生产过程。在军事上，导弹飞行后的目标捕获、炸弹引爆等都是在计算机的控制下自动完成的。利用计算机进行产品的设计，可以直观地看见设计的整体效果，方便进行产品的更新与改造，加快了产品设计的速度。机器人的发明是自动控制的一个典型例子。

（三）数据处理

计算机具有逻辑判断与数据处理能力，可以存储大量的信息，并进行数据处理，例如，银行管理系统、财务管理系统、人事管理系统等，从而节约了大量的人力、物力，提高了管理质量和管理效率，提高了领导部门的决策水平。特别是办公自动化的实现，加速了管理水平的提高。

（四）辅助设计（CAD）

利用计算机可以帮助人们进行各种工程技术设计工作。在造船、飞机、汽车、建筑等方面使用计算机辅助设计，可以提高设计质量，缩短设计周期，提高自动化水平。

（五）辅助教育（CAI）

利用计算机中的文字、声音、图像和动画提供丰富多彩的教学环境，教学模式变得有趣、直观，具有更好的教学效果；利用计算机自动生成考试试卷，自动阅卷，实现“无纸考试”，减轻了教师的工作量；此外，还可以利用计算机网络进行远程教学、网上招生等工作。

（六）信息检索和传输

计算机网络可以实现软、硬件资源共享，大大加速了地区间、国家间的联系，使人与人之间更接近，交流更方便。通过互联网，可以浏览信息、下载文件、收发电子邮件、召开远程会议等。

（七）人工智能技术

利用计算机模拟人脑的部分功能，使计算机对知识具有“推理”和“学习”的功能，让计算机可以为人们的决策提供帮助，如专家系统、智能机器人等。

（八）网络应用

计算机网络是计算机技术和通信技术互相渗透、不断发展的产物。利用一定的通信线路，将若干台计算机相互连接，形成一个网络以达到资源共享和数据通信的目的，这是计算机应用的一个重要方面。各种计算机网络，包括局域网和广域网的形成，将加速社会信息化的进程。目前应用最多的是因特网（Internet）。

项目二 计算机中的信息

一 信息的表示形式

按进位的原则进行计算，称为进位计数制。常用的进位计数制有十进制、二进制、八进制和十六进制等。

（一）十进制

日常生活中最常见的计数方法是十进制，用十个不同的符号来表示：0、1、2、3、4、5、6、7、8、9，称为代码，采用“逢十进一”的计数方法。每个代码所代表的数值的大小与该代码所在的位置有关，例如：$3453.6=3\times10^3+4\times10^2+5\times10^1+3\times10^0+6\times10^{-1}$。

从上面的表达式可以看出，一个十进制代码所处的位置不同，其数值的大小也不相同。依此类推，任意一个十进制数均可表示成：

$$N=\pm(K_{n-1}\times10^{n-1}+K_{n-2}\times10^{n-2}+\cdots+K_0\times10^0+K_{-1}\times10^{-1}+K_{-2}\times10^{-2}+\cdots+K_{-m}\times10^{-m})$$

进制转换
视频来源：酷六网

式中，m、n均为正整数；K_i可以是0、1、2、…、9十个数字符号中的任何一个，由具体的数来决定；圆括号中的10是十进制数的基数。

数位、基数和位权是进制中的三大要素。代码在数中所处的位置称为数位；用多少个代码来表示数字的大小，称为基数。例如，十进制数有十个代码，所以它的基数为10；任意位所代表的大小，称为位权。如上例中代码“3”，它的位权是“10^3”；代码“4”，它的位权是“10^2”。

约定数值后面没有字母或带有字母“D”时，表示该数为十进制数。

（二）二进制

二进制数只有两个代码“0”和“1”，基数为“2”。二进制数在进行运算时，遵守“逢二进一，借一当二”的原则，约定在数据后面加上字母“B”表示二进制数，如$(1000)_B$。

（三）八进制

八进制采用“逢八进一”的原则计数，使用0、1、2、3、4、5、6、7共8个代码，基数为“8”。为便于区别，可以在数据后面加上字母“Q”表示八进制数。

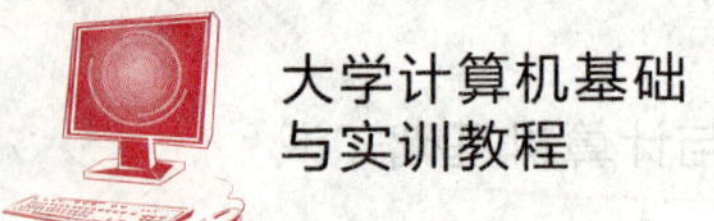

（四）十六进制

微型机中内存的编码、可显示的ASCII码、汇编语言源程序中的地址信息、数值信息都采用十六进制表示。对于十六进制，采用“逢十六进一”原则计数。使用0、1、2、…、9、A、B、C、D、E、F等16个代码，基数为“16”。为便于区别，可以在数据后面加“H”表示十六进制数。

常用的几种进位计数制表示数的方法及其对应的关系见表1-1。

表1-1　四种进制对照表

二进制	十进制	八进制	十六进制	二进制	十进制	八进制	十六进制
0	0	0	0	1000	8	10	8
1	1	1	1	1001	9	11	9
10	2	2	2	1010	10	12	A
11	3	3	3	1011	11	13	B
100	4	4	4	1100	12	14	C
101	5	5	5	1101	13	15	D
110	6	6	6	1110	14	16	E
111	7	7	7	1111	15	17	F

二　进位计数制及相互转换

（一）二进制数转换成十进制数

二进制数要转换成十进制数非常简单，只需将每一位数字乘以它的权2^n，再以十进制的方法相加就可以得到它的十进制的值（注意，小数点左侧相邻位的权为2^0，从右向左，每移一位，幂次加1）。

例1：将二进制数10101.110转换为十进制数。

$$(10101.110)_B=1\times2^4+0\times2^3+1\times2^2+0\times2^1+1\times2^0+1\times2^{-1}+1\times2^{-2}+0\times2^{-3}$$
$$=16+4+1+0.5+0.25$$
$$=(21.75)_D$$

（二）十进制整数转换成二进制整数

把一个十进制整数转换成二进制整数，通常采用除2取余法。

例2：将十进制数253转换成二进制数。

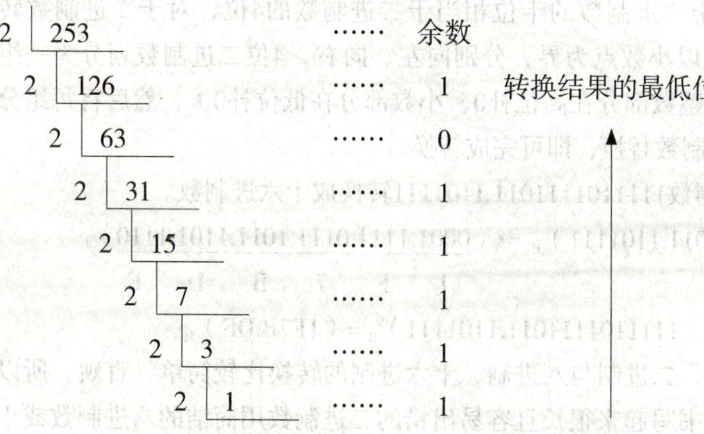

转换结果：（253）$_D$=（11111101）$_B$

（三）十进制小数转换成二进制小数

如果要转换的十进制数既有整数部分，又含有小数部分，则整数部分的转换按上述方法处理，小数部分一般使用“乘2取整”法处理。

例3：将十进制小数0.45转换成二进制小数（取4位）。

十进制数（D）	乘2	取整数部分		
0.45	×2=0.9	0	……	转换结果的最高位
0.9	×2=1.8	1	……	↑
0.8	×2=1.6	1	……	
0.6	×2=1.2	1	……	转换结果的最低位

转换结果为：（0.45）$_D$=（0.0111）$_B$

（四）二进制数与八进制数的互相转换

由于2^3=8，八进制数的1位相当于二进制数的三位。因此，将二进制数转换成八进制数时，只需以小数点为界，分别向左、向右，3位二进制数分为一组，不足3位时用0补足3位（整数部分在高位补0，小数部分在低位补0），然后将每组分别对应的一位八进制数替换，即可完成转换。

例4：将二进制数1101001110.11001转换为八进制数。

（1101001110.11001）$_B$ →（001 101 001 110.110 010）$_B$

1 5 1 6 6 2

转换结果为：（1101001110.11001）$_B$=（1516.62）$_Q$

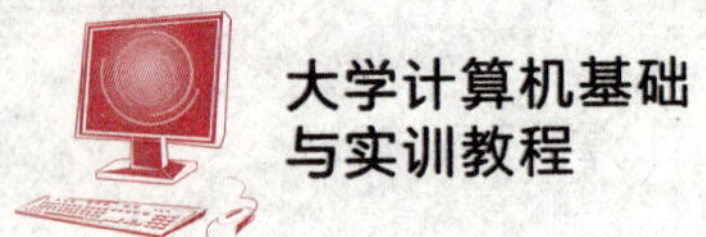

（五）二进制数与八进制数的互相转换

由于$16=2^4$，十六进制数的十位相当于二进制数的4位，对于二进制数转换成十六进制数，只需以小数点为界，分别向左、向右，4位二进制数划分为一组，不足4位时用0补足（整数部分在高位补0，小数部分在低位补0），然后将每组分别用对应的一位十六进制数替换，即可完成转换。

例5：将二进制数1111101111011.1101111转换成十六进制数。

$$(1111101111011.1101111)_B \rightarrow (\underline{0001}\ \underline{1111}\ \underline{0111}\ \underline{1011}.\underline{1101}\ \underline{1110})_B$$

$$\quad\quad\quad\quad\quad\quad\quad\quad\quad\quad 1\quad\ \ F\quad\ \ 7\quad\ \ B\quad\ \ D\quad\ \ E$$

转换结果为：$(1111101111011.1101111)_B=(1F7B.DE)_H$

以上讨论可知，二进制与八进制、十六进制的转换比较简单、直观。所以在程序设计中，通常将书写起来很长且容易出错的二进制数用简洁的八进制数或十六进制数表示。

至于十进制转换成八进制、十六进制可以用两种方法：（1）与十进制转换成二进制完全类似，只要将基数2改为8或16就行了。（2）先将十进制转换为二进制，再将二进制转换为八进制或十六进制。

各种进制之间转换如图1-2所示。

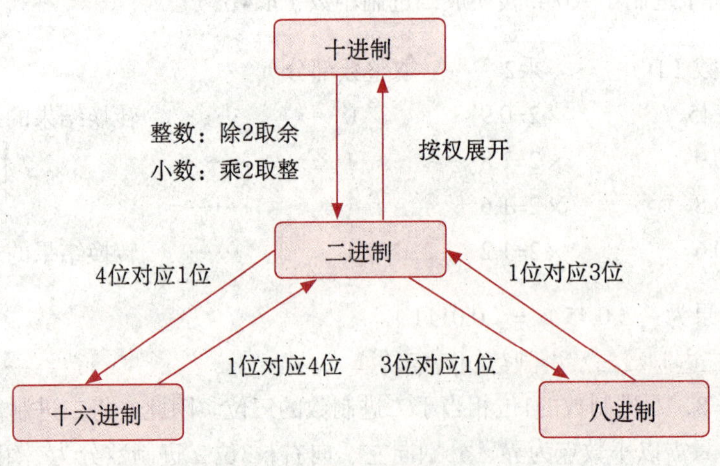

图1-2　各种进制相互转换关系

三　信息的计量单位

（一）位（bit）

计算机中所有数据都是以二进制来表示的，一个二进制代码称为一位。位是计算机中最小的信息单位。

（二）字节（Byte）

在对二进制数据进行存储时，以8位二进制代码为一个单元存放在一起，称为一个字节。字节是计算机中最小的存储单位。

（三）字（Word）

一个存储单元所存放的内容称为一个字，常用来表示数据或信息的长度。字是计算机信息交换、处理、存储的基本单元。

（四）字长

一个存储单元（或一个字）所包含的二进制位数称为字长，它直接关系到计算机的精度、功能和速度。

（五）计算机单位的转换

K是千，M是兆，G是吉咖，T是太拉。8bit（位）=1Byte（字节）

1024Byte=1KB

1024KB=1MB

1024MB=1GB

1024GB=1TB

此外人们还用更大的度量单位，拍字节（PB）、艾字节（EB）、泽字节（ZB）、尧字节（YB）、NB、DB。归纳总结参见表1-2。

表1-2

简称	KB	MB	GB	TB	PB	EB	ZB	YB	NB	DB
全称	Kilo	Mega	Giga	Tera	Peta	Exa	Zetta	Yotta	Nona	Dogga
译音	千	[兆]咖	[吉]咖	[太]拉	[拍]它	[艾]可萨	[则]它	[尧]它	—	—

四 字符编码

字符是计算机中使用最多的信息形式之一，也是人与计算机通信的重要媒介。在计算机内部，要为每个字符指定一个确定的编码，作为识别与使用这些字符的依据。

一个编码就是一串二进制位“0”和“1”的组合，比如用“1000001”代表大写字母“A”，用“0110001”代表数字“1”。

目前计算机中使用最广泛的符号编码是ASCII码，即美国标准信息交换码（American standard code for information interchange）。ASCII码包括32个通用控制字符、10个十进制数码、52个英文大小写字母和34个专用符号，共128个元素，故需要用7位二进制数进行编码以区分每个字符。通常使用一个字节（即8个二进制位）表示一个ASCII码字符，规定其最高位总是0。表1-3中列出了ASCII编码。

表1-3 ASCII码表

低位 \ 高位		0	1	2	3	4	5	6	7
		000	001	010	011	100	101	110	111
0	0000	Ctrl+2	Ctrl+P	空格	0	@	P	`	p
1	0001	Ctrl+A	Ctrl+Q	!	1	A	Q	a	q
2	0010	Ctrl+B	Ctrl+R	“	2	B	R	b	r
3	0011	Ctrl+C	Ctrl+S	#	3	C	S	c	s
4	0100	Ctrl+D	Ctrl+T	$	4	D	T	d	t
5	0101	Ctrl+E	Ctrl+U	%	5	E	U	e	u
6	0110	Ctrl+F	Ctrl+V	&	6	F	V	F	v
7	0111	Ctrl+G	Ctrl+W	’	7	G	W	g	w
8	1000	BS	Ctrl+X	(	8	H	X	h	x
9	1001	→	Ctrl+Y	)	9	I	Y	i	y
A	1010	Ctrl+J	Ctrl+Z	*	:	J	Z	j	z
B	1011	Ctrl+K	ESC	+	;	K	[	k	{
C	1100	Ctrl+L	Ctrl+\	,	<	L	\	l	|
D	1101	←	Ctrl+]	-	=	M	]	m	}
E	1110	Ctrl+N	Ctrl+6	.	>	N	^	n	~
F	1111	Ctrl+O	Ctrl+-	/	?	O	_	o	Ctrl+←

若要确定一个数字、字母、符号或控制符的ASCII码，在ASCII码表中先查出其位置，然后确定所在位置对应的列和行。根据列确定所查字符的高3位编码，根据行确定所查字符的低4位编码，将高3位编码与低4位编码连在一起，即是所要查字符的ASCII码。

五 汉字编码

用计算机处理汉字时，必须先将汉字代码化，即对汉字进行编码。由于汉字种类繁多，编码比较困难，而且在一个汉字处理系统中，输入、内部存储和处理、输出等各部分对汉字代码的要求不尽相同，使用的代码也不尽相同。因此，在处理汉字时，需要进行一系列的汉字代码转换。

（一）国标码

汉字也是一种字符，但它远比西文字符量多且复杂，常用汉字就有3000 ~ 5000个，显然无法用一个字节的编码来区分，所以，汉字通常用两个字节进行编码。1981年我国公布的《通用汉字字符集（基本集）及其交换码标准》（GB2312—80），共收集了7445个图形字符，其中汉字6763个常用字符，数字、俄文字母、日语片假名、拉丁字母、希腊字母和汉语拼音等字符682个。汉字字符分为两级，即常用的一级汉字3755个（按汉语拼音排序）和次常用的二级汉字3008个（按偏旁部首排序）。

GB2312—80编码简称国标码，它规定每个图形字符由两个七位二进制编码表示，即每个编码需要占用两个字节，每个字节内占用7位信息，最高位补0。例如汉字“啊”的国标码为3021H，即00110000 00100001。

（二）汉字内码

汉字的内码（机内码）是在计算机内部进行存储、传输和加工时所用的统一机内代码，包括西文ASCII码。在一个汉字的国标码上加十六进制数8080H，就构成该汉字的机内码（内码）。例如，汉字“啊”的国标码为3021H，其机内码为BOA1H（3021H+8080H=BOA1H）。

（三）汉字输入码

汉字输入码又称为外码，是指从键盘上输入汉字时采用的编码，主要有下面三类。

1.字编码

用一串数字代表一个汉字，最常用的是国标区位码，它实际上是国标码的一种简单变形。把GB2312—80中的图形文字分为94区，其中1 ~ 15区是字母、数字和符号，16 ~ 87区为一、二级汉字区，每个区又分为94位，因此，每个汉字可用一对区码和位码表示。例如“啊”字在16区第01位，它的国标区位码为1601。将某个汉字的区码和位码分别转换成十六进制后再分别加上20H，即可得到相应的国标码。

使用区位码输入字符或汉字，方法简单并且没有重码，但用户不可能把区位码表背诵下来，查找区位码也不方便，所以难以实现快速输入汉字或字符，通常仅用于输入一些特殊字符或图形符号。

2.拼音码

这是一种以汉语读音为基础的输入方法，由于汉字同音字较多，因此重码率较高，输入速度较慢。

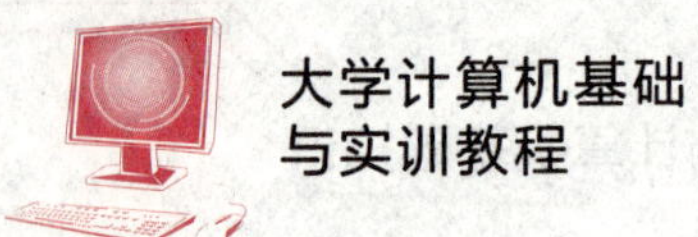

3.字形编码

指根据汉字形状确定的编码。尽管汉字总量很多，但构成汉字的部件和笔画是有限的，因此，把汉字的笔画部件用字母或数字进行编码，按笔画书写的顺序依次输入，就能表示一个汉字。常用的五笔字形码和表形码就是采用这种编码方法。

不同的汉字输入方法有不同的外码，即汉字的外码可以有多个，但内码只能有一个。目前已有的汉字输入编码方法有几百种，如首尾码、拼音码、表形码、五笔字形码等。一种好的汉字输入编码方法应具备规则简单、易于记忆、操作方便、编码容量大、编码短和重码率低等特征。

（四）汉字字形码

汉字字形码是表示汉字字形的字模数据（又称字模码），是汉字输出的形式，通常用点阵、矢量函数等方式表示。根据输出汉字的要求不同，点阵的多少也不同，常见有16×16点阵、24×24点阵、32×32点阵、48×48点阵等。字模点阵所需占用的存储空间很大，只能用来构成汉字字库，不能用于机内存储。汉字字库中存储了每个汉字的点阵代码，只有在显示输出汉字时才检索字库，输出字模点阵得到汉字字形。

（五）各种代码之间的关系

汉字通常通过汉字输入码，并借助输入设备输入到计算机内，再由汉字系统的输入管理模块进行查表或计算，将输入码（外码）转换成机器内码存入计算机存储器中。当存储在计算机内的汉字需要在屏幕上显示或在打印机上输出时，要借助汉字机内码在字模库中找出汉字的字形码。这种代码转换过程如图1-3所示。

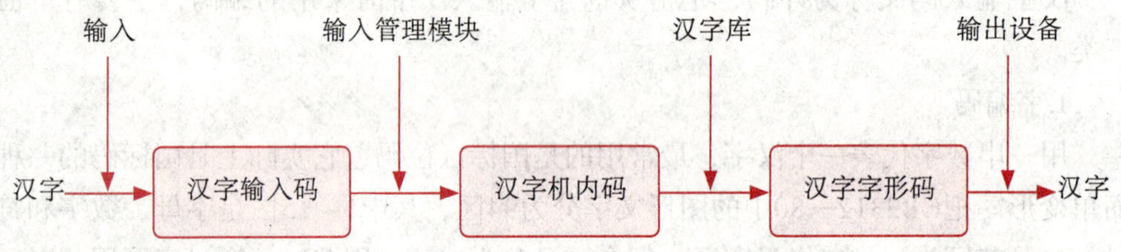

图1-3　汉字信息处理中各种编码转换流程

项目三　计算机系统

一台完整的计算机系统由硬件系统和软件系统两大部分组成，如图1-4所示。

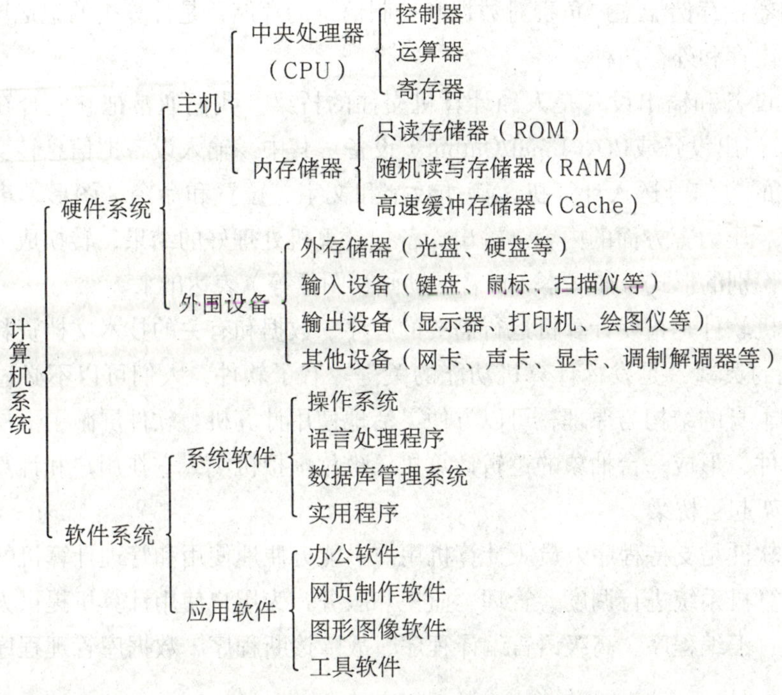

图1-4　计算机系统基本组成

一 计算机系统的组成及工作原理

计算机系统由硬件系统和软件系统组成。硬件是构成计算机的各种物理设备或器件的总称。硬件是计算机中我们能看得见、摸得着的实体。软件是在硬件的基础上运行的各式各样的程序及有关资料。它是看不见、摸不着的非实体存在。

硬件是计算机的身体，软件是计算机的灵魂，它们相辅相成、缺一不可。

计算机硬件系统由千千万万个零件构成，这些零件的布局和互相配合形成了一定的体系结构，而这个体系结构来自于著名的美籍匈牙利科学家冯·诺依曼所构造的冯·诺依曼体系结构。

冯·诺依曼体系的基本结构是由运算器、控制器、存储器、输入设备和输出设备组成的。其中控制器和运算器合在一起被称为中央处理器（CPU）。

运算器：运算器是对数据进行加工处理的部件，它主要完成算术运算和逻辑运算，完成对数据的加工与处理。

控制器：计算机能执行的基本操作叫作指令，一台计算机的所有指令组成指令系统。指令由操作码和地址码两部分组成，操作码指明操作的类型，地址码则指明操作数及运算结果存放的地址。

存储器：存储器主要负责对数据和控制信息的存储，是计算机的记忆单元。存储器分为内存和外存两种。

输入设备和输出设备是人和计算机交往的桥梁，我们通常把它们合在一起称为：输入/输出设备或I/O（Input/Output）设备。其中，输入设备把信息转变成计算机能接收的电信号送入计算机，例如数字和文字、位置和命令、图形、声音、视频、温度、压力等方面的内容。输出设备把计算机处理好的结果，转换成人所要求的并且可识别的形式（如文本、声音、动画、图像等）表达出来。

计算机软件是指使计算机运行需要的程序、数据和有关的技术文档资料。软件是计算机的灵魂，是发挥计算机功能的关键。有了软件，人们可以不必过多地去了解机器本身的结构与原理，可以方便灵活地使用计算机。软件屏蔽了下层的具体计算机硬件，形成一台抽象的逻辑计算机（也称虚拟机），它在用户和计算机（硬件）之间架起了桥梁。

系统软件是支持程序人员（计算机用户）能方便地使用和管理计算机的软件，为整个计算机系统进行调度、管理、监视和服务，为用户使用计算机提供方便。如操作系统、汇编程序、高级语言编译程序、故障诊断程序、数据库管理程序、控制程序等。

应用软件是用于解决各种具体应用问题的专门软件,包括通用应用软件和定制应用软件。如工资管理程序、图书检索程序、人口普查程序、文字处理软件、AutoCAD、表格软件等。

以上就是计算机系统的组成原理，下面谈一谈计算机系统的工作原理。

首先，要提起的就是图灵和图灵机。图灵机是一种思想模型，它由三部分组成：一个控制器、一条可以无限延伸的带子和一个在带子上左右移动的读写头。这种思想模型为后来计算机事业的发展做出了不可磨灭的贡献，奠定了这一学科的思想基础。

计算机在运行时，先从内存中取出第一条指令，通过控制器的译码，按指令的要求，从存储器中取出数据进行指定的运算和逻辑操作等加工，然后再按地址把结果送到内存中去。接下来，再取出第二条指令，在控制器的指挥下完成规定操作。依此进行下去，直至遇到停止指令。程序与数据一样存储，按程序编排的顺序，一步一步地取出指令，自动地完成指令规定的操作，这是计算机最基本的工作原理。这一原理最初是由美籍匈牙利数学家冯·诺依曼于1945年提出来的，故称为冯·诺依曼原理。

其中，指令是指计算机完成某个基本操作的命令。指令能被计算机硬件理解并执行。一条指令就是计算机机器语言的一个语句，是程序设计的最小语言单位。

二 计算机的硬件系统

电子计算机系统的硬件由运算器、控制器、存储器、输入设备和输出设备这五大部件组成，其结构如图1-5所示。

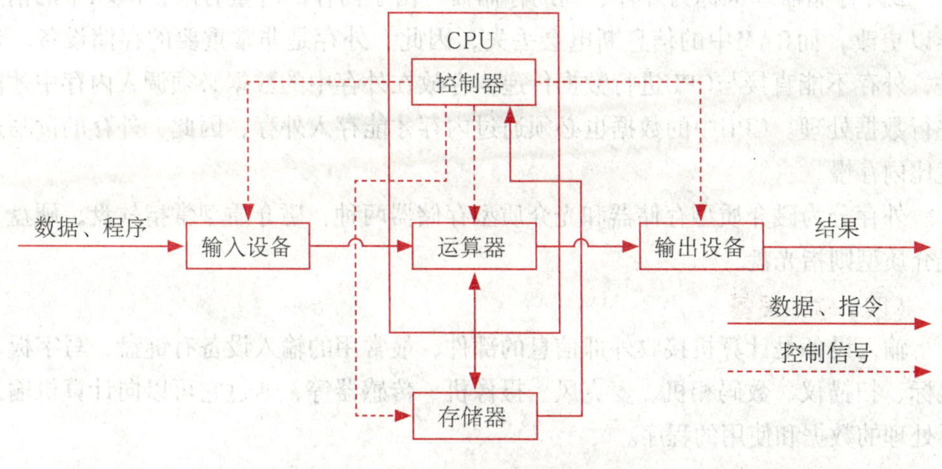

图1-5 计算机结构图

（一）运算器

运算器是计算机的核心部件，执行所有的算术和逻辑运算指令。它主要负责对信息的加工处理。运算器不断地从存储器中得到要加工的数据，对其进行各种算术和逻辑运算，并将最后结果送回存储器中，整个过程在控制器的指挥下有条不紊地进行。运算器除了进行信息加工外，还有一些寄存器可以暂时存放运算的中间结果，节省了从存储器中传递数据的时间，加快了运算速度。

（二）控制器

控制器是计算机的指挥中枢，其主要作用是使计算机能够自动地执行命令。控制器从存储器中将程序取出并进行翻译，再根据程序的要求向各部件发出命令；另外，控制器还从各部件中接收有关指令执行情况的反馈信息，并依次向各部件发出下一步执行命令。

硬件系统
视频来源：优酷网

在微型计算机中，运算器和控制器合在一起，称为微处理器，又称为CPU，是计算机的核心。习惯上常用微处理器的型号来区别微机的档次，例如：80486、Pentium Ⅲ、Core i5、Core i7等都是CPU的型号。

（三）存储器

存储器主要负责对数据和控制信息的存储，是计算机的记忆单元。存储器分为内存储器和外存储器两种。

1.内存储器。也称内存、主存。内存分为只读存储器（ROM）和随机存取存储器（RAM）两种。ROM中的信息只能读出来，不能写入；RAM中既能读出又能写入。存放在ROM中的信息断电不会丢失，主要用来存放系统信息。在微机中ROM通常用来存放BIOS程序，因此也叫BIOS芯片。RAM主要用来存放当前运行的程序和数据，断电后信息将会丢失。我们平时所说的内存指的是RAM。

2.外存储器。也称为外存、辅助存储器。由于内存的容量有限，ROM中的信息难以更改，而RAM中的信息断电会丢失，因此，外存是非常重要的存储设备。但是，外存不能直接与CPU进行数据传递，存放在外存中的数据必须调入内存中才能进行数据处理。CPU中的数据也必须通过内存才能存入外存，因此，外存的读写速度比内存慢。

外存分为磁介质型存储器和光介质型存储器两种，磁介质型常指软盘、硬盘，光介质型则指光盘。

（四）输入设备

输入设备是计算机接收外部信息的部件，最常用的输入设备有键盘、写字板、鼠标、扫描仪、数码相机、麦克风、摄像机、传感器等，通过它可以向计算机输入要处理的数据和使用的程序。

（五）输出设备

输出设备是计算机将内部信息送给操作者或其他设备的接口。常用的输出设备即显示器、打印机等。

计算机软件

视频来源：酷六网

三 计算机的软件系统

软件是计算机的灵魂。没有安装软件的计算机称为“裸机”，它只认识机器语言，一般人难以使用。计算机软件根据其功能和面向的对象分为系统软件和应用软件两大类。

（一）系统软件

系统软件是为计算机系统配置的，与特定应用领域无关的通用软件，如操作系统，诊断维护程序、程序设计语言、语言处理程序和数据库管理系统等。

操作系统是计算机系统的管理和指挥中心。它按照设计者制定的各种调度和管理策略，来组织和管理整个计算机系统，使之能高速和有序地运转，以实现设计者的意愿。操作系统是现代计算机系统不可缺少的关键部分。

程序设计语言是人和计算机交流信息的“语言”工具。

（二）应用软件

应用软件是用户为解决某些实际问题而编制的程序，如科学计算程序、数据处理程序、企业管理程序等。目前，应用软件正在逐步标准化和模块化，形成了各种典型的应用程序软件包。

模块二
Windows 7操作系统

模块导言

操作系统是用户与计算机之间的接口，用户只有通过操作系统才能使用计算机硬件和软件系统。在计算机中，应用最广泛的是微软公司的Windows系列操作系统，其版本由最初的Windows 3.1、Windows 95、Windows 98、Windows 2000、Windows 2003到今天的Windows 7，经过了几代的更新。在我国几乎99.9%的个人计算机用户都使用的是Windows操作系统，目前以Windows 7操作系统最为普及。

学习目标

1.熟悉Windows 7的桌面、窗口、菜单的相关属性及其相关操作技能。

2.熟练掌握应用程序及Windows 7组件的安装与删除。

3.熟练掌握Windows 7桌面管理、文件管理、系统设置、磁盘管理及附件的使用。

4.熟练掌握控制面板的使用方法。

5.熟练掌握一种汉字输入法。

项目一 操作系统概述

一 操作系统的定义

操作系统（Operating System，简称OS）是管理电脑硬件与软件资源的程序，同时也是计算机系统的内核与基石。操作系统是控制其他程序运行，管理系统资源并为用户提供操作界面的系统软件的集合。操作系统身负诸如管理与配置内存、决定系统资源供需的优先次序、控制输入与输出设备、操作网络与管理文件系统等基本事务。操作系统的型态非常多样，不同机器安装的OS可从简单到复杂，可从手机的嵌入式系统到超级电脑的大型操作系统。目前微机上常见的操作系统有DOS、OS/2、Unix、Xenix、Linux、Windows、Netware等。

二 操作系统的功能

操作系统的五大管理功能:

（1）作业管理：包括任务、界面管理、人机交互、图形搜索界面、语音控制和虚拟现实等。

（2）文件管理：又称为信息管理。

（3）存储管理：实质是对存储“空间”的管理，主要指对主存的管理。

（4）设备管理：实质是对硬件设备的管理，其中包括对输入输出设备的分配、启动、完成和回收。

（5）进程管理：实质上是对处理机执行“时间”的管理，即如何将CPU真正合理地分配给每个任务。

三 常用操作系统简介

Windows 7于2009年7月22日发放给组装机生产商，零售版于2009年10月23日在中国大陆及台湾发布，香港于翌日发布。2011年10月StatCounter调查数据显示，Windows 7已售出4.5亿套，以40.17%市场占有率超越Windows XP的38.72%。

2011年2月23日凌晨，微软面向大众用户正式发布了Windows 7升级补丁——Windows 7 SP1（Build7601.17514.101119-1850），另外还包括Windows Server 2008 R2，SP1升级补丁。微软将取消Windows XP的所有技术支持。

北京时间2013年12月10日消息，Windows 7已于10月30日停止销售零售版本。

2014年10月31日起，Windows 7家庭普通版、家庭高级版以及旗舰版的盒装版将不再销售。而且微软也不再向OEM厂商发放这三个版本的授权。

2015年1月14日起，微软停止对Windows 7系统提供主流支持，这意味着微软正式停止为其添加新特性或者新功能。

四 Unix系统（迷人的小企鹅）

Unix系统是1969年在贝尔实验室诞生的，最初是在中小型计算机上运用。最早移植到80286微机上的Unix系统，称为Xenix。Xenix系统的特点是短小精干，系统开销小，运行速度快。Unix为用户提供了一个分时的系统以控制计算机的活动和资源，并且提供一个交互、灵活的操作界。Unix被设计成为能够同时运行多进程，支持用户之间共享数据的系统。同时，Unix支持模块化结构，当你安装Unix操作系统时，你只需要安装你工作需要的部分，例如，Unix支持许多编程开发工具，但是如果你并不从事开发工作，你只需要安装最少的编译器。

用户界面同样支持模块化原则，互不相关的命令能够通过管道相连接用于执行非常复杂的操作。Unix有很多种，许多公司，如AT&T、Sun、HP等都有自己的版本。

计算机常见操作系统

视频来源：优酷网

Linux是当今电脑界一个耀眼的名字，它是目前全球最大的一个自由免费软件，其本身是一个功能可与Unix和Windows相媲美的操作系统，具有完备的网络功能，它的用法与Unix非常相似，因此许多用户不再购买昂贵的Unix，转而投入Linux等免费系统的怀抱。

Linux最初由芬兰人Linus Torvalds开发，其源程序在Internet网上公开发布，由此，引发了全球电脑爱好者的开发热情，许多人下载该源程序并按自己的意愿完善某一方面的功能，再发回网上，Linux也因此被雕琢成为一个全球最稳定的、最有发展前景的操作系统。曾经有人戏言：要是比尔·盖茨把Windows的源代码也作同样处理，现在Windows中残留的许多BUG（错误）早已不复存在，因为全世界的电脑爱好者都会成为Windows的义务测试和编程人员。

Linux操作系统具有如下特点：

（1）它是一个免费软件，您可以自由安装并任意修改软件的源代码。

（2）Linux操作系统与主流的Unix系统兼容，这使得它一出现就有了一个很好的用户群。

（3）支持几乎所有的硬件平台，包括Intel系列，Alpha系列，MIPS系列等，并广泛支持各种周边设备。

目前，Linux正在全球各地迅速普及推广，各大软件商如Oracle、Sybase、

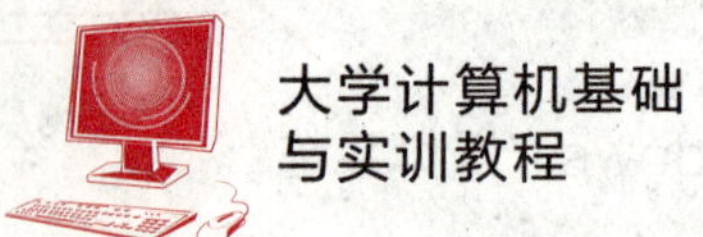

Novell、IBM等均发布了Linux版的产品，许多硬件厂商也推出了预装Linux操作系统的服务器产品，还有不少公司或组织有计划地收集有关Linux的软件，组合成一套完整的Linux发行版本上市，比较著名的有Red Hat（即红帽子）、Slackware等公司。Linux可以在相对低价的Intel X86硬件平台上实现高档系统才具有的性能，许多用户使用benchmarks在运行Linux的X86机器上测试，发现可以和Sun和Digital公司的中型工作站的性能媲美。事实上不光是许多爱好者和程序员在使用Linux，许多商业用户比如Internet服务供应商（ISP）也使用Linux做为服务器代替昂贵的工作站。这些服务器的最高记录是经过600天的运行没有碰到一次系统崩溃！我们有理由相信Linux这样一个稳定、灵活和易用的软件，肯定会得到越来越广泛的应用。

除了Linux之外还有一种免费的Unix变种操作系统Free BSD可供使用，一般来说，对于工作站而言，Linux支持的硬件种类和数量要远远地超过Free BSD，而在网络的负载非常高时，Free BSD的性能比Linux要好一些。

项目二 Windows 7基本操作

一 Windows 7的启动与退出

（一）启动Windows 7

依次打开计算机外部设备的电源开关和主机电源开关，计算机开始进行硬件检测，测试无误后即开始系统引导。稍后，将出现系统登录界面。由于Windows 7是一个多用户操作系统，根据该电脑用户账户的数目，登录界面分单用户和多用户登录两种，在登录时只需要在登录界面上双击要登录的用户名，然后输入用户密码（如果需要的话），该用户即开始登录。

（二）关闭Windows 7

当用户结束对计算机的操作时，一定要先退出Windows 7系统，否则，会丢失文件或破坏系统。关闭Windows 7最常用的方法是打开桌面右下角的“开始”菜单，然后单击“关机”命令，右边的三角形箭头按钮，出现如图2-1所示的“关机”菜单，在该菜单中提供了多种关闭方式，用户可根据需要从中选择一种。

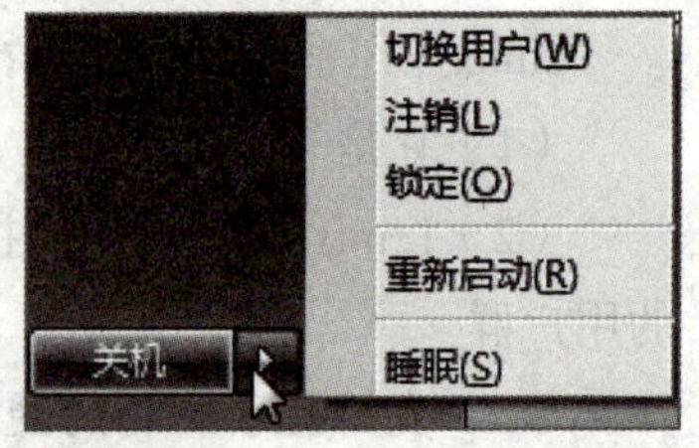

图2-1 “关机”菜单

关机：如果选择该命令，计算机会自动保存设置和文件后退出Windows 7。一般情况下，当用完计算机时，选择该选项。

重新启动：将当前运行的所有程序关闭后再关闭计算机，然后Windows立即自动启动并进入Windows 7。在使用计算机时，如果遇到某些故障，可尝试重新启动，计算机则会自动修复故障。

睡眠：Windows 7的一种节能状态。在启动睡眠状态时，Windows 7会将当前打开的文档和程序中的数据全部保存到计算机的内存中，并使CPU、硬盘和光驱等设备处于低耗能状态，从而达到节能省电的目的。当再次使用计算机时，只需单击鼠标左键，计算机就会恢复工作状态。

注销：如果选择该命令程序仍然运行，如果用户当前的账户被锁定，重新登录时需要进行密码解锁。当您短暂离开时可以选择“注销”操作，用密码保护自己正在进行的工作，此时可以切换用户登录计算机。

切换用户：不关闭程序切换用户。如果您的计算机有多个用户并且希望用自己的账户做同样的工作，可以在一个用户工作完毕后选择“切换用户”来更换用户。

锁定：锁定与注销类似，但是锁定后，只有自己或管理员才可以登录，比注销的保护级别更高。

二 Windows 7桌面

win 7基本操作

视频来源：优酷网

“桌面”是启动计算机登录到系统后出现在屏幕上的整个区域，它是用户和计算机进行交流的窗口，上面可以存放用户经常用到的应用程序和文件夹图标。通过桌面，用户可以有效管理自己的计算机。Windows 7桌面由桌面背景、桌面图标、任务栏、开始菜单等组成，如图2-2所示。

图2-2 Window 7桌面

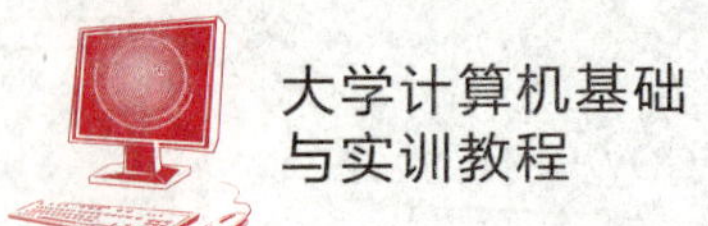

（一）桌面系统图标

桌面图标是指整齐排列在桌面上的一系列图片。图片由图标和图标名称两部分组成。双击图标可以快速启动对应的程序。安装Windows 7旗舰版后，桌面上默认的系统图标有：

计算机：计算机的资源管理器，在其中可以进行磁盘、文件、文件夹的相关操作。

Administrator：用户的文件夹。这个图标的名字是用户在装机时设置的名字。其中有各类文件夹，如图片、文档、音乐等，用户可以将相应的文件放在其中，方便管理。

网络：查看和管理网络设置及共享等，使用户能够访问网络上的计算机和设备。

回收站：包含已经删除的文件和文件夹。回收站中的文件可以被还原或被清除，文件被清除后无法恢复。

控制面板：更改计算机设置并自定义其功能。包括显示、语言、软件、硬件、账户和服务等项目。

如果桌面上没有这些系统图标，用户可自己将它们添加到桌面上，具体操作如下：

1.在桌面空白处右击，在弹出的快捷菜单中选择“个性化”命令，打开如图2-3所示的“个性化”窗口。

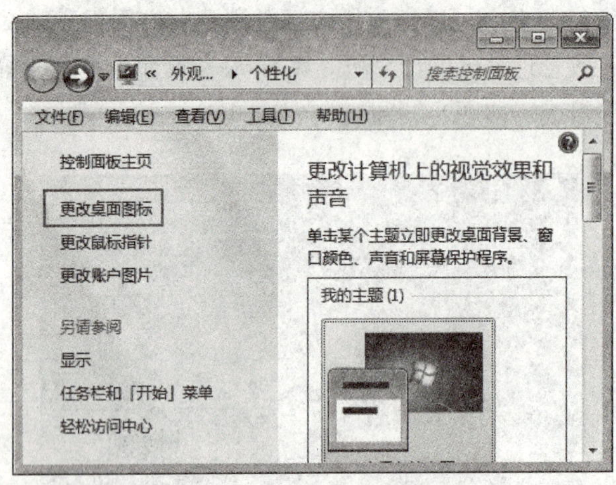

图2-3 “个性化”窗口

2.在窗口左侧选择“更改桌面图标”命令，打开“桌面图标设置”对话框，如图2-4所示。

3.在“桌面图标”栏中勾选要在桌面上显示的图标即可。

图2-4　“桌面图标设置”对话框

（二）添加、移动、排列和删除图标

除了添加系统图标外，还可以将程序的快捷方式图标添加到桌面上，也可以移动、删除和排列桌面图标。

win 7系统介绍
视频来源：优酷网

1.添加应用程序桌面快捷方式图标。在“开始”菜单中选择“所有程序”命令，在弹出的下拉菜单中右击要“创建”桌面快捷方式的程序，在弹出的快捷菜单中选择“发送到”→“桌面快捷方式”即可。

2.移动桌面图标。将鼠标指针移动到要移动的桌面图标上，按住鼠标左键不放，然后将其拖动到需要的位置并释放鼠标左键即可。

3.排列桌面图标。右击桌面空白处，在弹出的快捷菜单中选择“排序方式”命令，然后在弹出的级联菜单中选择一种排序方式即可。如果想让系统自动对桌面图标进行排列，可右击桌面空白处，在弹出的快捷菜单中选择“查看”→“自动排列图标”即可。此外，在“查看”的下拉菜单中，用户可以设置图标的大小、是否显示桌面图标，如图2-5所示。

4.删除桌面图标。右击要删除的桌面图标，在弹出的快捷菜单中选择“删除”命令，再在随后打开的提示对话框中单击“是”按钮，即可删除该图标。对于系统桌面图标，可以打开“开始”菜单，在对应的图标上右击，在弹出的快捷菜单中取消“在桌面上显示”选项，如图2-6所示。

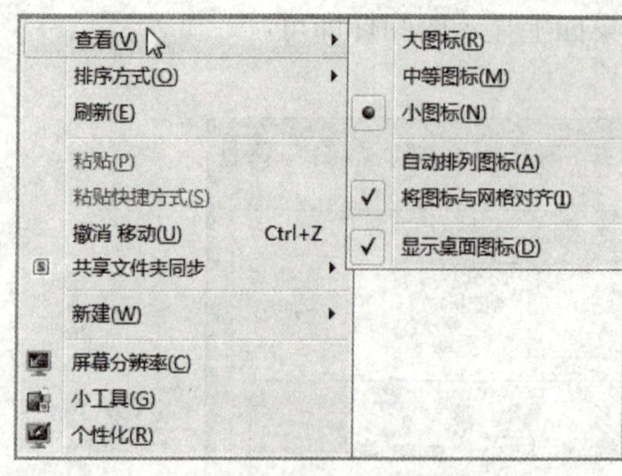

图2-5 “查看”级联菜单

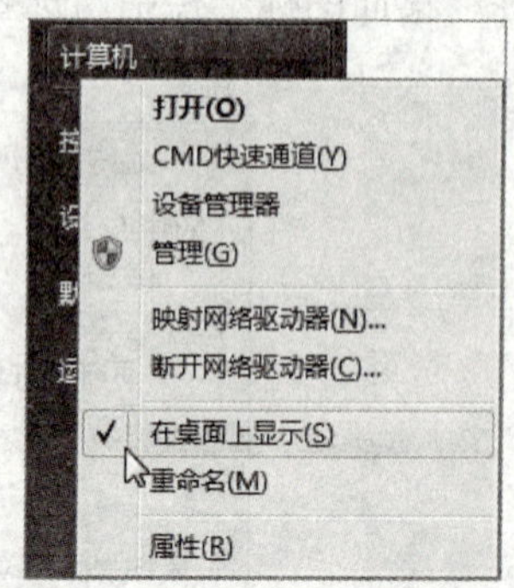

图2-6 删除“计算机”桌面图标

（三）任务栏

Windows 7桌面的下端即是任务栏。它是桌面的重要对象，为用户提供了快速切换应用程序、文档及其他已经打开窗口的方法。任务栏最左边的按钮便是“开始”按钮，在“开始”按钮右边依次是快速启动区（包含Internet Explorer图标、“库”图标及Windows Media Player图标）、任务栏按钮区（当前打开的窗口和程序）、语言栏（当前输入法语言）与系统提示区（包含音量、时间等），如图2-7所示。

图2-7 任务栏

win 7窗口操作
视频来源：酷六网

“开始”菜单按钮：单击此按钮，可以打开“开始”菜单。

快速启动区：用户可以将一些常用程序的启动图标锁定在任务栏中，单击该图标可以打开相应的图标。

任务栏按钮区：用户每执行一项任务，系统都会在任务栏中放置一个与该任务对应的程序图标。通过单击不同的图标，可以在多个任务之间进行切换。另外，将鼠标指针放置在任务图标上，会显示对应任务的预览图，方便用户进行任务切换。

语言栏：用于用户切换不同的输入法。

系统提示区：在该区域显示了当前系统时间、声音调节图标和一些后台运行的应用程序图标。单击、双击或右击系统提示区中的图标可以进行不同的操作。

显示桌面按钮：用于快速切换到桌面，这是Windows 7特有的“桌面透视”功能。

（四）设置任务栏

1.任务栏外观设置

在任务栏空白处右击，在弹出的快捷菜单中选择“属性”命令。打开“任务栏和「开始」菜单属性”对话框，如图2–8所示。在“任务栏外观”选项区域中可以根据需要设置任务栏的显示情况、在桌面上的位置以及任务栏上标签如何显示。

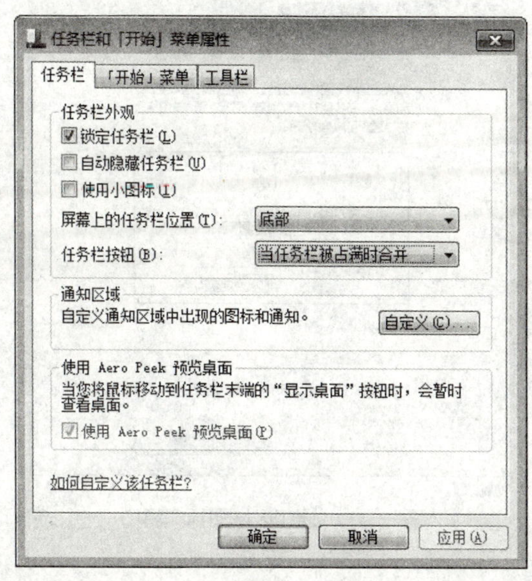

图2-8 “任务栏和「开始」菜单属性”对话框

如果选择“自动隐藏任务栏”复选框，当鼠标不指向任务栏时，任务栏将隐藏起来，只有当鼠标指向任务栏时它会才出现；如果选择“使用小图标”复选框，任务栏及其上的图标都将缩小。

2.调整任务栏大小

在打开多个任务窗口时，窗口的按钮将无法全部显示在任务栏中，这时可以通过调整任务栏的大小来解决问题。要调整任务栏的大小，只需将鼠标指向任务栏的边框，当指针变成垂直双箭头状时，按住鼠标左键向上或向下拖动，调整到合适的大小时释放鼠标左键，即可完成设置。

3.通知区域设置

通知区域显示计算机软硬件的重要信息，用户也可以根据自己的需要对通知区域进行设置。单击“任务栏和「开始」菜单属性”对话框中“通知区域”的“自定义”按钮，打开“通知区域图标”窗口即可对通知区域进行设置，如图2–9所示。

“通知区域图标”窗口显示所有可在通知区域显示的图标，可以在各图标“行为”下拉列表中设定如何显示该图标。完成设置后，将返回“任务栏和「开始」菜单属性”对话框，单击“确定”按钮使设置生效。

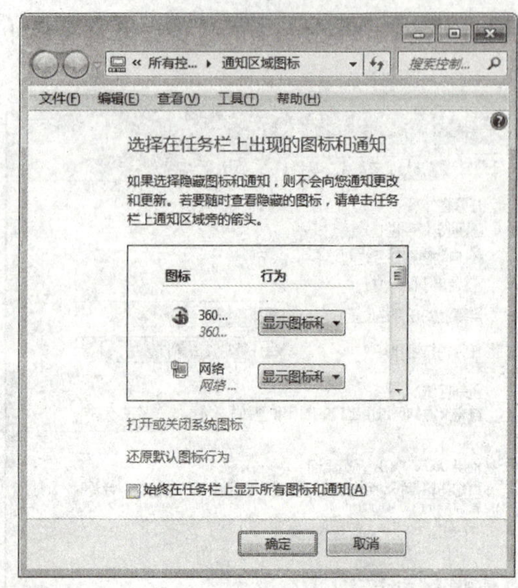

图2-9 “通知区域图标”窗口

（五）“开始”菜单

win7全新桌面操作

视频来源：优酷网

“开始”菜单是Windows操作系统的重要标志。通过“开始”菜单用户可以快速访问Internet、收发电子邮件、启动应用程序和进行系统设置。

单击“开始”按钮，即可打开“开始菜单”，如图2-10所示。它大致可以分为四个部分。

1.“所有程序”菜单

“所有程序”菜单集合了计算机中的所有程序。在“所有程序”菜单窗口中，用户可以找到并打开计算机已安装的所有程序。和以往Windows版本中的“所有程序”菜单不同，Windows 7采用“树状结构”显示菜单，这种形式更为简洁、方便且不易出现操作错误，如图2-11所示。

2.快速启动列表

包含应用程序的快捷方式，分为两组：分组线上方是应用程序的常驻快捷方式；分组线下方是系统自动添加的最常用的应用程序的快捷方式，它会随着应用程序的使用频率而自动改变。

用户可以将常用的应用程序添加到常驻快捷方式列表中。右击“所有程序”列表中的应用程序图标，在弹出的快捷菜单中选择“附到「开始」菜单”命令即可，如图2-12所示。

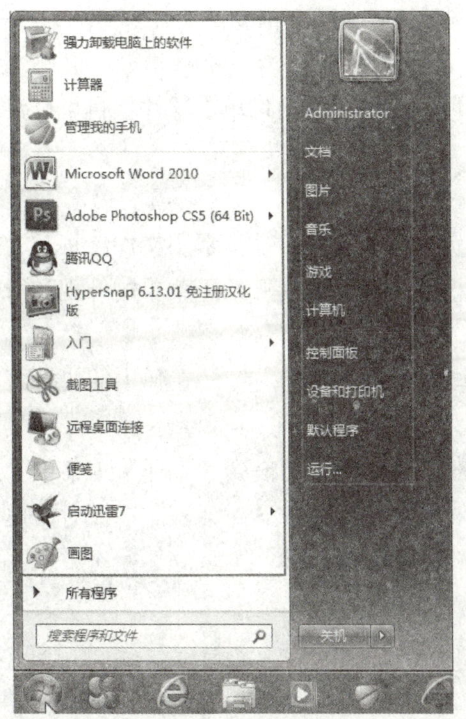

图2-10　“开始”菜单

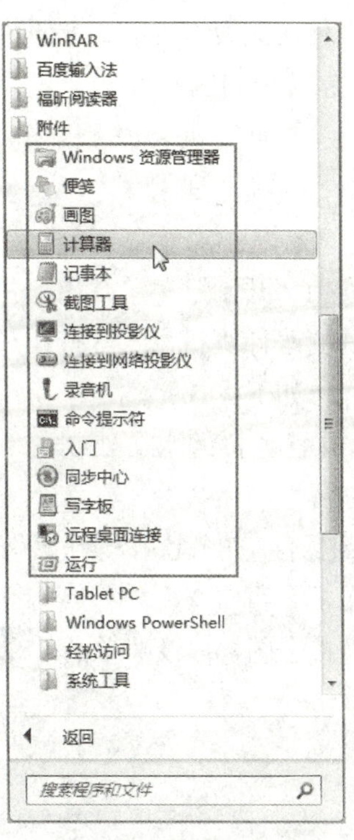

图2-11　“所有程序”菜单

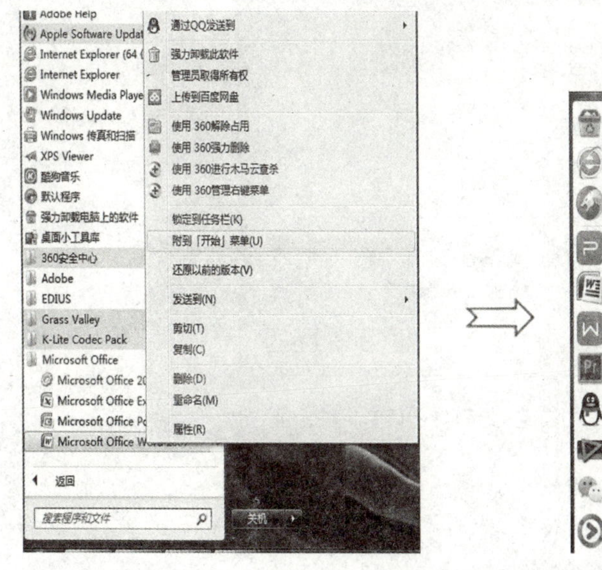

图2-12　将应用程序快捷方式添加到“开始”菜单

3.快捷的搜索功能

Windows 7在“开始”菜单中添加了一个标有“搜索程序和文件”的搜索框。用户可以使用该搜索功能，方便快速地找到计算机中任何需要的文件。

4.系统控制区

包括“计算机”“文档”“控制面板”等项目，通过单击这些项目可以对计算机进行操作和管理。

（六）设置“开始”菜单

使用“开始”菜单，用户一般可以实现应用程序启动、常用文件夹打开、搜索文件和更改计算机设置等操作。还可以根据爱好修改“开始”菜单的外观和行为。具体操作如下：

1.在任务栏的空白处或在“开始”按钮上单击鼠标右键，在弹出的快捷菜单中选择“属性”命令。

2.打开“任务栏和「开始」菜单属性”对话框，切换到“「开始」菜单”选项卡，单击“自定义”按钮，打开“自定义「开始」菜单”对话框。在该对话框中可设置链接、图标以及菜单的外观和行为，如图2–13所示。

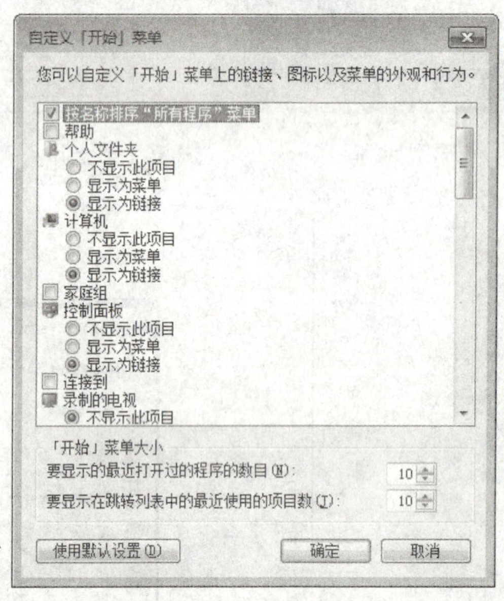

图2–13 “自定义「开始」菜单”对话框

三 认识窗口和对话框

Windows以“窗口”的形式来区分各个程序的工作区域。在Windows 7中，无论用户打开磁盘驱动器、文件夹，还是运行应用程序，系统都会打开一个窗口，用于执行相应的工作。不同的应用程序功能不同，其窗口的组成元素也有所区别，但大部分窗口都是由一些相同的元素组成，最主要的元素包括标题栏、地址栏、搜索栏、工具栏及状态栏等。图2-14所示的就是一个典型的窗口。

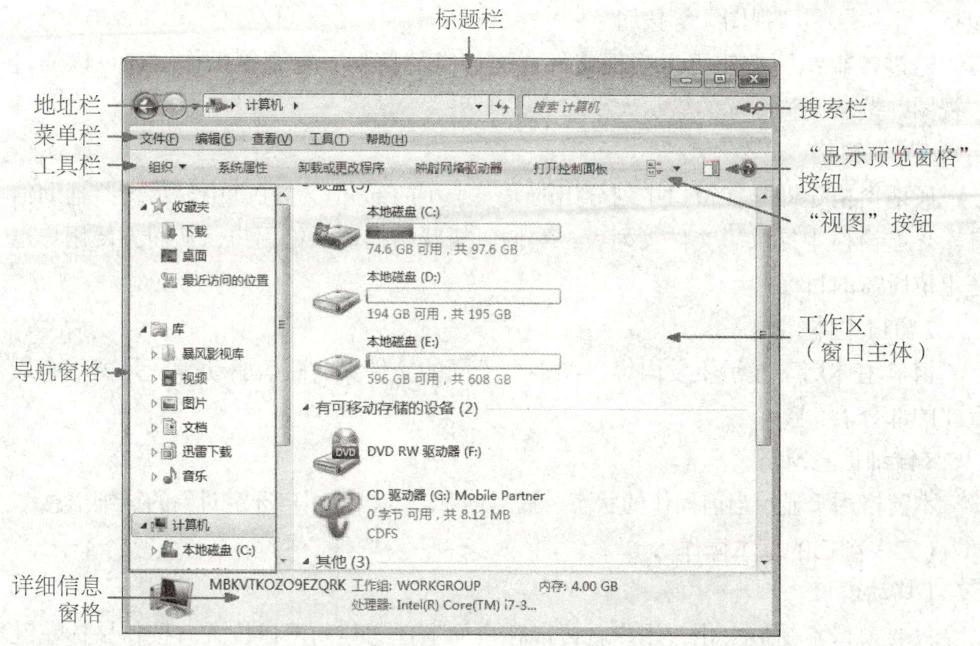

图2-14 “计算机”窗口

（一）窗口的组成

1.标题栏

在Windows 7中，标题栏位于窗口的最顶端，不显示任何标题，而是在最右端显示“最小化 ”“最大化 / 还原 ”“关闭 ”3个按钮。通常情况下，用户可以通过标题栏来移动窗口、改变窗口大小和关闭窗口操作。

2.地址栏

用于显示和输入当前窗口的地址。用户可以单击右侧的下拉按钮，在弹出的列表中选择路径，方便浏览本地或网络上的文件，也可直接在地址栏中输入网址访问互联网。

3.搜索栏

Windows 7窗口右上角的搜索栏与“开始”菜单中的搜索框作用和用法相同，都具有在计算机中搜索各种文件的功能。搜索时，地址栏中显示搜索进度情况。

4.菜单栏

包含该窗口的所有菜单项，可以通过选择菜单中的各命令来完成对大多数应用程序的访问操作，目前许多应用程序窗口不提供菜单，而是用功能区代替，如Word 2010。

5.工具栏

为用户提供了一些基本工具和菜单任务，使用它们可以快速执行一些常用操作。在Windows 7 中，工具栏上的按钮会根据查看的内容不同而有所变化，但一般包括“组织”和“视图”等按钮。

通过“组织”按钮可以实现文件或文件夹的剪切、复制等操作，还可以通过“视图”按钮调整图标的显示大小和方式。

6.导航窗格

所谓窗格，即是在窗口中划分出的另一个小的部分，并在其中显示一些辅助信息。导航窗格中提供了文件夹列表，它们以树状结构显示给用户，从而方便用户迅速定位所需的目标。

7.窗口主体

窗口主体用于显示主要内容，如多个不同的文件夹、磁盘驱动等，是窗口中最重要的部分。

8.详细信息窗格

本窗格用于显示当前操作的状态及提示信息，或当前用户选定对象的详细信息。

（二）窗口的基本操作

文件与文件夹

视频来源：优酷网

1.移动窗口

只要窗口不是最大化，用户就可以在桌面上任意移动窗口位置。按住鼠标左键拖动窗口的标题栏至目标处，释放鼠标左键即可将窗口移动到新位置。

2.调整窗口大小

若打开的窗口太小或太大，可以通过拉伸或收缩的方式来改变窗口的大小。在调整窗口大小时只需将鼠标指针移动到窗口四周的边框上或4个角上，当鼠标指针呈现出双向箭头时，按住鼠标左键不放进行拉伸或收缩即可。

3.排列窗口

在Windows 7系统中，提供了层叠窗口、堆叠显示窗口、并排显示窗口3种窗口排列方式供用户选择。在任务栏上的空白处单击鼠标右键，在弹出的快捷菜单中选择相应选项即可。

小技巧：在选择了某项排列后，任务栏快捷菜单中会出现相应的撤销该选项的命令。例如，用户选择了“层叠窗口”命令后，任务栏快捷菜单中会增加一条“撤销层叠”的命令，用户选择此命令后，窗口将恢复为原来的状态。

4.切换窗口

用户每打开一个新的窗口，系统就会在任务栏上自动生成一个以该窗口命名的任务栏按钮，单击该按钮即可打开相应的窗口。如果同类型按钮太多，则系统会自动合并该种类型的按钮。此时单击合并的任务栏按钮，在打开的菜单中单击需要的窗口选项即可切换到该窗口。

也可利用Alt+Tab组合键来切换窗口。按下Alt和Tab键后，按住Alt键不放，再按Tab键可在现有窗口缩略图中切换，选到需要的窗口时释放两键即可。

（三）对话框

对话框是最常用的人机交互界面，通过对话框可完成系统设置、信息获取与交换操作。不同的对话框所包含的元素也有所不同。对话框也是以窗口的形式出现，由标题栏、选项卡、命令按钮、文本框等组成。它可以在桌面上进行移动，但没有最大化、最小化和还原按钮，而且绝大多数对话框的大小是不可改变的。图2–15所示的就是一个标准的对话框。

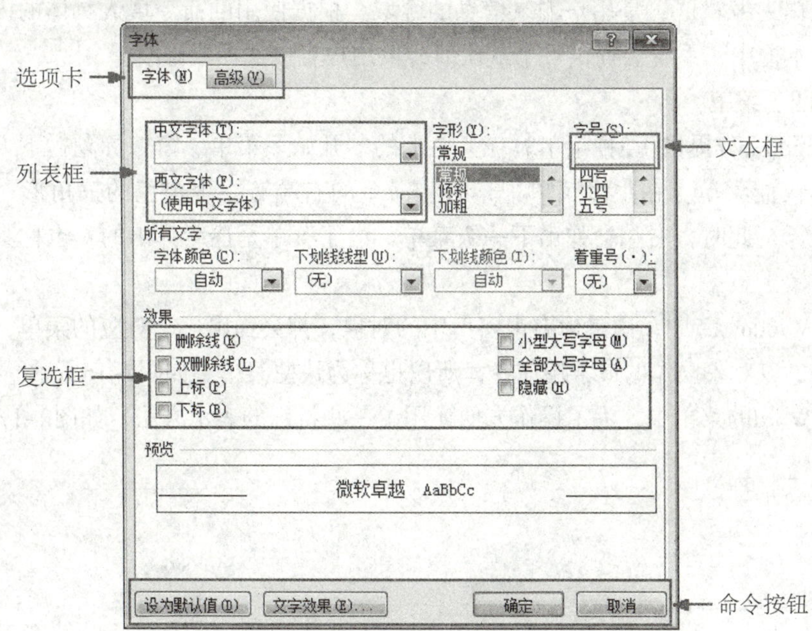

图2–15 “字体”对话框

1.选项卡

也称为标签，是对话框中用得最多的控件之一，呈“向外突出”状的代表当前正在使用的标签。单击不同的选项卡，可在对话框中显示不同的内容。

2.列表框

列表框通常给出一系列的选项，用户需要从中选择一个或多个选项。当列表框的内容较多时，可通过列表框右边的“滚动条”来滚动显示。列表框还有一种常用的形式即下拉列表框，它的使用与普通列表框基本相同，用鼠标单击其右侧的下拉按钮，即可打开下拉列表框。

3.复选框 ☐

一组复选框所表示的参数是不相斥的，可以选择部分，也可以选择全部，或者一个都不选。用“√”表示选中。

4.单选框

单选框按钮是成组出现的，一组单选按钮只能有一个是被选中。单击单选按钮，圆圈中带有黑点表示选中，再次单击，黑点消失表示未选中。

5.命令按钮

单击命令按钮可以完成一个特点的操作。如果命令带有“…”符，表示该命令执行后会弹出另外一个对话框。

6.文本框

也称为编辑框，是用户输入信息的区域，根据使用的命令填入具体的内容。有时在文本框中，系统会提供一个默认值，供用户直接选择或修改。

（四）菜单

Windows 7提供了3种菜单，任务栏上的“开始”菜单、窗口标题栏下方的窗口菜单和快捷菜单。在很多菜单中，有些命令的右端有一个黑色的三角形，移动鼠标到该行，此时，右端会弹出下一级菜单。由于菜单是逐级弹出的，也称其为级联菜单。

在Windows 7中，用鼠标右击窗口中的对象，都会弹出一个对应的菜单，这类菜单包含了该对象操作的最常用命令，所以也称为快捷菜单。如图2-16所示。

在Word的菜单中，为了操作方便还用了一些特殊的表示方法，如图2-17所示。

隐藏文件与文件夹

视频来源：酷六网

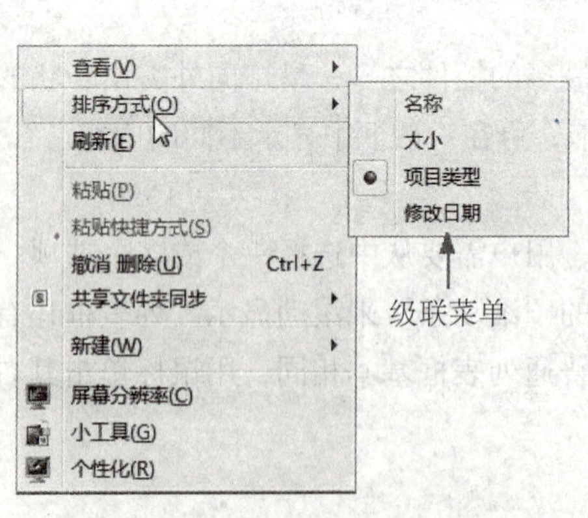

图2-16　桌面快捷菜单

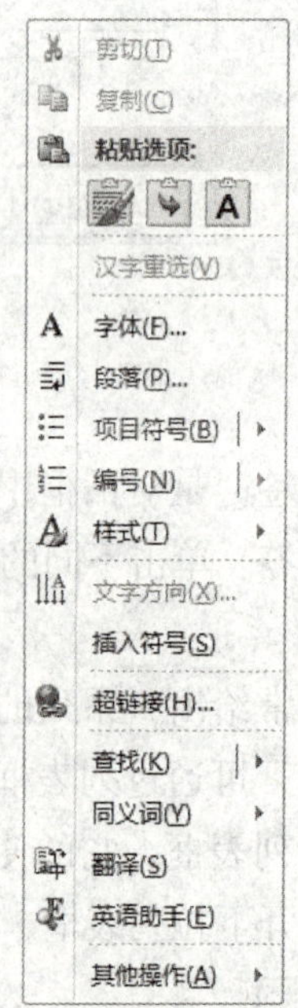

图2-17　Word菜单

1.命令旁边括号内带有下划线的字线，表示执行该命令有快捷键，按下Alt键的同时按下该字母，就可执行该命令。

2.命令旁边带“▶”符号：表示该命令有级联菜单。

3.命令旁边带“…”符号：表示执行该命令会打开一个对话框。

4.命令旁边带“√”符号：表示该命令有效性，如果本次执行该命令使它从不带“√”符号到带“√”符号，表示该命令有效。如果下次执行该命令后会使“√”符号消失，表示该命令无效。

5.命令左边带有图形符号：表示该命令有对应的工具栏按钮。

6.命令旁边带有“•”符号：表示该组命令中只有带“•”符号的那条命令有效。

7.命令字体颜色：黑色表示该命令可用，灰色表示该命令不可用。

8.命令分隔线：若该命令用浅色的直线分隔，表示它们是属于同一类具有相同功能的命令。

（五）剪贴板

Windows的剪贴板为各个Windows程序之间的信息交流提供了纽带作用。它实际上是在内存中开辟的临时存储空间，是应用程序的数据交换中心。默认的Windows剪贴板只能够存放一个内容，当下一次有内容进入剪贴板时，原来的内容就会被覆盖，最后一次存入的内容将一直保存到Windows退出。

四 中文输入法

（一）中文输入法的安装

中文Windows 7中提供了多种中文输入法，如微软拼音、智能ABC输入法等，用户也可以根据需要安装自己需要的输入法。具体操作方法如下：

1.在“控制面板”窗口中打开“区域和语言”对话框，切换到“键盘和语言”选项卡，单击“更改键盘”按钮，打开如图2-18所示的“文本服务和输入语言”对话框，该窗口中显示当前计算机已安装的中文输入法。

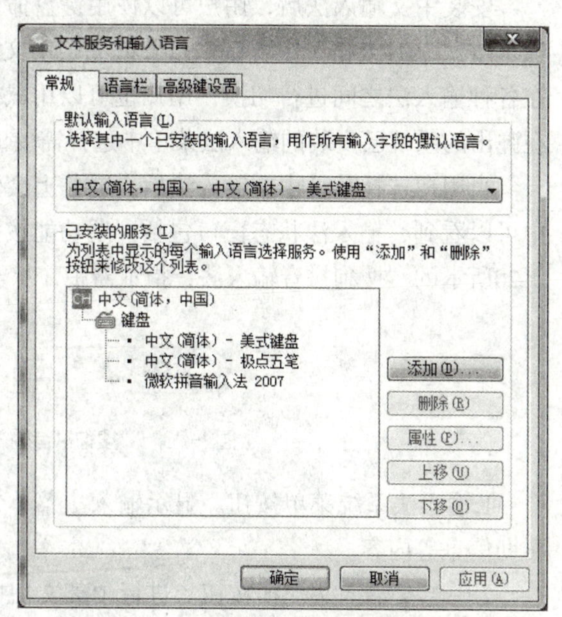

图2-18　“文本服务和输入语言”对话框

2.单击“添加”按钮，打开如

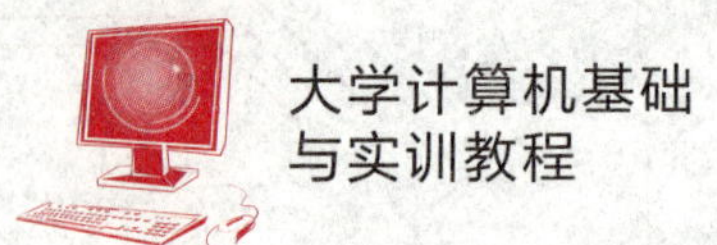

图2-19所示的“添加输入语言”对话框，在下拉列表框中选择要添加的输入法类型，单击“确定”按钮，即可完成该输入法的安装。

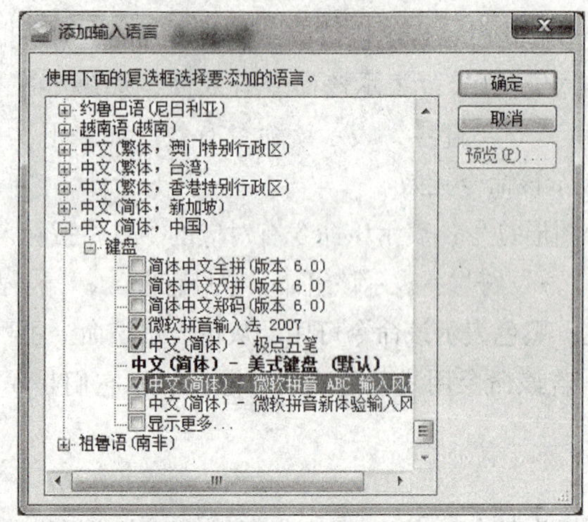

图2-19 “添加输入语言”对话框

3.也可通过双击输入法安装程序，按照安装向导进行安装。

要删除某一种已安装的输入法，只需要在“文本服务和输入语言”对话框中选择要删除的输入法，单击“删除”按钮就可以了。

（二）中文输入法的使用

安装中文输入法后，用户可以使用键盘命令或鼠标操作来显示和关闭中文输入法。按“Ctrl+空格”组合键来打开或关闭中文输入法，按“Ctrl+Shift”组合键可以在各种输入法之间进行切换，用户也可以用鼠标单击任务栏上的“语言栏”图标，在弹出的系统已安装的输入法菜单中选择需要的输入法。

当用户选择某种中文输入法后，屏幕上会弹出一个“输入法指示器”窗口，从中可以看到，输入法状态窗口包括一些功能按钮（以搜狗拼音输入法为例），如图2-20所示的“搜狗拼音输入法”指示器中，从左向右依次是：

图2-20 “搜狗拼音输入法”指示器

1.输入法系统菜单按钮。显示输入法菜单，右击菜单可进行输入法属性设置和帮助信息等内容。

2.中英文输入法切换按钮。进行中英文切换，功能与键盘上的“Ctrl+空格”组合键相同。

3.全角/半角切换按钮。进行半角和全角的切换。利用键盘上的“Shift+空格”组合键也可以实现这种操作。该按钮为月牙状时，表明当前是“半角”输入，字母和数字占1个字符的位置；该按钮似圆盘状时，表明当前是“全角”输入，字母和数字占两个字符的位置。

4.中英文标点切换按钮。用来进行中英文标点切换，该按钮似空心状时，则输入的是中文标点，否则输入的为英文标点。

5.中文软键盘按钮。鼠标单击此按钮开或关软键盘，鼠标右键单击此按钮选择软键盘类型。

（三）拼音输入法

常见的拼音输入法有全拼拼音、简拼、双拼双音和智能全拼等，其基本方法都是以拼音为基础进行汉字编码输入，只是在输入时有的输入法采用了简化及其对应的方案，使输入时略有不同。下面以全拼拼音输入法为例来介绍拼音输入法。

全拼拼音是我国法定的标准汉语拼音方案，采用标准英文键盘上除“V”键外的25个英文字母对应于汉语拼音字母。当在全拼拼音状态下输入汉字时，要逐个输入汉语拼音字母，然后可以从提示行所显示的同音字中选取需要的汉字。输入汉字时，要注意以下几点：

1.输入拼音时一律用小写字母。

2.提示行显示的汉字可用对应的数字键选中，如本行没有，用“=”键或“-”键前后翻页寻找。

3.如果遇到韵母是“ü”时，用“v”代替。如“女”字，应输入“nv”键。

项目三 系统的管理与维护

一 安装与卸载应用程序

安装与卸载应用程序

视频来源：优酷网

（一）安装应用程序

通常，在Windows 7中安装应用程序是非常简单的，并有多种安装方法。在安装过程中，关键是要正确理解每一步的作用，并进行正确设置，这样才能顺利地进行安装。具体有以下几种安装方法：

1.自动安装。现在很多软件的安装光盘中都有自动启动功能，直接将该安装光盘放入光驱中，即可自动启动安装程序。安装程序将自动启动安装向导，根据向导提示执行安装过程就可以完成软件的安装。

2.手动运行安装程序。在软件的安装光盘中，一般都有一个安装程序（如setup.exe）。运行这个程序可以进行软件的安装。双击安装盘或安装软件所在驱动器中的安装文件（如setup.exe或install.exe），启动安装程序，再根据向导的提示执行安装过程，就可以完成软件的安装。

（二）卸载程序

在Windows 7中卸载应用程序通常可以使用以下两种方法。

1.通过程序自带的卸载功能卸载

一般软件在安装的时候会同时安装软件自带的卸载程序，可以在开始菜单的程序列表中找到该程序目录，选择其卸载程序来卸载该软件，如图2-21所示。在卸载过程中会弹出确认的对话框，选择“是”按钮确认卸载操作，即可开始卸载。

2.在“程序和功能”窗口中卸载

如果该程序没有自带卸载功能，则可以通过“程序和功能”窗口卸载该程序。从开始菜单选择“控制面板”，并选择“控制面板”中的“程序和功能”项。在打开的“程序和功能”窗口中，选择要卸载的程序，单击上面的“卸载/更改”按钮，如图2-22所示。在弹出的确认对话框中，选择“是”按钮确认卸载操作，即可开始卸载。

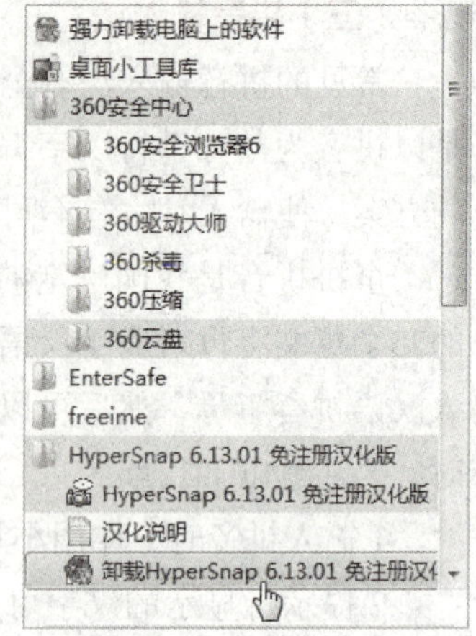

图2-21　程序自带的卸载程序

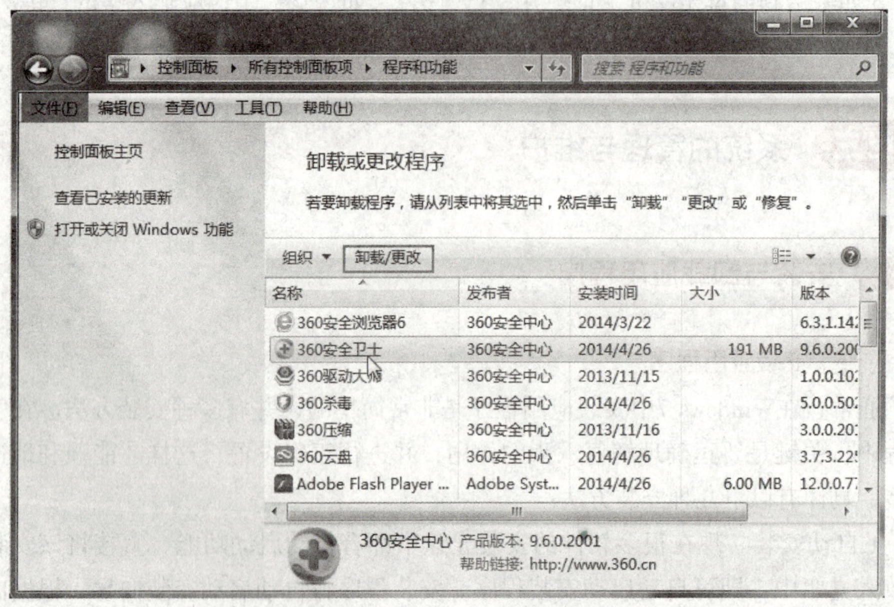

图2-22　“程序和功能”窗口

（三）添加或删除Windows组件

Windows 7操作系统的许多服务都通过程序组件来实现，比如Intemet信息服务、NFS服务、打印和文件服务等。系统默认安装了必备的Windows组件，用户还可以根据自己的需求通过控制面板添加或删除其他Windows组件。

1.添加Windows组件首先需要将Windows 7光盘放入光驱，然后单击“程序和功能”窗口中的“打开或关闭Windows功能”链接，在弹出的窗口列表中选择要安装的组件，如图2–23所示。

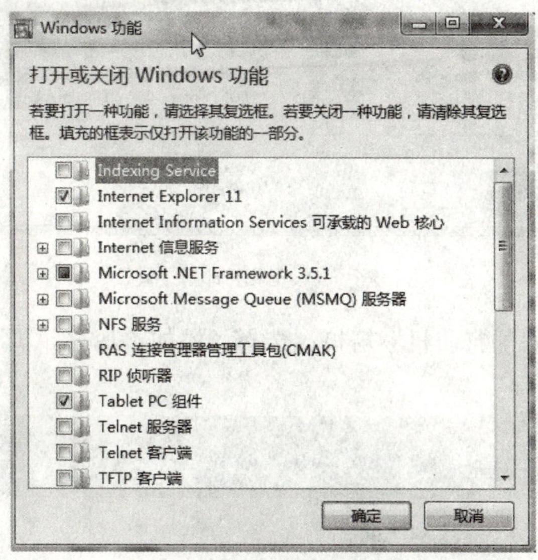

图2–23 “Windows功能”对话框

2.此时系统读取光盘，自动安装组件程序。

3.安装完毕后如果提示重启计算机，根据提示选择立即重启或稍后重启即可。

4.如果要删除某个组件程序，也要先将Windows 7安装光盘放入光驱，然后在列表中找到目标文件，取消对该组件的选择，单击“确定”按钮即可，与添加过程类似。

二 安装打印机

（一）安装本地打印机

Windows 7操作系统中，安装的打印机可以选择连接在本地计算机上也可以连接在局域网中。使用添加打印机向导即可让用户非常轻松地完成打印机的安装，过程如下：

1.在“控制面板”窗口中双击“设备和打印机”图标，打开“设备和打印机”

窗口，如图2-24所示。单击“添加打印机”选项卡。

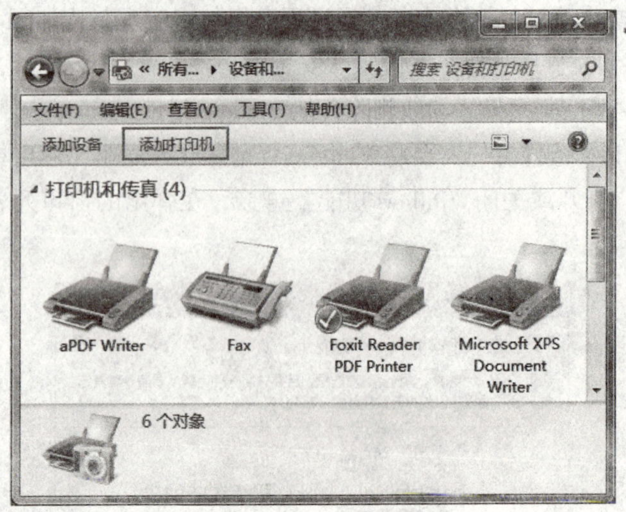

图2-24 “设备和打印机”窗口

2.此时弹出“添加打印机”窗口，选择“添加本地打印机”选项，如图2-25所示。

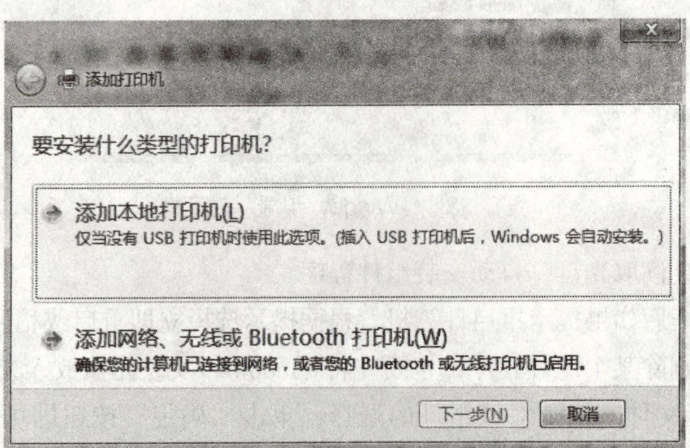

图2-25 “添加打印机”对话框

3.进入“选择打印机端口”对话框，选择“使用现有的端口”单选按钮。

4.在“安装打印机驱动程序”对话框中的“厂商”和“打印机”列表中选择所要安装的打印机正确型号。

5.在下面的对话框中输入打印机的名称，单击“下一步”按钮，系统将开始自动安装打印机的驱动程序。

当打印机的安装完成后，在“打印机”窗口中，将显示刚刚添加的打印机图标，如图2-24所示。

（二）安装网络打印机

用户不但可以在本地计算机上安装打印机，如果用户是连入网络的，且网络中有已共享的打印机，也可以安装网络打印机，使用网络中的共享打印机来完成打印作业。具体操作如下：

1.打开“开始”菜单，在搜索框中输入“打印”，则在开始菜单最上方出现“打印管理”窗口，如图2–26所示。

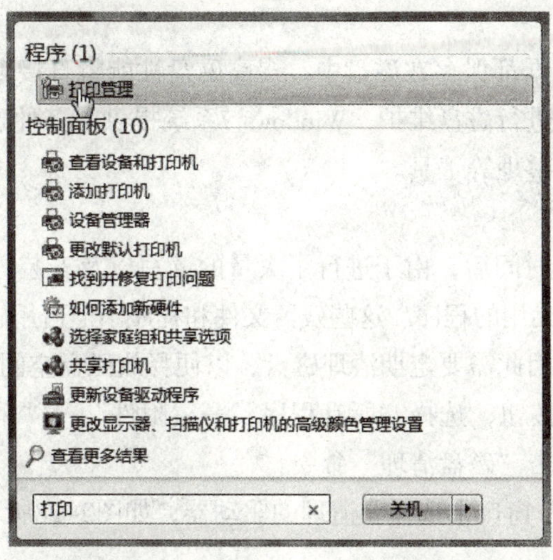

图2–26　在“开始”菜单中搜索“打印”的结果

2.双击“打印管理”，在左侧窗格中右击“打印服务器”，在弹出的快捷菜单中选择“添加/删除服务器”命令。

3.打开如图2–27所示的“添加/删除服务器”对话框，单击“浏览”按钮打开“选择打印服务器”对话框，在该对话框中将列当前所在的工作组中所有计算机名，用户选择其中一个计算机名后单击“选择服务器”按钮，该计算机名就出现在“添加/删除服务器”对话框中的“指定打印服务器”下的文本框中。

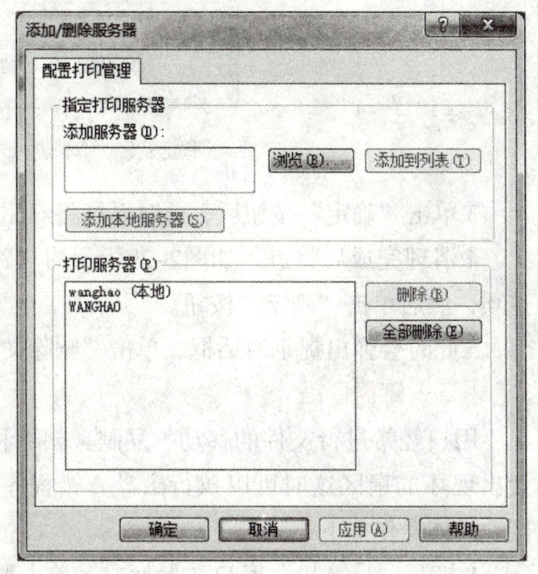

图2–27　“添加/删除服务器”对话框

4.依次单击“添加到列表”按钮、“应用”按钮及“确定”按钮，

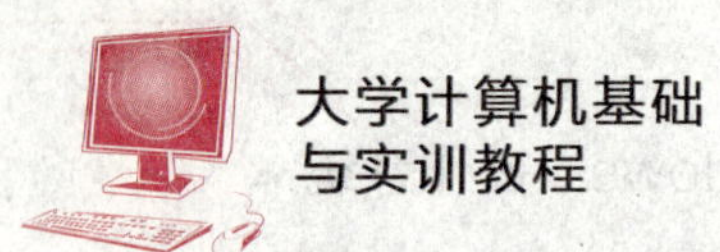

这样就添加了打印机服务器。

5.最后在“开始”菜单搜索框中输入打印服务器的IP地址，这时打开了打印机服务器中共享的打印机；右击要使用的共享打印机，在弹出的菜单中选择“连接”，然后单击“确认”按钮，这样网络打印机就安装好了。

三 磁盘管理

计算机的所有数据都保存在磁盘中，提高磁盘性能将直接影响系统运行效率。为了帮助用户更好地进行磁盘维护，Windows 7系统提供了多种磁盘维护工具，例如磁盘清理和磁盘碎片整理等工具。

（一）磁盘清理

计算机使用一股时间后，由于进行了大量的读写以及安装等操作，会使磁盘上存留许多临时文件或无用的程序。这些残留文件和程序不但占用磁盘空间，而且会降低系统的整体性能。因此需要定期清理磁盘，以便释放磁盘空间，具体方法如下。

1.单击“开始”按钮，选择“所有程序”→“附件”→“系统工具”，在弹出菜单的系统工具中单击“磁盘清理”命令。

2.在“磁盘清理”窗口中选择要清理的驱动器，如图2-28所示。

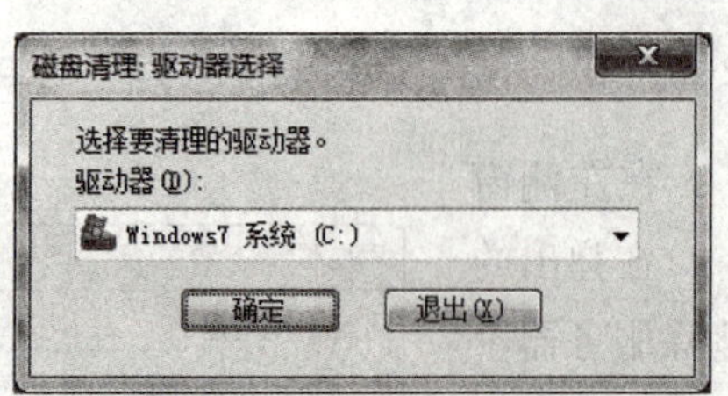

图2-28 “驱动器选择”对话框

3.单击“确定”按钮后，此时系统将对驱动器上的文件进行分析和统计。

4.清理完成后将进入如图2-29所示的“磁盘清理”对话框，选择要删除的文件选项，然后单击“确定”按钮。

5.此时会弹出提示对话框，单击“删除文件”按钮即可永久删除所选的文件。

（二）磁盘查错

用户经常进行文件的移动、复制、删除和程序的安装、删除等操作，磁盘可能会出现坏的扇区这时可以执行磁盘查错程序来修复文件系统的错误，恢复坏的扇区。具体操作如下：

1.打开“计算机”窗口，鼠标右键单击要进行磁盘查错的磁盘图标，在弹出的快捷菜单中选择“属性”命令。

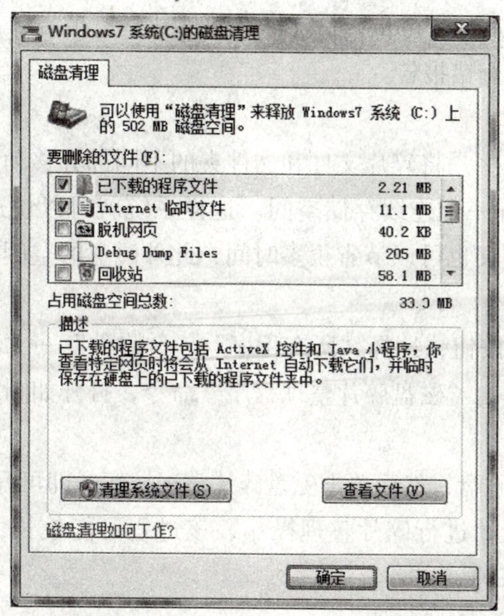

图2-29　“磁盘清理”对话框

2.在打开如图2-30（a）所示的“本地磁盘属性”对话框中，选择“工具”选项卡，在“查错”选项组中，单击“开始检查”按钮，打开如图2-30（b）所示的“检查磁盘”对话框。

3.选中“自动修复文件系统错误”复选框，单击“开始”按钮，即可开始查错，并显示磁盘查错进度，如图2-30（c）所示。

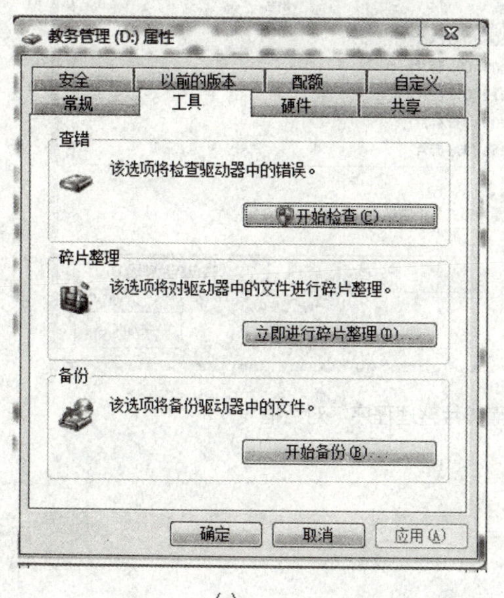

(a)

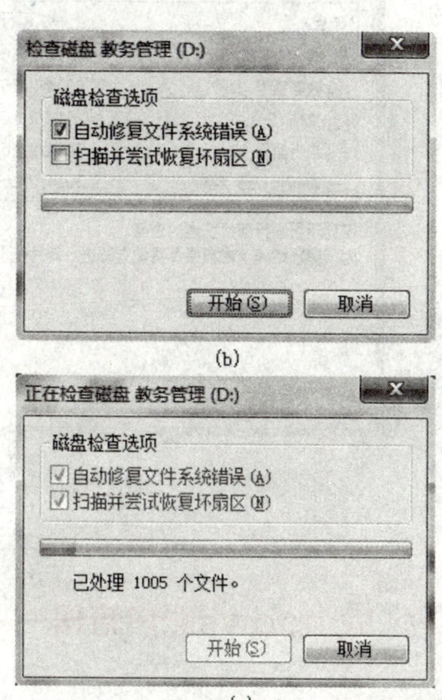

图2-30　磁盘查错

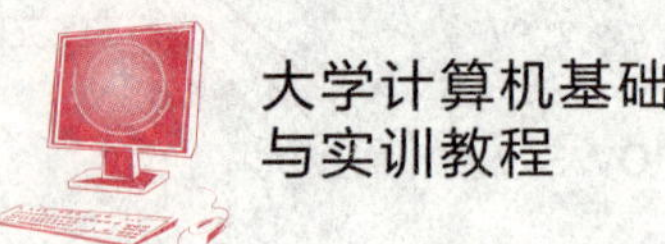

4.查错工作完成后，Windows系统将自动打开查错报告对话框，单击“详细消息”按钮，即可显示查错报告。

（三）磁盘碎片整理

磁盘碎片整理程序是将碎片文件和文件夹的不同部分移动到卷上的同一位置，使文件和文件夹拥有一个连续存储空间。这样系统就可以快速地读取文件或文件夹，新建文件和文件夹也可以节省很多时间，此外磁盘的空闲空间也将增多。具体操作如下：

1.单击“开始”按钮，选择“所有程序”→“附件”→“系统工具”，在弹出的系统工具选项中单击“磁盘碎片整理程序”命令，打开如图2-31示的“磁盘碎片整理程序”窗口。

2.选择要整理的磁盘，然后单击磁盘碎片整理按钮，即可开始整理磁盘碎片。

3.此时系统将开始进行碎片整理操作，该过程可能较长，整理完毕单击“关闭”按钮即可。

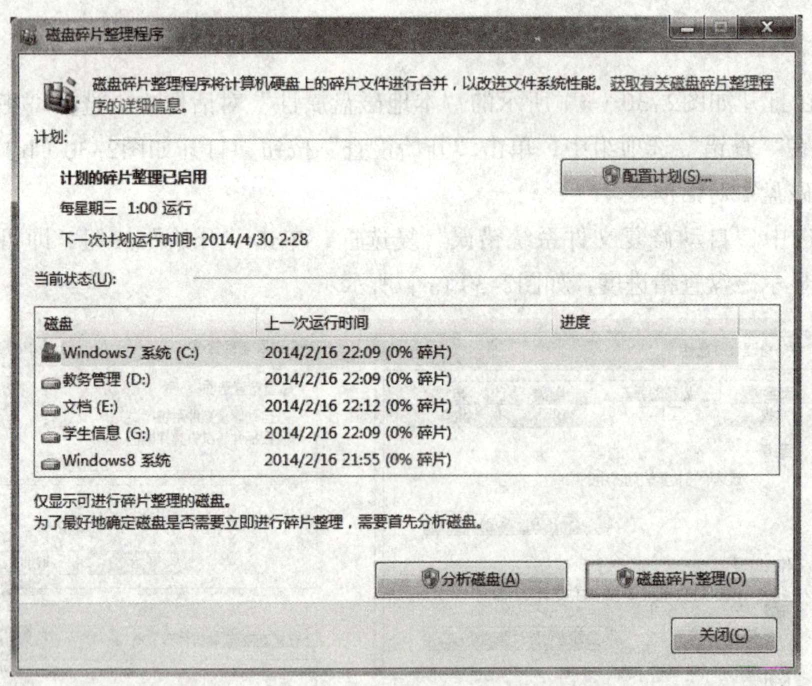

图2-31 “磁盘碎片整理程序”对话框

四 Windows账户管理

Windows 7是一个多用户多任务的操作系统，它允许每个使用计算机的用户编辑自己的专用工作环境。每个用户都可以为自己建立一个用户账户并设置密码，只有正确地输入用户名和密码之后才能进入到系统中。每个账户登录之后都可以对系统进行自定义设置，其中一些隐私信息必须登录之后才可见，这样使用同一台计算机的用户就不会互相干扰了。

（一）创建新的用户账户

管理用户账户的最基本操作就是创建新账户。安装Windows 7操作系统后，用户第一次启动系统时建立的账户属于“管理员”类型，在系统中只有“管理员”账户才能创建新用户。具体操作如下：

1.在“控制面板”窗口中双击“用户账户”图标，打开“用户账户”窗口。

2.单击“管理其他账户”链接，进入“管理账户”窗口，如图2-32所示。

3.单击“创建一个新账户”链接，打开“创建账户”窗口，在光标所在文本框输入要创建的用户账户名称，如wang。单击“创建账户”按钮即可创建一个新账户。

图2-32　“管理账户”窗口

（二）用户账户管理

Windows账户管理
视频来源：酷六网

创建用户账户后，用户可以更改这个账户的用户名称、用户图片、用户密码、账户类型设置以及账户控制设置。具体操作过程如下：

1.在“管理账户”窗口中单击已创建的账户，打开“更改账户”窗口，如图2-33所示。单击“创建密码”链接，在打开的“创建密码”窗口中即可为账户创建密码。

2.单击“更改图片”链接，在打开的“更改图片”窗口中即可将喜欢的图片更改为自己的账户图片。

3.单击“更改账户名称”链接，在打开的“重命名账户”窗口中即可更改账户名称。

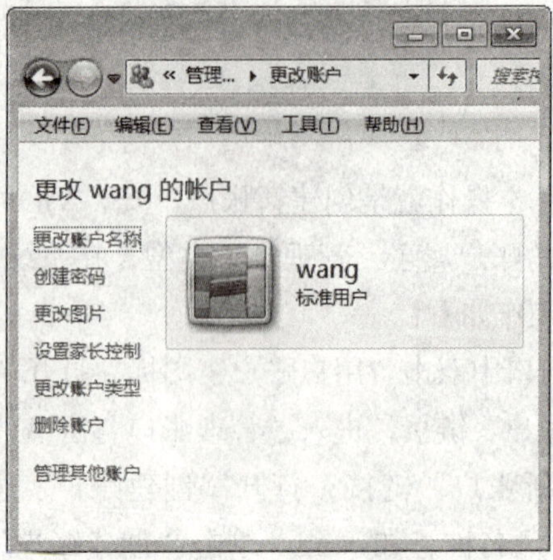

图2-33　“更改账户”窗口

（三）删除账户

创建过多的用户账户可能会影响登录系统的效率，此时就需要删除不需要的用户账户。在删除用户账户之前，必须先登录到具有“管理员”类型的账户。具体操作如下：

1.双击“控制面板”窗口中的“用户账户”图标，打开“管理账户”窗口。

2.单击要删除的账户图标，打开“更改账户”窗口。

3.单击“删除账户”链接，进入“删除账户”窗口。在此窗口中提示用户可选择是否保存账户中的用户配置文件，例如选择“删除文件”，如图2-34所示。

4.打开如图2-35所示的“确认删除”窗口，单击“删除账户”按钮，即可删除该账户。

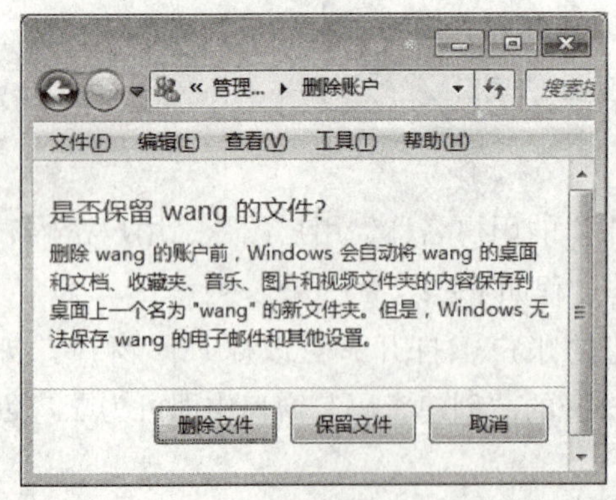

图2-34　“删除账户”窗口

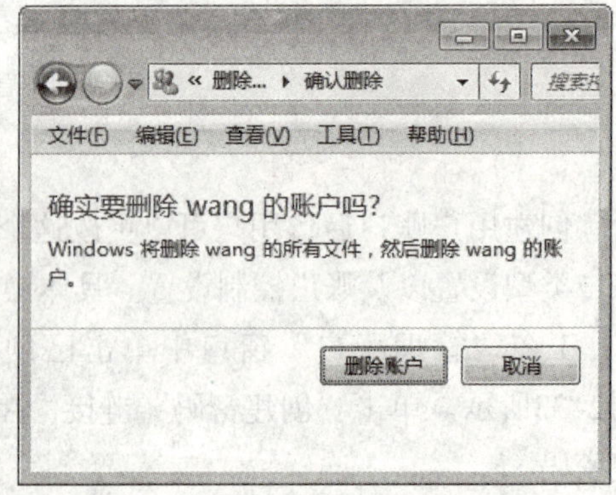

图2-35　“确认删除”窗口

五 外观和主题的设置

（一）更改桌面背景

桌面背景就是Windows 7操作系统桌面的背景图案，也称为墙纸，墙纸文件可以是图像文件或HTML文件。桌面背景采用的是系统安装时默认的设置，用户可以根据自己的爱好更换桌面背景。具体操作如下：

1.在桌面空白处单击鼠标右键，打开“个性化”窗口，单击左下方的“桌面背景”链接，进入“桌面背景”窗口。

2.在“图片位置”下拉列表中选择需要的图片文件夹，此时，下方的列表框中就会显示出该文件夹中包含的图片，单击其中一张图片即可。如果要更改文件夹可单击“浏览”按钮，打开“浏览文件”对话框，在其中选择一个图片文件夹即可，如图2-36所示。

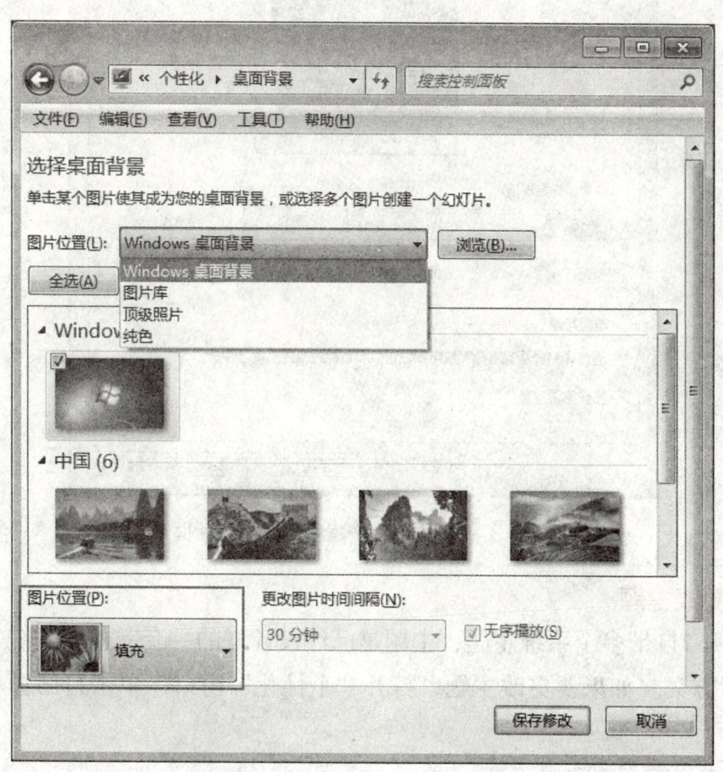

图2-36　“桌面背景”窗口

3.在“桌面背景”窗口左下角的“图片位置”下拉列表中选择合适的显示方式。设置完成后单击“保存修改”按钮，返回并关闭“个性化”窗口。

小技巧：用户也可以右击要设置为桌面背景的图片，在弹出的快捷菜单中选择

“设置为桌面背景”命令，即可将该图片设置为桌面背景。

（二）屏幕保护程序

屏幕保护程序简称屏保，是专门用于保护计算机屏幕的程序，使显示器处于节能状态。在一定时间内，如果没有使用鼠标或键盘进行任何操作，显示器将进入屏保状态。需要时晃动一下鼠标或按下键盘上的任意键，即可退出屏保。

在“个性化”窗口中单击“屏幕保护程序”链接，打开“屏幕保护程序设置”对话框，在“屏幕保护程序”下拉列表中选择需要的屏保，如“彩带”；在“等待”微调框中设置等待时间，如图2-37所示。设置完成后单击“确定”按钮关闭对话框。如果不需要使用屏保，可以将“屏幕保护程序”设置为“无”。

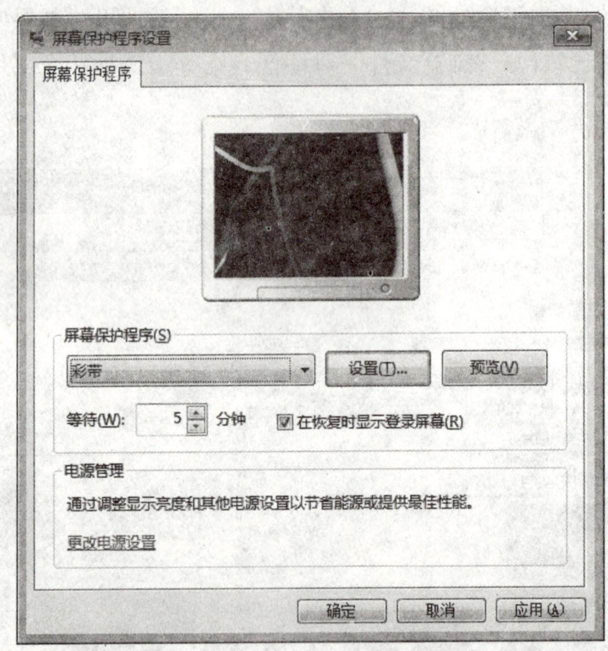

图2-37 “屏幕保护程序设置”对话框

（三）更改主题

Windows 7自带多个系统主题，主题是已经设计好的一套完整的系统外观和系统声音的设置方案。如果要更改主题，打开“个性化”窗口，单击自己喜欢的主题选择链接即可。

（四）添桌面小工具

Windows 7包含很多小工具，例如“天气”“日历”“时钟”等，这些小工具都可以显示在桌面上。在桌面空白处单击鼠标右键，在弹出的快捷菜单中选择“小工具”命令，进入“小工具”窗口，如图2-38所示。双击要添加的小工具即可。

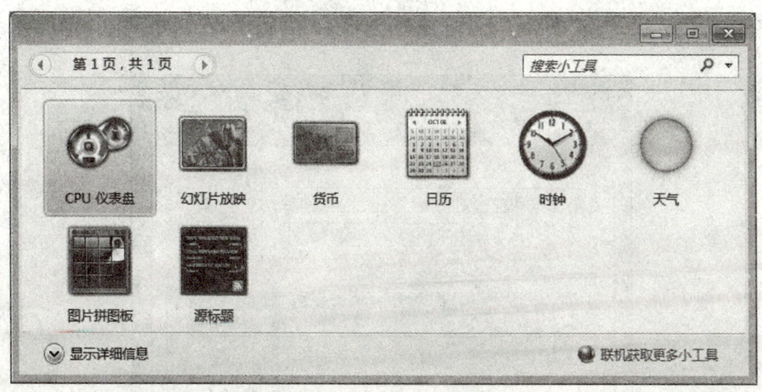

图2-38　“小工具”窗口

（五）更改显示器分辨率和刷新率

显示器的设置主要包括显示器的分辨率和刷新率，分辨率是指显示器所能显示象素点的数量，设置刷新频率主要是防止屏幕出现闪烁现象，计算机显示画面的质量与屏幕分辨率和刷新频率息息相关。

在桌面空白处单击鼠标右键，在弹出的快捷菜单中选择“屏幕分辨率”命令，打开“屏幕分辨率”窗口，在“分辨率”下拉列表中选择合适的分辨率，如图2-39所示。单击右下角“高级设置”链接，打开“属性”对话框，切换到“监视器”选项卡，在“屏幕刷新频率”下拉列表中选择合适的频率，设置完成后单击“确定”按钮，关闭“屏幕分辨率”窗口即可。

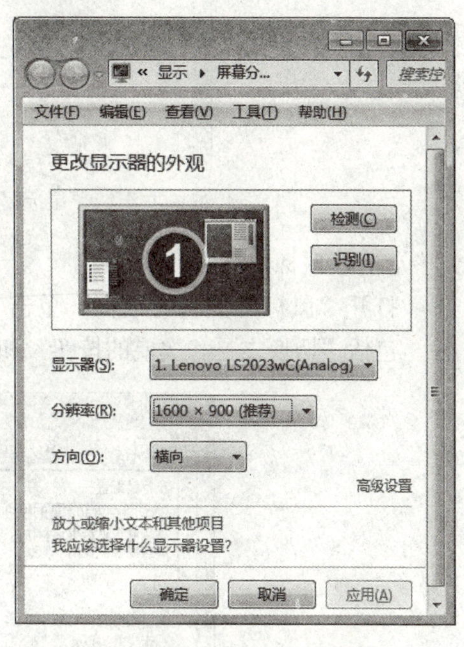

图2-39　“屏幕分辨率”窗口

六　鼠标键盘设置

鼠标和键盘是最基本的计算机输入设备，几乎所有的用户操作都离不开这两样东西。Windows 7安装之后，虽然鼠标和键盘已经可以用了，但是这样默认的工作方式未必能满足每一个人的需求。因此用户可以根据自己的需要，对鼠标和键盘进行一些调整。

（一）鼠标设置

1.更改鼠标形状

打开“个性化”窗口，单击左侧的“更改鼠标指针”链接，打开“鼠标属性”

对话框。单击“指针”选项卡，即可对指针形状进行设置，如图2-40所示。

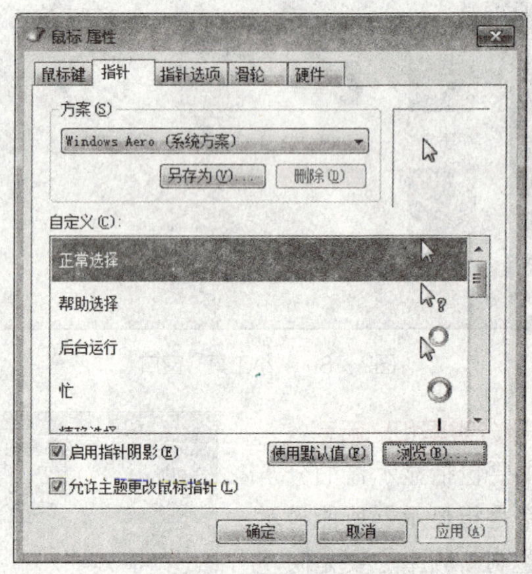

图2-40 “鼠标属性”对话框“指针”选项卡

鼠标设置
视频来源：优酷网

2.更改鼠标按键属性

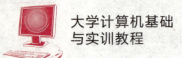

打开“鼠标属性”对话框，单击“鼠标键”选项卡，即可更改鼠标按键的属性，包括“切换主要和次要的按钮”和“双击速度”。如图2-41所示。

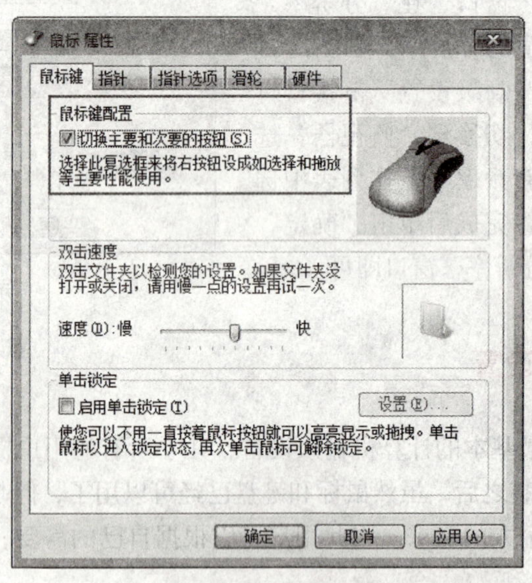

图2-41 “鼠标属性”对话框“鼠标键”选项卡

3.更改鼠标移动方式

打开“鼠标属性”对话框，单击“指针选项”选项卡，即可调整鼠标指针移动速度和移动轨迹，如图2-42所示。设置完成后单击“确定”按钮后生效。

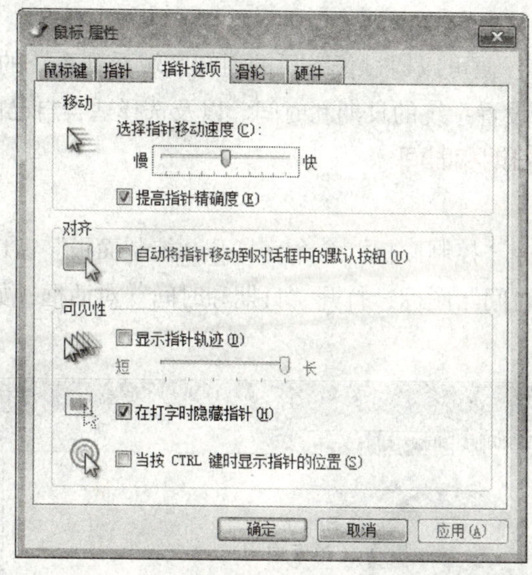

图2-42 “鼠标属性”对话框“指针选项”选项卡

（二）键盘设置

当输入文字时，如果按住键盘的一个键不放，将首先输入该键代表的字符，稍微停顿一下后紧跟着就会快速连续输入多个该字符，这个过程叫作键盘的字符重复。用户可以通过更改键盘的字符重复属性来设定这种字符重复的效果。

单击控制面板中的“键盘”图标，打开“键盘属性”对话框，如图2-43所示。在该对话框中可以对字符重复延迟、重复速度和光标闪烁速度进行设置。

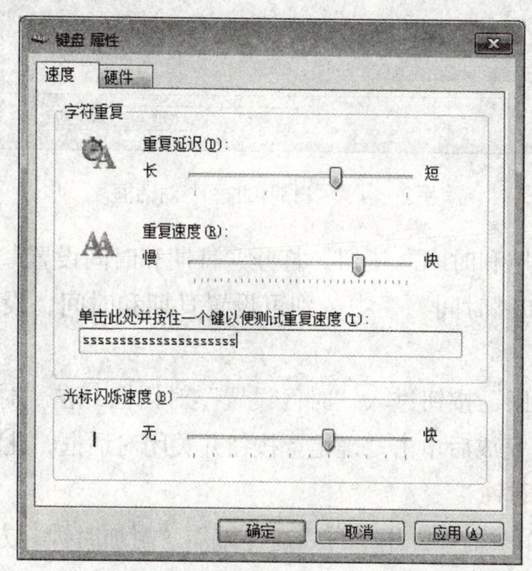

图2-43 “键盘属性”对话框

七 》日期和时间设置

当计算机启动后，便可以通过任务栏的通知区域看到系统的当前时间。此外，还可以根据需要重新设置系统的日期和时间，以及选择适合自己的时区。

（一）手工设定日期和时间

具体操作如下：

1.单击“开始”→“控制面板”命令，打开“控制面板”窗口。

2.双击“日期和时间”图标，打开“日期和时间”对话框，如图2–44所示。

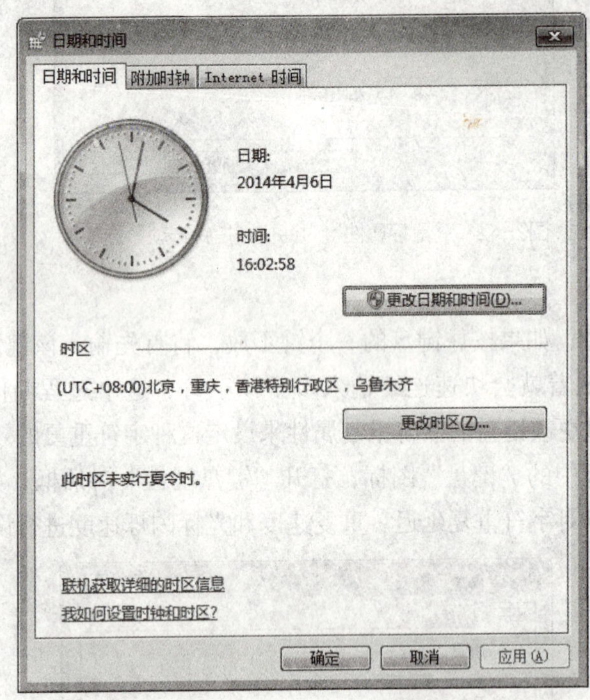

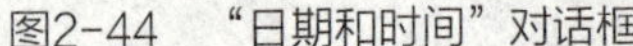
图2–44　“日期和时间”对话框

3.单击“更改日期和时间”按钮，打开“日期和时间设置”对话框，如图2–45所示。在“日期”和“时间”栏中分别可设置日期和时间，设置完成后单击“确定”按钮返回。

4.单击“更改时区”按钮进入“时区设置”对话框，在“时区”下拉列表中选择合适的时区。设置完成后单击“确定”按钮并关闭对话框，此时设置生效。

（二）添加附加时钟

在Windows 7操作系统中，用户可以通过添加“附加时钟”方式，同时查看多个不同时区的时间。

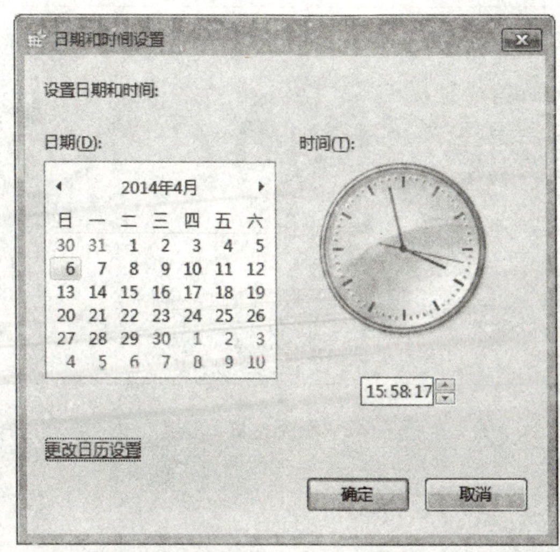

图2-45 “日期和时间设置”对话框

打开“日期和时间”对话框，切换到“附加时钟”选项卡。单击第1个“显示此时钟”复选框，在“选择时区”下拉列表中选择需要的时区，在“输入显示名称”文本框中输入时钟名称即可。用同样的方法可以设置第2个时钟，如图2-46所示。设置完成后，单击任务栏上的时间选项，即可看到显示3个时区时间的时钟，如图2-47所示。

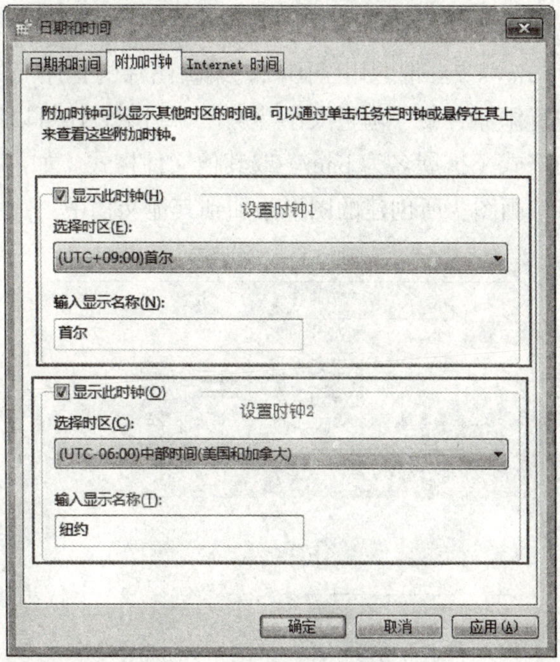

图2-46 “附加时钟”选项卡

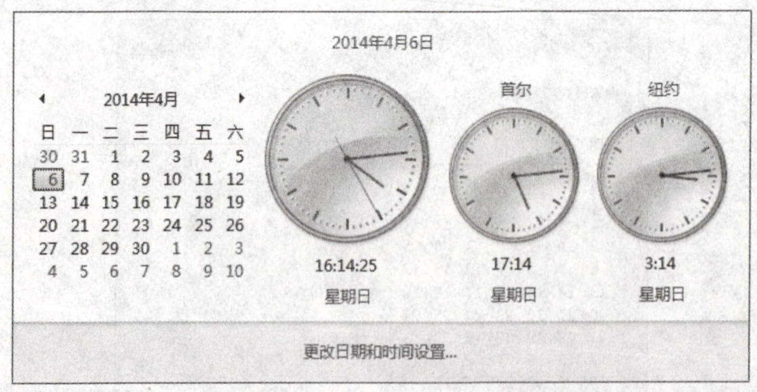

图2-47　任务栏时间选项

项目四　Windows 7附件程序

Windows 7系统在附件中集成了一些常用的程序，当用户要处理一些要求不是很高的工作时，可以利用附件中的工具来完成。

画图

视频来源：酷六网

一　画图

画图程序是Windows 7自带的用于画图、编辑图片的程序。通过画图程序，可以轻松地为图片进行添加文字、调整大小等操作。利用它还可以制作各种类型的图形，以位图文件的格式（扩展名为.bmp）或其他文件格式（如.jpg、.gif）保存，还可以通过剪贴板将“画图”所创建的图形添加到其他文档中去。“画图”程序的窗口如图2-48所示。

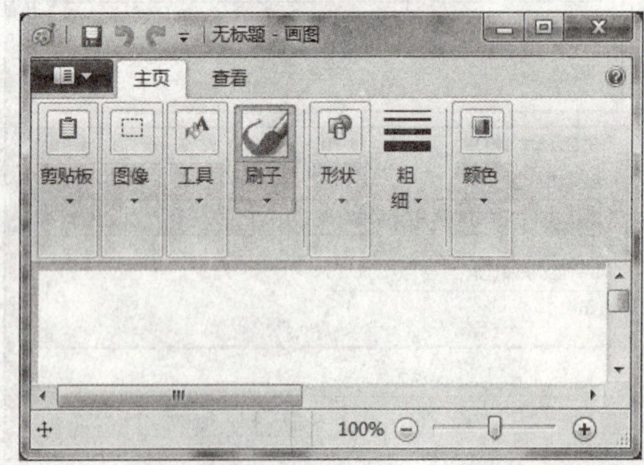

图2-48　“画图”程序窗口

二 记事本

记事本是Windows 7提供的一个小型文本编辑器，只能处理不大于50KB的纯文本文件。由于“记事本”的使用既方便又快捷，生成的纯文本文件（扩展名为.txt）通用性极强，所以非常实用和受欢迎。

三 写字板

记事本只能处理不带格式的文本，如果要对文本进行格式的编排，就可以使用写字板。写字板具有很强的文本编辑功能，而且能生成多种文件格式。

写字板

视频来源：优酷网

四 计算器

计算器是Windows系统中自带的小程序，Windows 7中的计算器具有完全不同于以往版本的功能，有标准型、科学型、程序员和统计4种模式。通过“查看”菜单，可以在不同形式的计算器之间进行切换，如图2-49所示。标准型计算器用于简单的算术运算。科学型计算器可以进行较为复杂的数学运算，如指数运算、三角函数运算等，并且可以用二进制、八进制、十进制、十六进制等不同的进位计数制进行运算。

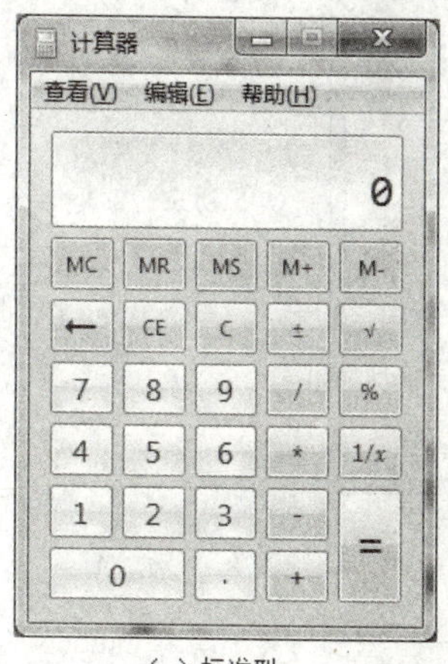

（a）标准型

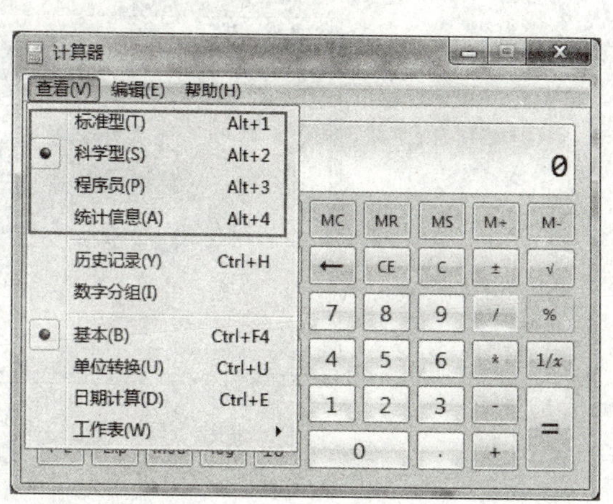

（b）科学型

图2-49 计算器

五 截图工具

Windows 7系统自带的截图工具可以按任意形状、矩形、窗口、全屏4种方式截图，并将截取的图形保存为通用的.gif、.jpg格式文件。新建截图的操作如下：

1.单击“开始”按钮，从弹出的菜单中选择“所有程序”→“附件”→“截图工具”，打开“截图工具”窗口。

2.单击“新建”按钮右侧的下拉按钮，从弹出的菜单中选择截图方式，如选择“任意格式截图”，如图2-50所示。

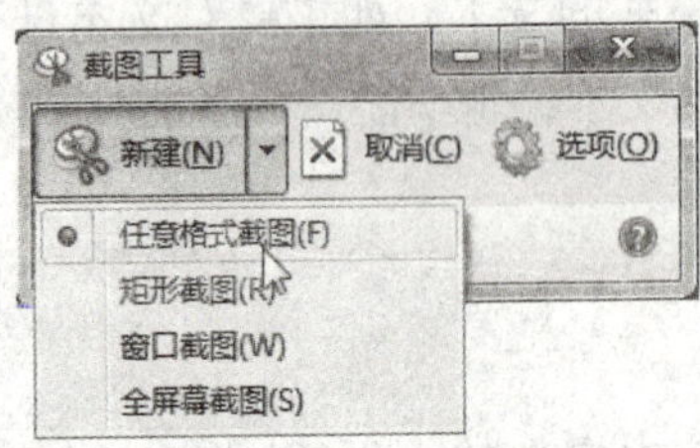

图2-50 选择截图方式

截图工具
视频来源：优酷网

3.此时鼠标指针变成十字形状，单击要截图图片的起始位置，按住鼠标不放，拖动选择要截取的图像区域，释放鼠标即完成截图，此时在截图工具窗口中显示所截取的图像，如图2-51所示。

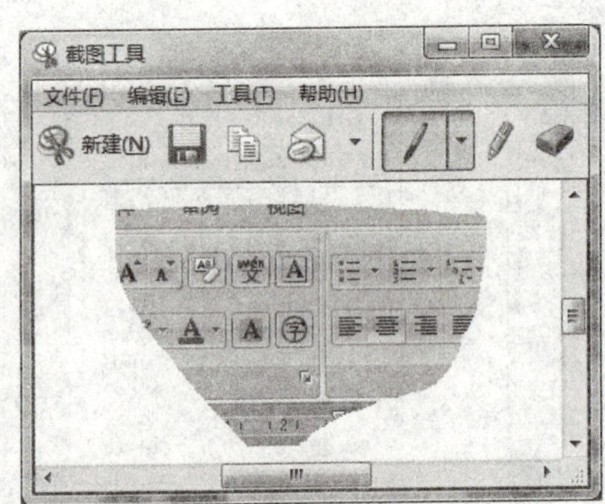

图2-51 “截图工具”窗口

模块三 Word 2010文字处理软件

模块导言

Word 2010是微软公司推出的办公自动化套装软件Microsoft Office 2010中的一个组件，主要用于创建、编辑、排版、打印各类用途的文档。它们以其集成性、智能性、易用性等特点深受广大用户青睐，为办公自动化提供了便捷的工作方式。本模块作为Word 2010软件应用部分，通过介绍Word 2010基本操作，文档的基本排版，文档的高级排版，Word文档图文混排，介绍了Word 2010的基本使用方法。

学习目标

1.掌握Word 2010的基本操作。

2.掌握Word 2010中文本的编辑方法。

3.掌握文本与段落的格式设置。

4.掌握文本与图形对象的混排技巧。

5.掌握表格的创建、编辑及格式化操作。

6.掌握表格中数据的简单计算及排序。

7.掌握文档版面设置与打印。

8.掌握文档样式的建立、修改与应用。

9.掌握题注、目录的插入及更新。

项目一 Word 2010的基本操作

一 Word 2010的启动与退出

（一）Word 2010的启动

Word 2010的启动方法与Word早期版本的启动方法相同，主要有以下几种：

✧ 单击“开始”→“所有程序”→“Microsoft Office”→“Microsoft Office Word 2010”图标。

✧ 双击电脑中已有的Word 2010文档。

✧ 双击桌面上的Word 2010快捷图标。

（二）Word 2010的退出

在电脑中关闭当前文档与退出Word 2010程序的主要方法有以下几种：

✧ 单击需要关闭文档右上角的“关闭”按钮，关闭当前文档并退出Word 2010程序。

✧ 在当前文档中按下“Ctrl+F4”组合键，关闭当前文档。

✧ 单击“文件”选项卡，在弹出的下拉菜单中选择“关闭”命令，关闭当前文档。

✧ 单击“文件”选项卡，在弹出的下拉菜单中选择“退出”按钮，关闭当前文档并退出Word 2010程序。

Word 2010
操作界面
视频来源：优酷网

二 Word 2010的操作界面

启动Word 2010应用程序后，首先将会看到该软件版权声明的闪现窗体，随后将会打开Word 2010窗口，这是一个标准的Windows应用程序窗口，如图3-1所示。可以看到，同Office 2007一样，Office 2010的操作界面依然按照用户希望完成的任务来组织程序功能，将不同的命令集成在不同的选项卡中，并且相关联的功能按钮又分别归类于不同的组中，从而减少了用户查找命令的时间，使操作变的更方便、快捷。

（一）快速访问工具栏

快速访问工具栏位于标题栏的左侧，默认情况下只有“保存”“撤销”和“恢复”3个功能按钮。用户可根据需要进行添加，单击其右侧的下拉按钮，在弹出的下拉菜单中选择需要添加的工具即可，如图3-2所示。

（二）标题栏

标题栏位于Word 2010窗口的最顶端，用于显示当前编辑文档名称、程序名称以及3个窗口控制按钮。

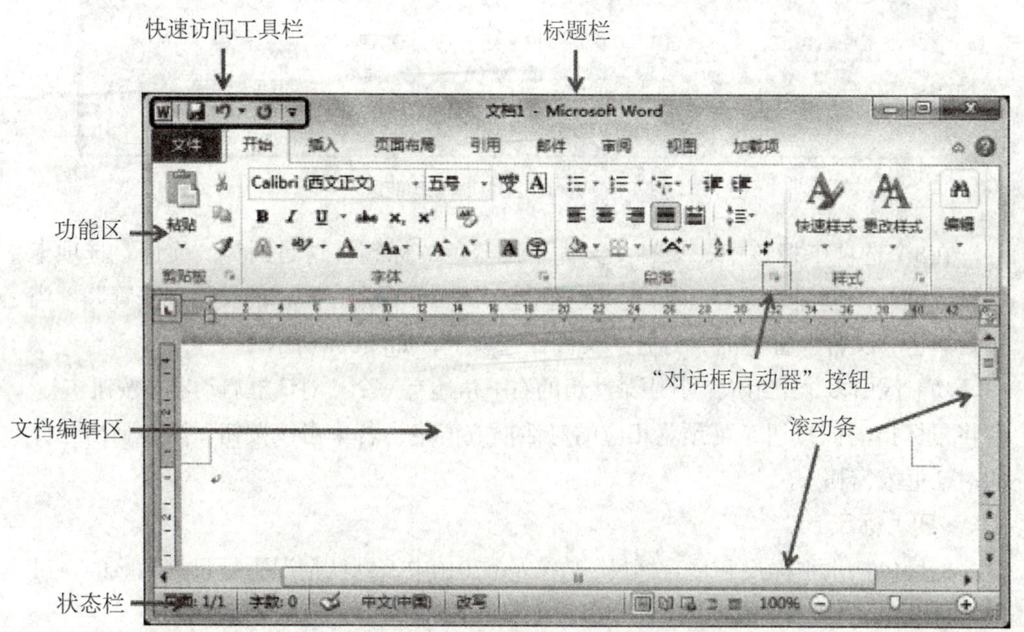

图3-1　Word 2010工作界面

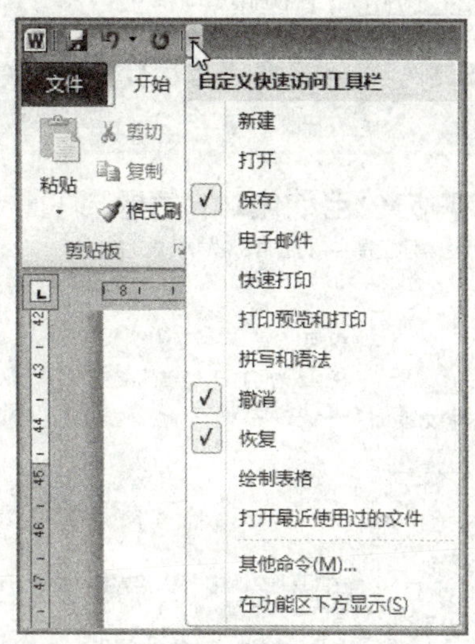

图3-2　快速访问工具栏“快捷菜单”

（三）功能区

功能区位于标题栏下方，它几乎包含了Word 2010的所有编辑功能，如图3-3所示。默认情况下，Word 2010有“文件”“开始”“插入”“页面布局”“引用”“邮件”“审阅”和“视图”等8个选项卡。每个选项卡对应着一个功能区，单击某一个选项卡即可切换到相应的功能区。

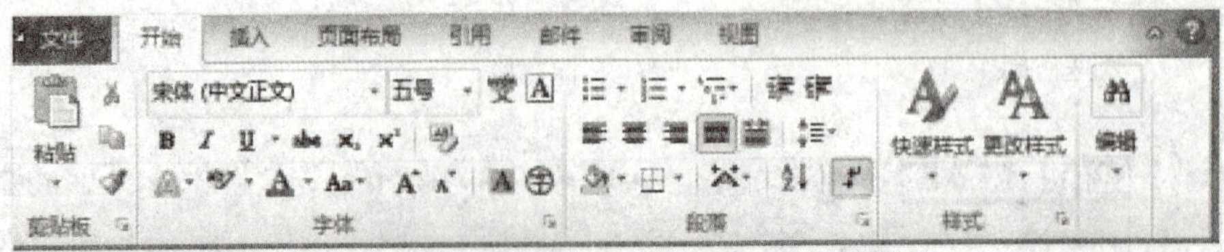

图3-3　Word 2010编辑功能区

在8个选项卡标签中，只有“文件”是蓝色的标签，这是因为“文件”选项卡掌管了文件的创建、保存、打印、发送等工作，可以说是Word的文档“总管”。当用户单击“文件”标签时，打开“文件”选项卡，如图3-4所示。

功能区由多个组组成，其中某些组的右下角还有一个“对话框启动器”按钮，若将鼠标指向该按钮，可预览相应的对话框或窗格；若单击该按钮，则会弹出相应的对话框或窗格。

（四）标尺

标尺包括水平标尺和垂直标尺。在Word 2010中，默认情况下标尺是隐藏的，可以通过单击文档编辑区右上角的“显示标尺”按钮，来显示或隐藏标尺。

可以通过水平标尺来设置首行缩进、悬挂缩进、左边距、右边距、制表符按钮，通过垂直标尺可以设置上边距和下边距。

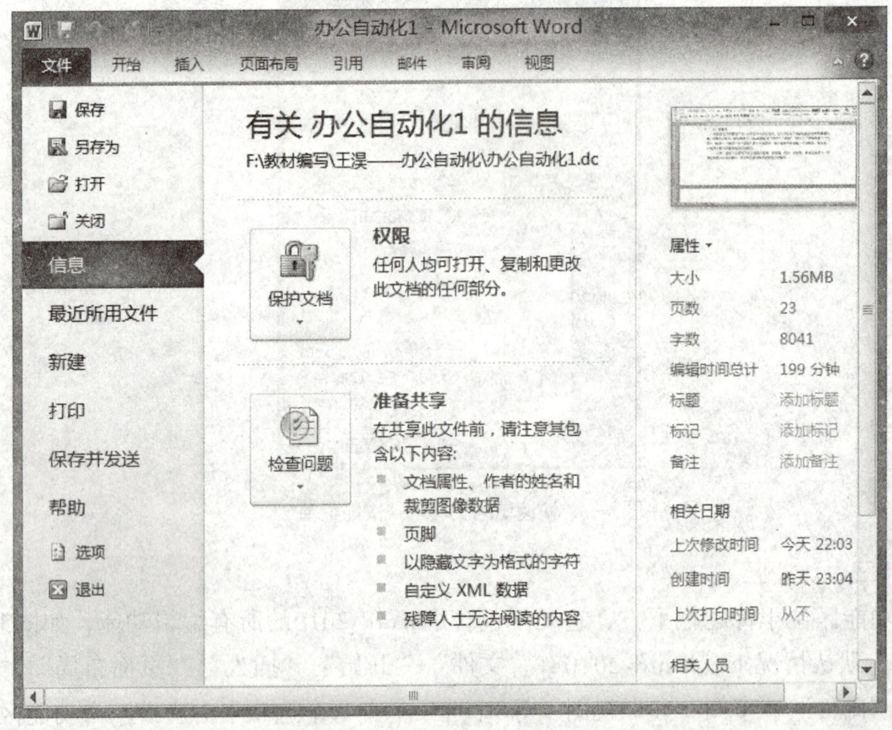

图3-4　“文件”选项卡

（五）文档编辑区

文档编辑区位于Word 2010工作界面的中心位置，以白色显示，是操作界面的重要组成部分，文档的输入与编辑等操作均在该区域中进行。

（六）状态栏

状态栏位于工作界面的最下方，用于显示编辑区中当前文档的状态信息，如当前页数/总页数、文档的字数、视图的切换按钮和显示比例调节工具等。

（七）滚动条

滚动条分为垂直滚动条和水平滚动条，分别位于文档编辑区域的右侧和底端。

拖动滚动条中的滚动块，编辑区中显示的区域会随之滚动。单击滚动条中的“上一页”按钮 或“下一页”按钮 ，文档会向前或向后翻一页。

（八）动态选项卡

在Word 2010中，会根据用户当前操作的对象自动的显示一个动态选项卡，该选项卡中的所有命令都与当前用户操作的对象相关。例如，当用户选择了文中一张表格，在功能区中，Word会自动产生一个“表格工具”动态命令标签，如图3-5所示。

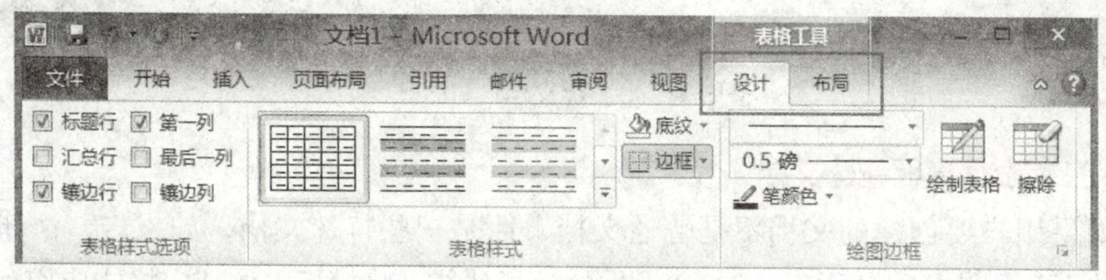

图3-5　动态命令标签

三 文档的基本操作

文档基本操作

视频来源：优酷网

（一）新建文档

当用户启动Word 2010应用程序后，系统将自动创建一个基于Normal模板的空白文档，并在标题栏上显示“文档1-Microsoft Word”字样，用户可以直接在该文档中输入并编辑内容。

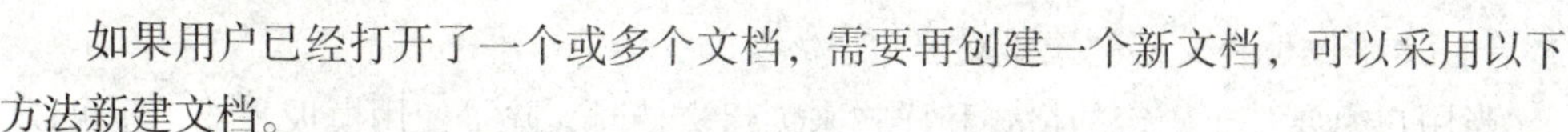

如果用户已经打开了一个或多个文档，需要再创建一个新文档，可以采用以下方法新建文档。

（二）新建空白文档

切换到“文件”选项卡，选择“新建”选项，打开如图3-6所示的新建窗口，在“可用模板”选项区中双击“空白文档”选项，即可新建一个空白文档。

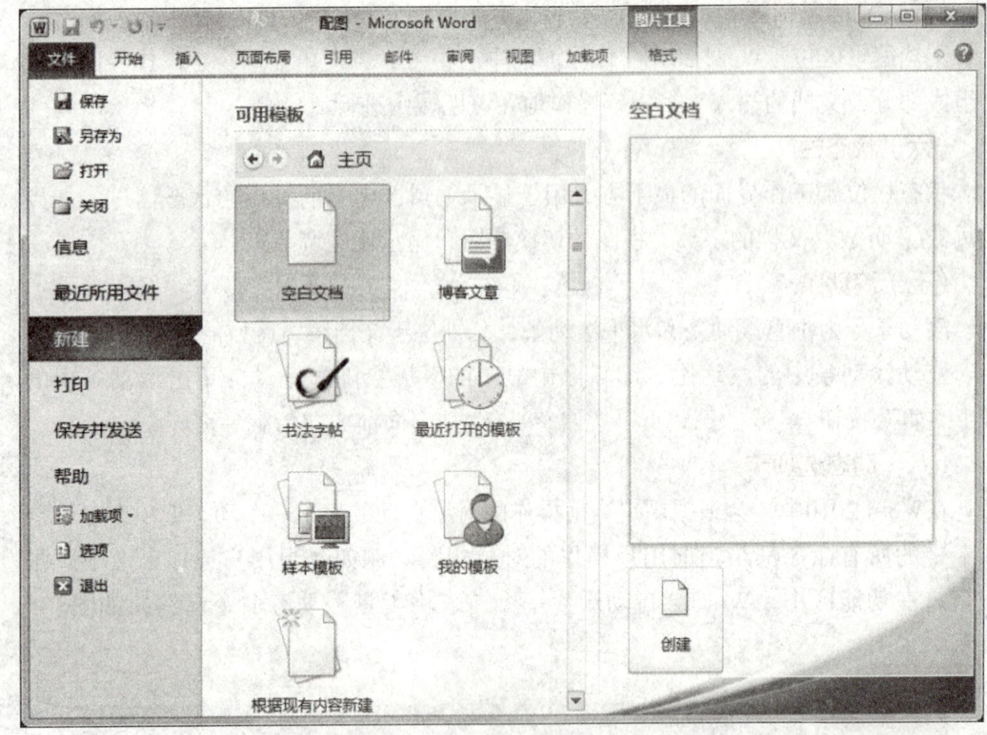

图3-6 "新建文档"对话框

（三）根据模板新建文档

如果用户要创建的文档不是普通文档，而是一些特殊文档，如报告、法律文书、传真等，就可以使用Word 2010提供的模板功能，将模板中的特定格式应用到新建文档中。创建完成后，用户只需从中进行适当的修改即可。具体操作如下：

1.在窗口中选择"文件"选项卡，选择"新建"选项，打开新建窗口。

2.在"可用模板"列表框中显示出Word 2010预设的模板，单击"样本模板"按钮，可以显示出电脑中已存在的模板样本，如图3-7所示。

3.选择需要的模板选项，单击"创建"按钮，然后在返回的文档中即可看到使用模板新建文档的效果。

除了电脑中预设的样本模板之外，Office 2010的官方网站上还提供了在线模板下载。

（四）根据现有文档创建新文档

当用户想要基于一定的格式和样式来创建文档时，除了使用模板之外，还可以根据已经完成的文档创建一份同样样式的新文档，具体操作如下：

1.切换到"文件"选项卡，选择"新建"选项，在新建窗口中单击"可用模板"列表框中的"根据现有内容创建"按钮。

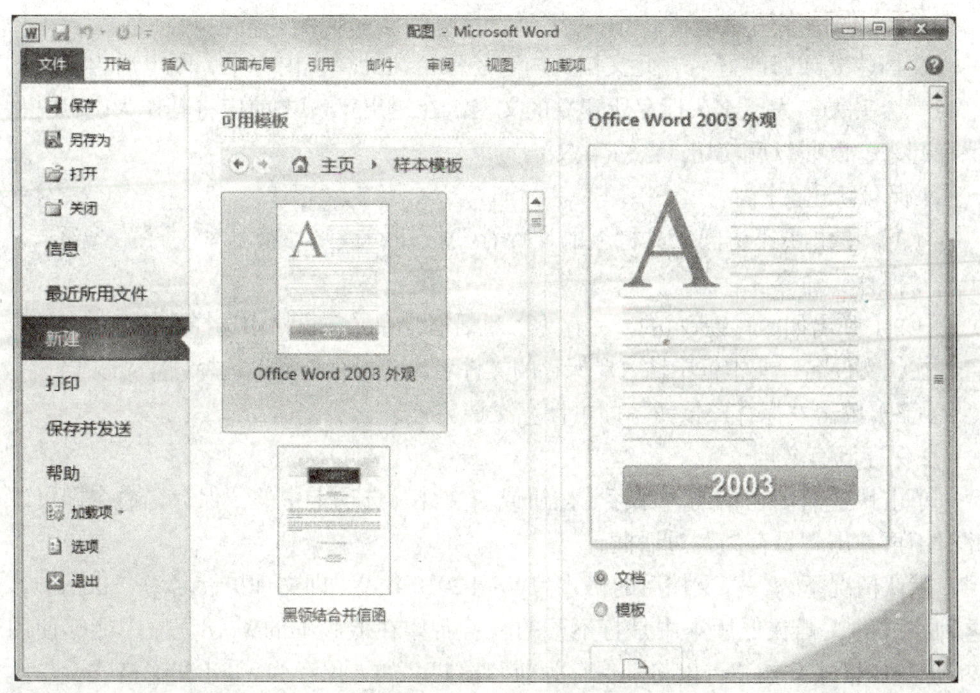

图3-7　“新建文档”对话框

2.打开“根据现有文档新建”对话框，如图3-8所示。

3.查找并选择源文档，单击“创建”按钮，系统将以打开所选文档的副本来创建一个新文档，新文档默认命名为“文档1”。

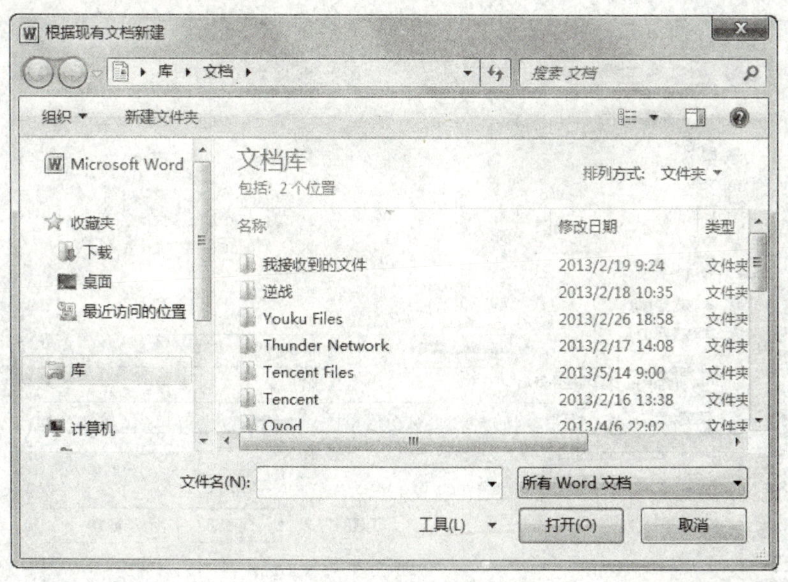

图3-8　“根据现有文档新建”对话框

（五）保存文档

文档建立或修改好后，此文档的内容还保留在计算机内存中，断电后内存中的信息就会丢失。为了永久保存所建立的文档，在退出Word之前应将其作为磁盘文件保存起来，以便以后使用。

1.保存新建文档

（1）单击快速访问工具栏上的“保存”按钮，或者切换到“文件”选项卡，单击“保存”命令。

（2）弹出如图3-9所示的“另存为”对话框，在导航窗格中选择文档要保存的位置，在“文件名”文本框中输入要保存的文件名，“保存类型”选择“Word文档”。

（3）单击“保存”按钮，即可保存文档。

2.保存已有文档

单击快速启动栏中的“保存”按钮或“文件”选项卡中的“保存”命令即可，此时不再弹出“另存为”对话框。

默认情况下，保存文档后的格式为Word 2010格式，即文件扩展名为“.docx”，这种格式的文档在低版本中是打不开的。若希望在低版本的Word程序中能够使用Word 2010格式文档，可以将其保存为兼容模式，如：保存为Word 2003格式。具体操作如下：

Word 2010
基本操作
视频来源：酷六网

（1）执行“文件”→“另存为”→“保存类型”→“Word 97-Word 2003模板”命令，如图3-10所示。

（2）在弹出的“另存为”对话框中设置好文档的保存路径及文件名，然后单击“保存”按钮即可。

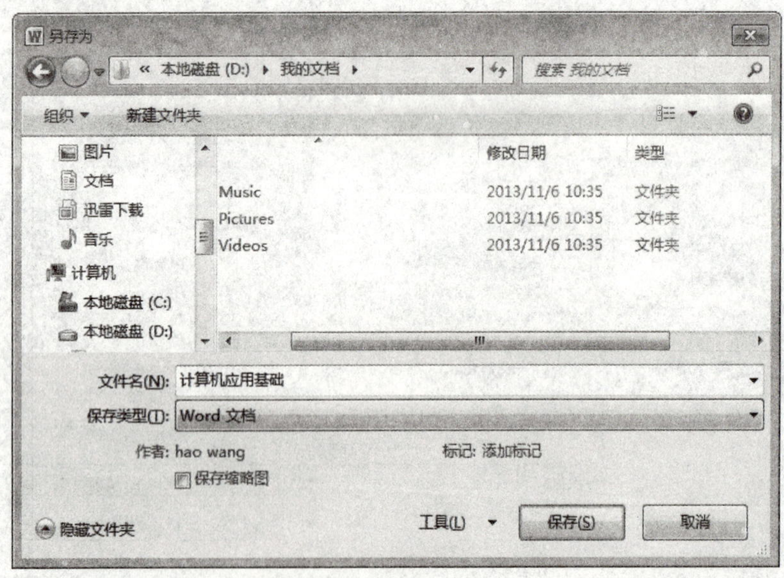

图3-9 “另存为”对话框

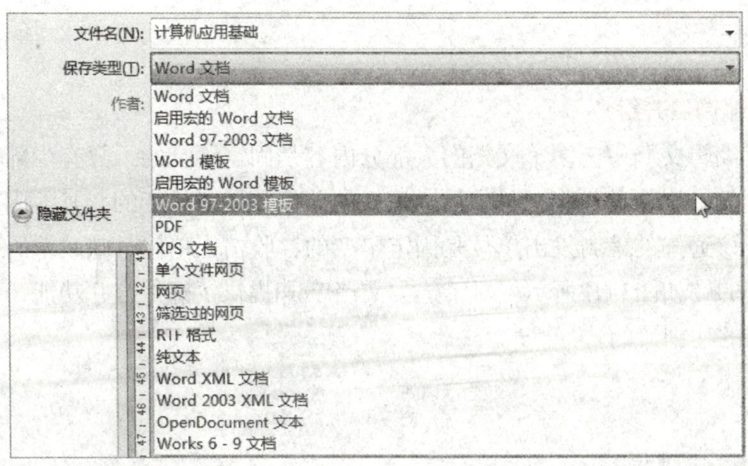

图3-10 Word 2010文档兼容格式

小技巧：切换到“文件”选项卡，单击“选项”命令，打开“Word选项”窗口，在窗口左侧单击“保存”，在窗口右侧中的“保存文档”区域可以设置自动保存时间及保存位置。

3.打开文档

常用的打开文档的方法有以下几种：

✧ 直接单击要打开文档的图标。

✧ 切换到“文件”选项卡，单击“打开”命令，打开如图3-11所示的“打开”对话框。在对话框中找到需要编辑的文件，然后单击“打开”按钮即可。

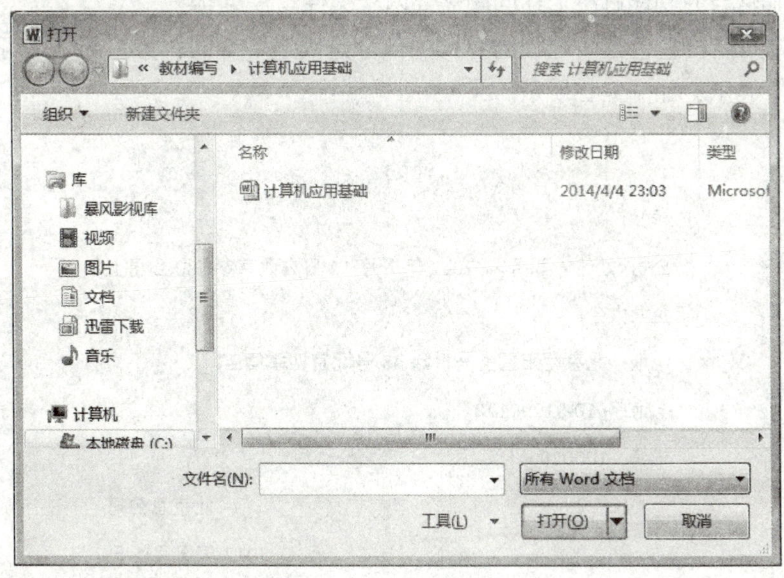

图3-11 “打开”对话框

四 邮件合并

（一）邮件合并综述

在实际编辑文档中，多个文档的大部分内容是固定不变的，只有少部分内容是变化的。例如，会议通知中，只有被邀请人的单位和姓名是变的，其他内容是完全相同的；会议通知的信封发出单位是固定不变的，收信人单位、邮政编码和收信人的姓名是变的，如图3-12所示。对于这类文档Word提供了邮件合并功能，可以方便快捷并精准的达到目的。

通知

湖北分公司：

公司张三总经理，2017 年 2 月 12 日在北京参加总公司上半年企业大会。

地址：北京朝阳区亮马桥路 48 号北京四季酒店

电话：010-51290128

邮编：100020

北京总公司

2017 年 2 月 1 日

图3-12　通知示例

使用邮件合并功能解决上述问题需要两个文件。

1.主控文档：它包含两部分内容，一部分是固定不变的；另一部分是可变的，用“域名”表示，如图3-13所示。

通知

<分公司>：

公司<姓名><职务>，2017 年 2 月 12 日在北京参加总公司上半年企业大会。

地址：北京朝阳区亮马桥路 48 号北京四季酒店

电话：010-51290128

邮编：100020

北京总公司

2017 年 2 月 1 日

图3-13　主控文档

2.数据文件：它用于存放可变数据，如会议通知的单位和姓名，数据文件可以用Excel编写，如图3-14所示。

姓名	分公司	邮箱	职称
方方	巢湖分公司	fangfang@126.com	经理
于飞	蚌埠分公司	yf@126.com	经理
张晓磊	芜湖分公司	XL@163.com	经理
王明芳	安庆分公司	WANGMF@sina.com	经理
李明	黄山分公司	MM@126.com	经理

图3-14　数据文件

（二）使用邮件合并功能

1.使用“邮件合并向导”创建套用信函、邮件标签、信封、目录以及大量电子邮件和传真。按如下步骤操作。

（1）打开或创建主文档后，再打开或创建包含单独收件人信息的数据源。

（2）在主文档中添加或自定义合并域。

（3）将数据源中的数据与主控文档合并，创建新的、经合并的文档。

2.邮件合并功能。

先确定文档和文档格式。制作数据文件、创建主控文档、在主文档中添加或自定义合并域、将数据源中的数据与主控文档合并，创建新的、已经合并的文档。

具体操作步骤如下。

（1）制作数据文件。存入如图3-14所示的数据。文件名为“会议通知数据.doc”。

（2）创建主控文档。利用Word 文档创建一个会议通知。对文本进行格式化设置。

（3）启用“信函”功能及导入收件人信息。

打开通知，在“邮件/开始邮件合并”选项组中单击“开始邮件合并”下拉按钮，在其下拉列表中选择“信函”命令。接着在“开始邮件合并”选项组单击“选择收件人”下拉按钮，在其下拉列表中选择“使用现有列表”命令。打开“选择数据源”对话框，在对话框的“查找范围”中选中要插入的收件人的数据源。单击“打开”按钮，打开“选择表格”对话框，在对话框中选择要导入的工作表。单击“确定”按钮，返回文档中，可以看到之前不能使用的“编辑收件人列表”“地址块”“问候语”等按钮被激活，如果要编辑导入的数据源，可以单击“编辑收件人列表”按钮，打开“邮件合并收件人”对话框。在“邮件合并收件人”对话框中，可以重新编辑收件人的资料信息，设置完成后，单击“确定”按钮。

3.插入可变域。

在文档中将光标定位到文档头部，切换到“邮件”选项卡，在“编写和插入域”选项组中单击“插入合并域”下拉按钮。在其下拉列表中选择“单位”域，即可在光标所在位置插入公司名称域。

4.批量生成通知。

切换到“邮件”选项卡，在“完成”选项组中单击“完成并合并”下拉按钮。在其下拉列表中选择“编辑单个文档”命令。打开“合并到新文档”对话框，如果要合并全部记录，则选中“全部”单选项；如果要合并当前记录，则选中“当前记录”单选项；如果要指定合并记录，则可以选中最底部的单选项，并从中设置要合并的范围。选中“全部”单选项，直接单击“确定”按钮，即可生成“信函”文档，并将所有记录逐一显示在文档中。

5.以“电子邮件”方式发送通知。

在文档中“邮件”选项卡下的“完成”选项组中单击“完成并合并”下拉按钮，在其下拉列表中选择“发送电子邮件”命令。打开“合并到电子邮件”对话框，在“邮件选项”栏下的“收件人”列表中选中“电子邮件”，在“主题行”文本框中输入邮件主题。设置完成后单击“确定”按钮，即可启用Outlook 2010，按照通知中的单位邮件地址，逐一向对象发送制作的通知。

项目二 Word文档的基本排版

一 文档的视图模式

文档视图模式
视频来源：酷六网

屏幕上显示文档的方式称为视图，Word 2010提供了页面视图、Web版式视图、阅读版式视图、大纲视图等多种视图，不同的视图方式分别从不同的角度、按不同的方式显示文档，并适应不同的工作要求。

（一）视图

1.页面视图

页面视图模式是Word 2010初次启动后的默认视图，也是平常编辑文档时常用的视图模式，它按照文档的打印效果显示文档，以分页的形式显示文档的各页，并且显示页面布局和页眉页脚，具有“所见即所得”的效果。由于页面视图可以更好地显示排版的格式，因此常用于对文本、段落、版面或者文档的外观进行修改。

2.阅读版式视图

阅读版式视图是一种全屏浏览文档的视图模式，特别适合用户查阅文档。该视图模式隐藏了选项卡和状态栏等部分，以全屏幕窗口显示文档，比较适合在阅读或审核文档的时候使用。

窗口可一次性显示两页文档的内容，通过滚动鼠标滚轮或者单击页面右下角的箭头按钮，可以进行翻页。如图3-15所示。

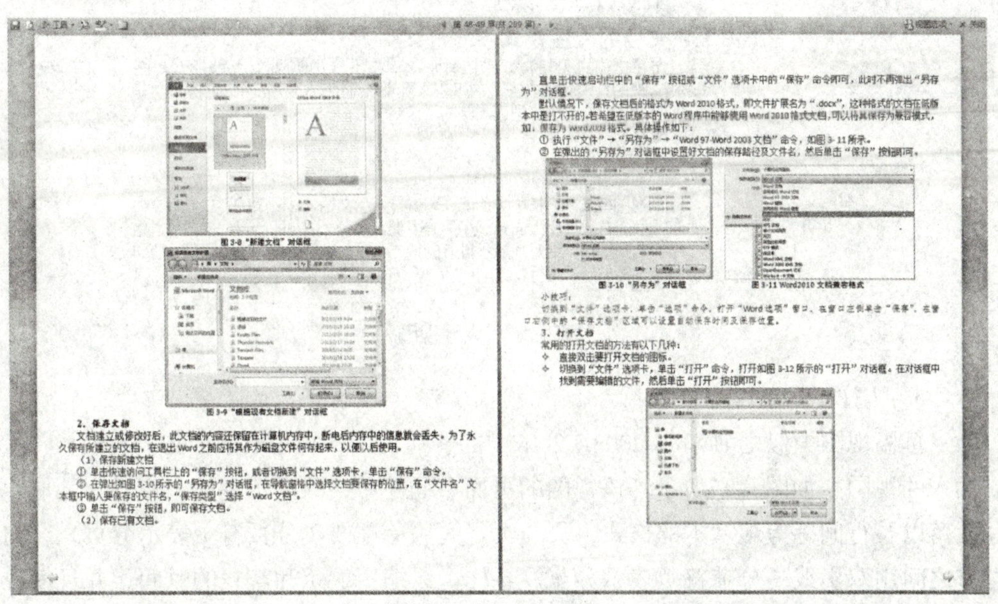

图3-15 阅读版式视图

说明： 阅读版式视图模式窗口标题栏中保留了必要的工具按钮，但是在阅读版式视图下不能对文档进行编辑操作。

3.Web版式视图

Web版式视图以网页的形式来显示文档中的内容，文档页面不再是一个页面，而是一个整体的Web页面。Web版式视图主要用于制作Web网页，该模式隐藏了标尺、分页线，并且文本内容自动根据编辑区窗口大小调整换行。这种视图模式只适合进行Web网页编辑，平时很少使用。

4.大纲视图

大纲视图用于显示、修改或创建文档的大纲。它将所有的标题分级显示出来，层次分明，特别适合于多层次文档，如报告文体和章节排版等。如图3-16所示。

大纲视图还可通过折叠文档来查看主要标题，或者展开文档，以查看所有标题和正文。首先将光标放在需要折叠的级别标题前，然后在“大纲”选项卡中单击“折叠”按钮 -，单击一次折叠一级。若要重新显示文本，可单击“展开”按钮 +。

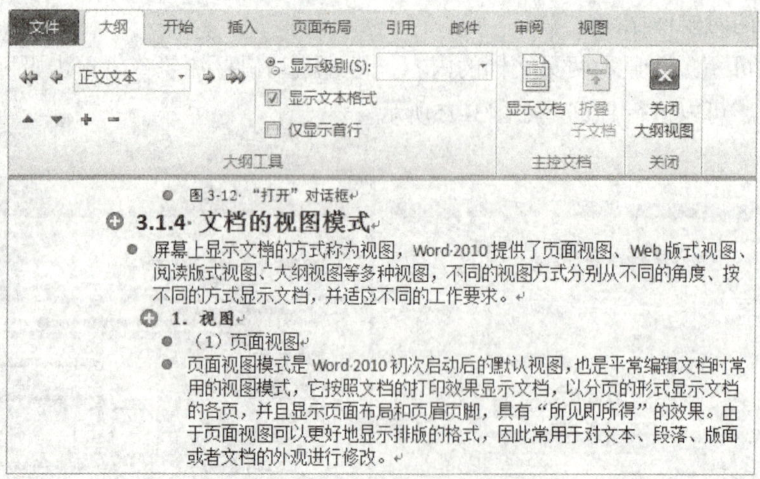

图3-16　大纲视图

5.草稿视图

草稿视图类似之前Word 2003或2007中的普通视图，它是最适合文本录入和图片插入的视图，如图3-17所示。该视图的页面布局简单，只显示字体、字号、字形、段落以及行间距等最基本的格式，页与页之间用单虚线（分页符）表示分页，节与节之间用双虚线（分节符）表示分节。这样可以缩短显示和查找的时间，并且使在屏幕上显示的文章连贯易读。

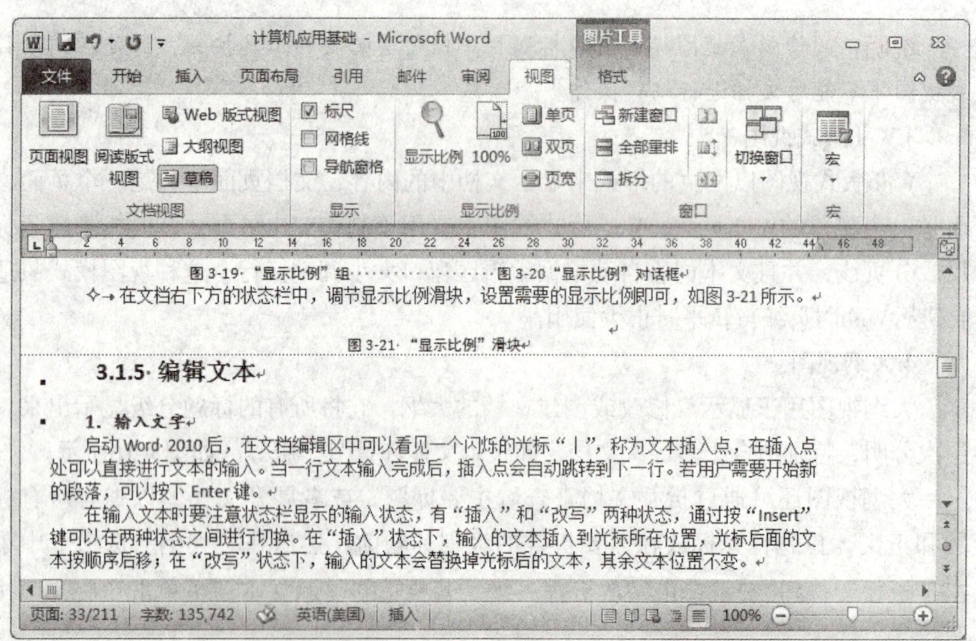

图3-17　草稿视图

6.导航窗格视图

导航窗格是一个独立窗格，能够显示文档的标题列表。单击“视图”选项卡，在“显示”组中选中“导航窗格”复选框，即可启动导航窗格，如图3-18所示。使用导航窗格可以方便用户对文档结构进行快速浏览，同时还能跟踪用户浏览文档的位置。

图3-18 导航窗格

（二）视图模式的切换

Word 2010启动后，默认采用的是页面视图模式，如果需要采用其他视图模式，就需要进行视图模式的切换。切换方法主要有以下两种：

✧ 选择“视图”选项卡，在“文档视图”组中单击视图按钮进行切换，如图3-19所示。

✧ 单击窗口状态栏右端的“文档视图”栏中的视图按钮进行切换，如图3-20所示。

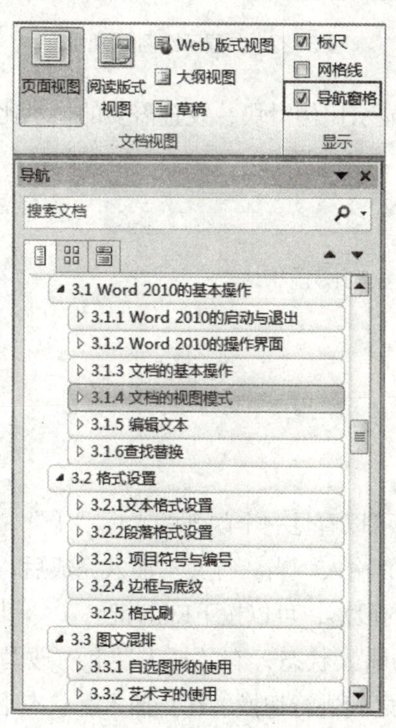

图3-19 “文档视图”组

图3-20 “文档视图”栏

（三）设置显示比例

为了在编辑文档时利于观察，需要调整文档的显示比例，将文档中的文字或图片放大。这里的放大并不是文字或图片本身放大，而是视觉上变大，打印时仍然是原始大小。设置文档显示比例通常采用以下两种方法：

✧ 选择“视图”选项卡，在“显示比例”组中单击相应按钮设置对应的显示比例，如图3-21所示。也可单击“显示比例”按钮，在弹出的“显示比例”对话框中进行详细设置，如图3-22所示。

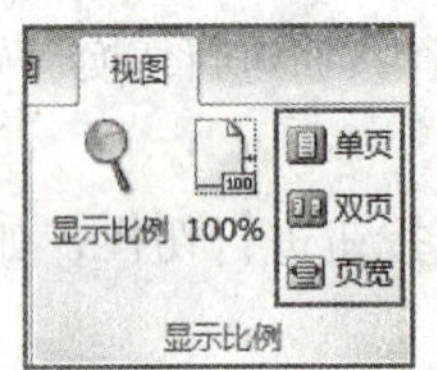

图3-21　“显示比例”组

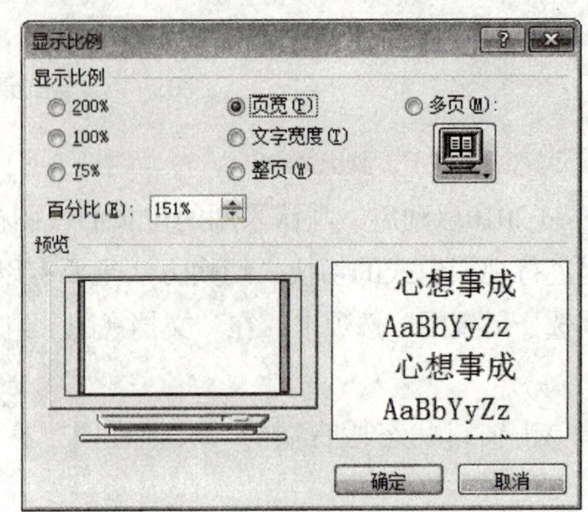

图3-22　“显示比例”对话框

✧ 在文档右下方的状态栏中，调节显示比例滑块，设置需要的显示比例即可，如图3-23所示。

图3-23　“显示比例”滑块

二 编辑文本

（一）输入文字

启动Word 2010后，在文档编辑区中可以看见一个闪烁的光标“|”，称为文本插入点，在插入点处可以直接进行文本的输入。当一行文本输入完成后，插入点会自动跳转到下一行。若用户需要开始新的段落，可以按下Enter键。

在输入文本时要注意状态栏显示的输入状态，有“插入”和“改写”两种状态，通过按“Insert”键可以在两种状态之间进行切换。在“插入”状态下，输入的文本插入到光标所在位置，光标后面的文本按顺序后移；在“改写”状态下，输入的文本会替换掉光标后的文本，其余文本位置不变。

（二）输入符号

在Word 2010中，除了可以通过键盘输入标点符号外，还可以直接在Word 2010中进行其他符号的输入，具体操作如下：

1.将光标定位到需要输入符号的位置，然后切换到“插入”选项卡。

2.单击“符号”组中的“符号”按钮，在弹出的下拉列表中选择需要输入的符号即可，如图3-24所示。

3.如果在列表中找不到需要的符号，可以单击“其他符号”选项，在弹出的“符号”对话框中进行查找。如图3-25所示。

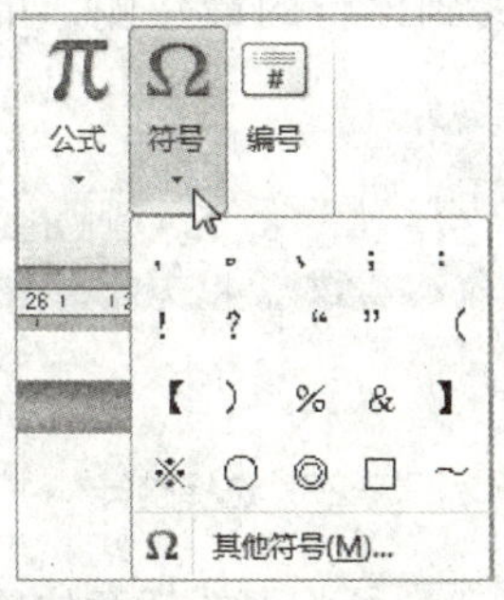

图3-24 符号栏

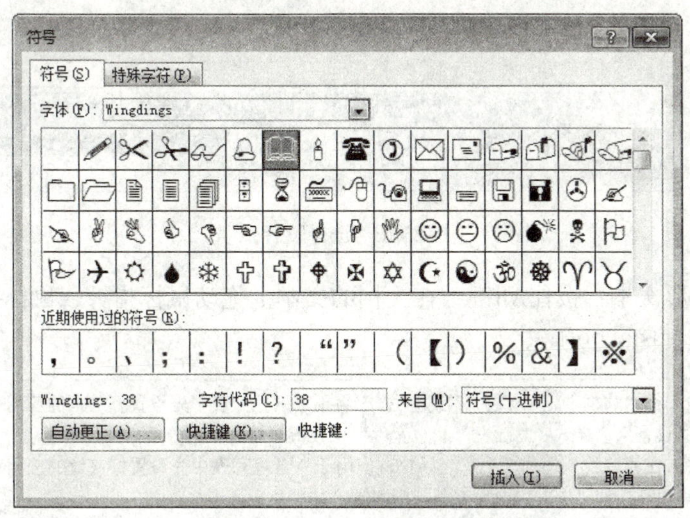

图3-25 “符号”对话框

（三）选择文本

在Word中编辑文本，首先要选择需要编辑的文本。在Word 2010中，被选定的文本被区别显示，即以浅蓝底黑字显示。文本的选择方法有几种：

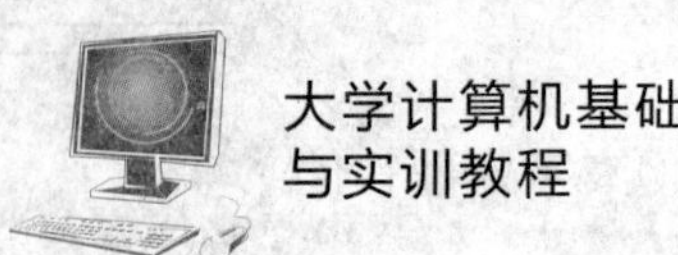

1.拖动鼠标选择文本：这是选择文本最常用的方法，能够快捷灵活地选择小块连续的文本。首先在文档中单击，将插入点置于需要选择的文本块之前，按住鼠标左键拖动到需要选择的文本块的末尾，释放鼠标左键，则鼠标拖动过的文本将全部被选择，如图3–26所示。在文档中任意位置单击，可以取消选定状态。

（1）拖动鼠标选择文本：这是选择文本最常用的方法，能够快捷灵活地选择小块边续的文本。首先在文档中单击，将插入点置于需要选择的文本块之前，按住鼠标左键拖动到需要选择的文本块的末尾，释放鼠标左键，则鼠标拖动过的文本将全部被选择，如图所示。在文档中任意位置单击，可以取消选定状态。

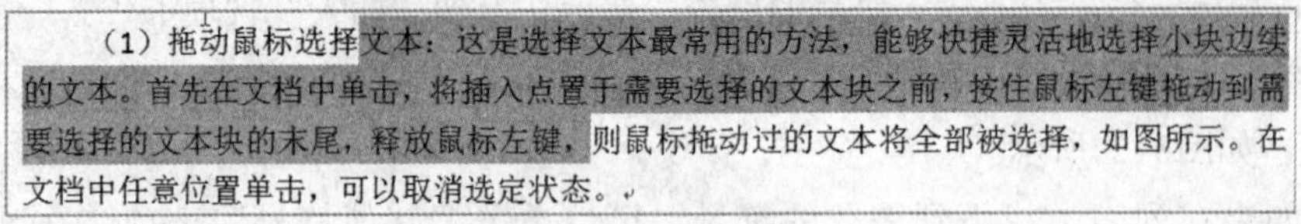

图3–26　拖选文本

2.选择整行：将鼠标指针移到该行的最左侧，单击即可选定整行，如图3–27所示。

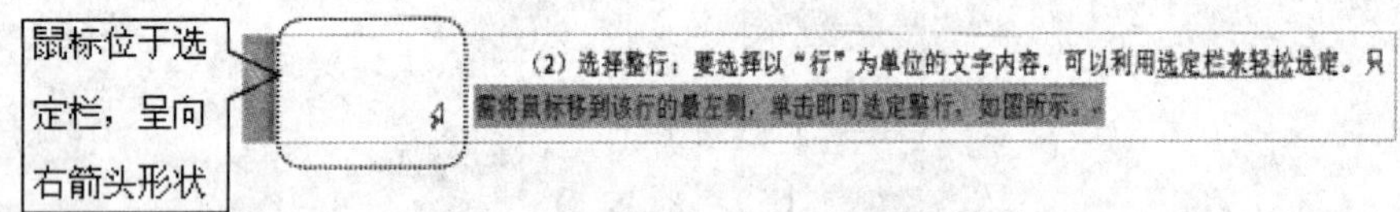
鼠标位于选定栏，呈向右箭头形状
（2）选择整行：要选择以"行"为单位的文字内容，可以利用选定栏来轻松选定。只需将鼠标移到该行的最左侧，单击即可选定整行，如图所示。

图3–27　选择整行

3.选择段落：将鼠标指针移动到段落中的任意位置，单击3次鼠标左键，可以迅速选择整个段落；也可将鼠标指针移到该段左侧，当鼠标指针呈向右箭头形状时，双击鼠标来选择段落。如图3–28所示。

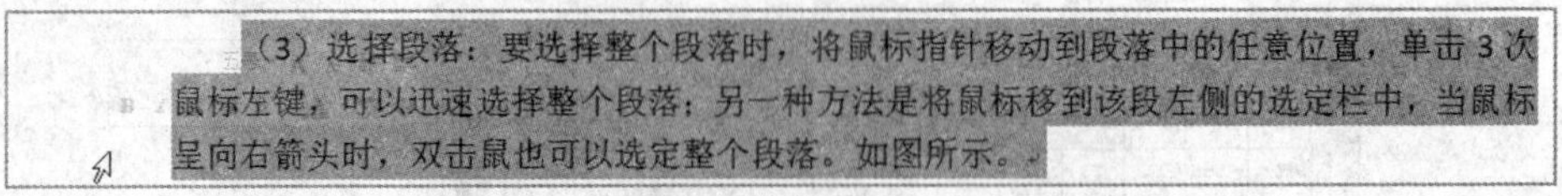

（3）选择段落：要选择整个段落时，将鼠标指针移动到段落中的任意位置，单击3次鼠标左键，可以迅速选择整个段落；另一种方法是将鼠标移到该段左侧的选定栏中，当鼠标呈向右箭头时，双击鼠也可以选定整个段落。如图所示。

图3–28　选择段落

4.选择矩形文本：按住Alt键，在文档的文本上拖动鼠标指针，鼠标拖动区域中的文本被选，如图3–29所示。

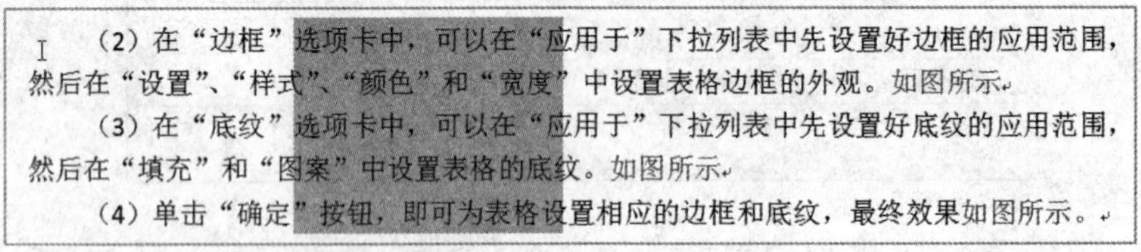

（2）在"边框"选项卡中，可以在"应用于"下拉列表中先设置好边框的应用范围，然后在"设置"、"样式"、"颜色"和"宽度"中设置表格边框的外观。如图所示。

（3）在"底纹"选项卡中，可以在"应用于"下拉列表中先设置好底纹的应用范围，然后在"填充"和"图案"中设置表格的底纹。如图所示。

（4）单击"确定"按钮，即可为表格设置相应的边框和底纹，最终效果如图所示。

图3–29　选择矩形文本

5.选择全文：使用快捷键Ctrl+A，或将鼠标指针移到页面最左侧，快速三击鼠标左键。

（四）复制文本

移动与复制是两个相似的概念，只是移动的目的是将某部分内容放置到其他位置，而复制的目的是在不改变原文本内容和位置的情况下，将其粘贴到其他位置。

具体操作如下：

1.选定需要复制或移动的文本，切换到“开始”选项卡，单击“复制”或“剪切”。

2.将光标定位到目标位置，然后单击“剪贴板”组中的“粘贴”按钮即可。

（五）删除文本

将光标定位在需要删除的文本处，使用“Backspace”键或“Delete”键删除光标左侧或右侧的字符。如果需要删除大段文本，可先用鼠标选定文本，然后使用“Backspace”键或“Delete”键删除。

（六）撤销操作

在编辑文档的时候，经常会发生一些错误操作，这时可使用撤销和恢复功能。撤销表示取消上一步的操作结果，将编辑状态恢复到所做错误操作之前的状态，而恢复则对应于撤销，是还原刚撤销的操作，是撤销操作的逆操作。具体操作如下：

1.单击快速访问工具栏上的“撤销”按钮，或按下Ctrl+Z组合键，即可撤销最近一步的操作。单击“撤销”按钮右边的下拉按钮，在弹出的下拉列表中可选择恢复到某一指定的操作前。如图3-30所示。

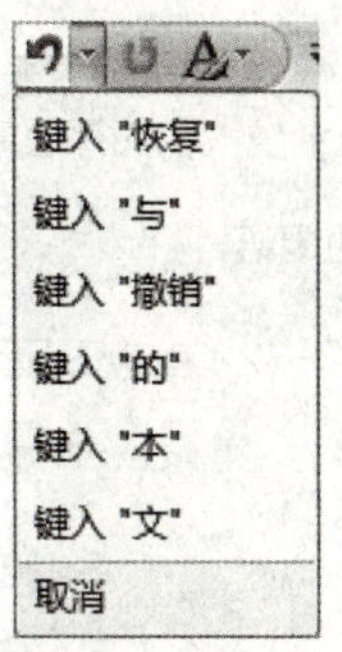

图3-30 “撤销”下拉列表

2.单击快速访问工具栏上的“恢复”按钮，或按下Ctrl+Y组合键，即可撤销最近一步的操作。重复该操作可以恢复被撤销的多步操作。

（七）首字下沉

有时候给Word排版中为了让文字更加美观个性化，我们可以使用Word 2010中的“首字下沉”功能来让某段的首个文字放大或者更换字体，这样一来就给文档添加了几分美观。首字下沉用途非常广，在报纸、书籍、杂志上也会经常看到首字下沉的效果。首字下沉的设置步骤操作如下：

选中要设置首字下沉的段落，打开“插入/文本”选项卡中的“首字下沉”的下拉按钮，单击“首字下沉选项”，打开“首字下沉”对话框，如图3–31所示。

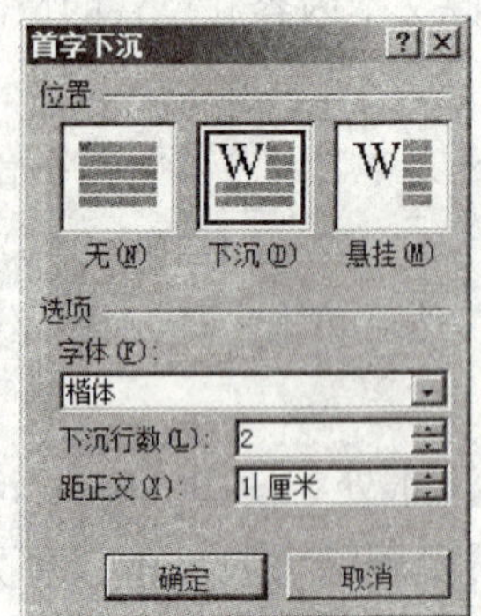

图3–31　“首字下沉”对话框

在弹出的“首字下沉”对话框中，“位置”选择“下沉”，“字体”选择“楷体”，“下沉行数”设置为“2”，“距正文”设置为“1厘米”，效果如图3–32所示。

沉默并不等于无言，它是一种酝酿的过程。就如同拉弓蓄力，为的是箭发时有力，直冲云霄。沉默，并不代表思考的停滞。正相反，深邃的思想，正是来源于那看似沉默的思考过程。思想需要语言的表达，而语言的形成更需要经过冷静思考和反复推敲润色的过程。

沉默并不是教人缄口不语，而是希望人们能深思熟虑，三思而后说。我们的生活中需要多一些高质量的谈话，少一些平庸的闲语。

图3–32　首字下沉示例

三 查找替换

（一）查找文本

文档编辑时，可以使用Word查找功能实现对文本的快速查找定位的目的。具体操作如下：

1.在“开始”选项卡中单击“编辑”组中的“查找”按钮，此时窗口左侧会显示导航窗格。如图3–33所示。

2.在窗格的“搜索文档”文本框中输入查找内容，Word将在导航窗格中列出文档中包含查找文本的段落，同时查找文本在文档中将突出显示。此时，在导航窗格中单击该段落选项，文档将定位到该段落中。

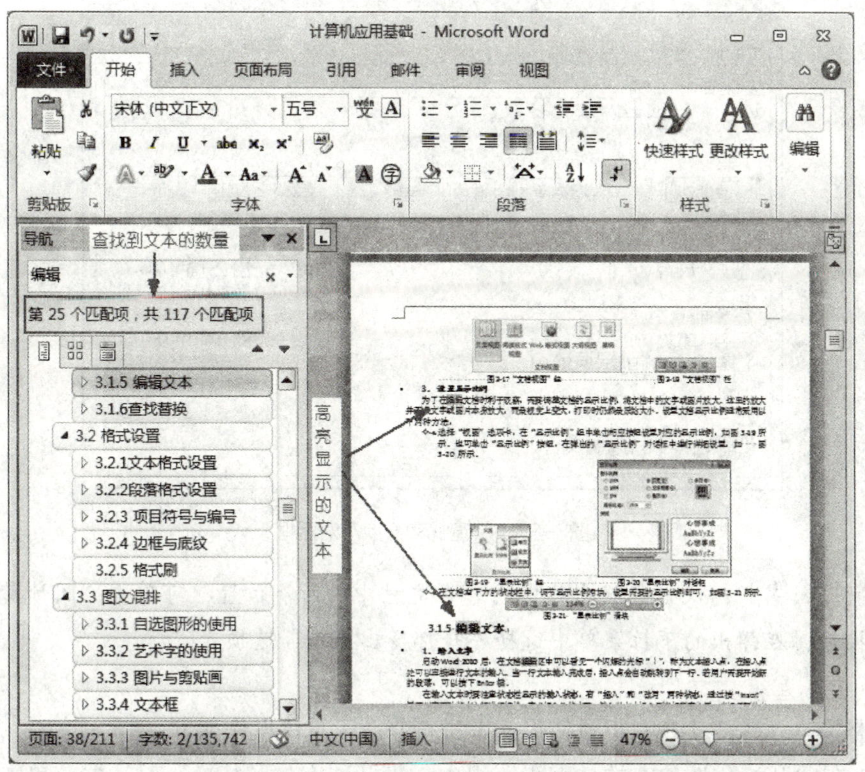

图3-33 “导航窗格”中搜索文本

3.单击导航窗格“搜索文档”文本框右侧的下拉箭头，在弹出的列表中选择“高级查找”命令，如图3-34所示。此时打开“查找和替换”对话框，单击“更多”按钮使对话框完全显示，在“搜索选项”组中对文档搜索进行设置，如图3-35所示。

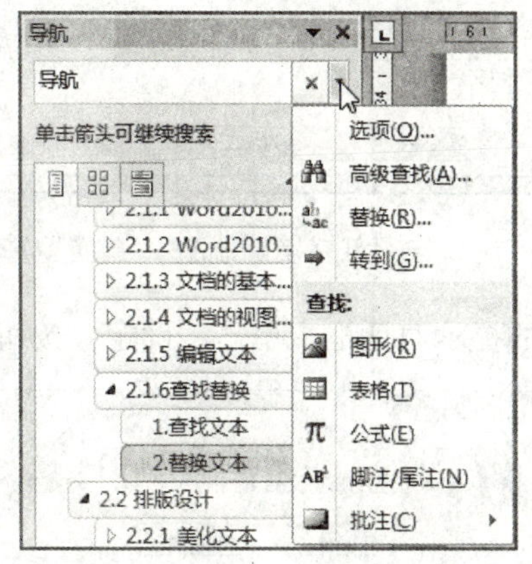

图3-34 选择“高级查找”命令

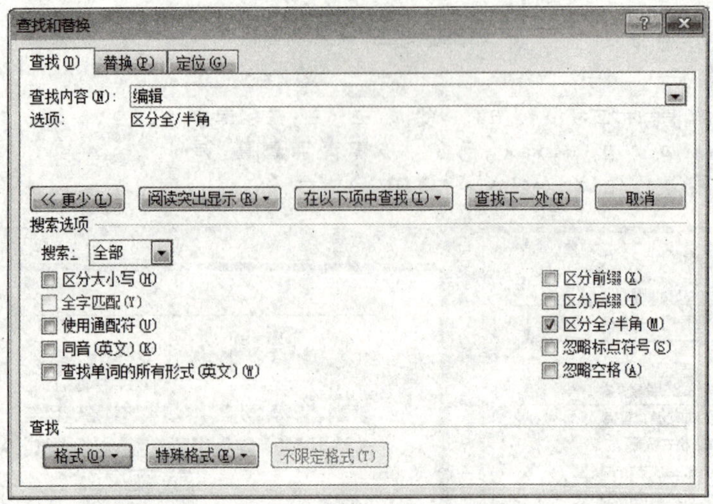

图3-35 “查找和替换”对话框

说明：若想一次性查找出指定内容在文档中的所有位置，可单击“阅读突出显示”按钮，在弹出的下拉菜单中选择“全部突出显示”选项。

（二）替换文本

替换文本主要实现对批量错误文本进行修改，具体操作如下：

1.在“开始”选项卡的“编辑”组中，打开“查找和替换”对话框，单击“替换”按钮，如图3-36所示。

2.在对话框中分别输入需要查找和替换的内容，然后单击“全部替换”按钮。

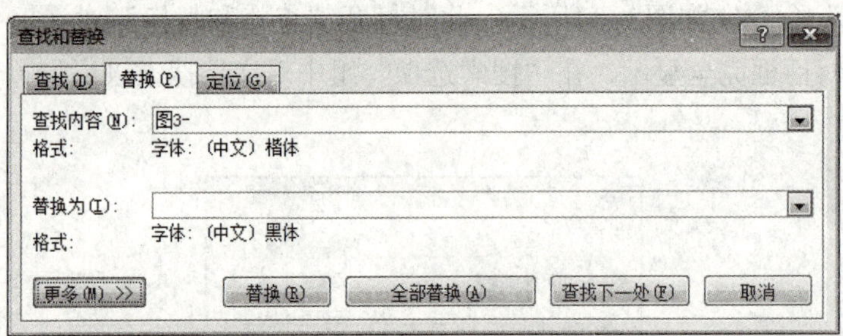

图3-36 “查找和替换”对话框“替换”选项卡

3.替换完成后在弹出的提示对话框中单击“确定”按钮即可，如图3-37所示。

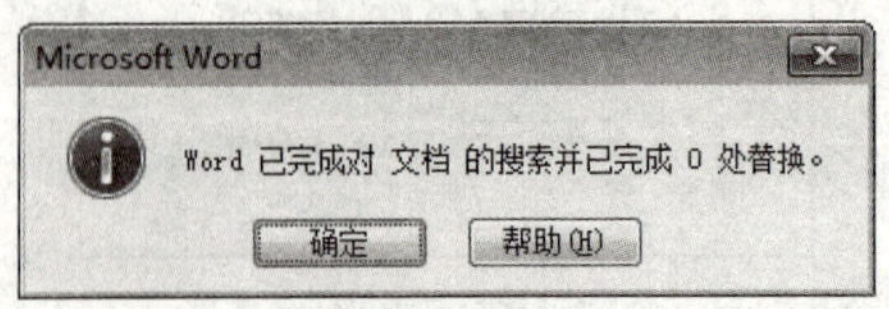

图3-37 确认对话框

（三）替换指定的文本格式

如果文档中已经设置了许多文本格式，如部分文本设置为“楷体”，后来感觉用“黑体”更合适，此时，可以利用“替换”功能来修改。

1.按Ctrl+H组合键快速打开“查找和替换”对话框，将插入点置于“查找内容”文本框中，单击“更多”按钮，然后单击“格式”按钮，在弹出的下拉列表中选择“字体”选项，如图3-38所示。

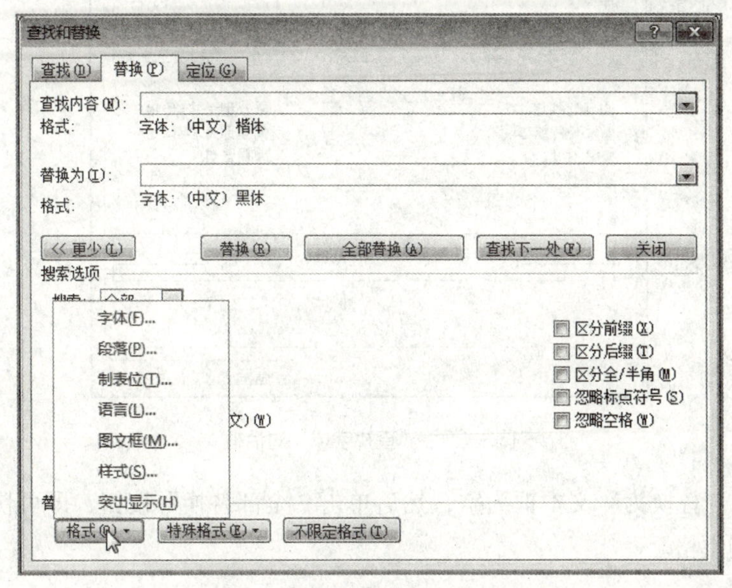

图3-38 “查找和替换”对话框

2.打开如图3-39所示的“查找字体”对话框，从“中文字体”下拉列表框中选择字体为“楷体”，然后单击确定按钮。

3.将插入点置于“替换为”文本框中，然后单击“格式”按钮，在弹出的下拉列表中选择“字体”选项，打开“替换字体”对话框，从“中文字体”下拉列表中选择字体为“黑体”，然后单击“确定”按钮。

4.单击“全部替换”按钮，即可将文档中所有已经设置为“楷体”的格式，替换为“黑体”。

说明：如果单击“不限定格式”按钮，将取消设置的查找或替换格式。

（四）快速删除空格符号

从网页上复制下来的文本多数首行有空格，如果逐一删除可能比较麻烦。在实际文本编辑过程中可以利用Word的查找替换功能来快速删除多余的空格，具体操作如下：

1.按Ctrl+H组合键打开“查找和替换”对话框，单击“查找内容”文本框，单

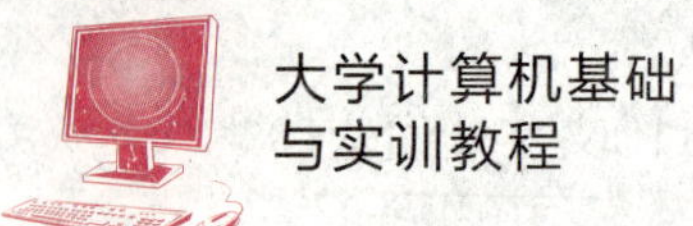

击“特殊格式”按钮，在弹出的列表中选择“空白区域”选项，如图3-40所示。

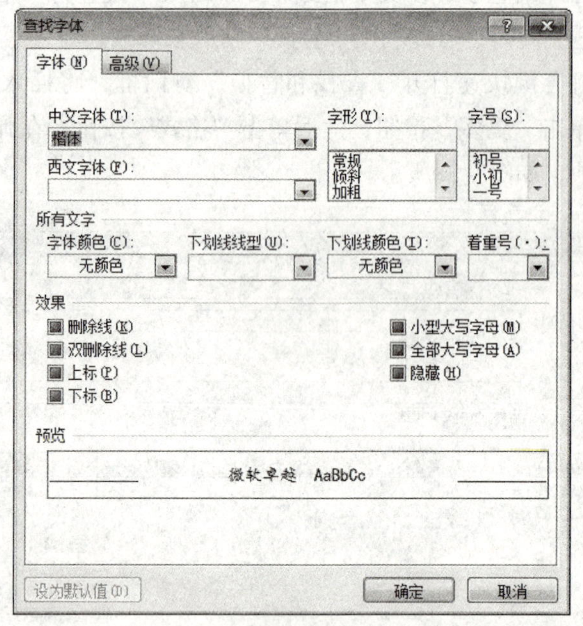

图3-39 “查找字体”对话框

2.保持“替换为”文本框为空，然后单击“全部替换”按钮，即可快速删除文档中多余的空格。

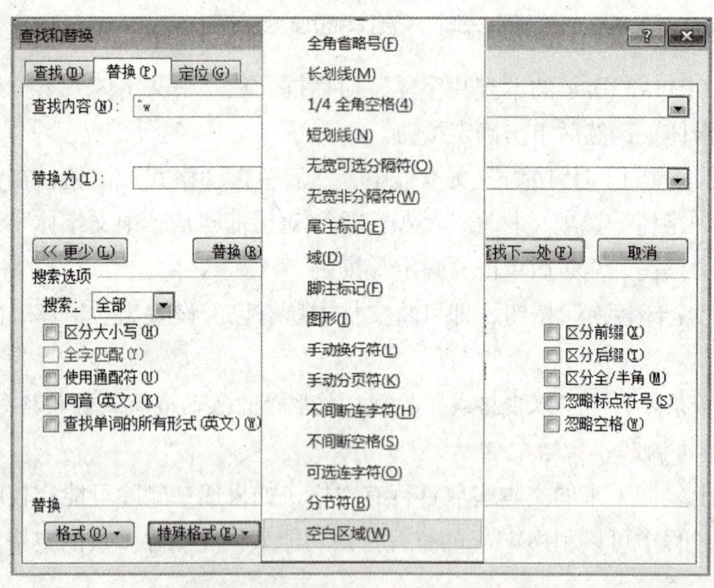

图3-40 选择“空白区域”选项

（五）删除空白段落

从网页中复制的文章，有时会发现文档中有不少多余的空白段落，下面介绍如何利用“查找替换”功能快速删除多余空白段落。

1.按Ctrl+H组合键打开“查找和替换”对话框，单击“查找内容”文本框，单击“特殊格式”按钮，在弹出的列表中选择“段落标记”选项。

2.按照同样的方法，再为“查找内容”文本框中插入一个段落标记。

3.将插入点置于“替换为”文本框，插入一个段落标记。

4.单击“全部替换”按钮，Word会给出提示对话框显示查找到的对象个数，单击“确定”按钮即可实现对查找到的对象全部替换的目的。

项目三 Word文档的高级排版

一 文本格式设置

（一）字符格式设置

字符格式主要包括文本的字体、字形、字号和颜色等，可通过以下几种方法进行设置：

1.使用“字体”组按钮

选择需要设置格式的文本，切换到“开始”选项卡，在“字体”组中单击相关按钮进行设置，如图3-41所示。

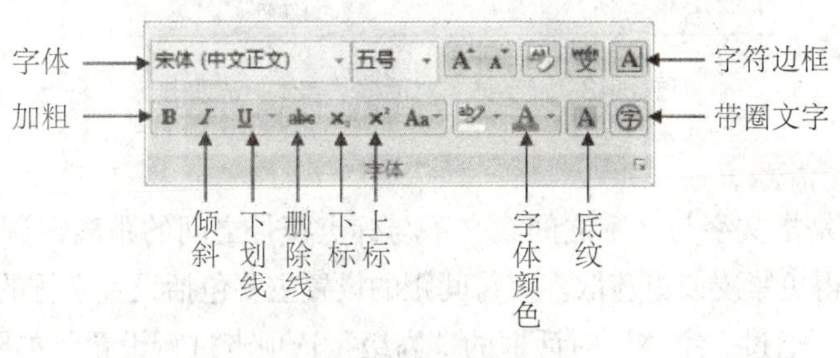

图3-41 “字体”组

2.使用“浮动工具栏”设置

当选择文本后，文本附近会自动浮现出一个半透明的工具栏，如图3-42所示。使用它可以快速设置字体格式。

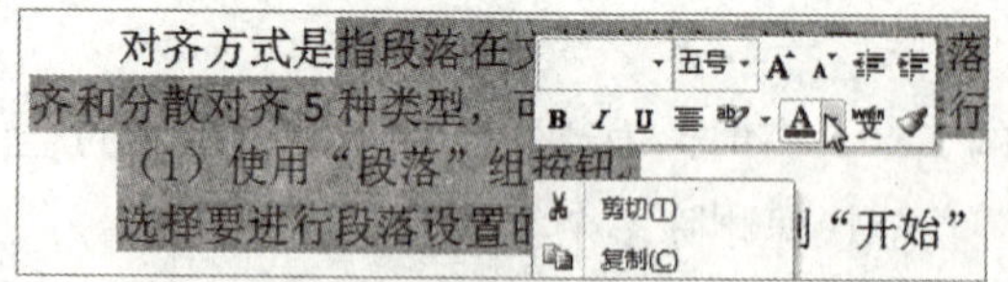

图3-42　浮动工具栏

3.使用“字体”对话框进行设置

选择需要设置格式的文本，单击鼠标右键，在弹出的快捷菜单中选择“字体”命令，或单击“字体”对话框启动器。在弹出的“字体”对话框中进行设置，如图3-43所示。

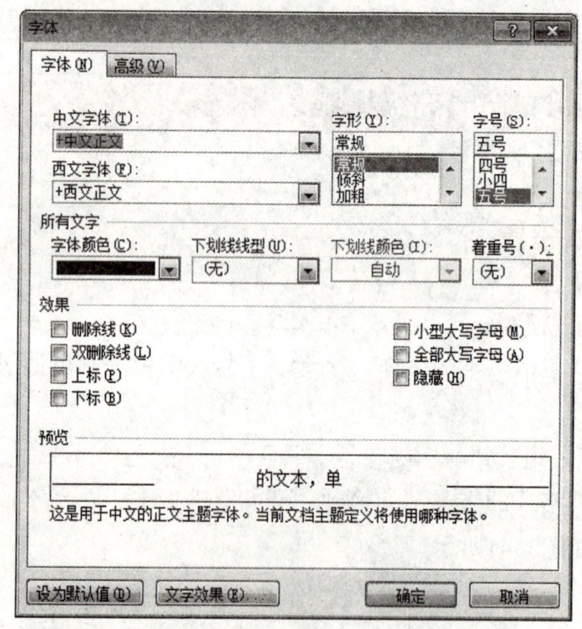

图3-43　“字体”对话框“字体”选项卡

（二）字符间距设置

字符间距是指文字与文字之间或文字与标点符号之间的距离，调整字符间距可以使文字排列得更紧凑或更疏散。字符间距的设置主要包括设置字符的缩放比例、间距以及位置，可通过“字体”对话框的“高级”选项卡进行设置，如图3-44所示。

（三）英文字母大小写转换

Word允许将文档中的字母自动统一为大写或小写，此功能在编辑一些特定文档时很实用。选择要转换大小写的英文单词，切换到“开始”选项卡，在“字体”组中单击“更改大小写”按钮，在其下拉菜单中选择“全部大写”选项即可；如果需要全部小写，则选择“全部小写”选项，如图3-45所示。

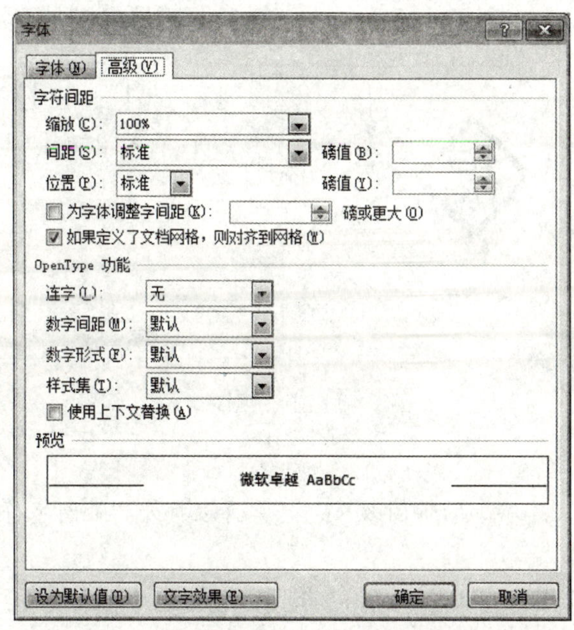

图3-44　“字体”对话框“高级”选项卡

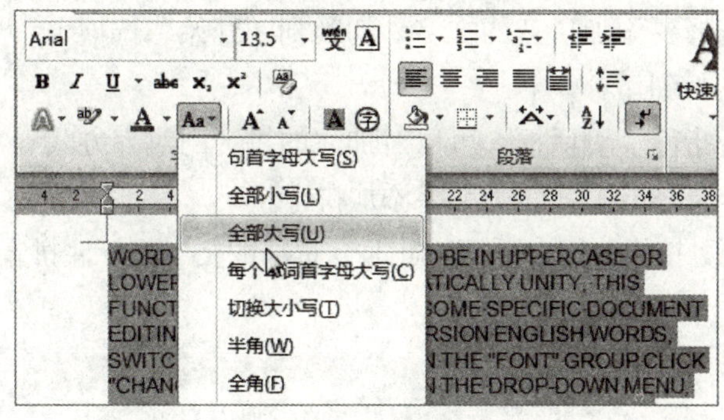

图3-45　转换大小写

（四）创建带圈文字

有时，需要对指定的文字用方形、圆形等圈住，用以特别说明某种意义。具体操作如下：

1.选择要添加圈号的文字，单击“开始”选项卡，在“字体”组中单击“带圈字符”按钮，打开“带圈字符”对话框。

2.在样式列表框中选择一种样式，如选择缩小文字，让文字带圈后保持原始大小；或选择增大圈号，让文字保持原始大小。在“圈号”列表中选择一种圈的样式，如图3-46所示。

3.单击“确定”按钮，即可为选定的文字添加外圈。

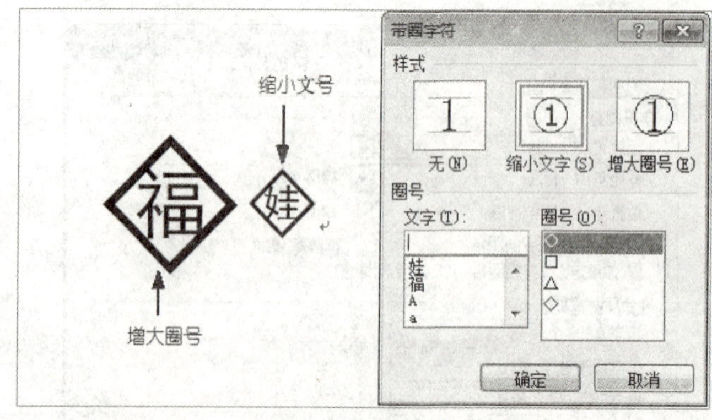

图3-46　创建带圈文字

小技巧：

1.要想取消为文字添加的带圈效果，只需再次打开“带圈字符”对话框。选择“无”选项即可。

2.当要插入的带圈序号大于10的时候，可以用带圈字符来实现，如㉑。

（五）给文字添加拼音

具体操作如下：

1.在文档中选择要添加拼音的文字，切换到“开始”选项卡，单击“字体”组中的“拼音指南”按钮。

2.打开“拼音指南”对话框，可以对加注的拼音的对齐方式、字体、字号和偏移量等进行设置，如图3-47所示为文字添加拼音。

3.单击“确定”按钮关闭对话框，此时，选择的文本将标注拼音。

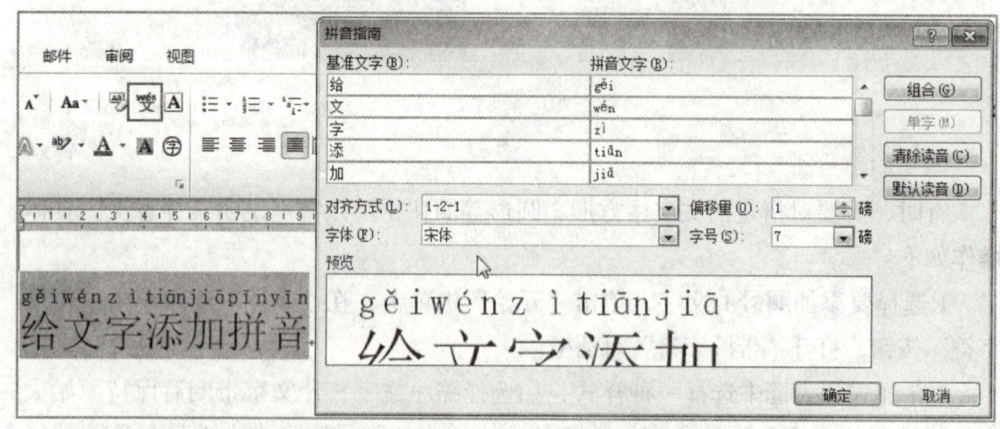

图3-47　为文字添加拼音

二 段落格式设置

段落格式主要包括对齐方式、缩进方式、行距等，对段落进行合理的设置，可以让文档变得更加美观。

（一）对齐方式设置

对齐方式是指段落在文档中的相对位置，段落的对齐方式包括左对齐、居中对齐、右对齐、两端对齐和分散对齐5种类型，可通过以下两种方法进行设置：

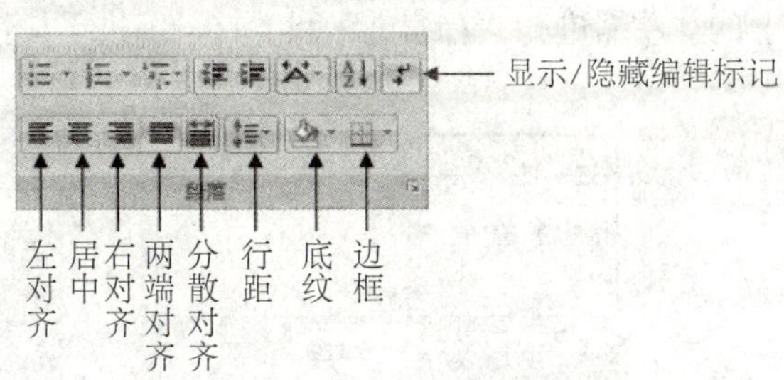

图3-48　“段落”组

1.使用“段落”组按钮

选择要进行段落设置的文本，切换到“开始”选项卡，在“段落”组中单击相关按钮进行设置，如图3-48所示。

2.使用“段落”对话框进行设置

选择需要设置对齐方式的段落，单击鼠标右键，在弹出的快捷菜单中选择“段落”命令，或单击“段落”对话框启动器，在弹出的“段落”对话框中进行设置，如图3-49所示。

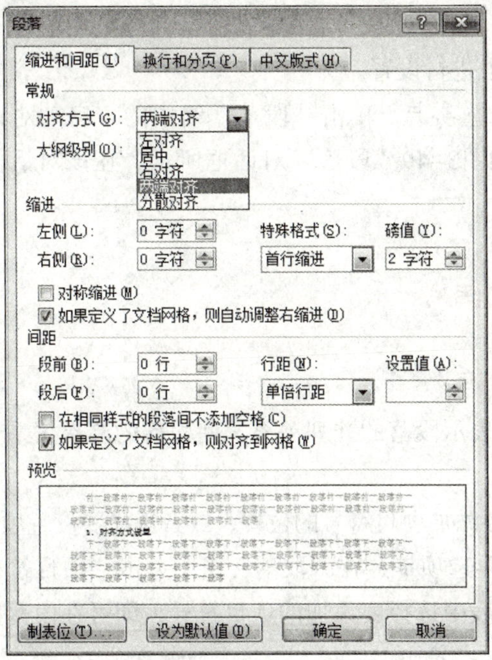

图3-49　“段落”对话框

（二）设置段落的缩进

段落缩进的文字量是从文字区域的左、右边距算起的，设置段落缩进的方法有以下几种：

1.使用工具按钮进行设置

切换到“开始”选项卡，单击“段落”组中的“减少缩进量”按钮或“增加缩进量”按钮来控制段落的左、右缩进效果，如图3-50所示。也可通过拖动“标尺”上的“左缩进”“右缩进”和“首行缩进”按钮进行设置，如图3-51所示。

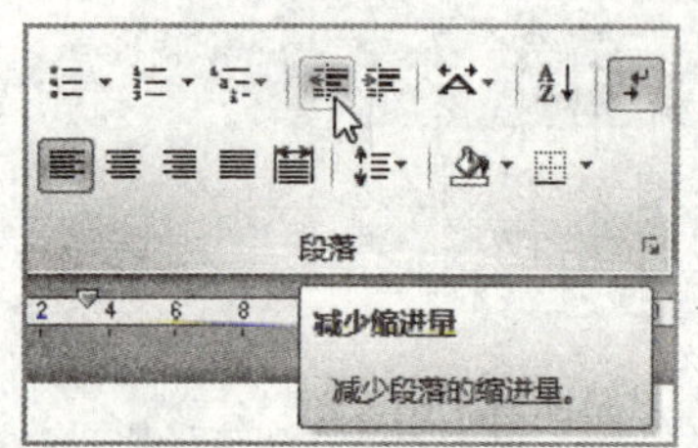

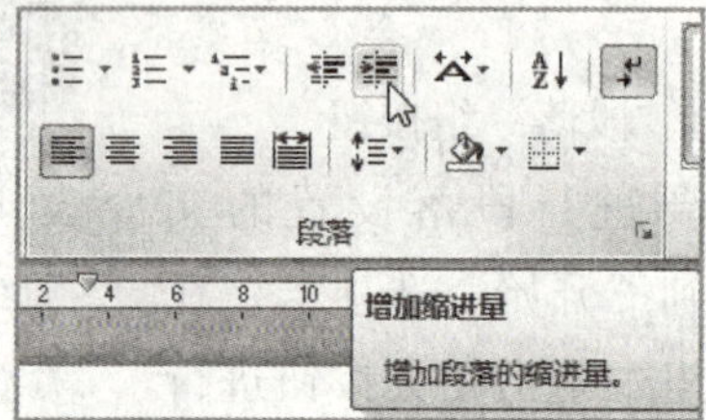

图3-50 “段落”组

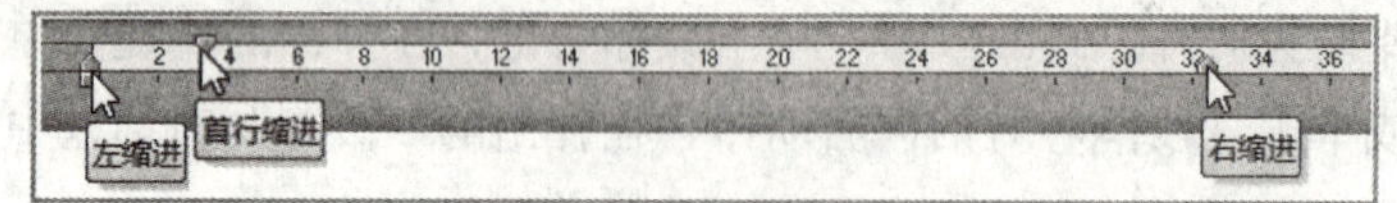

图3-51 标尺

2.通过段落对话框进行设置

切换到“开始”选项卡，单击“段落”组中的“启动对话框按钮”即可打开“段落”对话框，如图3-49“段落”对话框所示。在该对话框中可以精确设置缩进量。

三 项目符号与编号

项目符号与编号

视频来源：酷六网

（一）添加项目符号

项目符号多用于表示段落的并列关系，使段落的层次关系更明朗。添加项目符号的具体操作如下：

1.将光标定位到要添加项目符号的位置，或者选择要设置项目符号的几个段落。

2.切换到“开始”选项卡，在“段落”组中单击“项目符号”按钮旁的下拉按钮，在弹出的下拉列表中选择要添加的项目符号，即可在段落前添加项目符号，如图3-52所示。

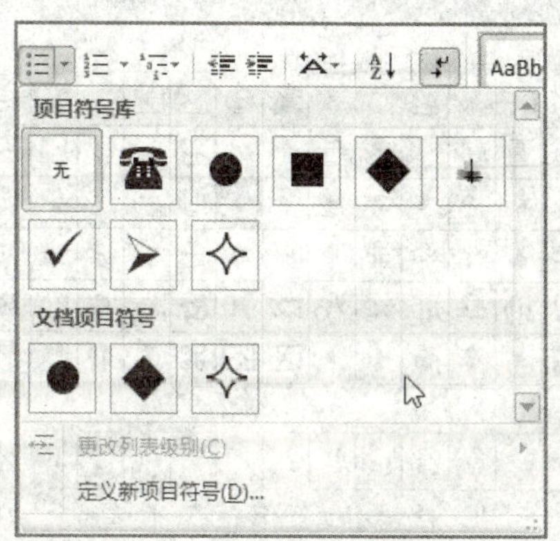

图3-52 “项目符号”下拉列表

（二）自定义项目符号

在添加项目符号时，若在“项目符号”下拉列表中没有找到需要的项目符号，可自定义项目符号。

具体操作如下：

1.在“项目符号”下拉列表中选择“定义新项目符号”选项。

2.在弹出的“定义新项目符号”对话框中，如图3-53所示，单击“符号”按钮。

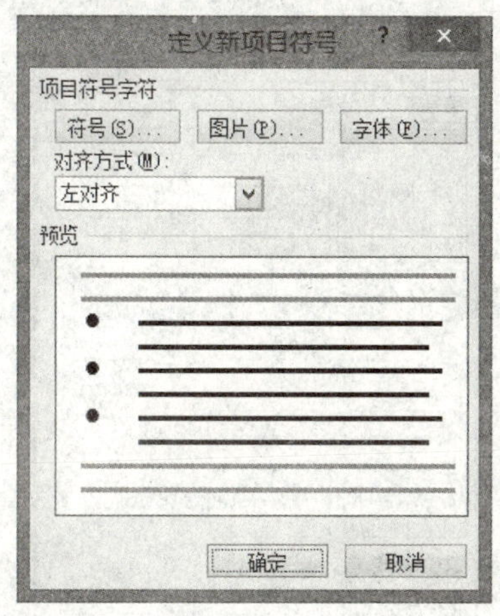

图3-53 “定义新项目符号”对话框

3.在弹出的“符号”对话框中选择需要的符号，如图3-54所示，然后单击“确定”按钮。

4.返回“定义新项目符号”对话框，进一步设置符号的对齐方式，然后单击“确定”按钮即可。

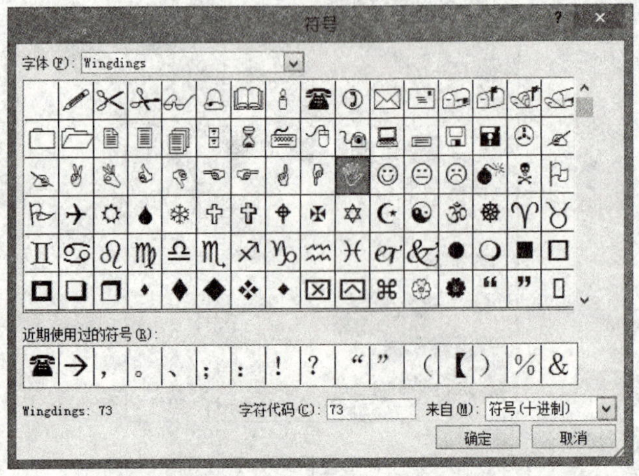

图3-54 “符号”对话框

（三）添加编号

编号是表示顺序关系的符号，能够表示段间的前后顺序关系。添加编号的具体操作如下：

1.将光标定位到要添加编号的位置，或者选择要设置项目符号的几个段落。

2.切换到“开始”选项卡，在“段落”组中单击“编号”按钮旁的下拉按钮，在弹出的下拉列表中选择要添加的编号，即可在段落前添加编号，如图3-55所示。

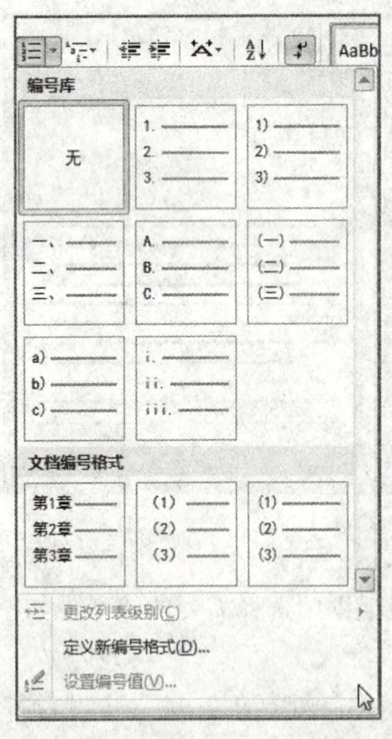

图3-55 “编号”下拉列表

（四）自定编号

如果对“编号”下拉列表中的编号格式不满意，可以自定义编号，具体操作如下：

1.在“编号”下拉列表中选择“定义新编号格式”选项。

2.在弹出的“定义新编号格式”对话框中单击“编号样式”下拉按钮，在弹出的下拉列表中选择需要的编号格式，如图3-56所示。

3.设置完成后单击“确定”按钮即可。

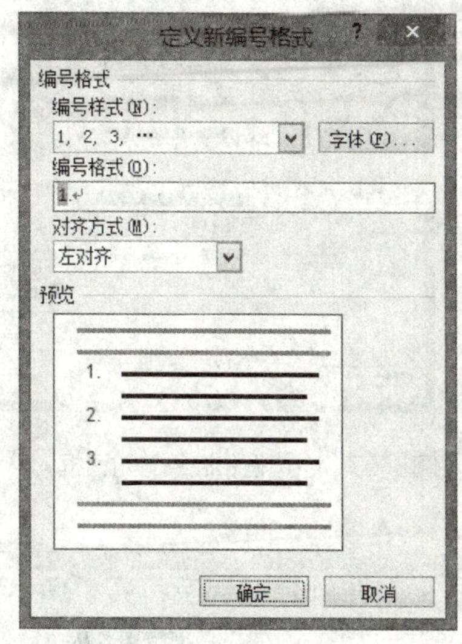

图3-56 “定义新编号格式”对话框

四 边框与底纹

（一）为文本或段落添加边框

具体操作如下：

1.选定要设置边框的文字或段落。

2.切换到“开始”选项卡，在“段落”组中单击“边框”按钮，在弹出的下拉列表中选择“边框和底纹”命令，打开如图3-57所示“边框和底纹”对话框。

3.在“样式”列表框中选择边框样式，在“颜色”下拉列表中选择颜色，在“应用于”下拉列表框中选择“文字”或“段落”。若选择“段落”选项，则可以设置段落上、下、左、右的边框线。

4.单击“确定”按钮，即可为选定的文本或段落添加边框，如图5-58所示。

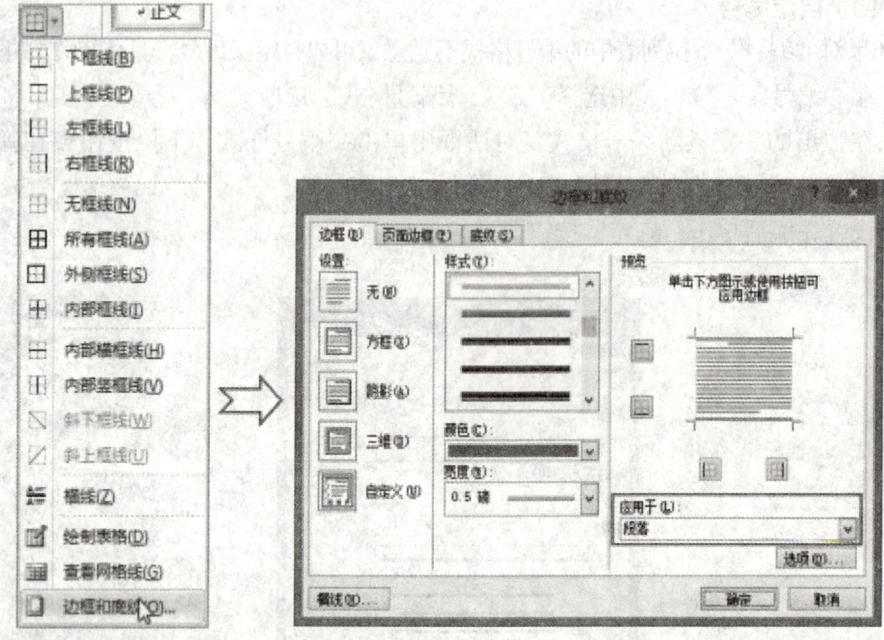

图3-57 “边框和底纹”对话框

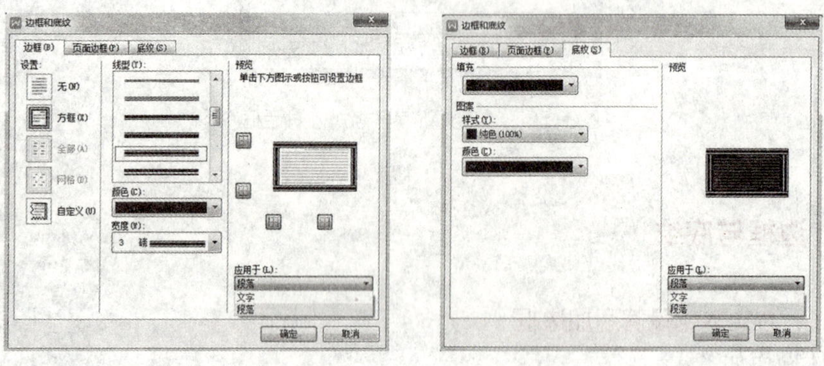

图3-58 “段落”和“文本”边框

边框与底纹
视频来源：优酷网

小技巧：

1.在“边框和底纹”对话框中，如果将边框设置为“无”，或者单击“边框”按钮，在弹出的下拉列表中选择“无框线”命令，可以取消应用边框。

2.为段落添加边框时，只要将鼠标指针移到段落边框线上，鼠标指针变成“上下”或“左右”双向箭头时，拖拽边框线即可调整边框线与段落文字的距离。还可以在“边框和底纹”对话框中，单击“选项”按钮（只有在“应用于”选项为“段落”时可用），打开“边框和底纹选项”对话框进行设置。如图3-59所示。

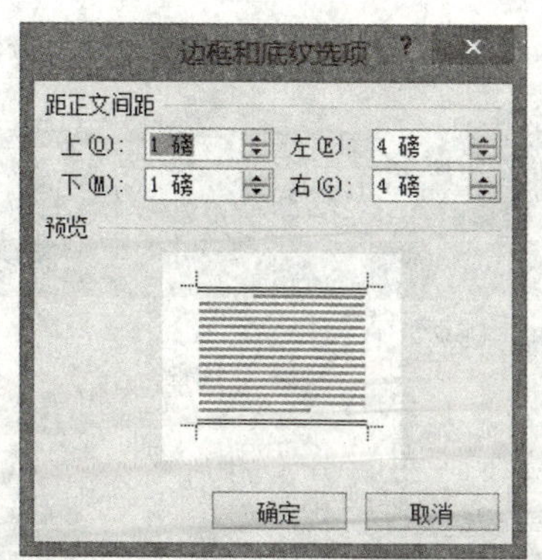

图3-59 “边框和底纹选项”对话框

（二）为文字或段落添加底纹

具体操作如下：

1.选定要添加底纹的文字或段落，切换到“开始”选项卡，单击“段落”组中的“底纹”按钮右侧的下拉箭头，在弹出的下拉列表中选择要应用的颜色，如图3-60所示。

2.还可以为纯色背景添加不同花纹，单击“段落”组中的“边框”按钮右侧的下拉箭头，在弹出的下拉列表中选择“边框和底纹”命令，打开“边框和底纹”对话框，切换到“底纹”选项卡，如图3-61所示。

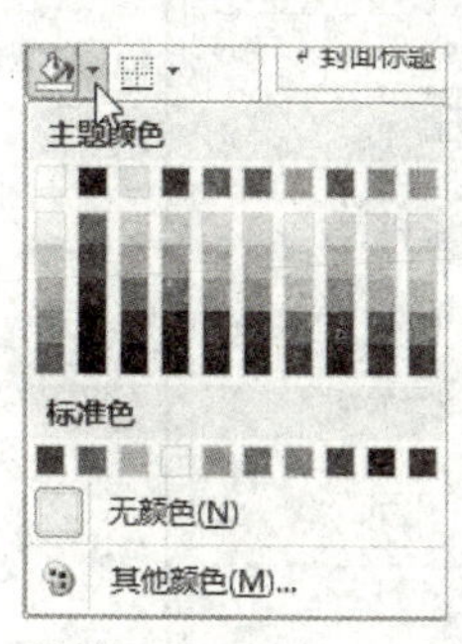

图3-60 “边框和底纹选项”对话框

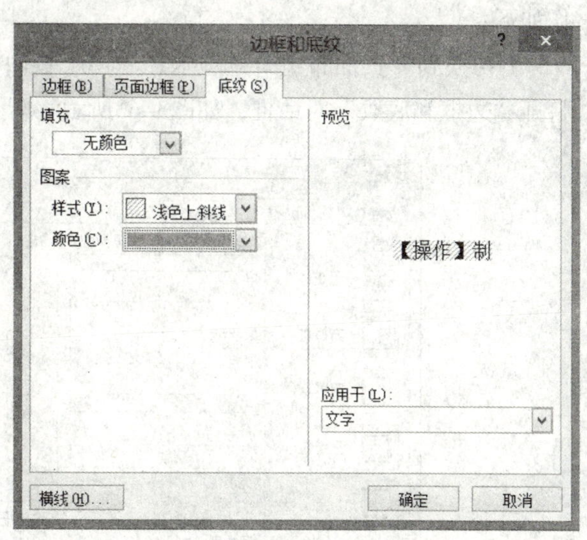

图3-61 “边框和底纹”对话框

3.在“图案”组中分别选择花纹的样式和颜色，在“应用于”下拉列表框中选择将花纹应用到选定的文字或段落。单击“确定”按钮，即可添加底纹，如图3-62

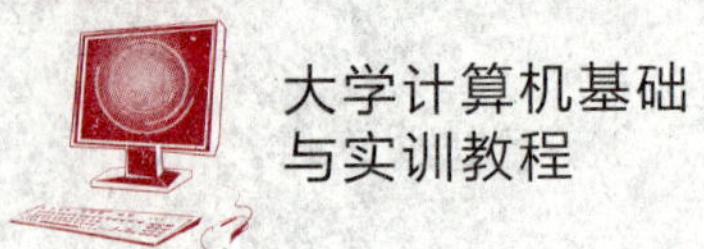

所示。

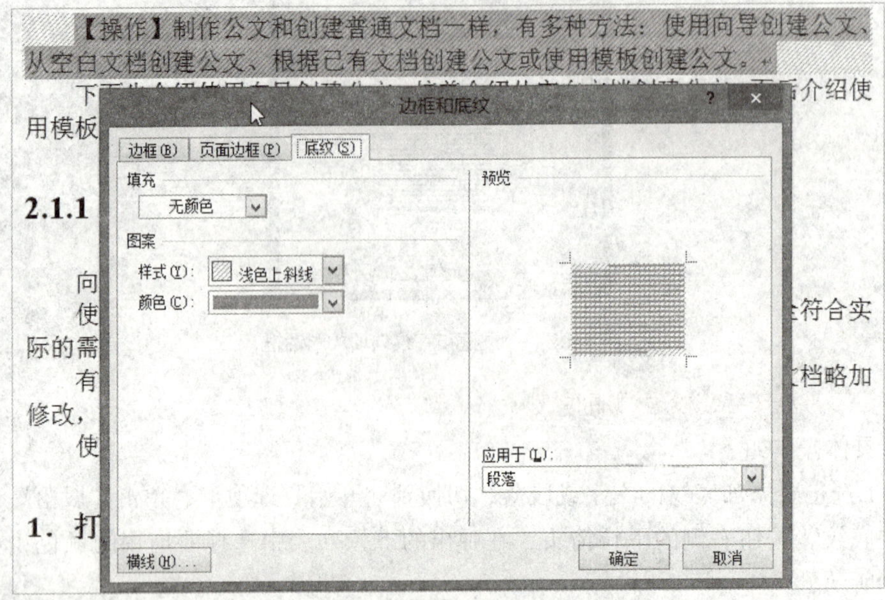

图3-62　为段落添加底纹

（三）添加页面边框

如果要让文档变得更加活泼丰富，还可以为整个文档添加花纹边框线，具体操作如下：

1.切换到“页面布组”选项卡，单击“页面背景”组中的“页面边框”按钮，打开“边框和底纹”对话框，如图3-63所示。

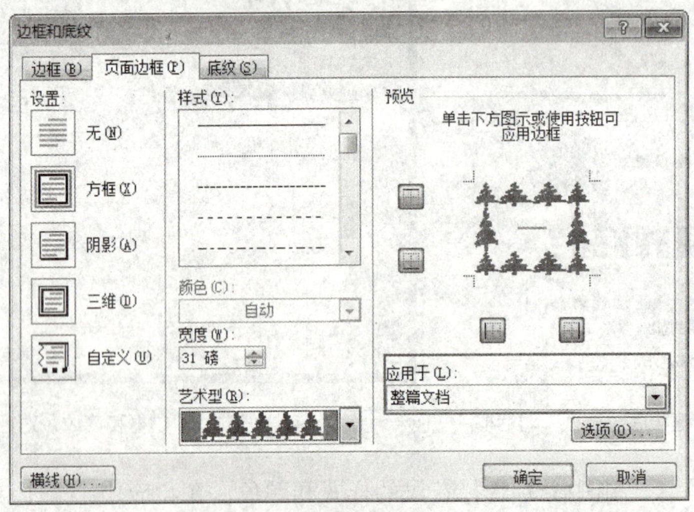

图3-63　“边框和底纹”对话框

2.在“应用于”下拉列表框中选择“整篇文档”，在“艺术型”下拉列表框中选择一种花纹边框，单击“确定”按钮，即可为页面添加边框，如图3–64所示。

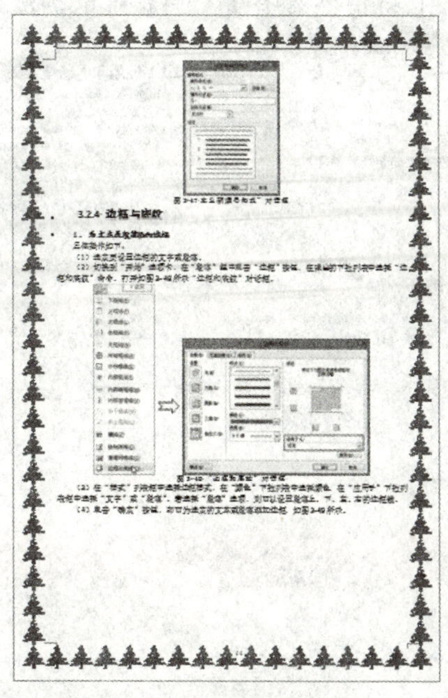

图3–64　为页面添加的边框

小技巧：如要去除已添加的页面边框，可以再次打开“边框和底纹”对话框中的“页面边框”选项卡，在“设置”组中选择“无”选项即可。

五 格式刷

当用户想要让多段文字或段落套用相同的格式时，可以使用“格式刷”来快速完成。“格式刷”按钮只会复制文字和段落的格式，而不影响文字及段落的内容，利用此按钮来统一文字及段落的样式，可达到事半功倍的效果，具体操作如下：

1.选中或将插入点置入已设置好格式的文本块。

2.切换到“开始”选项卡，单击“剪贴板”组中的“格式刷”按钮，此时鼠标呈状。

3.将鼠标指针移到要复制格式的文字开始处，按住鼠标左键进行拖选，所拖选的内容将应用相同的格式，如图3–65所示。

小技巧：

1.如果要进行一连串的复制操作，可以双击“格式刷”按钮，再逐一选择要套用格式的文字或段落，待完成所有的复制操作后，再次单击“格式刷”按钮或按

ESC键，即可停止复制格式操作。

2.选定复制格式的源文本后，按Ctrl+Shift+C组合键，然后选择需要向其中粘贴格式的文本或段落，按Ctrl+Shift+V组合键，同样可以实现格式的复制。

2.1.1 使用向导创建公文

第一专题大学与大学学习藤 学习目的

1.了解从中学到大学面临的转变，围绕时代发展和个人成长的要求，帮助大学生认识大学学习、生活特点，促使其适应大学生活。

2.引导学生正确地理解和科学地认识大学，从而自觉地利用大学的环境塑造自己。

3.引导学生完成从中学向大学、从目标迷惘向清醒、从学校人向职业人的转变，努力把自己培养成才。

2.1.2 从空白文件处创建公文

墈 导引案例

李柔休学

刚刚进入大学的李柔，远离了父母，远离了昔日的朋友，来到了一个举目无亲的大城市，她的内心非常迷惘，非常伤感。新同学的陌生感，更增加了心底那份化不开的孤独。每天背着书包奔波在校园中，独自品味着生活的“白开水”。从小城市到大城市，从温暖、充满母爱的小家庭到校园中的大家庭，完全不能适应。她说：“洗澡要排队，衣服要自己洗，食堂的饭菜又难以下咽……”解脱苦闷方式就是天天给家里打长途电话诉苦。电话里的哭声让母

2.1.1 使用向导创建公文

第一专题大学与大学学习藤 学习目的

1.了解从中学到大学面临的转变，围绕时代发展和个人成长的要求，帮助大学生认识大学学习、生活特点，促使其适应大学生活。

2.引导学生正确地理解和科学地认识大学，从而自觉地利用大学的环境塑造自己。

3.引导学生完成从中学向大学、从目标迷惘向清醒、从学校人向职业人的转变，努力把自己培养成才。

2.1.2 从空白文件处创建公文

墈 导引案例

李柔休学

刚刚进入大学的李柔，远离了父母，远离了昔日的朋友，来到了一个举目无亲的大城市，她的内心非常迷惘，非常伤感。新同学的陌生感，更增加了心底那份化不开的孤独。每天背着书包奔波在校园中，独自品味着生活的“白开水”。从小城市到大城市，从温暖、充满母爱的小家庭到校园中的大家庭，完全不能适应。她说：“洗澡要排队，衣服要自己洗，食堂的饭菜又难以下咽……”解脱苦闷方式就是天天给家里打长途电话诉苦。电话里的哭声让母

图3-65 使用“格式刷”复制段落格式

项目四 表格处理

一 插入表格

（一）使用虚拟表格功能

具体操作如下：

1.将光标定位到需要插入表格的位置，切换到“插入”选项卡，单击“表格”组中的“表格”按钮。

2.在弹出的下拉列表的虚拟表格区拖动鼠标，即可插入小于8行10列的表格，如图3-66所示。

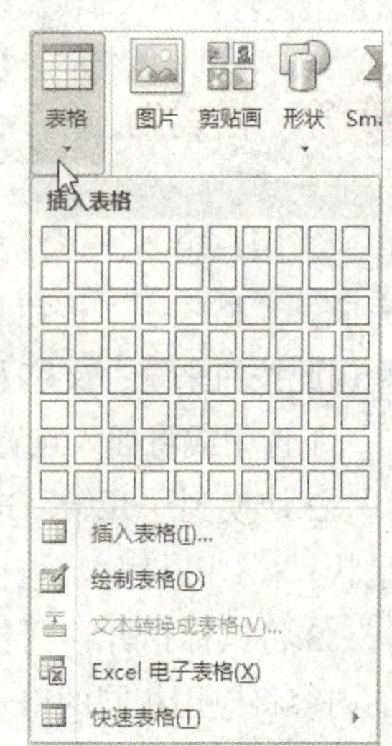

图3-66 “表格”下拉列表

（二）使用“插入表格”对话框

如果要插入大小为10行8列的表格，可使用“插入表格”对话框插入，具体操作如下：

1.将光标定位到需要插入表格的位置，切换到“插入”选项卡，单击“表格”组中的“表格”按钮。

2.在弹出的下拉列表中选择“插入表格”命令，打开“插入表格”对话框。

3.通过“行数”和“列数”微调框设置表格的行数和列数，如图3-67所示。

4.设置完成后单击“确定”按钮即可插入表格。

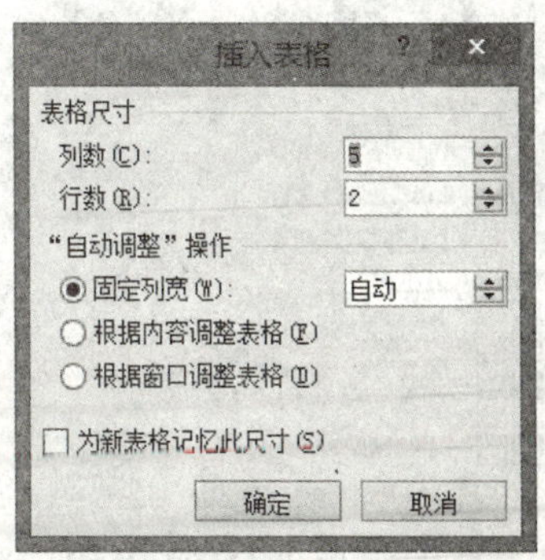

图3-67　"插入表格"对话框

（三）绘制表格

如果需要插入一个不是常规样式的表格，可以进行手动绘制，具体操作如下：

1.切换到"插入"选项卡，单击"表格"组中的"表格"按钮。

2.在弹出的下拉列表中选择"绘制表格"选项，此时鼠标指针会变为铅笔状。

3.将鼠标定位在要插入表格的起始位置，按住鼠标左键拖动，即可以在屏幕上画出一个虚线框，如图3-68所示。当大小合适后释放鼠标，即可绘制出表格外框。

4.在该矩形表格外框内绘制列线和行线。

图3-68　表格虚框

（四）使用"快速表格"功能

Word 2010提供了"快速表格"功能，通过此功能可以快速插入内置样式的表格，具体操作如下：

1.切换到"插入"选项卡，单击"表格"组中的"表格"按钮。

2.在弹出的下拉列表中指向"快速表格"选项，在打开的下一级列表中选择需要的表格样式即可，如图3-69所示。

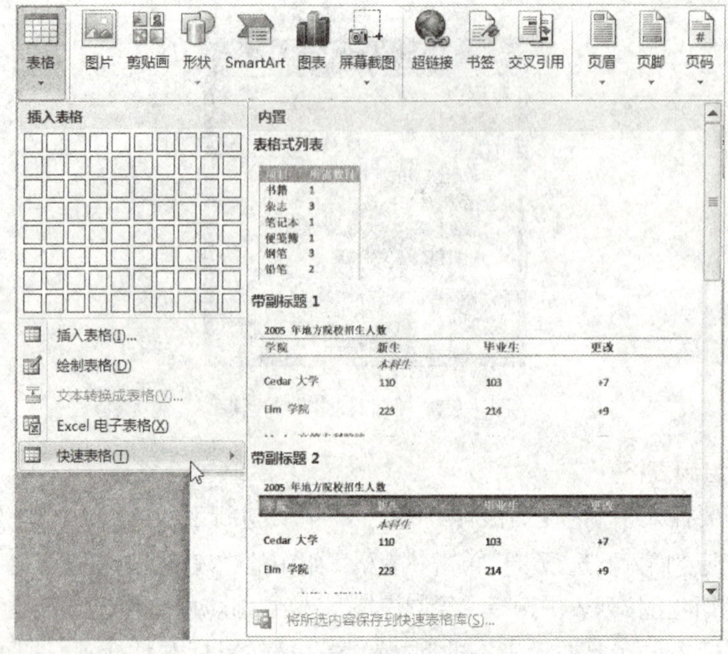

图3-69 “快速表格”下拉列表

二 表格的基本操作

所谓表格的基本操作，就是对表格的单元格、行和列进行的操作。

（一）表格或单元格的选定

在对表格进行操作之前，必须先选定操作对象是哪一个或哪些单元格。如果要选定一个单元格中的部分内容，可以用鼠标拖动的方法进行选定，与文档中选定正文一样，另外，在表格中还有一些特殊的选定单元格、行或列的方法，如图3-70所示。

另一种选定的方法是：将插入点置于要选定的单元格中，然后切换到功能区的“布局”选项卡，单击“选择”按钮，从下拉菜单中选择“选择单元格”“选择行”“选择列”或“选择表格”命令。

（二）在表格中输入文本

在表格中输入文本与在表格外的文档中输入文本一样，首先将插入点置入单元格，然后输入文本。如果输入的文本超过单元格的宽度时，则会自动换行并增大行高。如果在单元格中进行分段，可以使用Enter键，该行的宽度也会改变。

如果要移到下一个单元格中输入文本，可以用鼠标单击该单元格，或者用方向键来移动插入点。

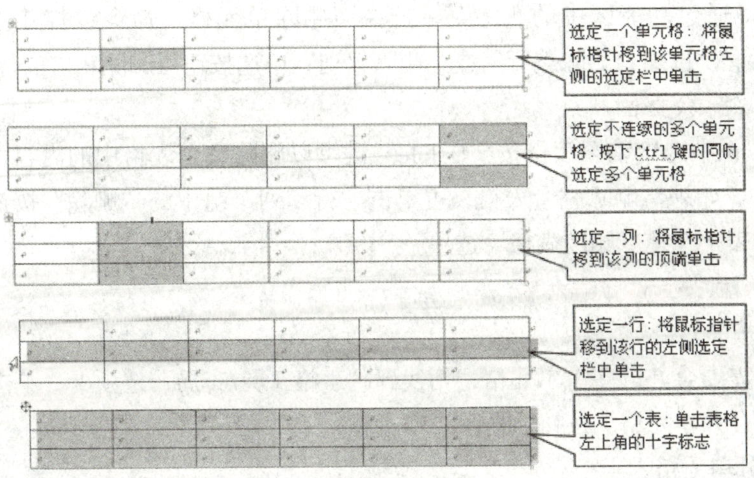

图3-70　选定单元格、行和列

（三）插入行或列

在已有的表格中插入新的行或列的方法有以下几种：

将光标定位在某个单元格中，然后切换到“表格工具/布局”选项卡，在“行和列”组中单击相应的按钮即可，如图3-71所示。

使用鼠标右键单击某个单元格，在弹出的快捷菜单中选择“插入”选项，在打开的下一级菜单中选择需要的操作即可，如图3-72所示。

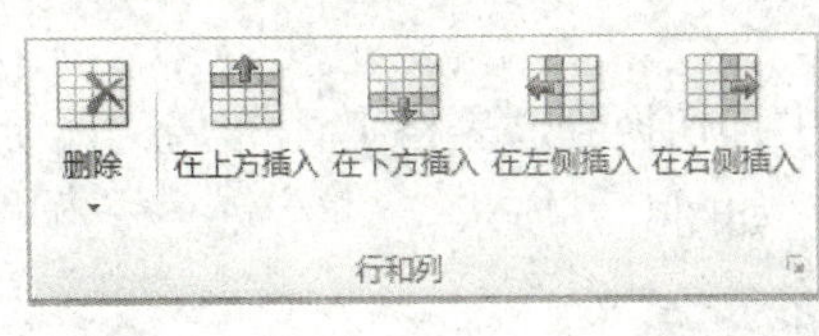

图3-71　“行和列”组

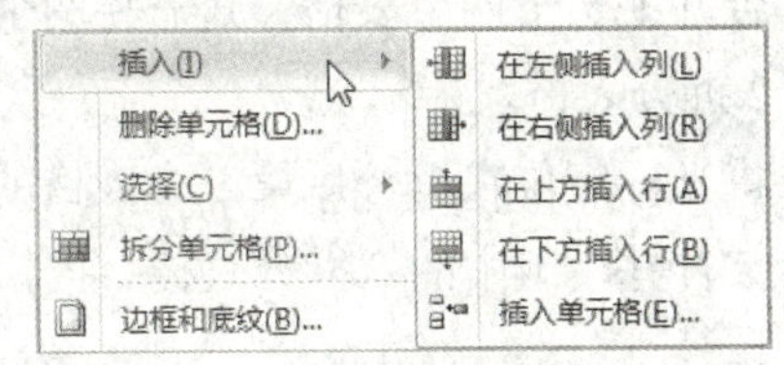

图3-72　“插入行和列”快捷菜单

单击表格右下角单元格的内部，按Tab键将在表格下方添加一行。

将光标定位到表格右侧单元格外侧，按Enter键可以在当前行下方插入一行。

（四）删除行或列

删除行或列的方法有以下几种：

（1）右击要删除的行或列，然后在弹出的快插菜单中选择“删除行”或“删除列”命令，可删除该行或列。

（2）单击要删除行或列所包含的一个单元格，切换到功能区中的“布局”选项卡，在“行和列”组中单击“删除”按钮，然后选择“删除行”或“删除列”命令。如图3-73所示。

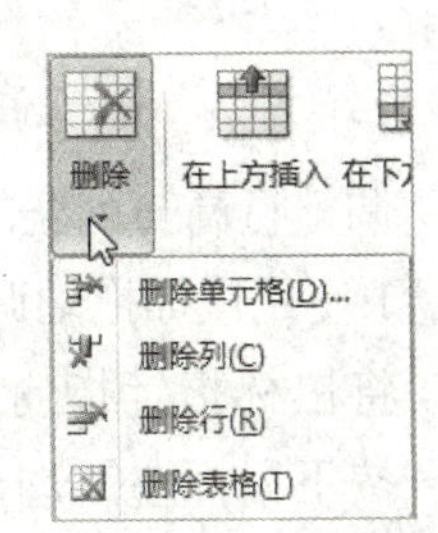

图3-73　“删除”下拉列表

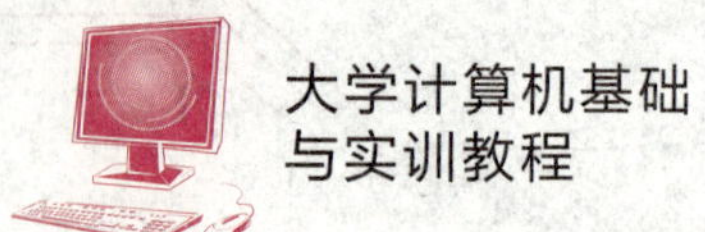

（3）通过功能区中的删除菜单选择“删除单元格”命令，打开“删除单元格”对话框，选中“删除整行”或“删除整列”单选按钮可删除相应的行或列。

（五）删除表格

在Word中选中整个表格按“Delete”键可以删除整个表格中的内容，但不可以删除表格。如果要删除整个表格，可单击“行和列”组中的“删除”按钮，在弹出的下拉列表中选择“删除表格”选项。

（六）合并与拆分单元格

1.合并单元格

选择需要合并的多个单元格，切换到“表格工具/布局”选项卡，单击“合并”组中的“合并单元格”按钮，如图3-74所示。

2.拆分单元格

选择要拆分的单元格，单击“合并”组中的“拆分单元格”按钮，在弹出的“拆分单元格”对话框中分别在“行数”和“列数”微调框内设置拆分后的行数和列数，设置完成后单击“确定”按钮即可，如图3-75所示。

（七）合并与拆分表格

合并表格是指将两个或两个以上的表格合并为一个表格，拆分表格是指将一个表格拆分成两个或两个以上的表格。

1.合并表格

合并上、下两个表格，只需将两个表格之间的内容或回车符删除即可。

2.拆分表格

将光标定位在拆分后第二个表格的首行中，切换到“表格工具/布局”选项卡，单击“合并”组中的“拆分表格”按钮即可，如图3-76所示。

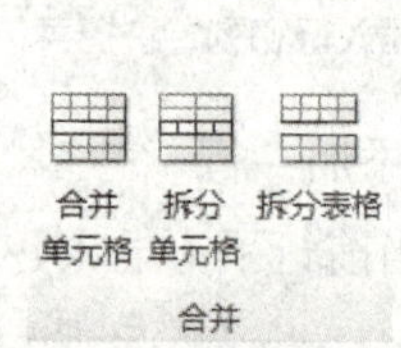

图3-74 “合并”组

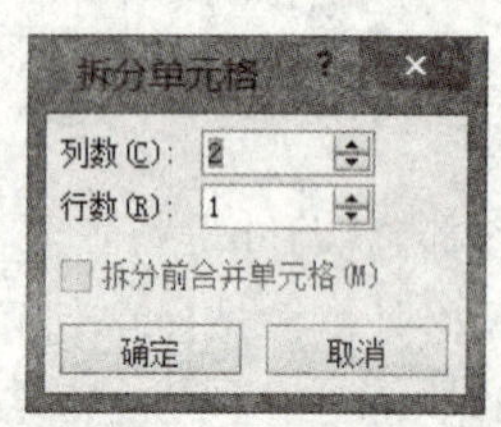

图3-75 “拆分单元格”对话框

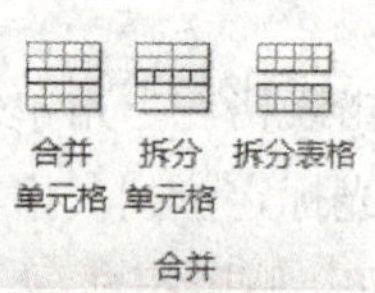

图3-76 拆分表格

（八）调整行高与列宽

调整行高与列宽的方法有以下三种：

1.使用鼠标拖动调整

将鼠标指针指向需要调整行高或列宽的两行或两列之间，待指针呈形状或形状，按下鼠标左键进行拖动，此时文档中将出现虚线，当虚线到达合适位置时，释放鼠标即可调整行高或列宽，如图3-77所示。

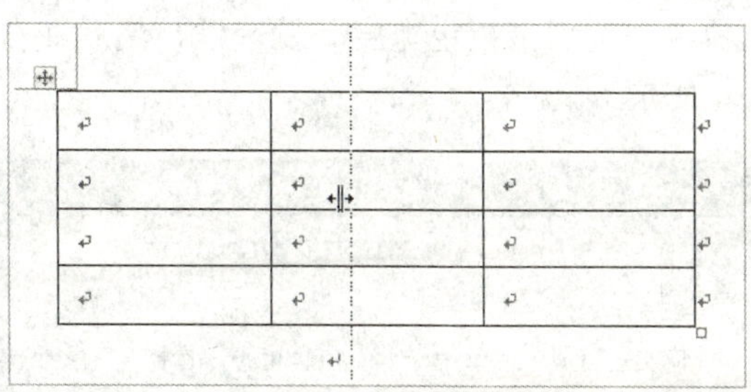

图3-77　通过拖动鼠标调整列宽

2.通过功能区调整

将光标定位在某行的任意单元格中，切换到“表格工具/布局”选项卡，在“单元格大小”组中通过“高度”或“宽度”微调框设置行高或列宽，如图3-78所示。

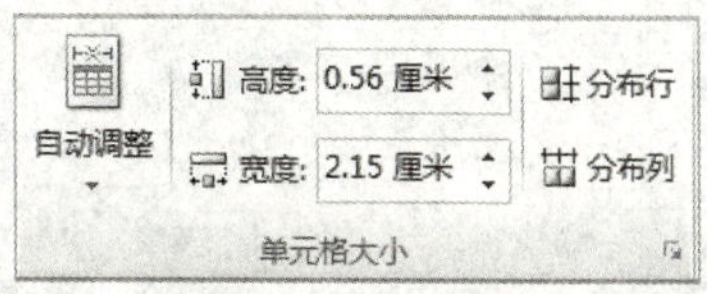

图3-78　“单元格大小”组

3.使用“表格属性”对话框调整

切换到“表格工具/布局”选项卡，单击“表”组中的“属性”按钮，打开“表格属性”对话框，如图3-79所示。切换到“行”选项卡，选择“指定高度”复选框，然后在右侧的微调框内设置具体的高度。

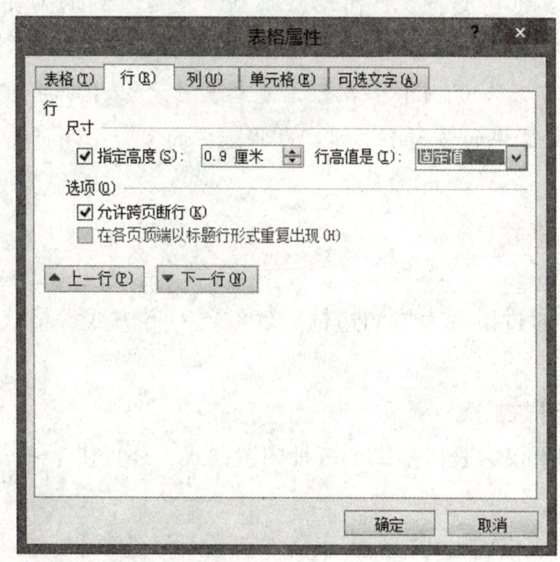

图3-79　“表格属性”对话框“行”选项卡

切换到“列”选项卡，选择“指定宽度”复选框，然后在右侧的微调框内设置具体的宽度，如图3-80所示。

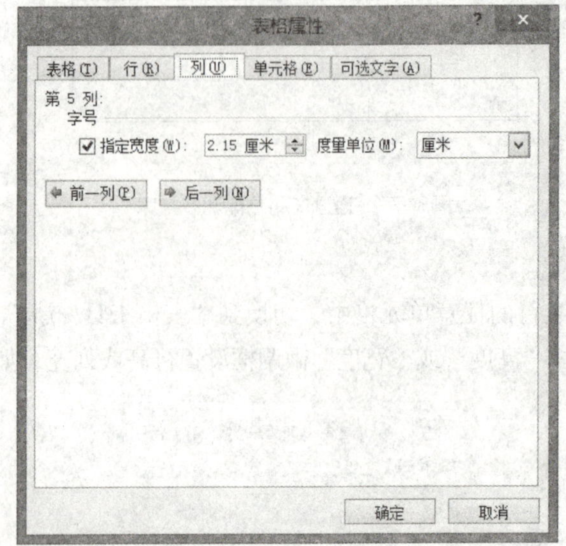

图3-80 “表格属性”对话框“列”选项

小技巧：

1.设置好表格的列宽后，为了避免列宽发生变化，影响到版面美观，可以让表格的列宽一直保持不变。只需选择设置表格，然后从“自动调整”下拉列表中选择“固定列宽”命令即可。

2.如果要调整多列宽度和多行高度，而且希望这些列的列宽和行的行高都相同，可以使用“分布列”和“分布行”功能，先选择要调整的多列或多行，然后切换到功能区中的“布局”选项卡，在“单元格大小”组中单击“分布列”按钮或“分布行”按钮，将选中的多列平均列宽或将选中的多行平均行高。

设置表格格式
视频来源：酷六网

三 设置表格格式

在Word中可以通过设置表格的边框、底纹、对齐方式等格式，使表格更加整齐、美观。

（一）设置表格样式

在Word 2010中不仅为表格提供了多种内置样式，还提供了“表格样式选项”设置。具体操作如下：

1.将光标定位在表格内，切换到“表格工具/设计”选项卡，在“表格样式”组中单击样式库下拉按钮，在弹出的下拉列表中选择合适表格样式即可，如图3-81所示。

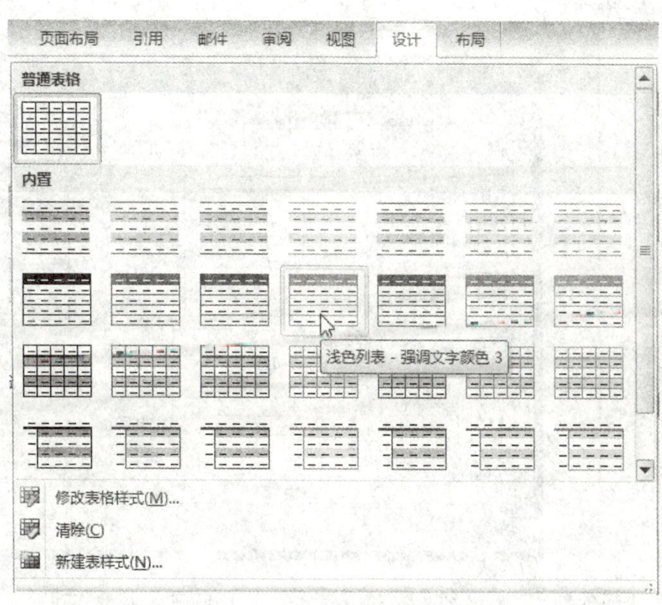

图3-81　“表格样式”下拉列表

2.在“表格样式选项”组中，根据需要选择相应的复选框，即可实现相应的特殊效果，如图3-82所示。

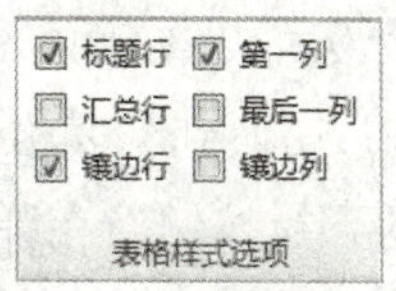

图3-82　“表格样式选项”组

小技巧：如果要取消样式设置，可以将插入点移到表格中，再切换到“表格工具/设计”选项卡，单击“表格样式”组中的“网格型”样式；或者在“表格样式”组中单击样式库下拉按钮，在弹出的下拉列表中选择“清除”命令。

（二）设置表格边框

设置表格边框的具体操作如下：

1.选择要设置边框线的单元格，切换到“表格工具/设计”选项卡，在“表格样式”组中单击“边框”按钮右侧的下拉按钮，在弹出的下拉列表中选择需要的框线，如图3-83所示。

2.如果要进一步设置，可在弹出的下拉列表中选择“边框和底纹”命令，或单击鼠标右键，在弹出的快捷菜单中选择“边框或底纹”命令，打开“边框和底纹”对话框，如图3-84所示。

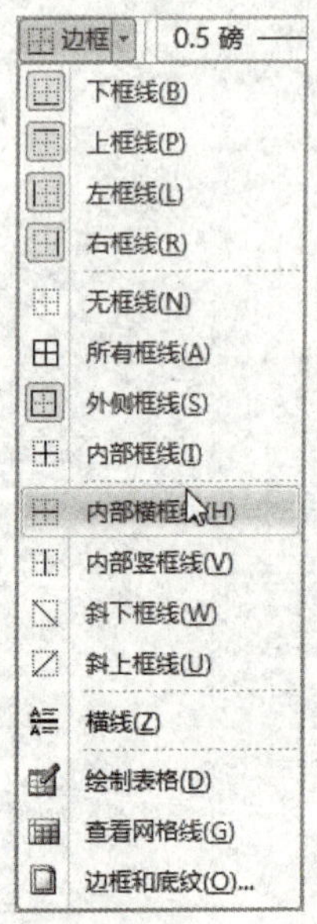

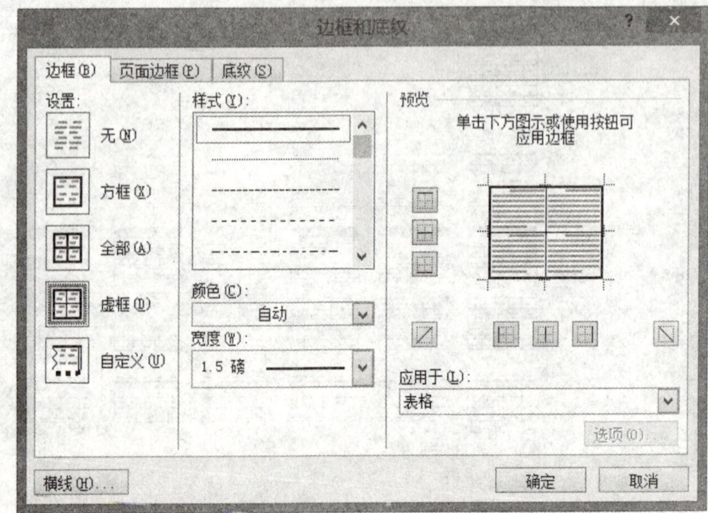

图3-83　“边框”下拉列表　　　　图3-84　“边框和底纹”对话框

3.在对话框的“边框”选项卡中，可以设置边框的样式、颜色以及宽度等，设置完成后，单击“确定”按钮即可。

（三）设置表格底纹

在Word中可通过以下两种方法设置表格底纹：

1.选定需要设置底纹的单元格，切换到“表格工具/设计”选项卡，在“表格样式”组中单击“底纹”按钮右侧的下拉按钮，在弹出的下拉列表中选择颜色即可，如图3–85所示。

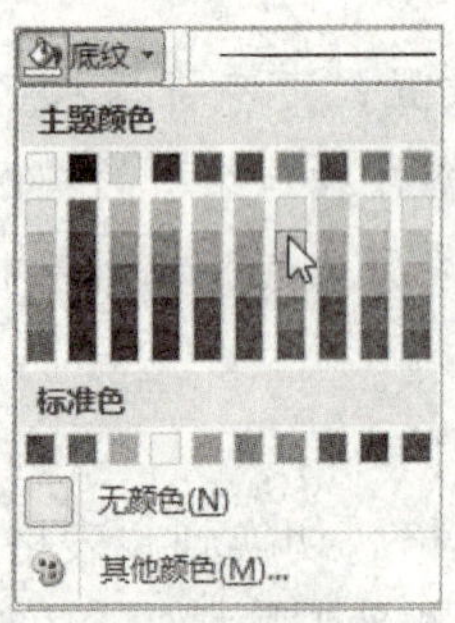

图3-85　“底纹”下拉列表

2.打开“边框和底纹”对话框，切换到“底纹”选项卡，设置底纹颜色、填充图案以及填充图案的颜色等。设置完成后单击“确定”按钮即可，如图3–86所示。

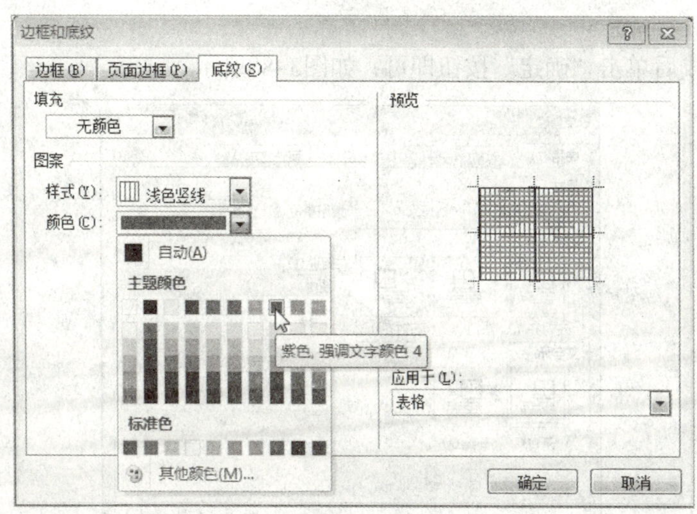

图3-86 “边框和底纹”对话框

（四）设置表格对齐方式

默认情况下，新创建的表格总是会靠在页面的左边，要想改变表格的对齐方式，可通过以下三种方法实现：

1.使用鼠标拖动

将鼠标指针指向表格，此时表格左上角会出现 标志，将鼠标移到其上面。当鼠标指针变为 时，按下鼠标左键进行拖动，至合适的位置释放鼠标即可，如图3-87所示。

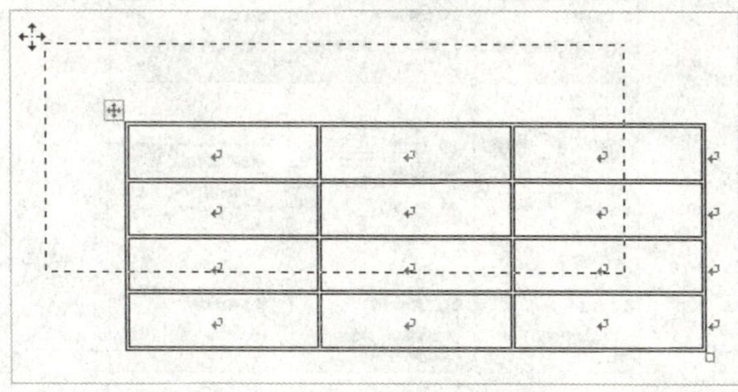

图3-87 使用鼠标拖动改变表格位置

2.使用对齐按钮

将整个表格选中，在“开始”选项卡的“段落”组中单击相应的对齐按钮，即可调整表格的对齐方式。

3.使用表格属性对话框

将光标定位在表格中，切换到“表格工具/布局”选项卡，单击“表”组中的“属性”按钮，或单击鼠标右键，在弹出的快捷菜单中选择“表格属性”命令，打开“表格属性”对话框，在“表格”选项卡的“对齐方式”栏中选择需要的对齐方

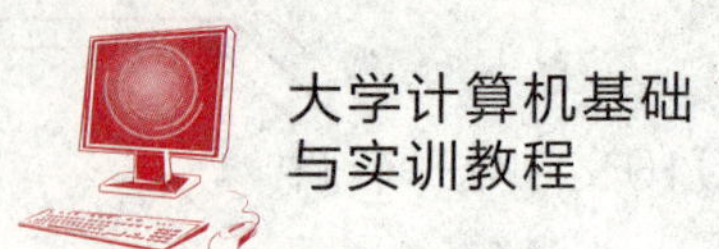

式，设置完成后单击“确定”按钮即可，如图3-88所示。

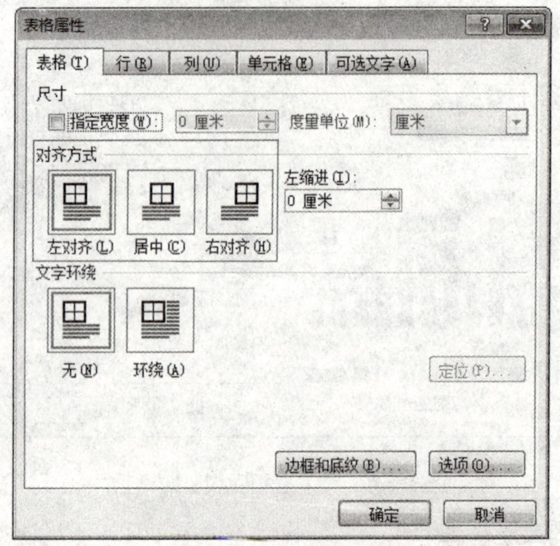

图3-88　“表格属性”对话框

(五)设置表格文字对齐方式

选择需要设置对齐方式的单元格，切换到“表格工具/布局”选项卡，在“对齐方式”组中单击需要的对齐方式按钮，如图3-89所示；或单击鼠标右键，在弹出的快捷菜单中选择“单元格对齐方式”命令，在展开的下一级列表中选择需要的对齐方式。

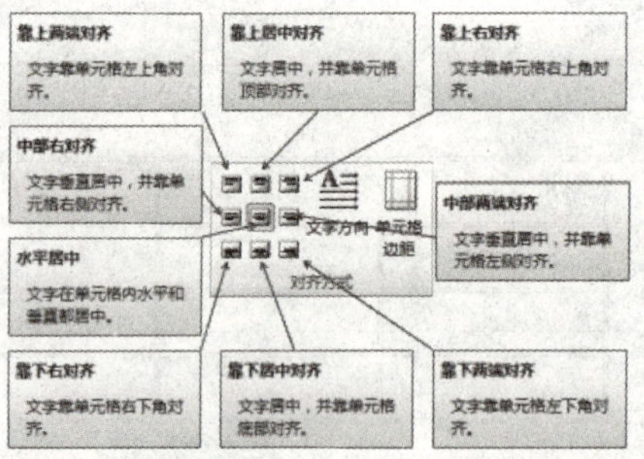

图3-89　表格中文本的9种对齐方式

(六)设置表格文字方向

除了设置表格中文本的位置外，还可以灵活的设置文字方向。

将插入点定位到需要改变文字方向的单元格，切换到“表格工具/布局”选项卡，在“对齐方式”组中单击“文字方向”按钮即可，如图3-90所示。

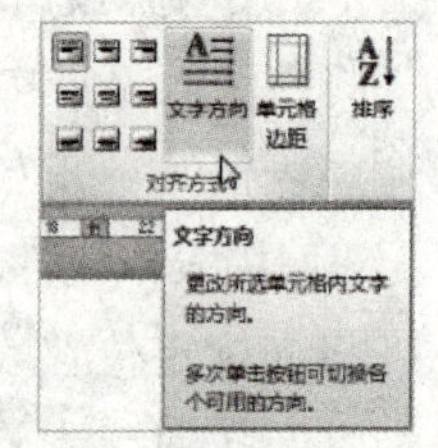

图3-90　单元格文字方向

四 表格的高级应用

（一）表格数据处理

1.简单运算

在“表格工具/布局”选项卡中单击“数据”组中的“公式”按钮，打开“公式”对话框，如图3-91所示。在其中输入运算公式，然后单击“确定”按钮，即可显示运算结果。

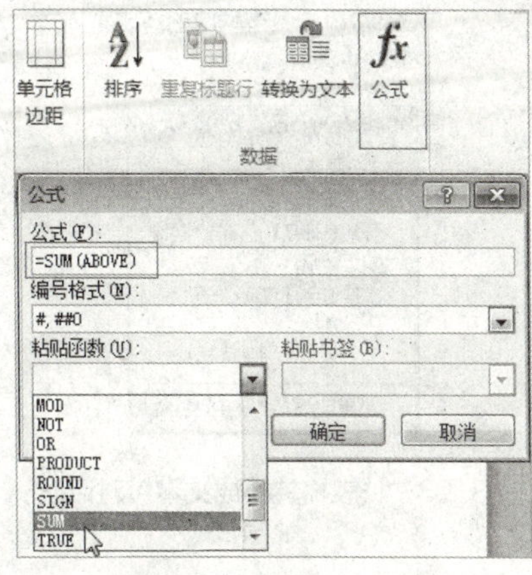

图3-91　“公式”对话框

表格高级应用
视频来源：优酷网

2.排序

在“表格工具/布局”选项卡中单击“数据”组中的“排序”按钮，打开“排序”对话框，在其中设置相关排序条件后单击“确定”按钮即可，如图3-92所示。

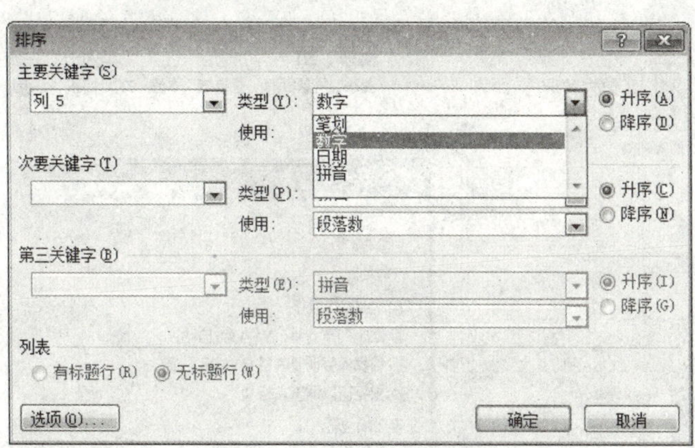

图3-92　“排序”对话框

（二）表格与文本的互换

表格只是一种形式，是对文字或数据进行了规范化处理，在Word中，表格和文本之间可以相互转换。

1.表格转换成文本

选择需要转换为文本的表格，切换到“表格工具/布局”选项卡，单击“数据”组中的“转换为文本”按钮。在弹出的“表格转换成文本”对话框中选择文本的分隔符，然后单击“确定”按钮即可，如图3-93所示。

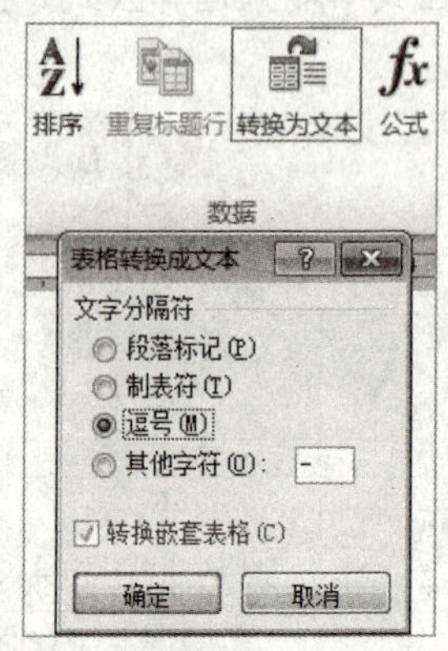

图3-93 “表格转换成文本”对话框

2.文本转换成表格

选择需要转换为表格的文本，切换到“插入”选项卡，单击“表格”组中的“表格”按钮，在弹出的下拉列表中选择“文本转换成表格”选项。在弹出的“将文字转换成表格”对话框中进行相关设置，然后单击“确定”按钮即可，如图3-94所示。

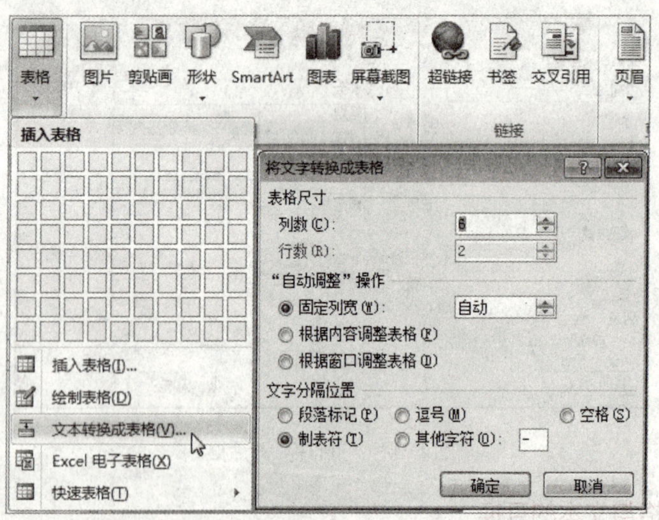

图3-94 “文本转换成表格”对话框

项目五　页面设置与打印

一　页面设置

（一）纸张大小设置

纸张的大小决定文档打印输出的幅面，可通过以下两种方法进行设置：

1.选择“页面布局”选项卡，单击“页面设置”组中的“纸张大小”按钮，在弹出的下拉列表中选择需要的纸型即可，如图3–95所示。

2.在“纸张大小”下拉列表中如果没有需要的纸型，可选择“其他页面大小”选项，打开“页面设置”对话框进行设置，如图3–96所示。

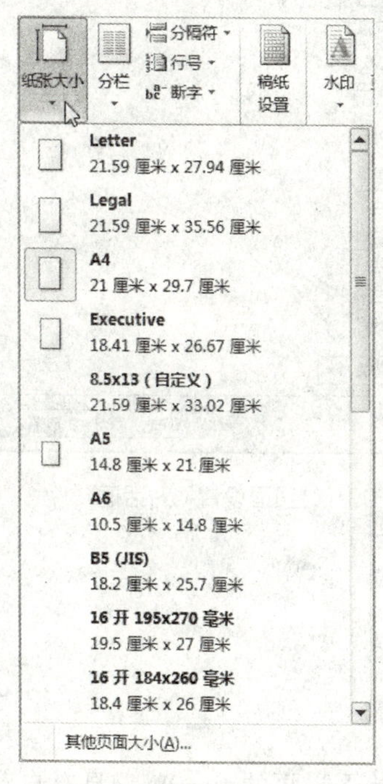

图3–95　“纸张大小”下拉列表

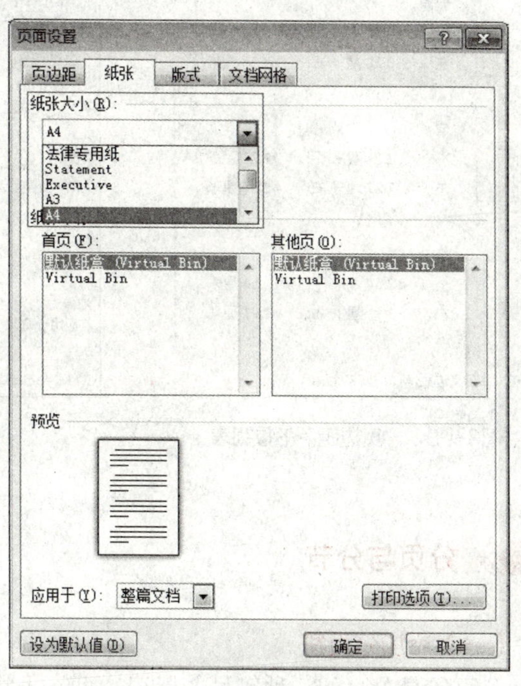

图3–96　“页面设置”对话框

（二）纸张方向设置

纸张的方向主要有“纵向”和“横向”两种，单击“页面设置”组中“纸张方向”按钮，在弹出的下拉列表中选择需要的纸张方向即可，如图3–97所示。

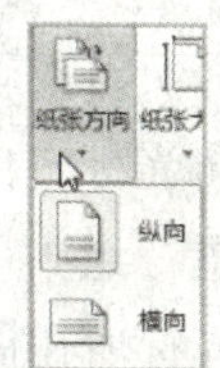

图3–97　纸张方向列表

（三）页边距设置

页边距是指页面四周的空白区域，在Word中可以通过以下两种方法对其进行设置。

1.选择“页面布局”选项卡，单击“页面设置”组中的“页边距”按钮，在弹出的下拉列表中选择合适的页边距选项即可，如图3-98所示。

2.在“页边距”下拉列表中如果没有合适的页边距选项，可选择“自定义页边距”选项，打开“页面设置”对话框进行设置，如图3-99所示。

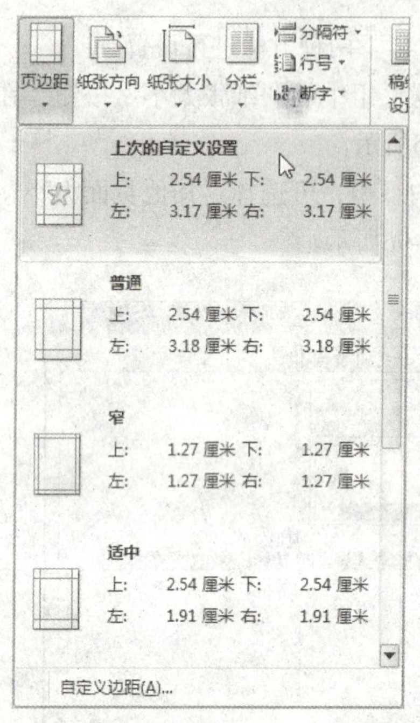

图3-98 “页边距”下拉列表

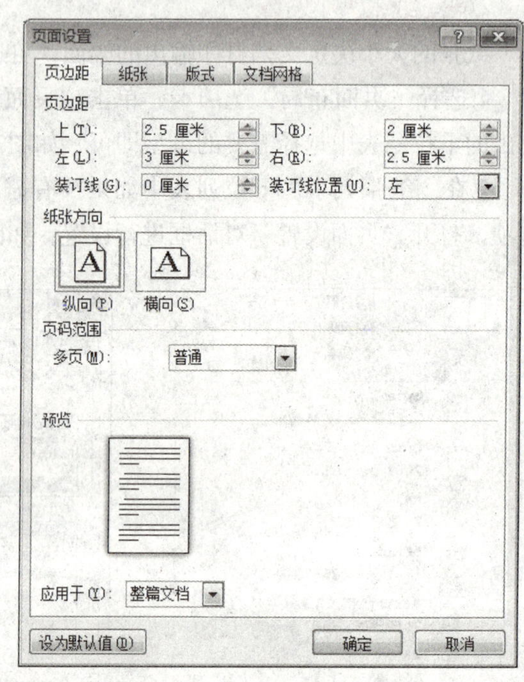

图3-99 “页面设置”对话框

分页与分节
视频来源：优酷网

二 分页与分节

（一）添加分页符

分页符是分页的一种符号，标记一页终止并开始下一页的点。Word具有自动分页的功能，当输入的文本或插入的图形满一页时，Word将自动转到下一页，并且在文档中插入一个软分页符。除了自动分页外，还可以人工分页，插入的分页符称为人工分页符或硬分页符。

将光标定位到要作为下一页的段落开头，切换到“页面布局”选项卡，在“页面设置”组中单击“分隔符”按钮，在弹出的下拉菜单中选择“分页符”命令，即可将光标所在位置后的内容移到下一个页面。如图3-100所示。

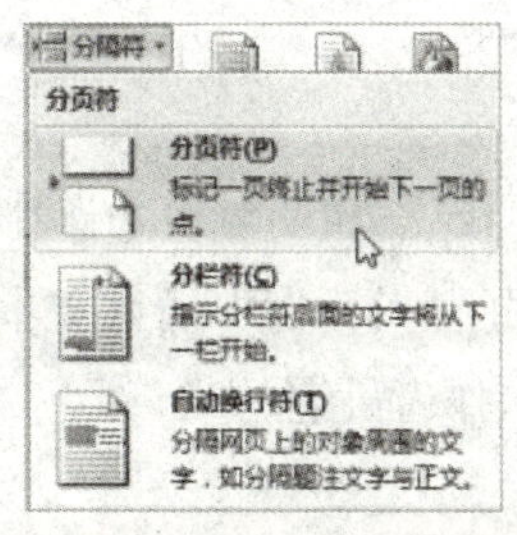

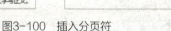

图3-100 插入分页符

说明：在文档编辑过程中，如果要查看文档中分页符、段落标记等编辑标记，可切换到“开始”选项卡，单击“段落”组中的“显示/隐藏编辑标记”按钮 ，即可显示插入的分页符等编辑符号。

（二）添加分节符

所谓的“节”，是指Word用来划分文档的一种方式。分节符是指在表示节的结尾插入的标记。分节符包含节的格式设置元素，如页边距，页面的方向，页眉、页脚和页码的顺序。Word 2010中有4种分节符可供选择，分别是“下一页”“连续”“偶数页”和“奇数页”。

下一页：Word文档会强制分页，在下一页上开始新节。用户可以在不同页面上分别应用不同的页码样式、页眉和页脚文字，以及页面的纸张方向、对齐方式等。

连续：在编辑完一个段落后，如果要将下一段落的内容设置不同格式或版式，可以插入“连续”分节符，将插入点后面的段落作为一个新节。

偶数页：将在下一偶数页上开始新节。

奇数页：将在下一奇数页上开始新节。编辑长篇文档时，习惯将新的章节标题排在奇数页上，此时可以通过插入奇数页分节符来实现。

插入分节符的具体操作如下：

1.将插入点移到要分节的位置。

2.切换到“页面布局”选项卡，单击“分节符”按钮，在弹出的下拉菜单中单击选择合适的分节符即可，如图3-101所示。

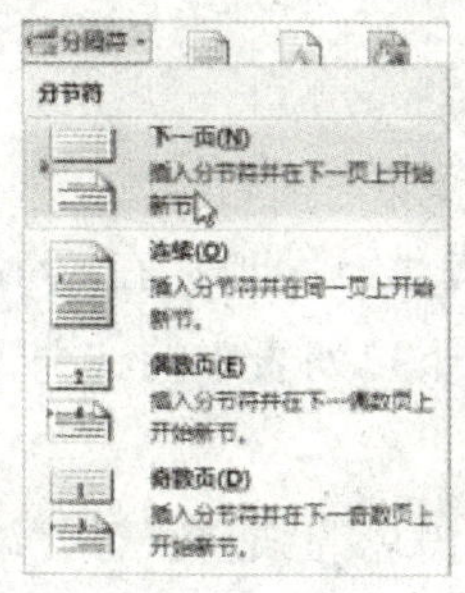

图3-101 插入分节符

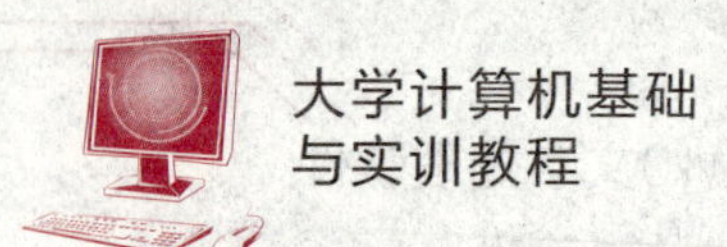

三 设置页眉页脚

页眉和页脚是指文档中每个页面的顶部、底部和两侧页边距中的区域（即页面上打印区域之外的空白空间）。用户可以在页眉和页脚中插入文本或图形。例如，可以添加页码、时间和日期、文档章节标题、作者姓名等。

（一）插入页眉和页脚

切换到“插入”选项卡，单击“页眉和页脚”组中的“页眉”或“页脚”按钮，在弹出的下拉列表中选择一种合适的样式即可。如图3-102所示。

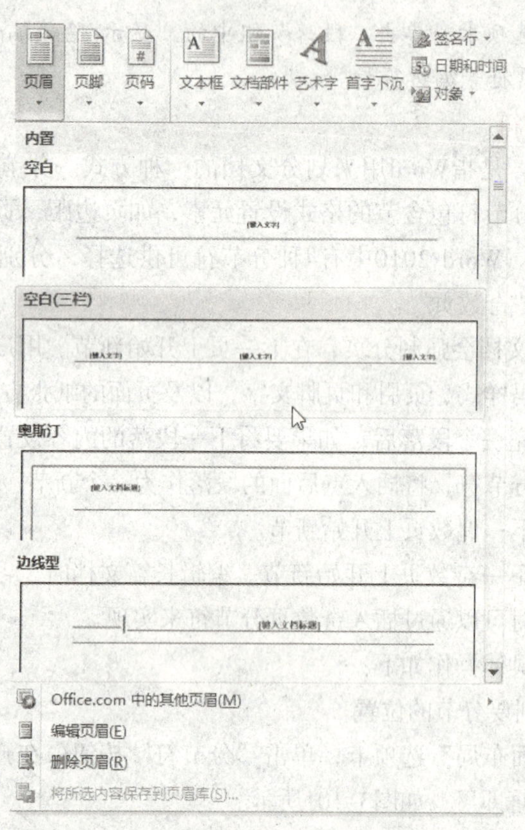

图3-102 “页眉”下拉列表

（二）编辑页眉和页脚

在页眉和页脚成功插入后，还可以对页眉和页脚进行编辑。在Word中可以通过双击页眉和页脚位置，或选择“页眉”和“页脚”下拉列表中的“编辑页眉”和“编辑页脚”选项，进入编辑状态。

在页眉和页脚的编辑过程中，其他文档区域为灰白色的锁定状态。编辑完页眉和页脚之后，切换到“页眉和页脚工具/设计”选项卡，单击“关闭”组中的“关闭页眉和页脚”按钮，或者使用鼠标双击文档区域即可退出页眉和页脚编辑状态。

（三）添加页码

书刊正面和背面两个页面为一页，每个页面都排有页码，用于标识该页在整本书的排列次序，通常用阿拉伯数字1、2、3等来表示。添加页码的具体操作如下：

1.切换到“插入”选项卡，在“页眉和页脚”组中，单击“页码”按钮，出现“页码”下拉列表。

2.在“页码”下拉菜单中可以选择页码出现的位置，例如，要插入到页面的底部，就选择“页面底端”，从其级联菜单中选择一种页码格式即可，如图3-103所示。

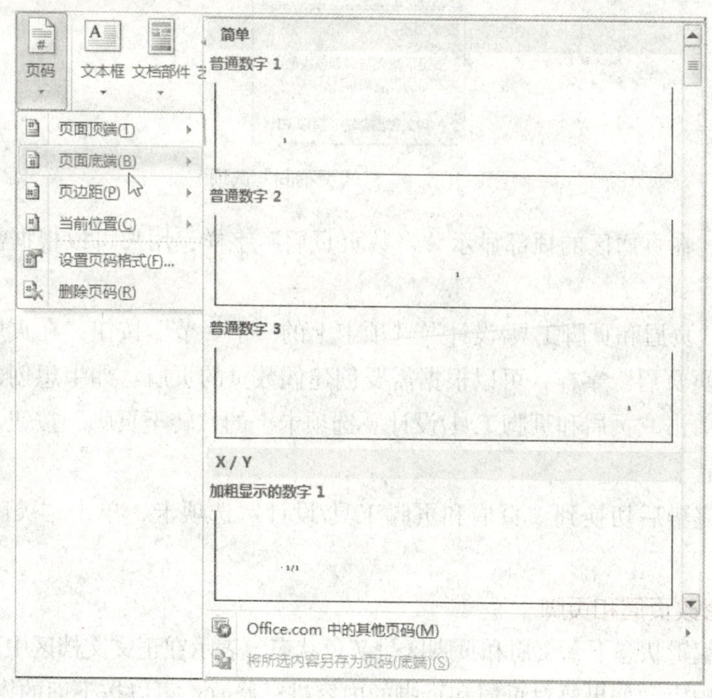

图3-103 “页码”下拉列表

3.如果要设置页码格式，可以从“页码”下拉菜单中选择“页码格式”命令，打开如图3-104所示“页码格式”对话框。

4.在“编号格式”列表框中可以选择一种页码格式，如“i，ii，iii，…”等。

5.单击“确定”按钮，关闭“页码格式”对话框即可。

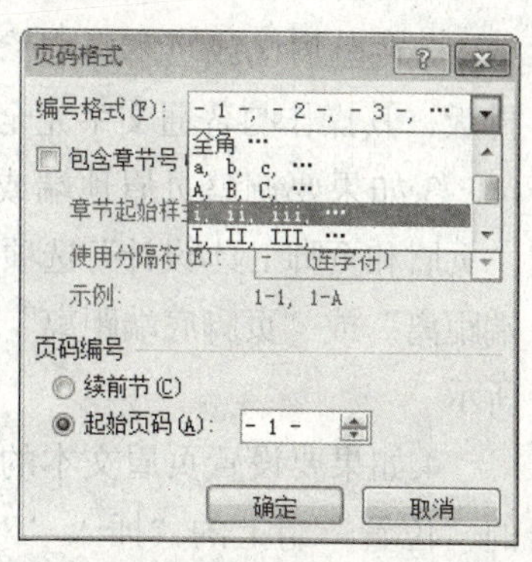

图3-104 “页码格式”对话框

（四）创建奇偶页不同页眉和页脚

对于双面打印的文档，通常需要设置奇偶页不同页眉和页脚。具体操作如下：

1.双击页眉和页脚区，进入页眉或页脚编辑状态，并显示“页眉和页脚工具/设计”选项卡。

2.选中“选项”组内的“奇偶页不同”复选框，如图3-105所示。

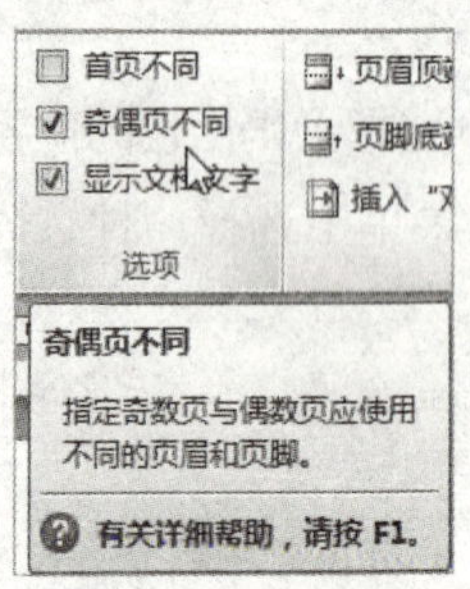

图3-105 “奇偶页不同”选项

3.此时，在页眉区的顶部显示“奇数页页眉”字样，用户可以根据需要创建奇数页页眉。

4.单击“页眉和页脚工具/设计”选项卡上的“下一节”按钮，在页眉区的顶部显示“偶数页页眉”字样，可以根据需要创建偶数页的页眉。如果想创建偶数页的页脚，可以单击“页眉和页脚工具/设计”选项卡上的“转至页脚”按钮，切换到页脚区进行设置。

5.设置完毕后切换到“页眉和页脚工具/设计”选项卡，单击“关闭页眉和页脚”按钮。

（五）修改页眉和页脚

在正文编辑状态下，页眉和页脚区呈灰色状态，表示在正文文档区中不能编辑页眉和页脚的内容。如果要对页眉和页脚的内容进行修改，可以按下面的操作进行：

1.双击页眉或页脚区域，进入页眉或页脚编辑状态。

2.在页眉区或页脚区中修改页眉或页脚的内容，或者对页眉或页脚的内容进行排版，其操作与普通文字完全相同。

3.如果要调整页眉顶端或页脚底端的距离，可以切换到“页眉和页脚工具/设计”选项卡，在“位置”组中的“页眉顶端距离”或“页脚底端距离”微调框中输入距离。如图3-106所示。

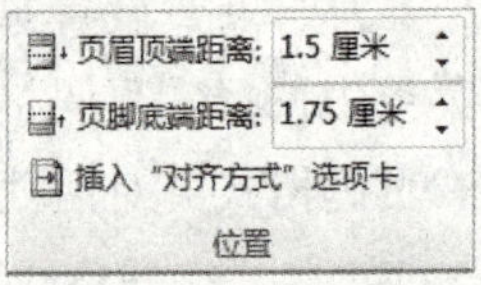

图3-106 “位置”组

4.如果要设置页眉文本的对齐方式，可以单击“页眉和页脚工具/设计”选项卡的“位置”组上的“插入‘对齐’方式选项卡”按钮，打开如图3-107所示的“对齐制表位”对话框，在其中可以选择对齐方式以及前导符等。

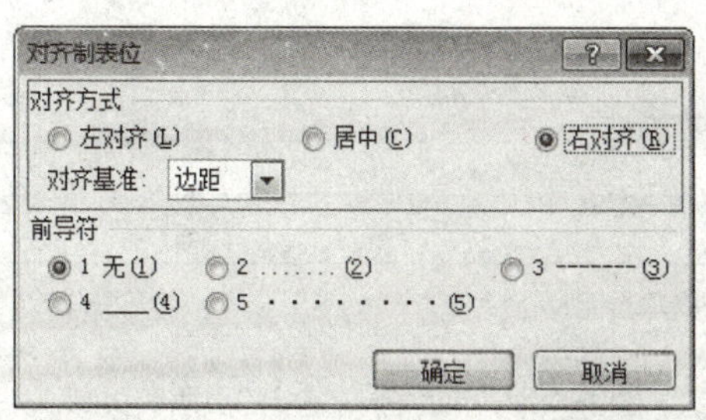

图3-107　“对齐制表位”对话框

5.切换到“页眉和页脚工具/设计”选项卡，单击“关闭页眉和页脚”按钮。

（六）设置不同节的独立页眉和页脚

对于长文档来说（如书籍），通常情况下由封面部分、目录部分和正文等几部分组成，需要独立编排页码和页眉。例如，页码部分目录采用i、ii、iii 编号，正文部分采用1、2、3编号，页眉部分每一章的页眉显示本章章标题。这就需要设置不同节的独立页眉和页脚格式。具体操作如下：

1.单击要在其中开始设置、停止设置或更改页眉、页脚或页码编号的页面开头。

2.插入合适的分节符。

3.在有分节符的页面上，双击页眉区或页脚区域进入页眉或页脚编辑状态，此时的页眉和页脚是前后相连的，如图3-108所示。

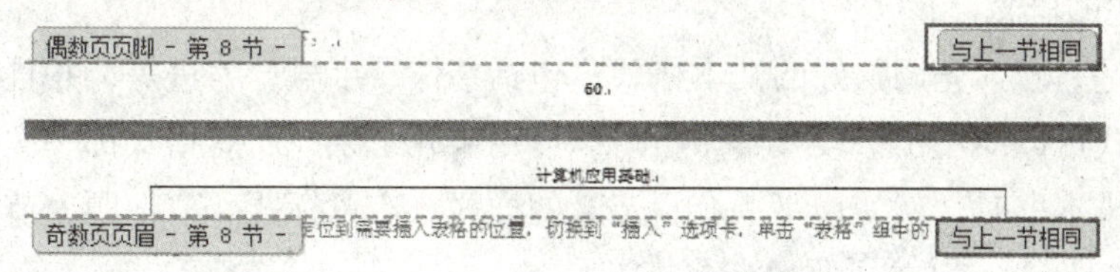

图3-108　前后链接的页眉和页脚

4.切换到“页眉和页脚工具/设计”选项卡，在“导航”组中单击“链接到前一条页眉”，如图3-109所示。

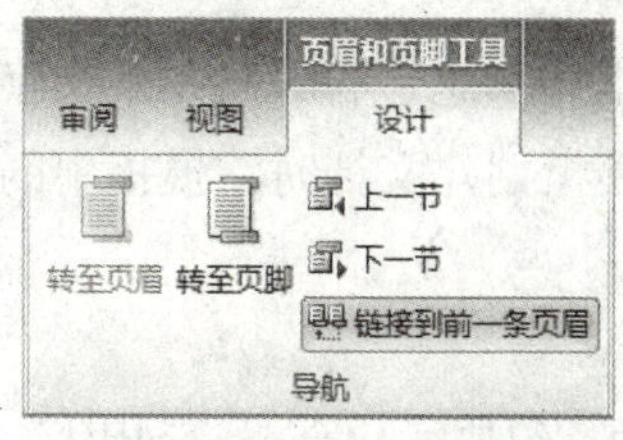

图3-109　“链接到前一条页眉”按钮

5.此时，前后两节的页眉和页脚是断开链接的，如图3-110所示，可以独立设置不同的页眉和页脚。

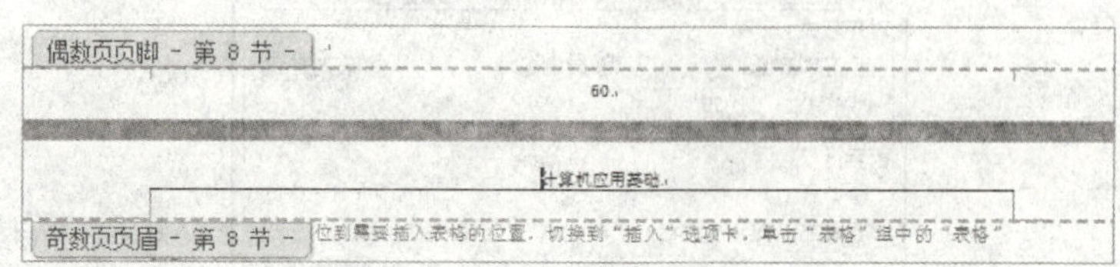

图3-110　前后断开链接的页眉和页脚

6.若要独立编排页码，则单击“页眉和页脚”组中的“页码”按钮，在弹出的下拉菜单中选择“设置页码格式”命令，打开“页码格式”对话框，单击所需格式和要使用的“起始编号”，然后单击“确定”即可。

7.单击“页眉和页脚工具/设计”选项卡中的“关闭页眉和页脚”按钮。

四 样式的使用

样式是一套预先调整好的文本格式的格式集合，包括字体、字号、缩进等格式。定义一个样式后，可以将该样式的格式应用于文档中的任何文本或对象，这样就免去了重复设置格式的麻烦。

（一）样式和模板的基本知识

1.样式的概念

样式是一套预先调整好的文本格式，包括字体、字号、缩进等，并且样式都有名字。样式可以应用于一段文本，也可以应用于几个字，所有格式都一次完成。例如，在编排本书时，就使用了一套自定义的样式，有章标题、节标题、节下标题等3级标题样式，还有正文、题注等样式。

2.内置样式与自定义样式

系统自带的样式为内置样式，用户无法删除Word的内置样式，但可以修改内置样式。用户也可以根据需要创建新的样式，用户自定义的样式可以修改也可以删除。

3.模板

在Word中，模板是一种框架，它包含了一系列文字和样式等项目，基于这个框架可以创建其他文档。使用模板创建文档时，模板中的文本和样式会自动添加到新文档中。

（二）内置样式的使用

样式是指存放在Word中的一组格式化命令，利用样式可以快速地改变文本外观。

1.套用内置样式

Word本身自带的样式称为内置样式。在Word 2010中可以通过下面三种方法调用内置样式。

✧在“开始”选项卡的“样式”组中选择需要的样式来设置，如图3-111所示；

图3-111 “样式”组

✧单击样式列表右侧的下拉按钮，在弹出的列表中选择即可，如图3-112所示。

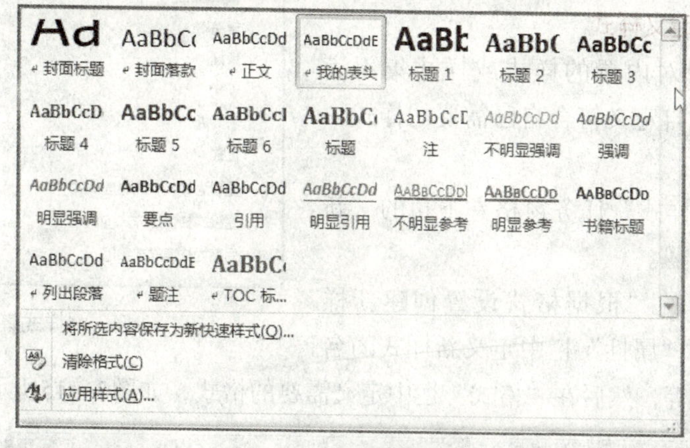

图3-112 “样式”列表

✧单击“样式”组右下角的“对话框启动器”按钮，打开“样式”任务窗格进行设置，如图3-113所示。

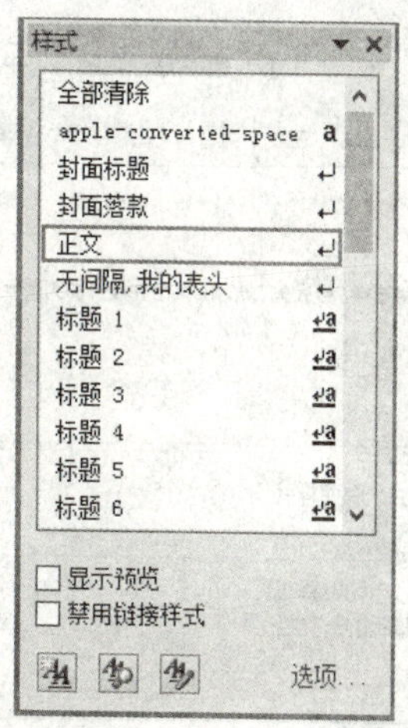

图3-113 “样式”任务窗格

2.使用样式集

Word 2010提供了多种默认的样式集，通过样式集，可以为整篇文档指定样式。具体操作如下：

（1）选择“开始”选项卡，单击“样式”组中的“更改样式”按钮。

（2）在弹出的下拉菜单中选择“样式集”选项，然后在展开的列表中选择需要的样式即可，如图3-114所示。

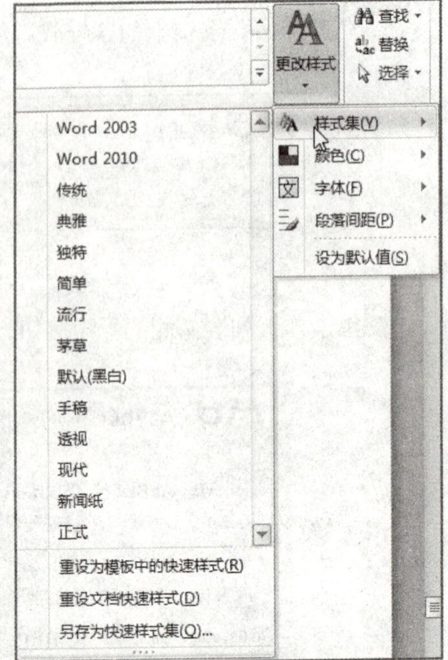

图3-114 “样式集”列表

（三）自定义样式

如果用户对内置的样式或样式集不满意，可以手动自定义符合自己需要的样式，具体操作如下：

1.单击“样式”任务窗格左下角的“新建样式”按钮 。

2.在弹出的“根据格式设置创建新样式”对话框的“属性”栏中定义新样式的名称和样式类型等，然后在“格式”栏中定义需要的格式，如图3-115所示。

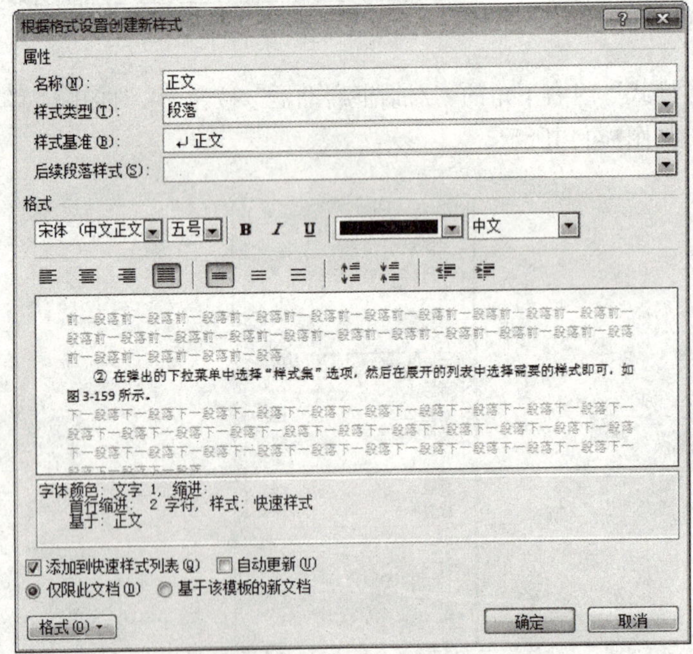

图3-115 “根据格式设置创建新样式”对话框

3.若要进一步设置，可单击对话框左下角的“格式”按钮，在弹出的下拉菜单中选择相应命令，如图3-116所示，打开相应的对话框进行设置。例如，选择“段落”命令打开“段落”对话框，对段落格式进行设置。

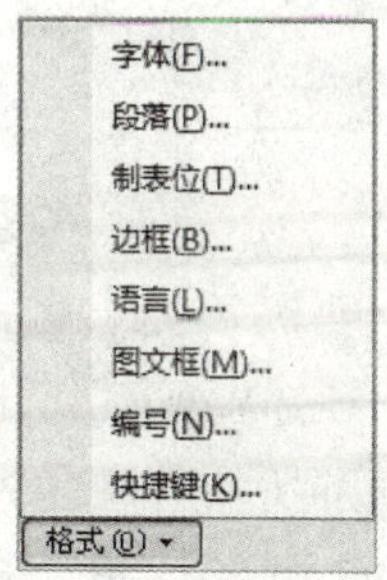

图3-116 “格式”下拉菜单

4.设置完成后单击“确定”按钮即可。

（四）编辑样式

对内置样式与自定义样式不满意，都可以对其进行修改或删除。修改样式后，Word会自动更新整个文档中应用该样式的文本格式。

1.修改样式

在“样式”任务窗格中右击要修改的样式，在弹出的快捷菜单中选择“修改”选项，如图3-117所示；打开“修改样式”对话框，根据需要进行修改，如图3-118所示。

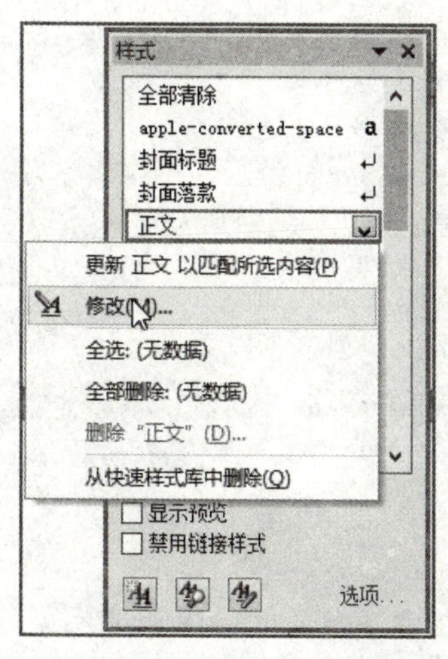

图3-117 编辑样式快捷菜单

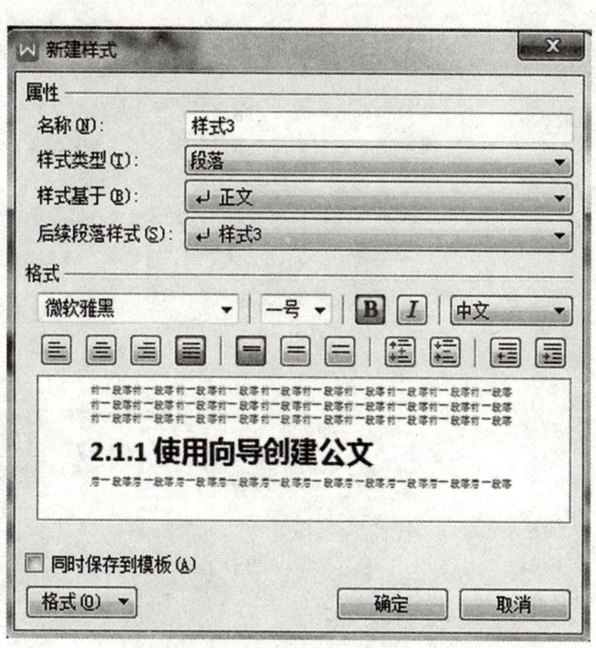

图3-118 “修改样式”对话框

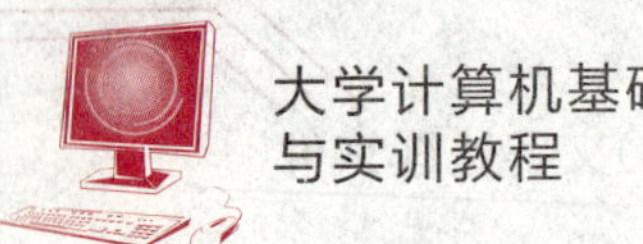

2.删除样式

对于不使用的样式，可以将其删除，打开“样式”任务窗格，单击样式名右侧的下拉按钮，或右键单击样式名，在弹出的快捷菜单中选择“从快捷样式库中删除”选项即可。

五 脚注和尾注

脚注和尾注是对文章添加的注释，Word提供了插入脚注和尾注的功能，并且会自动为脚注和尾注编号。在页面底部所加的注释为脚注，在文档末尾所加的注释称为尾注。注释包括注释引用标记和注释文本两部分。

（一）插入脚注和尾注

具体操作如下：

1.插入点移到要插入注释引用标记的位置。

2.如果要插入脚注，切换到“引用”选项卡，单击“脚注”组中的“插入脚注”按钮；如果要插入尾注，则单击“插入尾注”按钮，如图3-119所示。

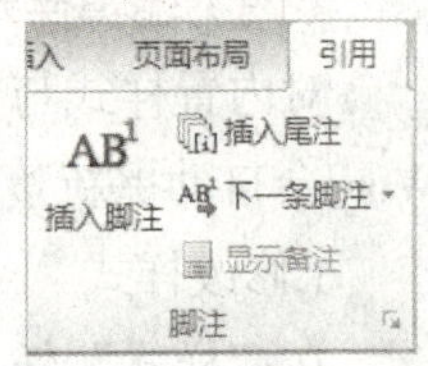

图3-119 “脚注”组

脚注和尾注

视频来源：优酷网

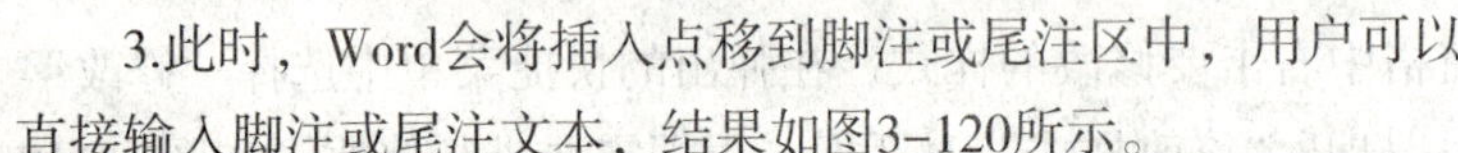

3.此时，Word会将插入点移到脚注或尾注区中，用户可以直接输入脚注或尾注文本，结果如图3-120所示。

念奴娇·赤壁怀古

苏轼[1] ←引用标记

大江东去，浪淘尽，千古风流人物。故垒西边，人道是，三国周郎赤壁。乱石穿空，惊涛拍岸，卷起千堆雪。江山如画，一时多少豪杰。

遥想公瑾当年，小乔初嫁了（liǎo），雄姿英（yīng）发。羽扇纶(guān)巾，谈笑间，樯橹灰飞烟灭。故国神游，多情应笑我，早生华（huā）发（fà）。人生如梦，一尊还（huán）酹（lèi)江月。

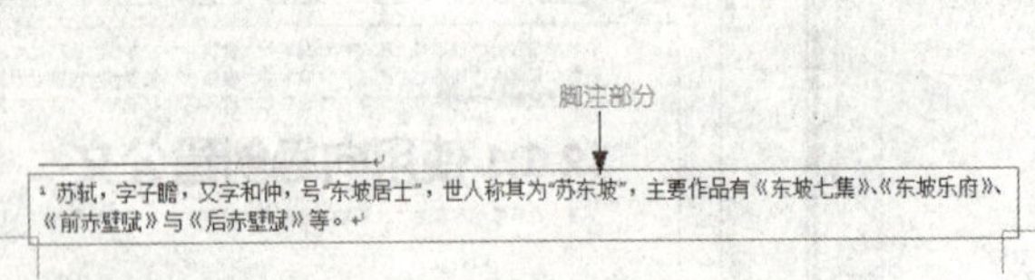

[1] 苏轼，字子瞻，又字和仲，号“东坡居士”，世人称其为“苏东坡”，主要作品有《东坡七集》《东坡乐府》、《前赤壁赋》与《后赤壁赋》等。

图3-120 在文档中插入脚注

小技巧：切换到“引用”选项卡，单击“脚注”组右下角的“脚注和尾注”按钮，打开“脚注和尾注”对话框，可以指定编号格式、起始编号等。如图3-121所示。

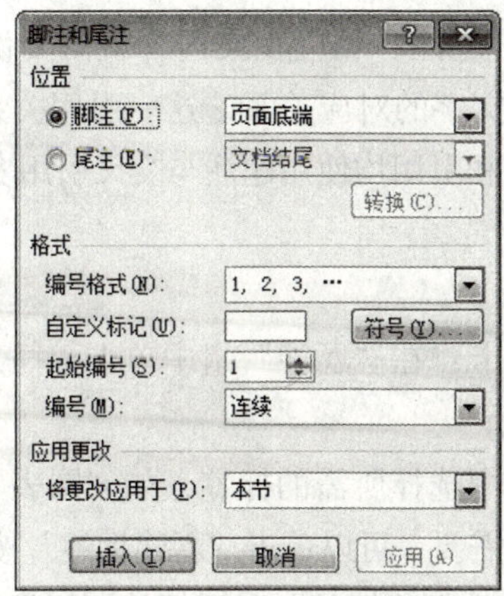

图3-121 “脚注和尾注”对话框

（二）编辑脚注和尾注

1.移动注释

具体操作如下：

（1）在文档窗口中选定注释引用标记使其反白显示。

（2）将鼠标指针移到该注释引用标记之上，按住鼠标左键将注释引用标记拖至文档新位置，然后释放鼠标。

另外，还可以使用“剪贴”和“粘贴”的方式来移动脚注引用标记。

2.复制注释

具体操作如下：

（1）在文档窗口中选定注释引用标记使其反白显示。

（2）将鼠标指针移到该注释引用标记之上，按住Ctrl键拖动鼠标，即可将注释引用标记复制到新位置，同时在注释区中插入注释文本。

3.删除注释

具体操作如下：

（1）在文档窗口中选定注释引用标记使其反白显示。

（2）按Delete键，则相应的页面底端的脚注或文档结尾处的尾注内容也就自动删除。

六 题注和交叉引用

题注是添加到表格、图片或其他项目上的编号标签，例如“图4-1”等。使用题注功能，可以保证长文档中图片、表格或图表等项目按照顺序自动编号。如果移动、添加或删除带题注的某个项目，则Word会自动更新题注的编号。

一旦为图表内容添加了题注，相应正文内容就需要设置引用说明，如“如图4-1所示”，来保证图片与文字的对应关系。这一引用关系称为“交叉引用”。例如，本书中的所有图片编号和引用均使用题注与交叉引用实现。

（一）添加题注

具体操作如下：

1.切换到“引用”选项卡，在“题注”组中单击“插入题注”按钮，打开“题注”对话框，如图3-122所示。

2.在“标签”下拉列表中选择所需的标签，如“图表”“表格”“公式”等。如果所提供的标签不能满足需要，可以单击“新建标签”按钮，打开如图3-123所示的“新建标签”对话框。在“新建标签”对话框的“标签”文本框中输入自定义的标签名称，单击“确定”按钮，返回到“题注”对话框，此时新建的标签将出现在“标签”列表中。

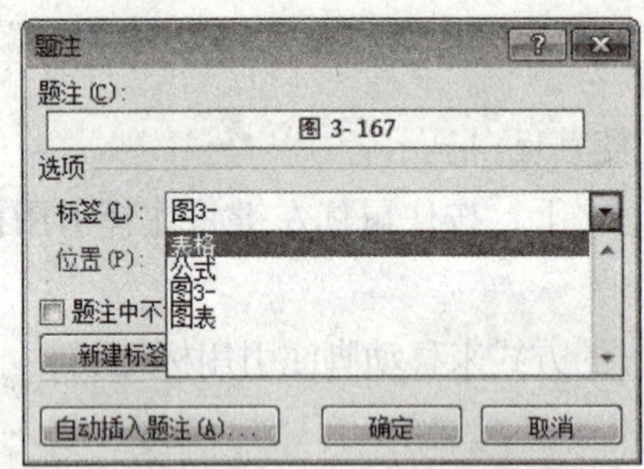

图3-122　“题注”对话框

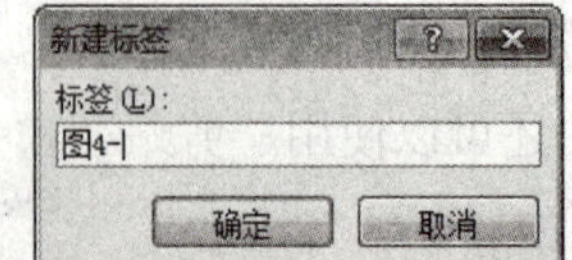

图3-123　“新建标签”对话框

3.单击“确定”关闭对话框。此时，右击插入的图片，在弹出的快捷菜单中选择“插入题注”命令，在打开的对话框中直接单击“确定”按钮，即可在该表下方插入标签和编号。

如果要删除一个题注，可以选中它，按Delete键将其删除，删除后Word会自动更新其他题注的编号。

（二）交叉引用

交叉引用可以将文档插图、表格等内容与正文的说明内容建立对应关系，既方便阅读，也为编辑操作提供自动更新手段。

创建交叉引用的具体操作如下：

1.在文档中输入交叉引用开头的介绍文字，如“如”，并将插入点置于该位置。

2.切换到“引用”选项卡，单击在“题注”组中的“交叉引用”按钮，打开“交叉引用”对话框。如图3-124所示。

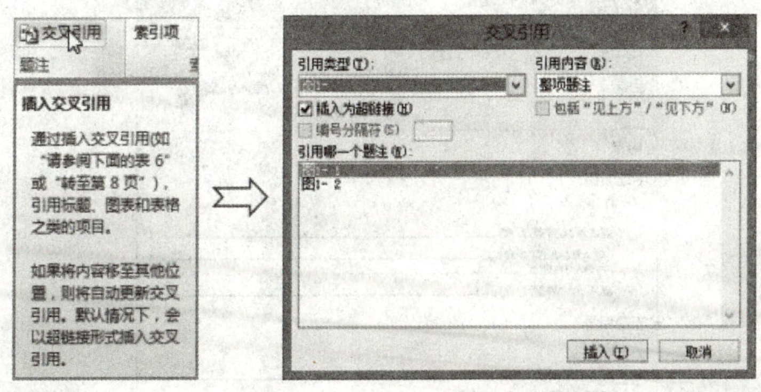

图3-124 "交叉引用"对话框

3.在"引用类型"下拉列表中选择要引用的内容，例如选择"图1-"；在"引用内容"下拉列表中选择"只有标签和编号"；在"引用哪一个题注"列表中选择所要引用的项目，如"图1-1"。

4.如果选中"插入为超链接"复选框，则引用的内容会以超链接的方式插入到文档中，按住Ctrl键单击它可以直接跳转到引用内容处。

5.单击"插入"按钮，即可以在当前位置添加相应的图片引用说明。

6.如果修改被引用位置上的内容，返回引用点时按F9键，即可更新引用点处的内容。

七 目录的生成

目录是长文档的大纲提要，用户可以通过目录了解整个文档的整体结构，以便把握全局内容框架。在Word中可以直接将文档中套用样式的内容创建为目录，也可以根据需要添加特定内容到目录中。

（一）创建文档目录

如果文档中的各级标题应用了Word定义的各级标题样式，这时创建目录就比较方便。具体操作如下：

1.确保文档中的标题使用了标题样式。

2.将插入点移到需要插入目录的位置，通常在文档的开头。

3.切换到"引用"选项卡，单击"目录"组中的"目录"按钮，弹出"目录"下拉菜单，如图3-125所示。

4.单击一种自动目录样式，即可快速生成该文档的目录。

5.如果对快速目录不满意，可以在弹出的"目录"下拉菜单中选择"插入目录"命令，打开"目录"对话框，如图3-126所示。

文件 开始 插入 页面布局 引用 邮件 审阅

目录 添加文字 更新目录 插入脚注 插入尾注 下一条脚注 显示备注 插入引文 管理 样式 书目

内置

手动表格

目录

键入章标题(第 1 级)............1

键入章标题(第 2 级)............2

键入章标题(第 3 级)............3

键入章标题(第 1 级)............4

手动目录

目录

键入章标题(第 1 级)............1

键入章标题(第 2 级)............2

键入章标题(第 3 级)............3

键入章标题(第 1 级)............4

自动目录 1

目录

标题 1............1

标题 2............1

标题 3............1

自动目录 2

目录

标题 1............1

标题 2............1

标题 3............1

插入目录(I)...

删除目录(R)

将所选内容保存到目录库(S)...

图3-125 “目录”下拉菜单

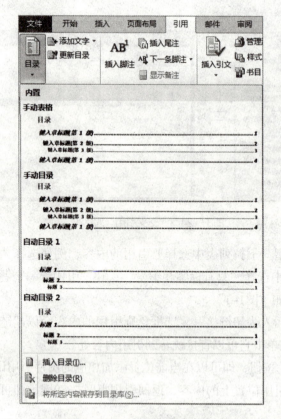

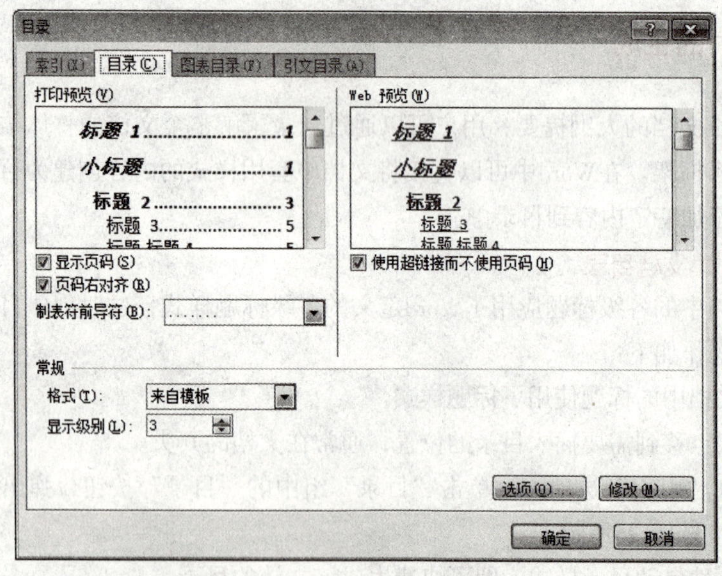

图3-126 “目录”对话框

6.在“格式”下拉列表框中选择目录风格，选择的结果可以通过“预览”框查看。如果选择“来自模板”，表示使用内置的目录样式格式化目录。如果选中“显示页码”复选框，表示在目录中每个标题后页将显示页码；如果选中“页码右对齐”复选框，表示让页码右对齐。

7.在“显示级别”下拉列表框中选定指定目录中显示的标题层次。

8.如果希望修改生成目录的外观样式，可以在“目录”对话框中单击“修改”按钮，打开“样式”对话框，如图3-127所示。选择目录级别，然后单击“修改”按钮，即可打开“修改样式”对话框修改该目录级别的格式，如图3-128所示。

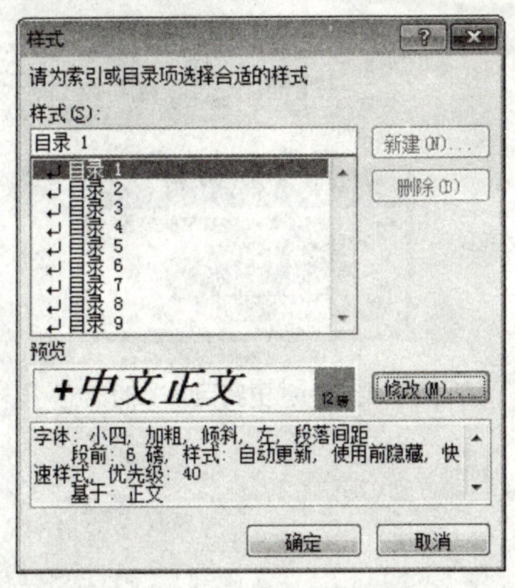

图3-127 “样式”对话框

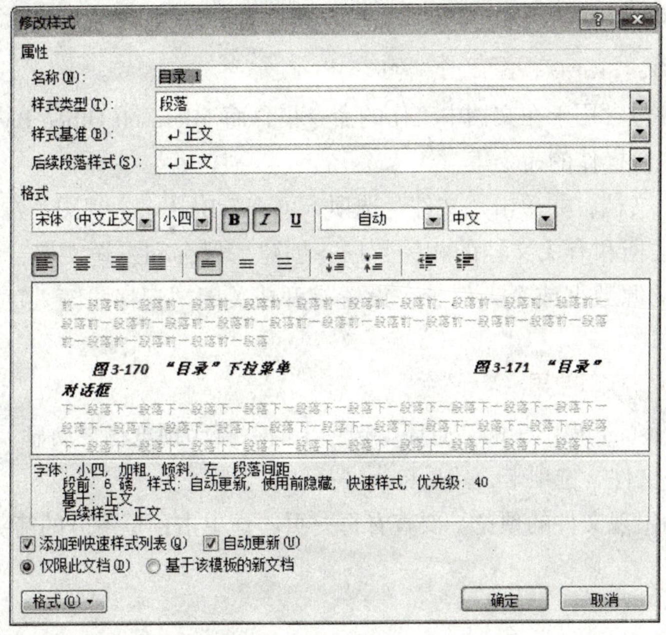

图3-128 “修改样式”对话框

9.单击“确定”按钮，即可在文档中插入目录。

（二）更新目录

切换到“引用”选项卡，单击“目录”组中的“更新目录”按钮，或在目录上右击，在弹出的快捷菜单中选择“更新目录”命令，打开“更新目录”对话框，如图3-129所示。如果选中“只更新页码”单选按钮，则仅更新现有目录项的页码，不会影响目录项的增加与修改；如果选中“更新整个目录”单选按钮，将重新创建目录。

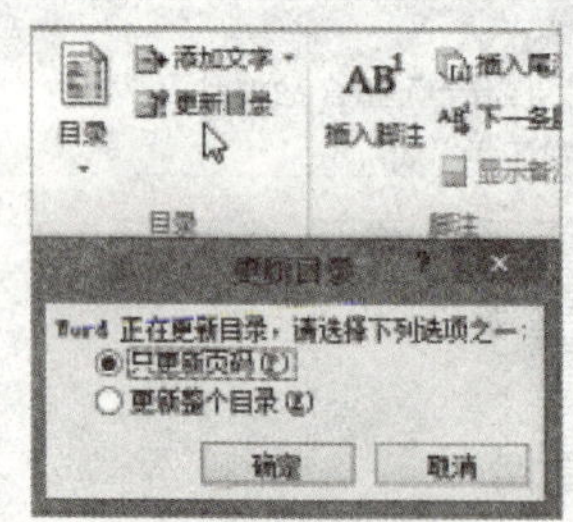

图3-129 “更新目录”对话框

打印文档

视频来源：优酷网

八 打印文档

完成了文档编辑、排版等操作后，就可以将文档打印输出了，以方便日后直接使用纸质文档。

（一）Backstage 视图简介

功能区中包含用于在文档中工作的命令集，而 Microsoft Office Backstage 视图是用于对文档执行操作的命令集。

打开一个文档，并单击“文件”选项卡可查看Backstage视图。在Backstage视图中可以管理文档和有关文档的相关数据：创建、保存和发送文档，检查文档中是否包含隐藏的源数据或个人信息，设置打开或关闭“记忆式键入”建议之类的选项，等等。

（二）预览打印效果

单击 Backstage 视图中的“打印”选项卡时，打印预览将自动显示。

1.单击“文件”选项卡，然后单击“打印”。

2.将自动出现文件的预览。要查看每一页，请单击预览下方的箭头。如图3-130所示。

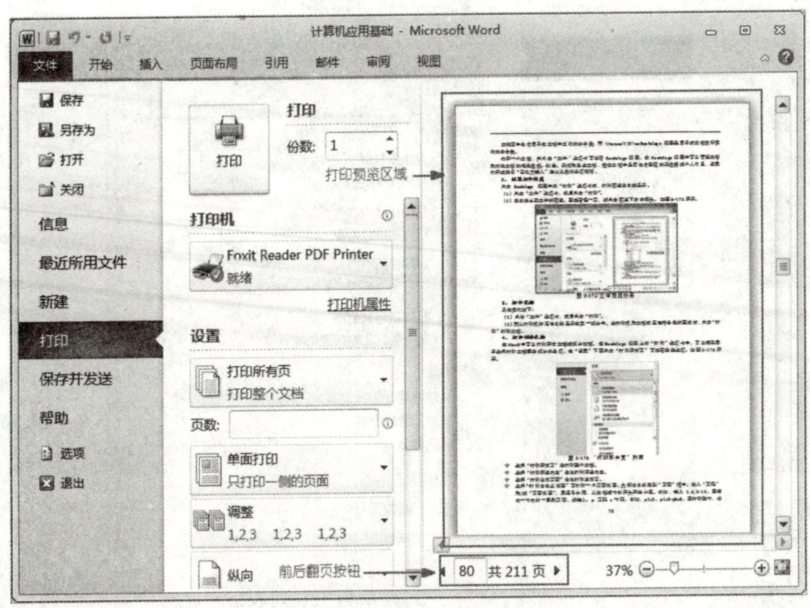

图3-130 文档预览效果

（三）打印文档

具体操作如下：

1.单击“文件”选项卡，然后单击“打印”。

2.默认打印机的属性自动显示在第一部分中。当打印机和文档的属性符合您的要求时，单击“打印”打印文档。

（四）打印部分文档

在Word中可以打印所有文档或部分文档。在Backstage 视图上的“打印”选项卡中，可以找到用于选择打印哪些部分的文档选项。在“设置”下面单击“打印所有页”可查看这些选项。如图3-131所示。

✧ 选择“打印所有页”将打印整个文档。

✧ 选择“打印所选内容”将仅打印所选内容。

✧ 选择“打印当前页面”将仅打印当前页。

✧ 选择“打印自定义范围”可打印一个页面范围。光标将自动移到“页面”框中。输入“页码”和/或“页面范围”，用逗号分隔，从文档或节的开头开始计算，例如，键入 1, 3, 5-12。要指定一节内的一系列页面，请键入：p 页码 s 节码，例如，p1s2、p1s3-p8s3。要打印整节，请键入：s 节码，例如，键入 s3。

✧ 选择“仅打印奇数页”可打印文档中的奇数页。

✧ 选择“仅打印偶数页”可打印文档中的偶数页。

要打印文档的一部分，请执行以下操作。

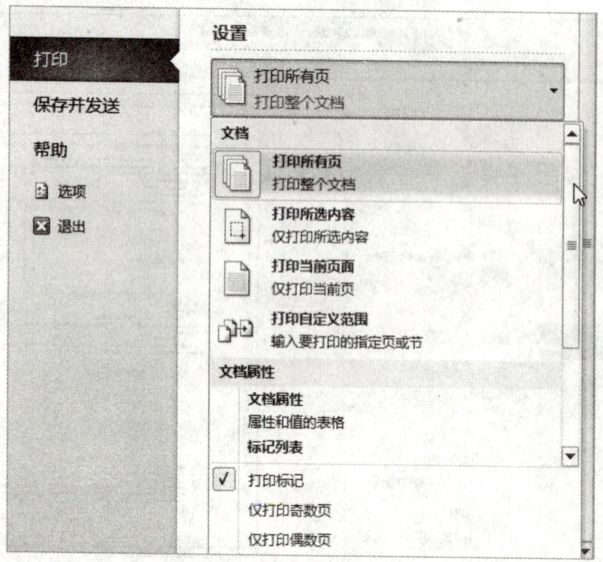

图3-131 “打印所有页”列表

1.单击“文件”选项卡，然后单击“打印”。

2.单击“设置”下面的“打印所有页”按钮并选择要打印的文档部分。

3.默认打印机的属性自动显示在第一部分中。当打印机和文档的属性符合您的要求时，请单击“打印”按钮打印文档。

（五）双面打印

在文档的打印输出过程中，为了节约纸质和装订方便，通常采用双面打印。如果打印机支持自动双面打印功能，则设置为双面打印。如果打印机不支持自动双面打印，则可以手动双面打印。具体操作如下：

1.单击“文件”选项卡。

2.单击“打印”。

3.在“设置”下，单击“单面打印”，然后单击“手动双面打印”，如图3-132所示。打印时，Word将提示将纸叠翻过来然后再重新装入打印机，如图3-133所示。

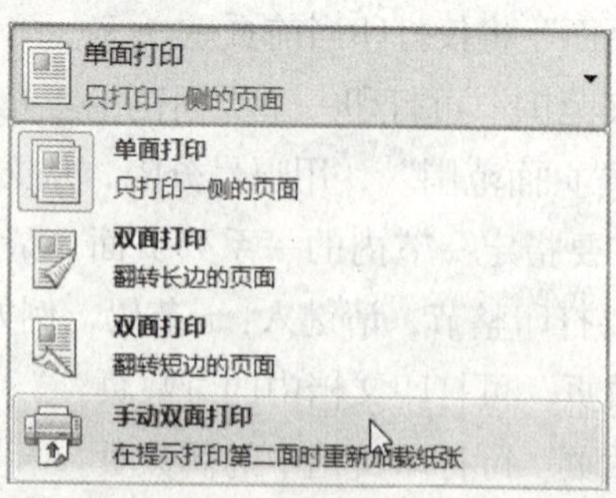

图3-132 “单面打印”列表

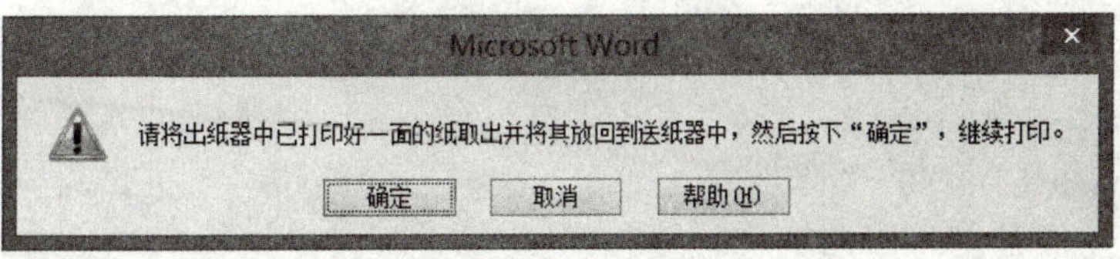

图3-133　双面打印提示

（六）打印多份文档

具体操作如下：

1.单击“文件”选项卡，然后单击“打印”。

2.在“打印”按钮的旁边选择“份数”框中的份数。

3.单击 “打印”按钮。

小技巧：要在打印下一副本的第一页之前打印文档的完整副本，请选择“设置”下面的“逐份打印”。如果想先打印第一页的所有副本，然后再打印后续各页的所有副本，请选择“不逐份打印”。

模块四

Excel 2010表格处理软件

模块导言

Excel 2010是Office应用程序中的电子表格处理软件，也是应用较为广泛的办公组件之一，主要用来进行创建表格、公式计算、财务分析、数据汇总、图表制作、透视表和透视图制作等。Excel 2010被广泛应用到工作（如财务、金融、经济、审计和统计等领域）和生活中，并起着相当大的作用。本章学习Excel 2010基本操作、工作表的格式化、单元格格式设置、公式与函数、数据管理、图表操作，等等。

学习目标

1.掌握工作表的插入、编辑。

2.掌握不同类型数据的录入方法。

3.掌握单元格数据的编辑及格式化操作。

4.掌握Excel 2010中数据的统计与分析操作。

5.掌握单元格的引用方法。

6.熟悉常用函数的使用方法及公式的编辑。

7.熟练掌握图表的创建、修饰及格式化操作。

8.掌握工作表的设置与打印。

项目一 Excel 2010的基本操作

一 Excel 2010启动和退出

（一）Excel 2010的启动

启动Excel 2010常用的方法有以下3种：

✧ 单击“开始”→“所有程序”→“Microsoft Office”→“Microsoft Office Excel 2010”图标。

✧ 双击桌面上的Microsoft Office Excel 2010快捷方式图标。

✧ 双击已经存在的Excel文件。

（二）Excel 2010的退出

在电脑中关闭当前文件与退出Excel 2010程序的主要方法有以下几种：

✧ 单击需要关闭文件右上角的“关闭”按钮，关闭当前文件并退出Excel 2010程序。

✧ 在当前文件中按下“Ctrl+F4”组合键，关闭当前文件。

✧ 单击“文件”选项卡，在弹出的下拉菜单中选择“关闭”命令，关闭当前文件。

✧ 单击“文件”选项卡，在弹出的下拉菜单中选择“退出”按钮，关闭当前文件并退出Excel 2010程序。

二 Excel 2010的工作界面

Excel工作界面
视频来源：酷六网

启动Excel 2010程序后，在打开的主程序窗口中包括“文件”选项卡、快速访问工具栏、标题栏、功能区、编辑区以及状态栏等部分，如图4-1所示。

✧ 文件选项卡：在“文件”选项卡中用户能够获得与文件有关的操作选项，如“打开”“另存为”或“打印”等。“文件”选项卡实际上是一个类似于多级菜单的分级结构，分为3个区域。左侧区域为命令选项区，该区域列出了与文件有关的操作命令选项。在这个区域选择某个选项后，右侧区域将显示其下级命令按钮或操作选项。同时，右侧区域也可以显示与文档有关的信息，如文档属性信息、打印预览或预览模板文档内容。

✧ 快速访问工具栏：快速访问频繁使用的命令，如“保存”“撤销”和“恢复”等。

✧ 标题栏：位于快速访问工具栏右侧，在标题栏中从左至右依次显示了当前打开的工作簿名称、软件名称和窗口控制按钮。

✧ 标签：单击相应的标签，可以切换到对应的选项卡，不同的选项卡中提供了多种不同的操作设置选项。

✧ 功能区：在每个标签对应的选项卡中，按照具体功能将其中的命令进行更详细的分类，并划分到不同的组中。

✧ 编辑栏：从左到右依次由名称框、取消按钮、输入按钮、插入函数按钮以及编辑栏组成。其中，名称框用于显示当前激活的单元格编号；“取消”按钮取消本次输入的内容，恢复单元格本次输入前的内容；“输入”按钮确认本次输入内容，也可按回车键实现该功能；“插入函数”按钮用于输入公式和函数；编辑栏中输入单元格内容或公式，将同步在单元格中显示。

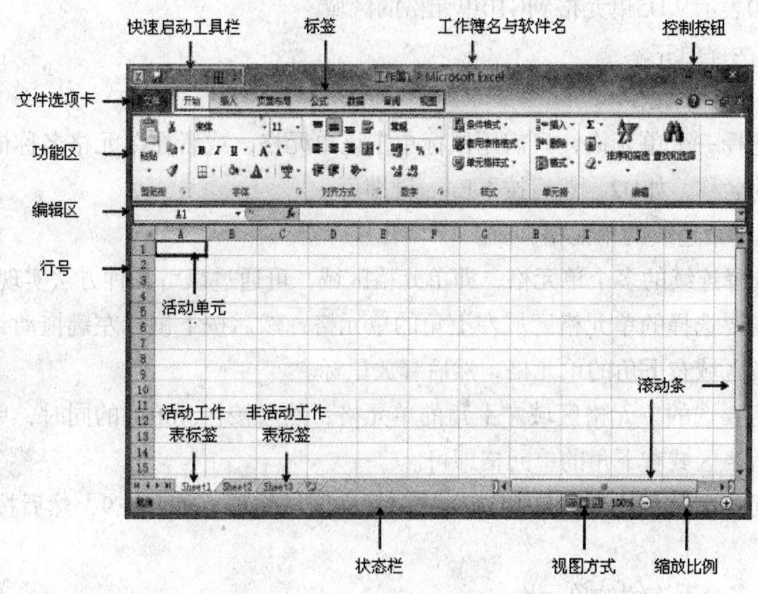

图4-1　Excel 2010工作界面

✧ 工作区：在Excel 2010中默认为带有线条的表格，用户可以在工作区中输入文字、数值、插入图片、绘制图形、插入图表等操作，还可以设置文本及单元格格式。

✧ 工作表标签：工作簿窗口底部的工作表标签上显示工作表的名称。如果要在工作表间进行切换，请单击相应的工作表标签。

✧ 单元格：单元格是Excel运算和操作的基本单位，用来存放输入的数据。每个单元格都有一个固定的地址编号，用“列标+行号”组成，如A2。其中，被黑框套住的单元格称为活动单元格。

✧ 状态栏：Excel程序底部的状态栏显示诸如单元格模式、签名、权限等选项的开关状态，还可以使用状态栏“缩放”功能和视图的切换。

三 单元格的基本操作

（一）行、列、单元格和单元格区域

Excel的工作表由行和列构成，每一列的列标由A、B、C等大写英文字母表示，每一行的行号由1、2、3等阿拉伯数字表示。行与列的交叉处形成的方格称为单元格，它是Excel 2010进行工作的基本单位。

在Excel中，单元格是按照单元格所在的行和列的位置来命名的，例如单元格C5，就是指位于第C列与第5行交叉点上的单元格。要表示一个连续的单元格区域，可以用该区域左上角和右下角单元格名称中间加冒号“:”分隔的方式来表示，例如，D5:G10表示从D5单元格到G10单元格的区域。

（二）选择单元格

1.选择一个单元格

若要选择一个单元格，只需用鼠标单击该单元格，或者在单元格名称框中输入该单元格的名称，如D2，然后按下Enter键即可。

2.选择多个连续的单元格

若要选择连续的多个单元格，即单元格区域，可通过以下几种方法实现：

选中需要选择的单元格区域左上角的单元格，然后按下鼠标左键拖动到需要选择的单元格区域右下角的单元格，然后释放鼠标。

选中需要选的单元格区域左上角的单元格，然后按住Shift键的同时，单击需要选择的单元格区域右下角的单元格即可。

Excel基本操作

视频来源：优酷网

在单元格名称框中输入需要选择的单元格区域地址，如C3:F9，然后按下Enter键即可。

3.选择多个不连续的单元格

按住Ctrl键的同时，逐个单击需要选择的单元格即可。

4.选择整行

选择单行：将光标移动到要选择行的行号上，当光标变为➡形状时单击鼠标左键，即可选择该行。

选择连续的多行：单击要选择的多行中最上面的一行的行号，按住鼠标左键并向下拖动到选择区域的最后一行，即可同时选择该区域的所有行。

选择不连续的多行：按住Ctrl键的同时，分别单击要选择的多个行的行号，即可同时选择这些行。

5.选择整列

选择单列：将光标移动到要选择列的列标上，当光标变为⬇形状时单击鼠标左键，即可选择该列。

选择连续的多列：单击要选择的多列中最左面一列的列标，按住鼠标左键并向右拖动到选择区域的最后一列，即可同时选择该区域的所有列。

选择不连续的多列：按住Ctrl键的同时，分别单击要选择的多个列的列标，即可同时选择这些列。

6.选择整张工作表

单击行号与列标交叉构成的全选按钮，或使用组合键Ctrl+A。

（三）调整行高与列宽

1.使用鼠标拖动调整列宽

如果要利用鼠标拖动来调整列宽，则将鼠标指针移到目标列的右边框线上，待鼠标指针呈双向箭头时，拖动鼠标即可改变列宽，如图4-2所示，达到合适宽度后释放鼠标即可。

	A	B	C	D	E
1	文化书店图书销售情况表				
2	书籍名称	类别	销售数量（本）		单价
3	中学物理辅导	课外读物		4300	2.5
4	中学化学辅导	课外读物		4000	2.5
5	中学数学辅导	课外读物		4680	2.5
6	中学语文辅导	课外读物		4860	2.5
7	健康周刊	生活百科		2860	5.6
8	医学知识	生活百科		4830	6.8
9	饮食与健康	生活百科		3860	6.4
10	十万个为什么	少儿读物		6850	12.6
11	丁丁历险记	少儿读物		5840	13.5
12	儿童乐园	少儿读物		6640	11.2

	A	B	C	D
1	文化书店图书销售情况表			
2	书籍名称	类别	销售数量（本）	单价
3	中学物理辅导	课外读物	4300	2.5
4	中学化学辅导	课外读物	4000	2.5
5	中学数学辅导	课外读物	4680	2.5
6	中学语文辅导	课外读物	4860	2.5
7	健康周刊	生活百科	2860	5.6
8	医学知识	生活百科	4830	6.8
9	饮食与健康	生活百科	3860	6.4
10	十万个为什么	少儿读物	6850	12.6
11	丁丁历险记	少儿读物	5840	13.5
12	儿童乐园	少儿读物	6640	11.2

图4-2 调整单列宽度

2.使用鼠标拖动调整行高

如果要利用鼠标拖动来调整行高，则需将鼠标指针移到目标行的下边框线上，待鼠标指针呈双向箭头 ✢ 时，拖动鼠标即可改变行高，达到合适高度后释放鼠标即可。

3.使用命令精确调整列宽与行高

选择要调整的列或行，切换到“开始”选项卡，单击“单元格”组中的“格式”按钮右侧的下拉按钮，在弹出的菜单中选择“列宽”或“行高”命令，如图4-3所示。打开如图4-4所示的“列宽”对话框，或如图4-5所示的“行高”对话框。在文本框中输入具体的列宽或行高，然后单击“确定”按钮即可。

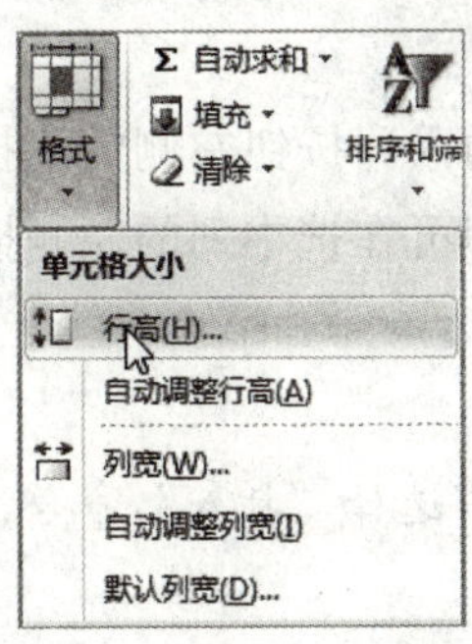

图4-3 “格式”下拉列表

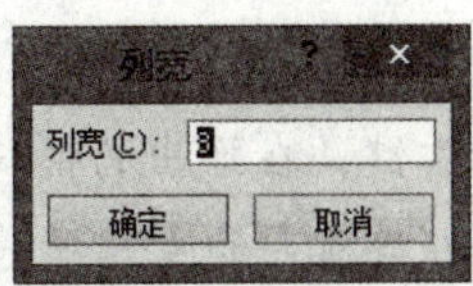

图4-4 “列宽”对话框

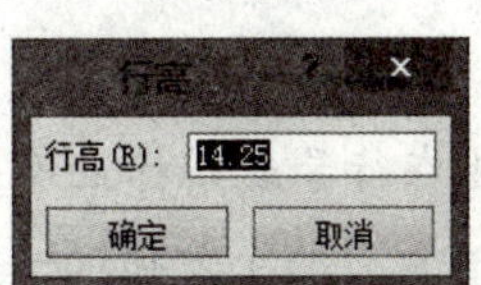

图4-5 “行高”对话框

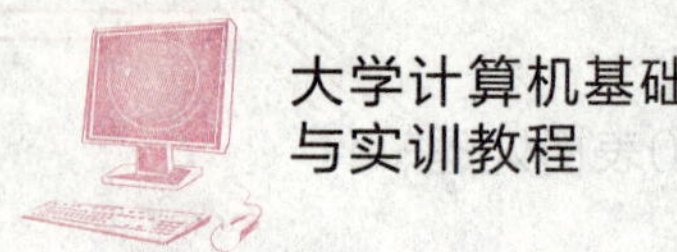

小技巧：

1.如果要同时将多列、多行宽度或高度调整相同，则可以先选定需要调整的列或行，将鼠标指针移到选定的任意列标或行号上，待鼠标指针呈双向箭头时，拖动鼠标即可同时将多列的列宽或多行行高调整相同，如图4-6所示。

2.右击列标或行号，在弹出的快捷菜单中选择“列宽”或“行高”命令，也可打开“列宽”对话框或“行高”对话框，对列宽或行高进行精确设置。

3.将鼠标指针移到列标或行号上，当鼠标指针变成双向箭头时双击，可根据单元格的内容自动调整列宽或行高。

图4-6 调整多列宽度

（四）插入与删除行和列

1.插入行

切换到“开始”选项卡，单击“单元格”组中的“插入”按钮右侧的下拉按钮，在弹出的下拉菜单中选择“插入工作表行”命令，即可在当前行的上方插入新行，如图4-7所示。

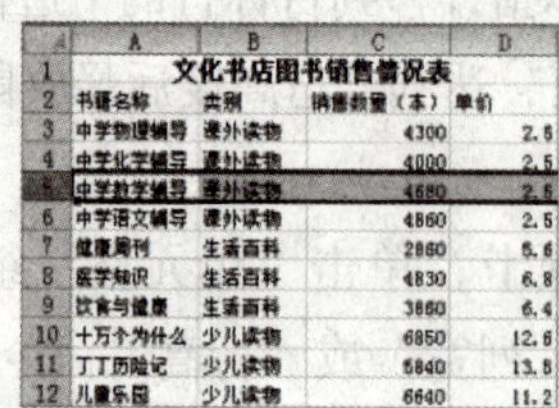

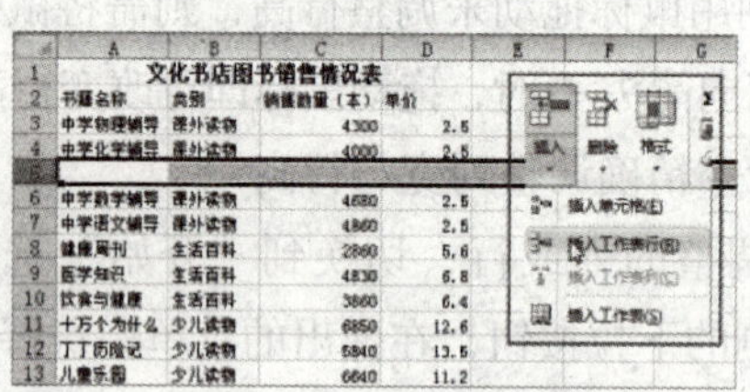

图4-7 插入行

2.插入列

切换到“开始”选项卡，单击“单元格”组中的“插入”按钮右侧的下拉按钮，在弹出的下拉菜单中选择“插入工作表列”命令，即可在选中列的左侧插入新列。

小技巧：

1.在行号或列标上单击鼠标右键，在弹出的快捷菜单中选择“插入”命令，即可在当前行的上方插入一行，或在当前列的左侧插一列。

2.如果要同时插入多行或多列，可先选择多行或多列，右击行号或列标，在弹出的快捷菜单中选择“插入”命令，即可插入与选中行数或列数一样多的行或列。如图4-8所示。

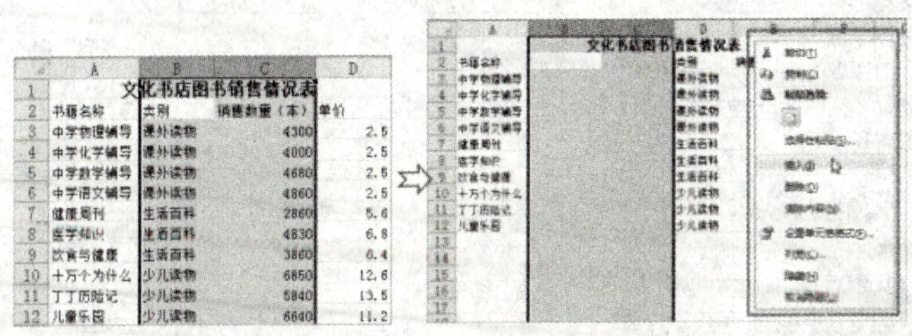

图4-8　插入多列

（五）隐藏或显示行和列

对于表格中某些敏感或机密数据，有时不希望让其他人看到，可以将这些数据所在的行或列隐藏起来，待需要时再将其显示出来。具体操作如下：

1.右键单击表格中要隐藏列的列标或行的行号，在弹出的快捷菜单中选择“隐藏”命令，即可将该列或行隐藏起来，如图4-9所示。

2.要重新显示隐藏的列或行，则需要同时选择相邻的两列或相邻的两行，然后右击选择的区域，在弹出的快捷菜单中选择“取消隐藏”命令，即可重新显示被隐藏的列或行。

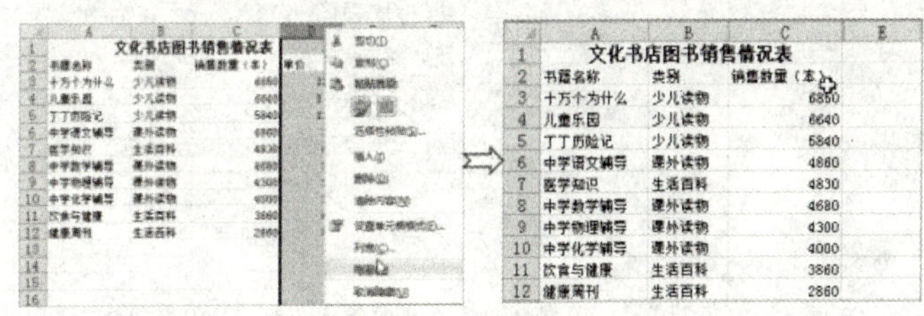

图4-9　隐藏表格中的D列

（六）合并与拆分单元格

具体有以下几种操作方法：

1.选择要合并的单元格区域，切换到“开始”选项卡，单击“对齐方式”组右下角的“对话框启动器”按钮，或右击要合并的单元格区域，在弹出的快捷菜单中选择“设置单元格格式”命令。打开“设置单元格格式”对话框，如图4-10所示。切换到“对齐”选项卡，选中“合并单元格”复选项框，单击“确定”按钮，即可将选中的单元格合并。

2.选择要合并的单元格区域，切换到“开始”选项卡，在“对齐方式”组中单击“合并后居中”按钮右侧的下拉箭头，在弹出的菜单中选择合适的合并命令即可，如图4-11所示。

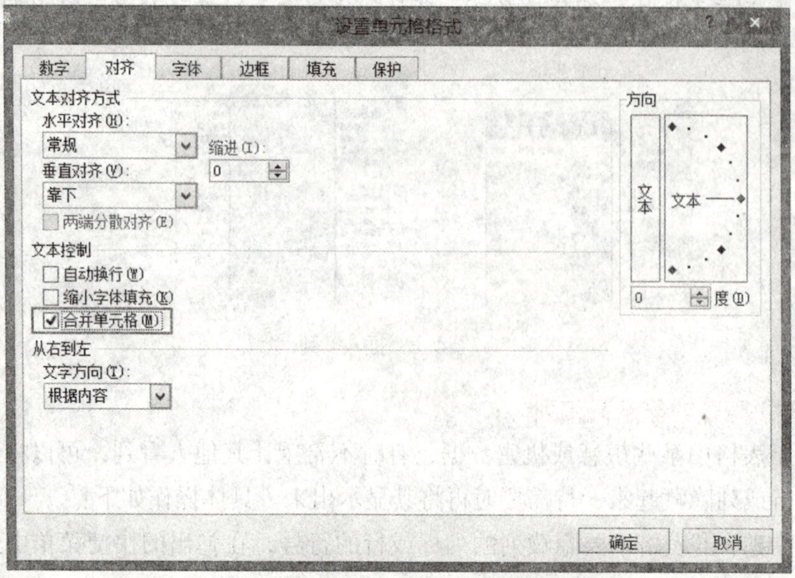

图4-10 “设置单元格格式”对话框

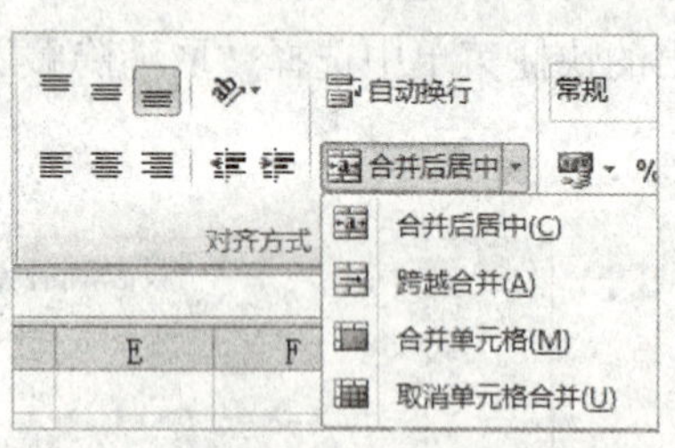

图4-11 “合并后居中”下拉列表

说明：如果合并的单元格中存在数据，则会打开如图4-12所示的提示对话框。单击“确定”按钮，这时只有左上角单元格中的数据保留在合并后的单元格中，其他单元格中的数据将被删除。

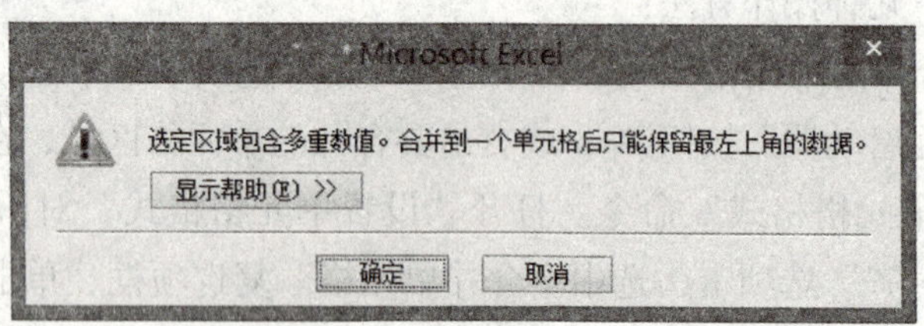

图4-12 合并提示对话框

要拆分单元格，可切换到“开始”选项卡，在“对齐方式”组中再次单击“合并后居中”按钮即可。

项目二　单元格的格式化

一 输入数据

Excel 2010中，常见的数据类型有文本型、数字型、日期时间型和公式等。

（一）输入文本类型数据

在Excel中，文本类型数据包括汉字、英文字母、空格等，每个单元格最多可容纳32000个字符。默认情况下，文本数据自动沿单元格左边对齐。当输入的字符串超出了当前单元格的宽度时，如果右边相邻单元格里没有数据，那么字符串会往右延伸；如果右边单元格有数据，超出的那部分数据就会隐藏起来，只有把单元格的宽度变大后才能显示出来。如果要在单元格中分行输入，则需按“Alt+Enter”组合键。

在实际工作并不是所有的数字都是数值型数据，例如邮政编码、电话号码、身份证号、学号等，这些数字不需要参加算术运算，一般可作为文本数据来处理。为了避免Excel把它按数值型数据处理，在输入时可以先输一个单引号“'”（英文符号），再接着输入具体的数字。例如，要在单元格中输入学号“201304210006”，先连续输入“'201304210006”。然后敲回车键，出现在单元格里的就是“201304210006”，并自动左对齐，如图4-13所示。

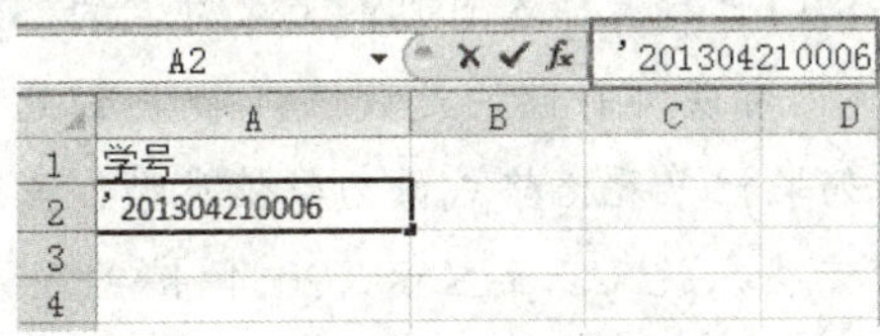

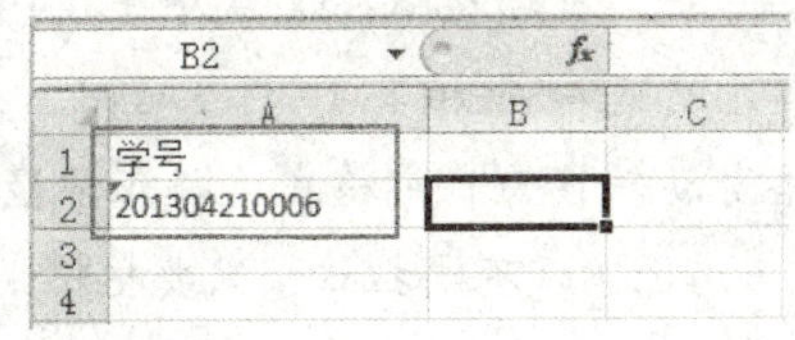

图4-13　文本方式输入数据

（二）输入数值型数据

在Excel中，数值型数据包括0~9中的数字以及含有正号、负号、货币符号、百分号等任一种符号的数据。默认情况下，数值自动沿单元格右边对齐。通过应用不同的数字格式，可以更改数字的外观而不会更改数字。数字格式并不会影响Excel用于执行计算的实际单元格值。

1.负数：在数值前加一个“-”号或把数值放在括号里，都可以输入负数，例如要在单元格中输入“-8”，可以输入“-8”或“（8）”，然后敲回车键都可以在单元格中出现“-8”。

2.分数：要在单元格中输入分数形式的数据，应先在编辑框中输入“0”和一个空格，然后再输入分数，否则Excel会把分数当作日期处理。例如，要在单元格中输

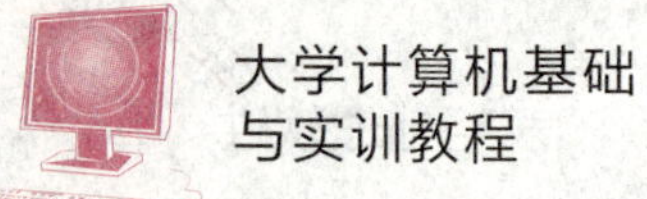

入分数“5/12”，在编辑框中输入“0 5/12”，敲一下回车键，单元格中就会出现分数“5/12”，否则会出现5月12日，如图4-14所示。

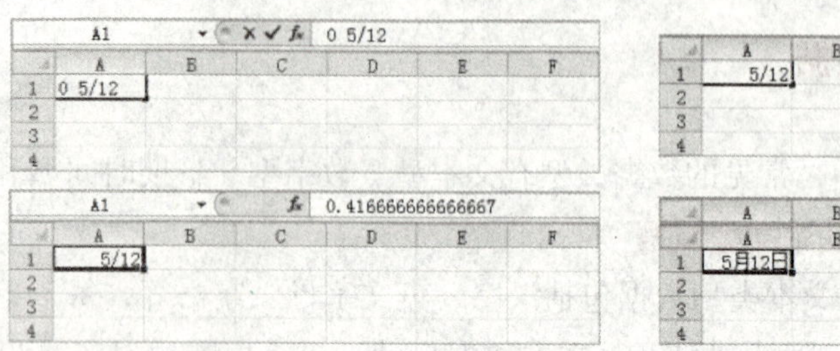

图4-14　分数的输入

当输入较长的数字时，单元中的数字以科学记数法表示（6.8E+11）或者填满了“###”符号，表示该单元格的列宽太小不能显示整个数字，只需调整列宽即可。

（三）日期型数据和时间型数据

在使用Excel进行各种报表的编辑和统计中，经常需要输入日期和时间。输入日期时，一般用“/”号或“-”号隔年、月、日。如“2014/1/21”“2014-1-21”。年份通常用两位数来表示，如果输入时省略年份，则Excel 2010会以当前的年份作为默认值。输入时间时，可以使用冒号分隔时、分、秒，如“10:29:36”。若要在单元格中同时输入日期和时间，日期和时间之间应该用空格隔开。

说明：日期在Excel系统中是用1900年1月1日起至输入日期的天数存储的。例如在单元格输入“2014-1-21”后回车，系统内部实际存储的是数值41660，但此时单元格自动转换为日期格式，并正常显示。如果把单元格格式设为数值类型，发现内容变为41660。不要担心，只要把格式改变回去，就又正常显示为2014-1-21了。

（四）输入特殊符号

实际应用中可能需要输入符号，如“℃”“※”“№”等，在Excel 2010中可以输入这类符号，具体操作如下：

1.单击准备输入符号的单元格，切换到“插入”选项卡，在“符号”组中单击“符号”按钮。

2.打开“插入特殊符号”对话框。切换到“符号”选项卡，然后单击需要插入的特殊符号，如图4-15所示。

3.单击“插入”按钮，即可在单元格中显示特殊符号。

（五）单元格一键批量输入

具体操作如下：

1.选择要输入重复数据的单元格。

2.选定完毕后，在最后一个单元格中输入内容，如“合格”。

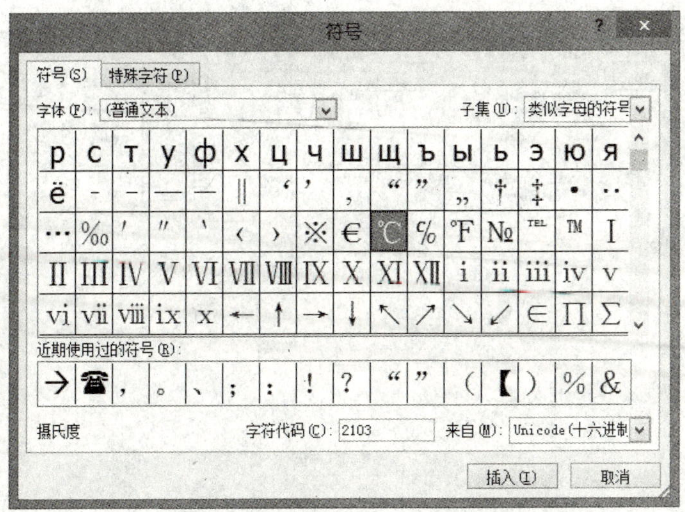

图4-15 “符号”对话框

3.按Ctrl+Enter组合键，即可在所有选定的单元格中输入相同的文字，如图4-16所示。

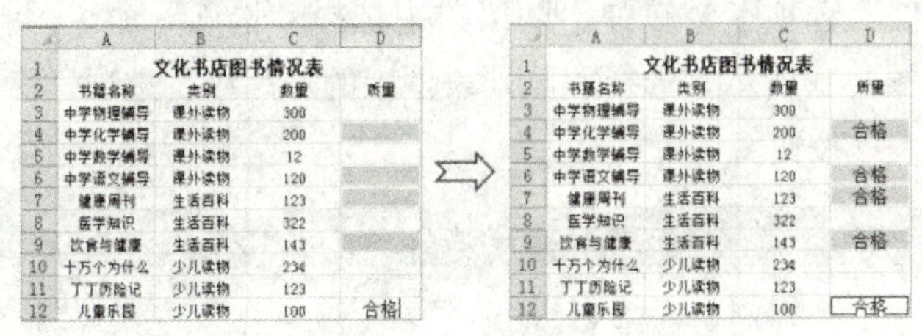

	A	B	C	D
1	文化书店图书情况表			
2	书籍名称	类别	数量	质量
3	中学物理辅导	课外读物	300	
4	中学化学辅导	课外读物	200	
5	中学数学辅导	课外读物	12	
6	中学语文辅导	课外读物	120	
7	健康周刊	生活百科	123	
8	医学知识	生活百科	322	
9	饮食与健康	生活百科	143	
10	十万个为什么	少儿读物	234	
11	丁丁历险记	少儿读物	123	
12	儿童乐园	少儿读物	100	合格

	A	B	C	D
1	文化书店图书情况表			
2	书籍名称	类别	数量	质量
3	中学物理辅导	课外读物	300	
4	中学化学辅导	课外读物	200	合格
5	中学数学辅导	课外读物	12	
6	中学语文辅导	课外读物	120	合格
7	健康周刊	生活百科	123	合格
8	医学知识	生活百科	322	
9	饮食与健康	生活百科	143	合格
10	十万个为什么	少儿读物	234	
11	丁丁历险记	少儿读物	123	
12	儿童乐园	少儿读物	100	合格

图4-16 在不同的单元格中快速输入相同的内容

（六）等差序列填充

假如要在A3:A12单元格区域内输入1、2、…、10等序列，具体操作如下：

1.在A3、A4单元格分别输入1、2，并选定单元格区域A3:A4作为来源单元格，也就是要有两个初始值，这样Excel才能判断等差序列的步长值。

2.将鼠标移动到单元格区域的右下角的填充柄上，当鼠标指针变成＋形状时，按住鼠标左键在需要填充序列的区域上拖动。

3.释放鼠标，完成填充。如图4-17所示。

此时，在最后一个单元格右下角出现了“自动填充选项”按钮，单击此按钮，可以看到下拉列表，如图4-18所示。

小技巧：创建序列时，经常要输入间距为1的等差序列，如：输入编号1、2、…、20，此时只输入第一条数据，然后按住鼠标右键拖动填充柄，在拖动结束释放鼠标后弹出的快捷菜单中选择“序列”命令，即可创建等差序列填充。

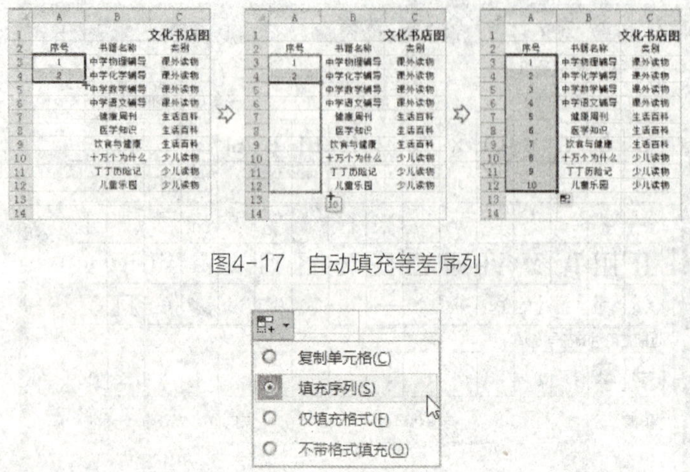

图4-17　自动填充等差序列

复制单元格(C)
填充序列(S)
仅填充格式(F)
不带格式填充(O)

图4-18　自动填充选项

（七）自定义序列填充

自定义序列是根据实际工作需求设置的序列，可以更加快捷地填充固定的序列，Excel提供了自定义序列，具体操作如下：

1.单击“文件”选项卡，在弹出的菜单中选择“选项”命令，打开“Excel选项”对话框，如图4-19所示。选择左侧列表框中的“高级”选项，然后单击右侧的“编辑自定义列表”按钮。

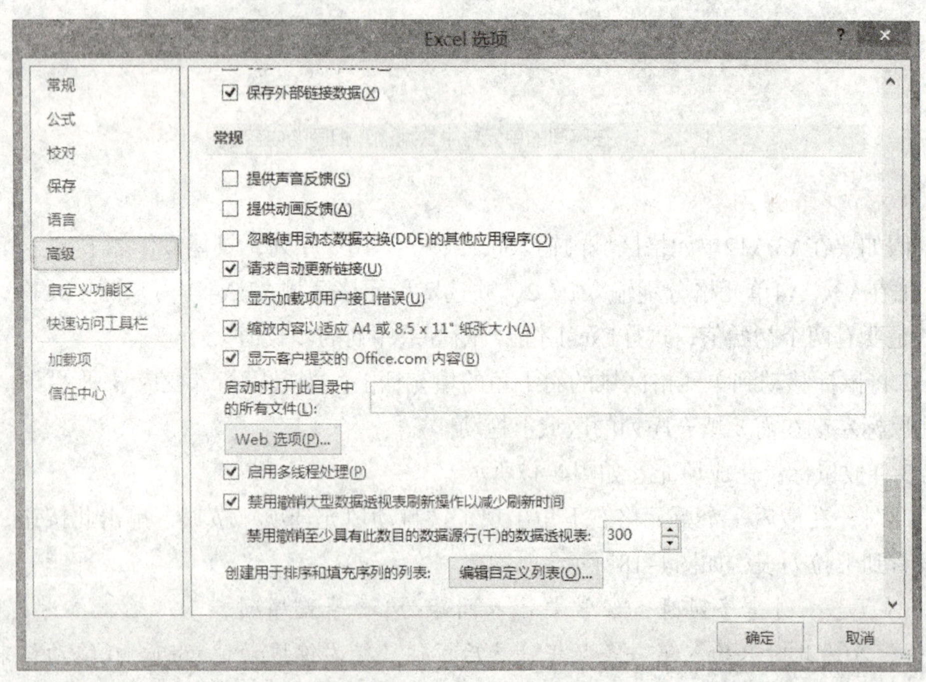

图4-19　“Excel选项”对话框

2.打开“自定义序列”对话框，如图4-20所示。在“输入序列”文本框中输入自定义的序列项，在每项末尾按Enter键进行分隔，单击“添加”按钮，新定义的填充序列出现在“自定义序列”列表框中。

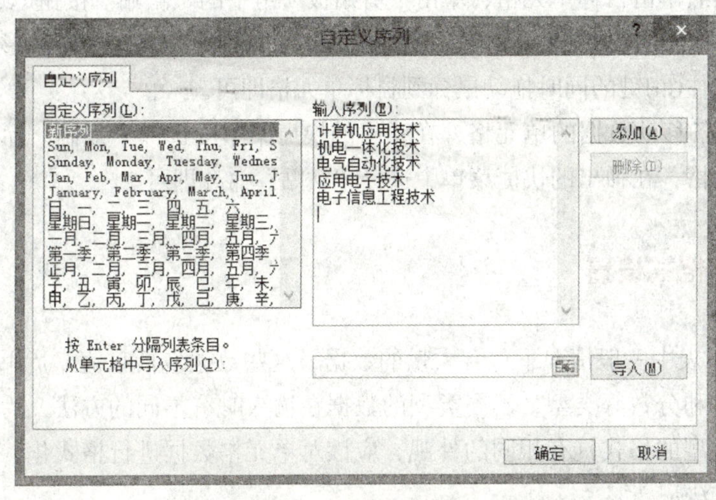

图4-20 “自定义序列”对话框

3.单击“确定”按钮，返回Excel工作表窗口。在单元格中输入自定义序列的第一个数据，通过拖动填充柄的方法进行填充，到达目标位置后，释放鼠标即可完成自定义序列的填充，如图4-21所示。

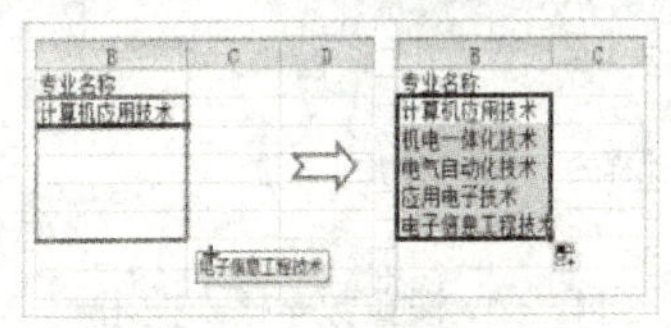

图4-21 利用自定义序列填充

小技巧：如果已经在工作表中输入填充序列，则选定这些单元格，然后在“自定义序列”对话框中单击“导入”按钮，也可创建自定义序列。

（八）移动或复制数据

移动表格数据的方法有以下几种：

1.选择要移动的单元格，切换到“开始”选项卡，单击“剪贴板”组中的“剪切”按钮，然后单击目标单元格，单击“剪贴板”组中的“粘贴”按钮即可。

2.选择要移动的单元格，将鼠标指针指向单元格的外边框，当光标形状变成十字箭头时，按住鼠标左键拖向目标单元格即可。

3.右击准备移动数据的单元格，在弹出的快捷菜单中选择“剪切”命令，然后右击目标单元格，在弹出的快捷菜单中选择“粘贴”命令即可。

复制表格数据的方法有以下几种：

1.选择要移动的单元格，切换到“开始”选项卡，单击“剪贴板”组中的“复制”按钮，然后单击目标单元格，单击“剪贴板”组中的“粘贴”按钮即可。

2.选择要移动的单元格，将鼠标指针指向单元格的外边框，当光标形状变成十字箭头时，按住Ctrl键的同时拖动鼠标到目标单元格即可。

3.右击准备移动数据的单元格，在弹出的快捷菜单中选择“复制”命令，然后右击目标单元格，在弹出的快捷菜单中选择“粘贴”命令即可。

二 数字格式设置

Excel工作表中一般情况下包含大量的数据，这些数据包括数值、货币、日期、百分比、文本和分数等类型，不同类型的数据在输入时有不同的方法，为了方便输入，使相同类型的格式具有相同的外观，应该对单元格数据进行格式化。具体有以下几种操作方法：

数字格式设置
视频来源：优酷网

1.使用“开始”选项卡的“数字”组中格式按钮进行设置，如图4-22所示。

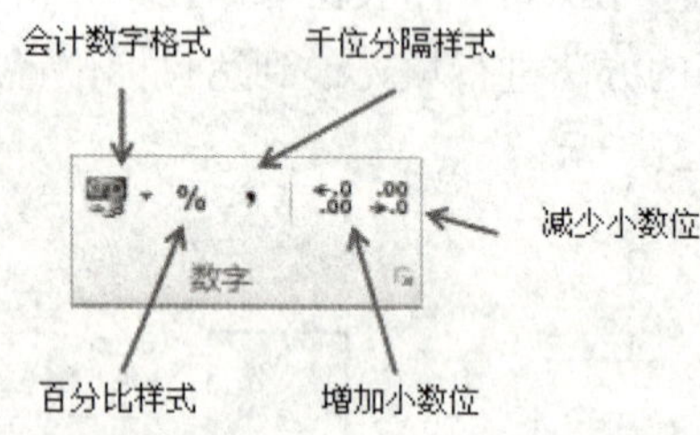

图4-22　设置数字格式按钮

✧“会计数字格式”按钮：可以在原始数字前面添加货币符号，并且增加两位小数位。单击“会计数字格式”右侧的下拉箭头，在弹出的下拉列表中有多种货币格式可以选择。

✧“百分比样式”按钮：将原始数字乘以100，再在数字后面添加百分比符号。

✧“千位分隔符”按钮：在数字中加入千位符，但是不加货币符号。

✧“增加小数位数”按钮：可以增加数字的小数位数。

✧“减少小数位数”按钮：可以减少数字的小数位数，使数字四舍五入。

2.切换到“开始”选项卡，单击“数字”组中的“数字格式”列表框，在下拉列表中选择合适的数字格式，如图4-23所示。

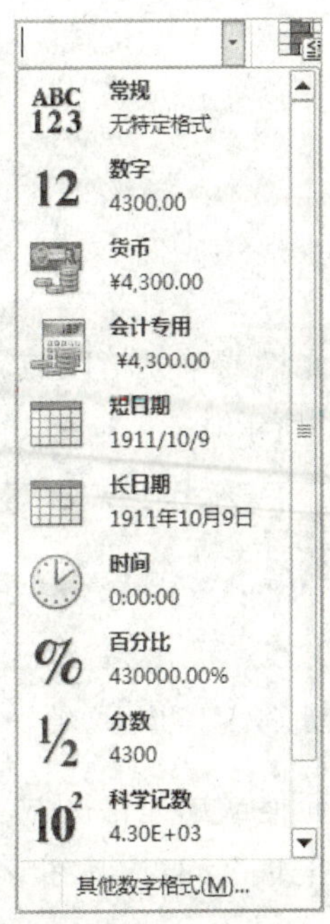

图4-23 “数字格式”下拉列表

3.右击选定要设置格式的单元格区域，在弹出的快捷菜单中选择“设置单元格格式”命令，打开“设置单元格格式”对话框，切换到“数字”选项卡，在“分类”列表框中选择合适的数字格式。如选择“数值”选项后，在右侧的“小数位数”微调框中输入小数的位数，还可以设置负数的格式。如图4-24所示。

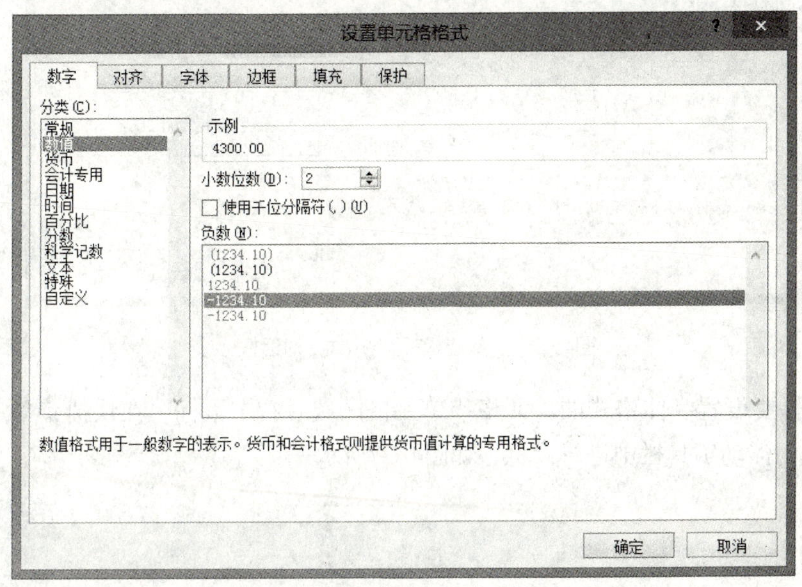

图4-24 “设置单元格格式”对话框

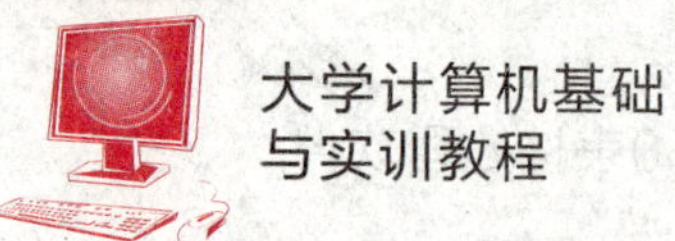

三 单元格格式设置

（一）设置字体格式

字体格式主要包括字体、字号以及字体颜色等。在Excel 2010中设置字体可通过以下几种方法实现：

1.选择要设置字体格式的单元格或单元格区域，切换到“开始”选项卡，在“字体”组中进行设置，如图4–25所示。

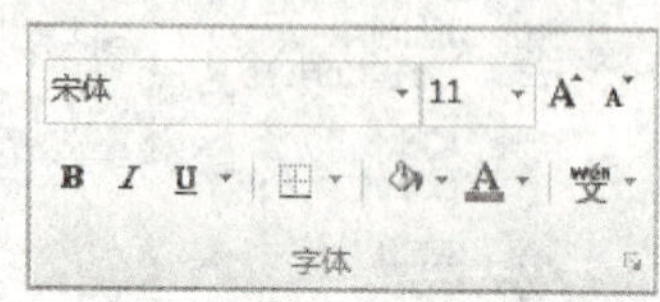

图4-25 “字体”组

2.选择要设置字体格式的单元格或单元格区域，切换到“开始”选项卡，在“字体”组中单击“设置单元格格式：字体”按钮，打开“设置单元格格式”对话框进行设置，如图4–26所示。

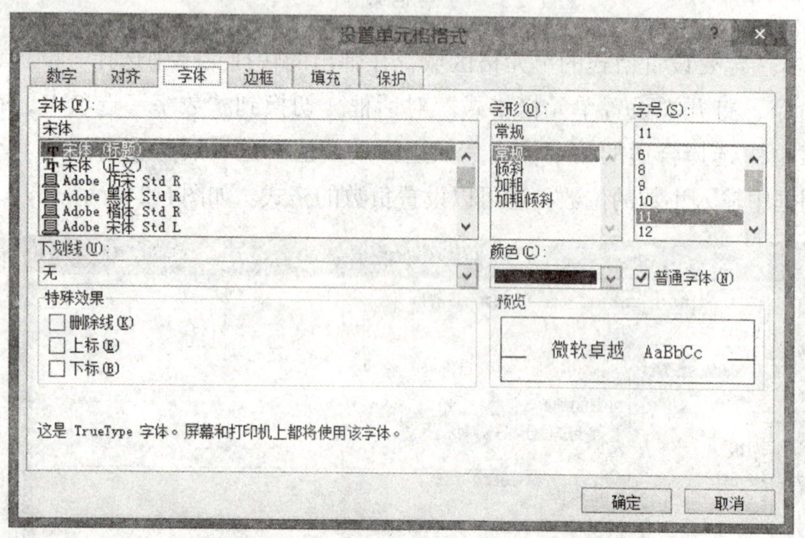

图4-26 “设置单元格格式”对话框

3.选择要设置字体格式的单元格或单元格区域后右击鼠标，在快捷菜单上方或下方出现的浮动工具栏中进行设置，如图4–27所示。

图4-27 字体格式浮动工具栏

（二）设置数据的对齐方式

输入数据时，文本靠左对齐，数字、日期和时间靠右对齐。为了使表格看起来更加美观，可以改变单元格中数据的对齐方式。

数据对齐方式包括水平对齐和垂直对齐两种，其中水平对齐包括靠左、居中和靠右等，垂直对齐方式包括靠上、居中和靠下等。具体有以下几中操作方法：

1.选择要设置数据格式的单元格或单元格区域，切换到“开始”选项卡，在“对齐方式”组中进行设置，如图4-28所示。

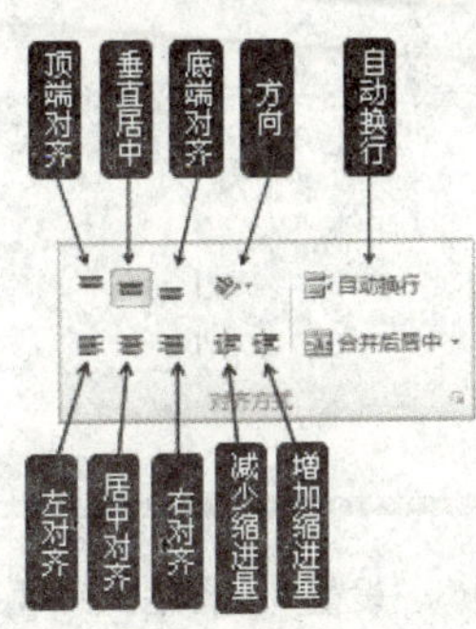

图4-28　“对齐方式”组

数据表格式化

视频来源：酷六网

✧“左对齐”按钮：所选单元格内的数据左对齐。

✧“居中对齐”按钮：所选单元格内的数据居中对齐。

✧“右对齐”按钮：所选单元格的数据右对齐。

✧“减少缩进量”按钮：活动单元格的数据向左缩进。

✧“增加缩进量”按钮：活动单元格的数据向右缩进。

✧“顶端对齐”按钮：所选单元格内的数据垂直方向顶端对齐。

✧“垂直居中”按钮：所选单元格内的数据垂直方向垂直居中。

✧“底端对齐”按钮：所选单元格内的数据垂直方向底端对齐。

✧“方向”按钮：打开文字方向菜单，可设置单元格内文字的方向。

✧“自动换行”按钮：通过多行显示，使单元格内的所有数据都可见。

2.选择要设置数据格式的单元格或单元格区域，切换到“开始”选项卡，在“对齐方式组”中单击“对话框启动器”按钮，打开“设置单元格格式”对话框进行设置，如图4-29所示。

（三）设置单元格边框

默认情况下，工作表中显示的表格线是灰色的，这些灰色的表格线是打印不出来的，为了打印有边框的边框线表格，可以为表格添加不同线型的边框，具体操作如下：

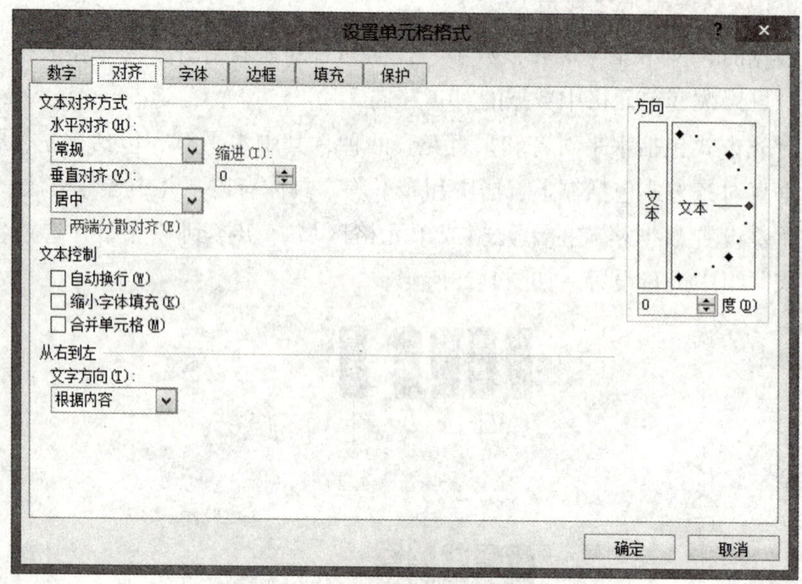

图4-29 “设置单元格格式”对话框

1.选择要设置边框的单元格区域，切换到“开始”选项卡，在“字体”组中单击“边框”按钮，在弹出的菜单中选择“其他边框”命令。

2.打开“设置单元格格式”对话框并切换到“边框”选项卡，如图4-30所示。在该选项卡中可以进行以下设置：

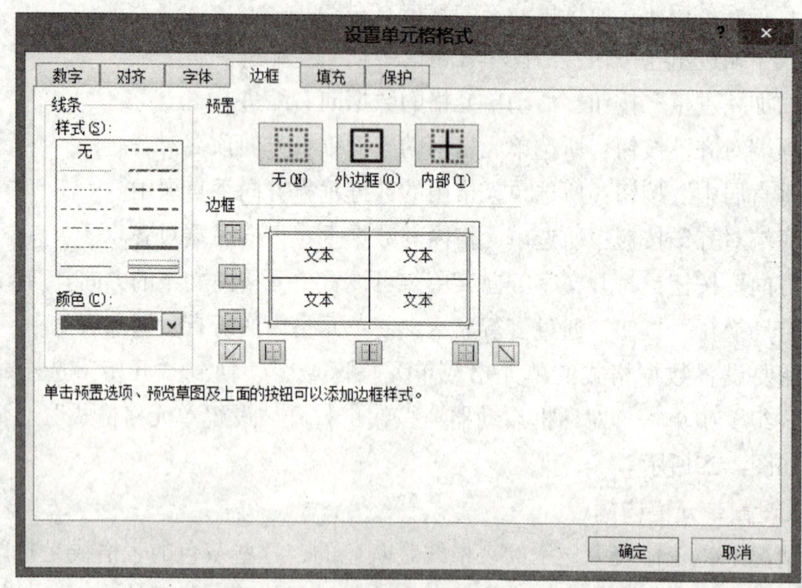

图4-30 “设置单元格格式”对话框

✧“样式”列表框：选择边框线的线条样式，即线条形状。

✧“颜色”下拉列表：选择边框的颜色。

✧“预置”选项组：单击“无”按钮将清除表格线，单击“外边框”按钮为表格添加外边框，单击“内部”按钮为边框添加内部边框。

✧“边框”选项组：通过单击该选项组中的8个按钮可以自定义表格的边框设置。

3.设置完毕后单击“确定”按钮，返回Excel窗口即可看到设置效果，如图4-31所示。

	A	B	C	D	E
1	文化书店图书销售情况表				
2	书籍名称	类别	销售数量（本）	单价	备注
3	十万个为什么	少儿读物	6850	12.6	
4	儿童乐园	少儿读物	6640	11.2	
5	丁丁历险记	少儿读物	5840	13.5	
6	中学语文辅导	课外读物	4860	2.5	
7	医学知识	生活百科	4830	6.8	
8	中学数学辅导	课外读物	4680	2.5	
9	中学物理辅导	课外读物	4300	2.5	
10	中学化学辅导	课外读物	4000	2.5	
11	饮食与健康	生活百科	3860	6.4	
12	健康周刊	生活百科	2860	5.6	

图4-31 设置单元格边框效果

小技巧：如果要给单元格中绘制对角线，可以打开“设置单元格格式”对话框，切换到“边框”选项卡，单击“边框”组中的“斜线”按钮即可为单元格添加斜线。

（四）设置单元格填充颜色

默认情况下，工作表的背景为白色，为了使制作的表格更加美观，可以自定义单元格的填充颜色。具体操作如下：

1.选择需要设置填充背景的单元格或单元格区域，右击选中的单元格，在弹出的快捷菜单中选择“设置单元格格式”命令。

2.打开“设置单元格格式”对话框，切换到“填充”选项卡，如图4-32所示。在该选项卡中可以进行以下设置：

✧“背景色”组：选择需要填充的背景颜色。

✧“填充效果”按钮，打开“填充效果”对话框，如图4-33所示。可以设置渐变颜色、底纹样式以及变形等选项。

✧“图案颜色”：选择填充图案的颜色。

✧“图案样式”：选择填充图案的样式。

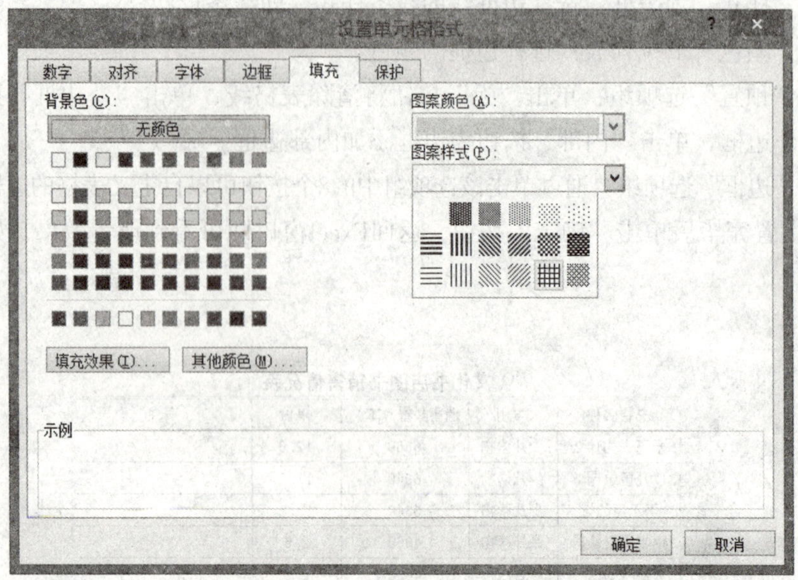

图4-32 "设置单元格格式"对话框

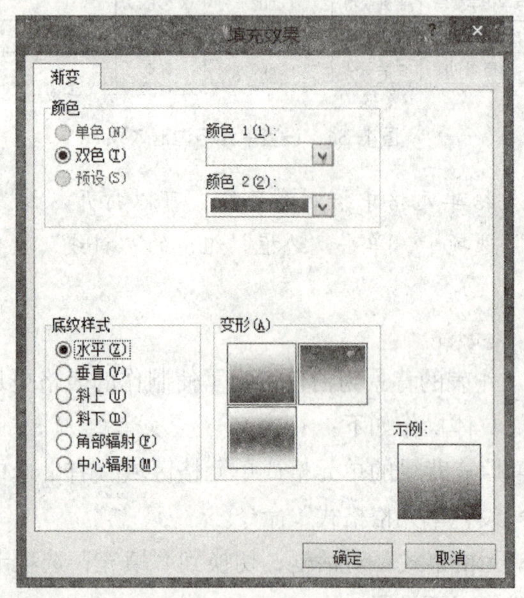

图4-33 "填充效果"对话框

(五)条件格式

在Excel 2010中，可以用不同的颜色或格式突出显示符合某种条件的单元格。具体操作如下：

1.选择要设置条件格式的数据区域，切换到"开始"选项卡，在"样式"组中单击“条件格式”按钮。在弹出的下拉菜单中选择设置条件的方式，如图4-34所示。

2.例如，选择“突出显示单元格规则”命令，从其级联菜单中选择“介于”命令，打开“介于”对话框，如图4-35所示。在左侧和中间的文本框中输入条件的界限值。在“设置为”下拉列表框中选择符合条件时数据显示的外观。

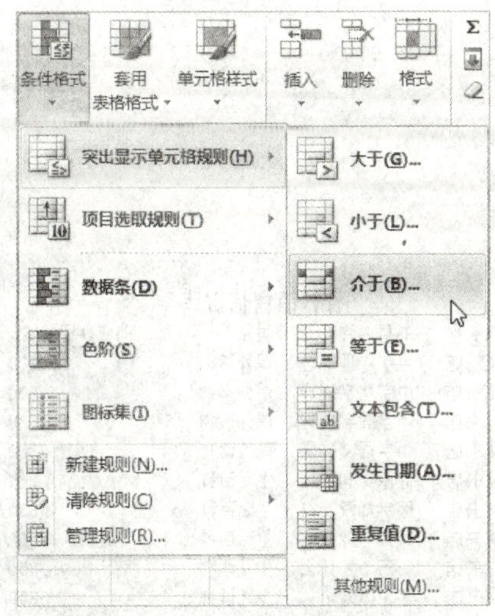

图4-34 “条件格式”下拉列表

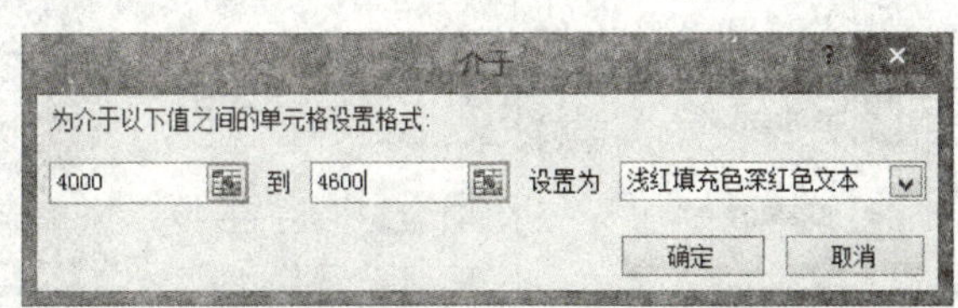

图4-35 “介于”对话框

3.单击“确定”按钮，即可看到应用条件格式后的效果，如图4-36所示。

	A	B	C	D
1	图书销售情况表			
2	书店名称	书籍名称	类别	销售数量（本）
3	文化书店	中学物理辅导	课外读物	4300
4	文化书店	中学化学辅导	课外读物	4000
5	文化书店	中学数学辅导	课外读物	4680
6	文化书店	中学语文辅导	课外读物	4860
7	文化书店	健康周刊	生活百科	2860
8	文化书店	医学知识	生活百科	4830
9	文化书店	饮食与健康	生活百科	3860
10	文化书店	十万个为什么	少儿读物	6850
11	文化书店	丁丁历险记	少儿读物	5840
12	文化书店	儿童乐园	少儿读物	6640
13	西门书店	中学物理辅导	课外读物	4800
14	西门书店	中学化学辅导	课外读物	5000
15	西门书店	中学数学辅导	课外读物	4380
16	西门书店	中学语文辅导	课外读物	4160
17	西门书店	医学知识	生活百科	5830

图4-36 应用条件格式效果

（六）用三色刻度直观标示数据大小

色阶作为一种直观的指示，可以了解数据分布和数据变化。三色刻度使用三种颜色的渐变来比较单元格区域。颜色的深浅表示值的高、中、低。例如，在绿色、黄色和红色的三色刻度中，可以指定较高值单元格的颜色为绿色，中间值单元格的颜色为黄色，而较低值单元格的颜色为红色。具体操作如下：

1.在工作表中选择包含数值数据的单元格区域。单击“开始”选项卡，单击“样式”组中的“条件格式”按钮，然后指向“色阶”右侧的箭头。

2.选择一种三色刻度，如图4-37所示是应用“绿、黄、红”色阶，其结果如图4-38所示。

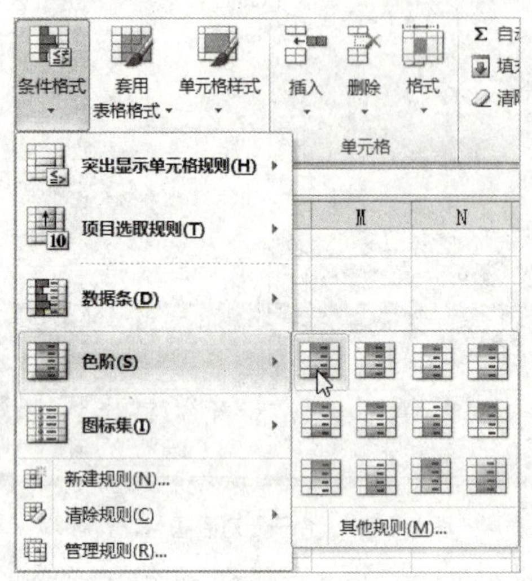

图4-37 “条件格式”下拉列表

	A	B	C	D
1		图书销售情况表		
2	书店名称	书籍名称	类别	销售数量（本）
3	文化书店	中学物理辅导	课外读物	4300
4	文化书店	中学化学辅导	课外读物	4000
5	文化书店	中学数学辅导	课外读物	4680
6	文化书店	中学语文辅导	课外读物	4860
7	文化书店	健康周刊	生活百科	2860
8	文化书店	医学知识	生活百科	4830
9	文化书店	饮食与健康	生活百科	3860
10	文化书店	十万个为什么	少儿读物	6850
11	文化书店	丁丁历险记	少儿读物	5840
12	文化书店	儿童乐园	少儿读物	6640
13	西门书店	中学物理辅导	课外读物	4800
14	西门书店	中学化学辅导	课外读物	5000

图4-38 应用色阶的效果

小技巧：在为单元格添加条件格式后，单击“条件格式”按钮，在下拉列表中选择“清除规则”命令可以清除为单元格添加的所有条件格式。

（七）对表格自动套用样式

Excel 2010提供了“表”功能，可以将工作表中的数据套用“表”格式，即可实现快速美化表格外观的功能。具体操作如下：

1.选择要套用“表”样式的单元格区域，切换到“开始”选项卡，在“样式”组中单击“套用表格格式”按钮，在弹出的下拉列表中选择一种表格格式，如图4-39所示。

2.打开“套用表格式”对话框，如图4-40所示。确认数据的来源区域正确。如果希望标题出现在套用格式后的表中，则选中“表包含标题”复选框。

3.单击“确定”按钮，返回Excel编辑窗口结果如图4-41所示。

套用样式后，标题栏上每个标题均会显示一个向下箭头，此箭头用于快速筛选条件，假如无须使用筛选功能，那么可以选择标题栏后，单击“数据”选项卡，单击“排序和筛选”组中的“筛选”按钮，取消筛选功能，即可消除向下箭头。

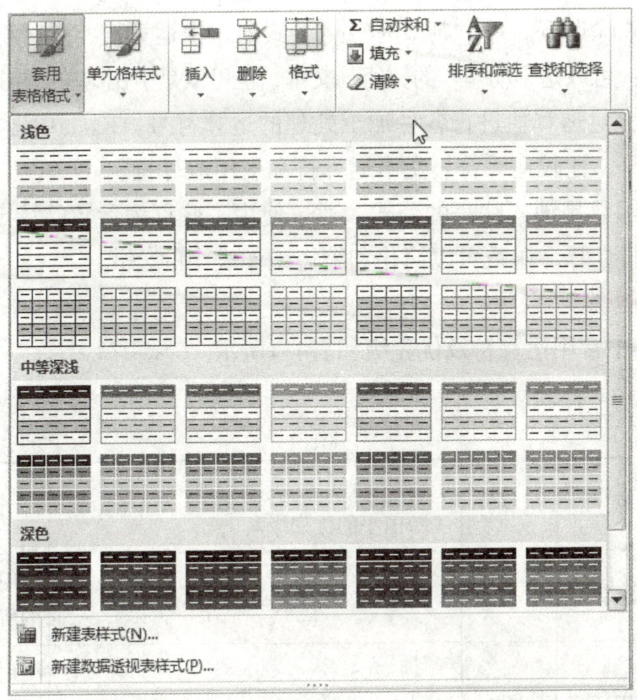

图4-39　“套用表格格式”下拉列表

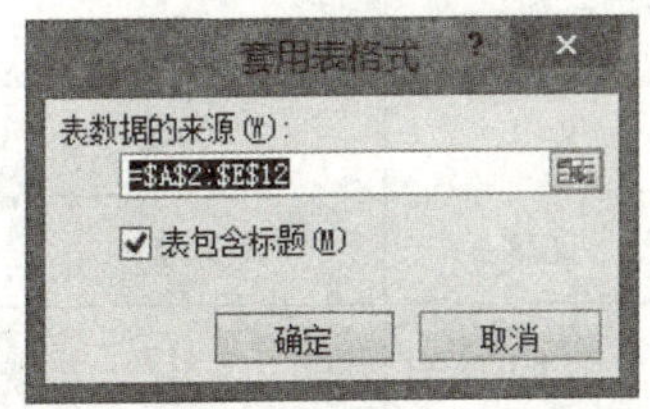

图4-40　“套用表格式”对话框

	A	B	C	D
1	图书销售情况表			
2	书店名称	书籍名称	类别	销售数量（本）
3	文化书店	中学物理辅导	课外读物	4300
4	文化书店	中学化学辅导	课外读物	4000
5	文化书店	中学数学辅导	课外读物	4680
6	文化书店	中学语文辅导	课外读物	4860
7	文化书店	健康周刊	生活百科	2860
8	文化书店	医学知识	生活百科	4830
9	文化书店	饮食与健康	生活百科	3860
10	文化书店	十万个为什么	少儿读物	6850
11	文化书店	丁丁历险记	少儿读物	5840

图4-41　套用表格式的效果

项目三　公式与函数

Excel具有强大的数据计算功能，可以通过公式和函数来实现对数据计算和分析。

一　使用公式

所谓公式是由一组数据和运算符组成的序列，是一个等式，使用公式可以对数据进行加减和乘除运算。一个典型的Excel公式通常由运算值、运算符、函数组成。

✧ 运算值：可以是手动输入的数值、文本，也可以是引用的单元格或单元格区域。

✧ 运算符：对运算值进行各种加工处理的运算符号。Excel中运算符的类型有4种：算术运算符、比较运算符、文本运算符和引用运算符。

✧ 函数：函数是预先编写的公式，通过使用一些称为参数的特定数值按特定顺序或者结构执行计算。函数可以简化和缩短工作表中的公式。

（一）常用运算符及优先级

Excel 2010中常用运算符及优先级如表4–1所示。

表4–1　四大运算符及优先级

类别	运算	运算符	优先级（数值小的优先级高）	范例	范例运行结果
引用运算符	区域运算	:	1	A2:D5	引用A2到D5区域内的所有单元格
	交叉引用运算	（空格）	2	A2:D5　C2:E5	引用这两个单元格区域的共有单元格区域C2:D5
	联合引用	,	3	A2:D5，E2:G5	引用这两个单元格区域内的所有单元格
算术运算符	幂运算	^	4	5^3	75
	乘法	*	5	8*8	64
	除法	/	5	16/8	2
	加法	+	6	9+8	17
	减法	–	6	9–8	1
文本运算符	连接	&	7	“中国” & “您好！”	中国您好！
比较运算符	等于	=	8	4 = 2	FALSE
	大于	>	8	8>10	FALSE
	小于	<	8	8<10	TRUE
	大于等于	>=	8	8>=10	FALSE
	小于等于	<=	8	8<=10	TRUE

使用公式
视频来源：酷六网

（二）输入公式

公式的输入类似于数据的输入，在单元格中输入公式时以等号“=”开始，然后输入公式表达式。

以计算表中图书的销售总额为例，具体操作如下：

1.单击要输入公式的单元格E3。

2.输入等号“=”。

3.输入公式表达式，例如，输入“C3*D3”。公式中的单元格引用将以不同的颜色进行区分，在编辑栏中也可以看到输入后的公式。

4.输入完毕后，按Enter键或者单击编辑栏中的“输入”按钮，即可在单元格E3中显示计算结果，而在编辑栏中显示当前单元格的公式，如图4–42所示。

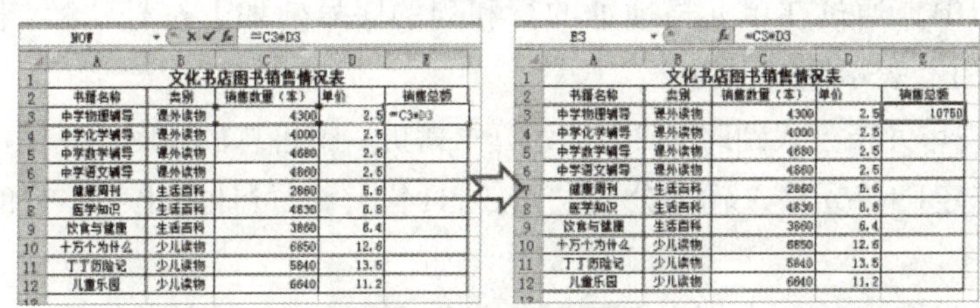

图4-42 公式的使用

小技巧：输入公式时，可以使用鼠标直接选择参与计算的单元格，从而提高输入公式的效率。选定准备输入公式的单元格（如E3），输入等号“=”，单击准备参与计算的第一个单元格（如C3），输入运算符（如“*”），然后单击准备参与计算的第二个单元格（如D3）。

（三）单元引用

只要在Excel工作表中使用公式，就离不开单元格的引用问题。引用的作用是标识工作表的单元格或单元格区域，并指明公式中使用的数据位置。其引用方式可以细分为相对引用、绝对引用和混合引用三种。

1.相对引用

公式中的相对单元格引用是基于包含公式和单元格引用的单元格的相对位置。如果公式所在的单元格发生改变，则引用也随之改变。在相对引用中，用字母表示单元格的列号，用数字表示单元格的行号。

以复制E3单元格公式到E4:E12中，计算其他书籍销售总额为例。具体操作如下：

（1）选定单元格E3，其中的公式为“＝C3*D3”。

（2）将鼠标指针移动到E3单元格右下角的填充柄，当鼠标指针变为十字形时，按住鼠标左键向下拖动要复制公式的单元格区域（“E4:E12”）。

（3）释放鼠标后，即可完成复制公式的操作。这些单元格中会显示相应的计算

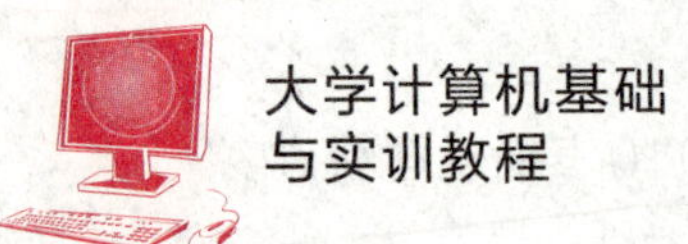

结果，如图4–43所示。

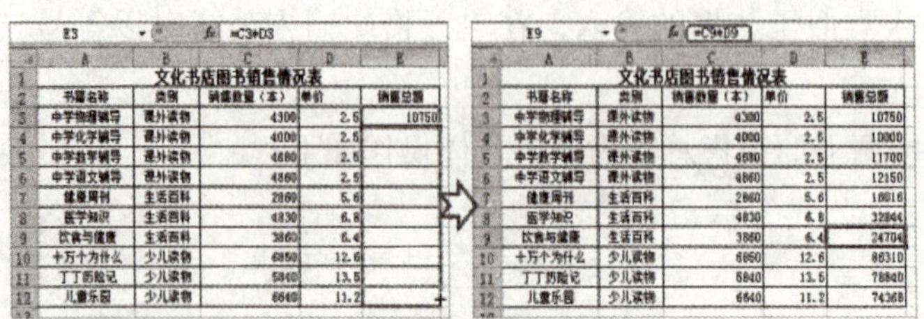

图4–43　单元格相对引用

2.绝对引用

绝对引用指向工作表中固定位置的单元格，它的位置与包含公式的单元格无关。在Excel中，通过在单元格地址的行和列的序号前加上符号“$”来实现。例如，用“$A$1”表示绝对引用。

以复制F3单元格公式到F4:F12中，计算书籍折后销售总额为例。具体操作如下：

（1）选定F3单元格，输入公式“=E3*B14”，即可计算出第一行的折后销售总额。

（2）为了使单元格B14的位置不随复制公式而改变，将单元格E3中的公式改为“=E3*$B$14”。

（3）切换到“开始”选项卡，单击“剪贴板”组中的“复制”按钮。

（4）选择单元格区域F4：F12，单击“剪贴板”组中的“粘贴”按钮，结果如图4–44所示。

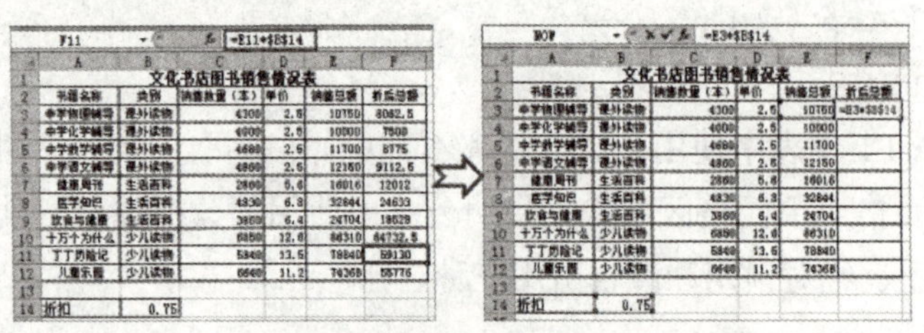

图4–44　在公式中使用绝对引用

3.混合引用

混合引用是指公式中参数的行采用相对引用、列采用绝对引用，或列采用相对引用、行采用绝对引用，如$A1，A$5。公式中相对引用部分随公式复制变化，绝对引用部分不随公式复制而变化。

以创建一个九九乘法表为例，具体操作如下：

（1）准备将B2单元格的公式复制到其他单元格中。

（2）在B2单元格输入公式“=$A2*B$1”，即第一个乘数的最左列不动（$A），而行随之变动；第二个乘数的最上行不动（$1），而列随之变动。

（3）右击包含混合引用的单元格B2，在弹出的快捷菜单中选择“复制”。

（4）选定目标区域B2：I9，右键单击选中的单元格区域，在弹出的快捷菜单中选择“粘贴”即可，效果如图4-45所示。

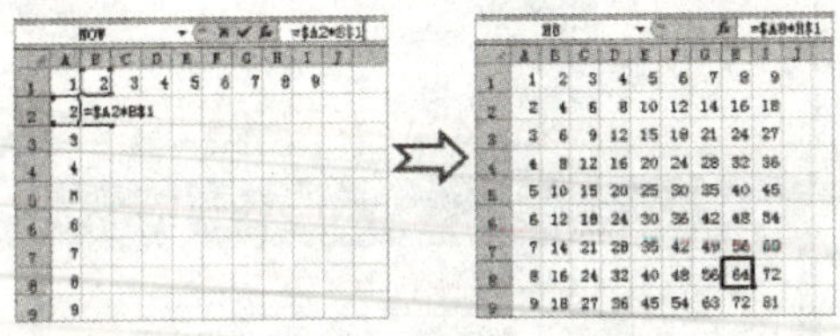

图4-45 “混合引用”计算结果

二 公式中名称的使用

单元格、单元格区域除了可以通过指定行、列地址的方式引用外，还可以为其命名，然后在公式中直接利用名称来引用单元格及单元格区域。

（一）为单元格、单元格区域命名

在Excel 2010中对单元格命名有以下几种方法：

1.选择要命名的单元格或单元格区域，单击编辑栏左侧的名称框，输入名称后，按Enter键。

2.选择要命名的单元格或单元格区域，切换到“公式”选项卡，在“定义的名称”组中单击“定义名称”按钮，打开如图4-46所示的“新建名称”对话框，输入名称并指定名称的有效范围，然后单击“确定”按钮。

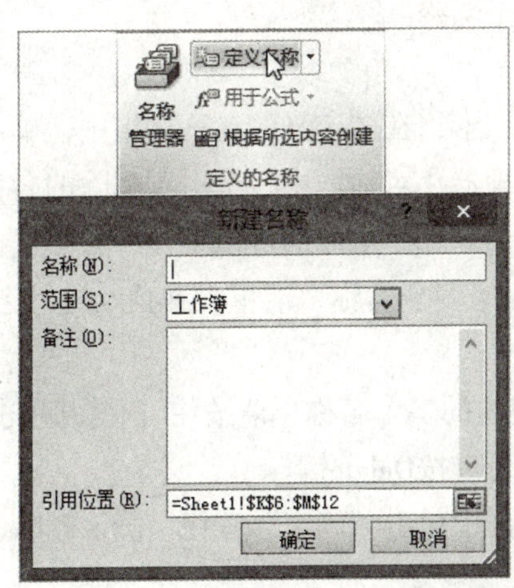

图4-46 “新建名称”对话框

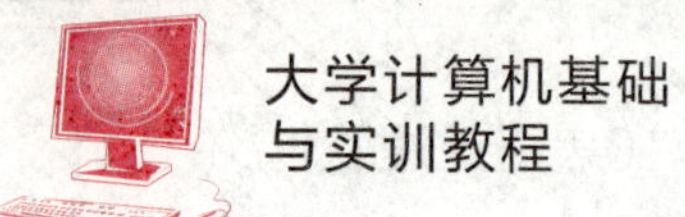

3.选择要命名的单元格或单元格区域，切换到“公式”选项卡，在“定义的名称”组中单击“名称管理器”按钮，在“名称管理器”对话框中单击“新建”按钮，打开“新建名称”对话框，如图4-47所示。

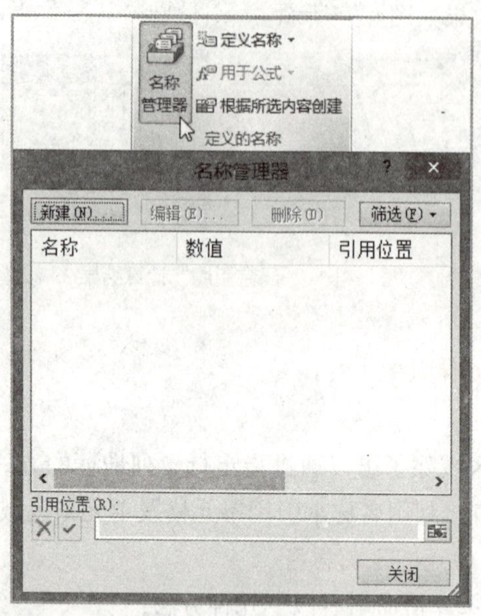

图4-47 “名称管理器”对话框

（二）公式和函数中使用名称

在使用公式、函数时，如果选定了已经命名的数据区域，公式、函数内就会自动出现该区域的名称。这时，只要按Enter键就可以完成公式、函数的输入。也可以在新建公式或函数时直接使用已定义的名称来引用单元格。

（三）删除一个或多个名称

具体操作如下：

1.切换到“公式”选项卡，在“定义的名称”组中，单击“名称管理器”。

2.在打开的“名称管理器”对话框中，单击要删除的名称。

3.如果要同时删除多个名称，可以通过以下几种方法选择多个名称：

✧ 若要选择连续组内的多个名称，请单击并拖动这些名称，或者按住Shift键并单击该组内的每个名称。

✧ 若要选择非连续组内的多个名称，请按住Ctrl键并单击该组内的每个名称。

4.单击“删除”，也可以按Delete键。

5.在弹出的提示对话框中单击“确定”按钮，确认删除。如图4-48所示。

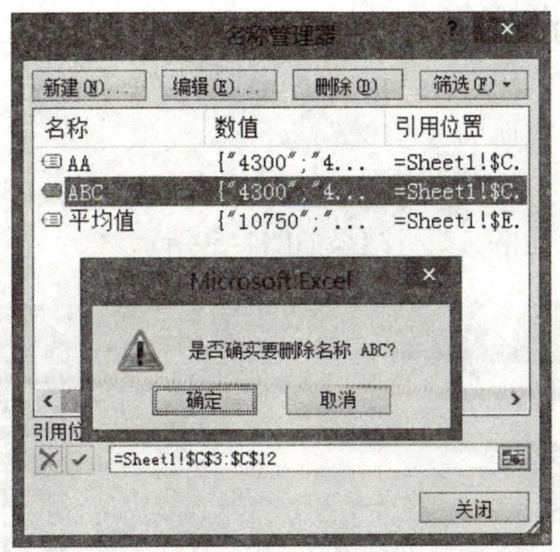

图4-48 删除名称

（四）更改名称

如果更改某个已定义名称或表名称，则工作簿中该名称的所有实例也会随之更改。具体操作如下：

1.切换到“公式”选项卡，在“定义的名称”组中，单击“名称管理器”。

2.在打开的“名称管理器”对话框中，单击要更改的名称，然后单击“编辑”。

3.在打开的“编辑名称”对话框的“名称”框中，输入新名称。

4.在“引用位置”框中，更改新的引用位置，然后单击“确定”。如图4-49所示。

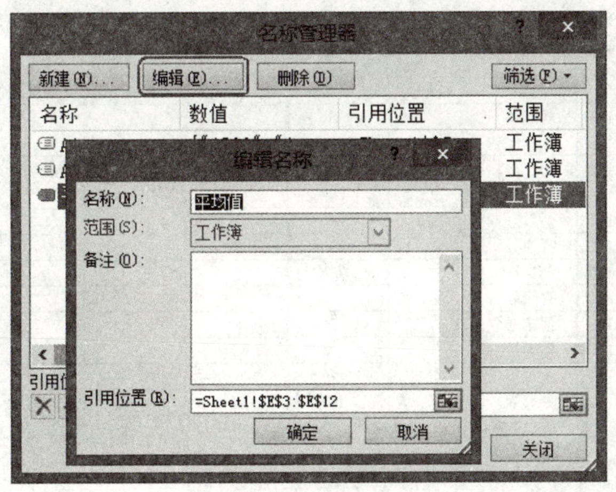

图4-49 编辑名称

（五）公式中的工作表及工作簿名称

某些公式需要跨工作表或工作簿引用数据，可以通过在引用位置前加上工作表、工作簿的名称来实现。

1.在公式中引用工作表名称

如果要引用同一个工作簿中其他工作表的单元格，其表达方式如下：

工作表名称！单元格地址

例如：在工作表Sheet 2的单元格D3中输入公式“=Sheet 1!E3*0.3”，其中E3为Sheet 1工作表中的E3单元格，执行结果如图4–50所示。

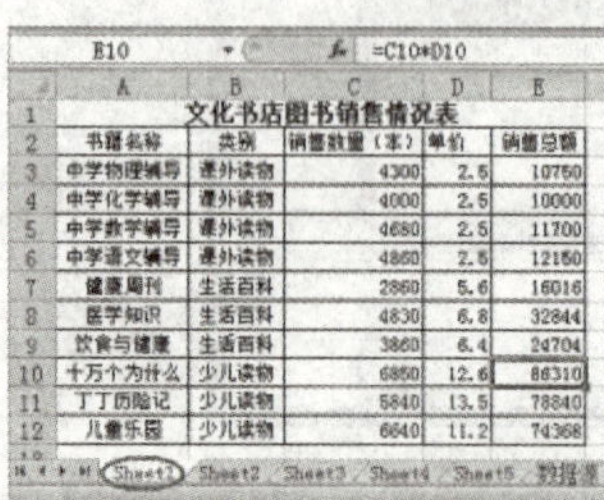

E10 =C10*D10

	A	B	C	D	E
1	文化书店图书销售情况表				
2	书籍名称	类别	销售数量（本）	单价	销售总额
3	中学物理辅导	课外读物	4300	2.5	10750
4	中学化学辅导	课外读物	4000	2.5	10000
5	中学数学辅导	课外读物	4680	2.5	11700
6	中学语文辅导	课外读物	4860	2.5	12150
7	健康周刊	生活百科	2860	5.6	16016
8	医学知识	生活百科	4830	6.8	32844
9	饮食与健康	生活百科	3860	6.4	24704
10	十万个为什么	少儿读物	6850	12.6	86310
11	丁丁历险记	少儿读物	5840	13.5	78840
12	儿童乐园	少儿读物	6640	11.2	74368

Sheet1 Sheet2 Sheet3 Sheet4 Sheet5 数据源

AVERAGE =Sheet1!E3*0.3

	A	B	C	D
1	文化书店图书销售情况表			
2	书籍名称	类别	销售数量（本）	返现
3	中学物理辅导	课外读物	4300	=Sheet1!E3*0.3
4	中学化学辅导	课外读物	4000	
5	中学数学辅导	课外读物	4680	
6	中学语文辅导	课外读物	4860	
7	健康周刊	生活百科	2860	
8	医学知识	生活百科	4830	
9	饮食与健康	生活百科	3860	
10	十万个为什么	少儿读物	6850	
11	丁丁历险记	少儿读物	5840	
12	儿童乐园	少儿读物	6640	

Sheet1 Sheet2 Sheet3 Sheet4 Sheet5 数据源

图4-50　在同一工作簿中引用不同工作表中的数据

2.在公式中引用工作簿的名称

如果要引用其他工作簿中的单元格，其表达方式如下：

‘工作簿存储地址[工作簿名称]工作表名称’！单元格地址

使用函数

视频来源：优酷网

例如，在当前工作簿的工作表Sheet 1中的单元格B2中输入公式“”，表示在当前工作簿的工作表Sheet 1的B2单元格中，引用工作簿的工作表Sheet 1中单元格C2的值，如图4–51所示。

E2 ='F:\成绩\[高等数学（素材）.xls]高等数学'!$D$2

	A	B	C	D	E	F	G	H
1	学号	姓名	性别	大学英语	高等数学	计算机应用	应用文写作	
2	04302101	杨妙琴	女	70	73			
3	04302102	周凤连	女	60				
4	04302103	白庆辉	男	46				
5	04302104	张小静	女	75				
6	04302105	郑敏	女	78				
7	04302106	文丽芬	女	93				
8	04302107	赵文静	女	96				
9	04302108	甘晓聪	男	36				
10	04302109	廖宇健	男	35				
11	04302110	曾美玲	女	缺考				
12	04302111	王艳平	女	47				
13	04302112	刘显森	男	96				

成绩汇总 Sheet2 Sheet3

图4-51　在公式中引用工作簿名称

三 使用函数

函数实际上是一种比较复杂的公式，用来对单元格进行计算。掌握Excel函数，不但可以提高使用Excel分析、处理数据的能力，还能够将复杂的处理简单化，节省大量编写公式的时间。

函数的一般结构是：

=函数名（参数1，参数，2…）

每个函数都有唯一的函数名，参数是函数中用来执行操作或计算的值，可以是常量、数组、单元格引用，也可以是逻辑值、错误值或函数。

（一）手动输入函数

要使用函数计算及处理工作表的内容，必须先将函数添加到公式中。对于一些单变量函数或者比较简单的函数，且已掌握其语法和参数，可以直接在单元格中输入，手动输入函数的方法同输入一个公式的方法相同，即先在单元格或编辑栏中输入一个“=”，然后输入函数及参数。

（二）使用函数向导插入函数

Excel 2010提供了几百个函数，想熟练掌握所有函数难度比较大，通常可以使用向导来插入函数。具体操作如下：

1.选中需要输入函数表达式的单元格。

2.单击编辑栏上的“插入”按钮，或切换到“公式”选项卡，单击“函数库”组中的“插入函数”按钮。打开“插入函数”对话框，如图4-52所示。

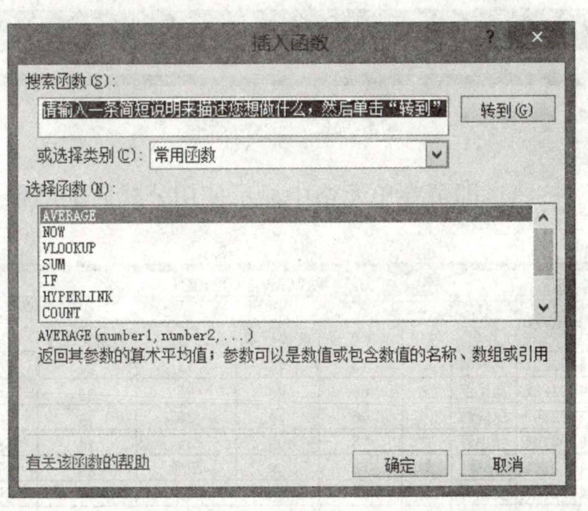

图4-52　“插入函数”对话框

3.单击“或选择类别”下拉按钮，在弹出的下拉列表中选择需要的函数类别。

4.在“选择函数”列表框中选择需要的函数，然后单击“确定”按钮，打开的“函数参数”对话框，如图4-53所示。

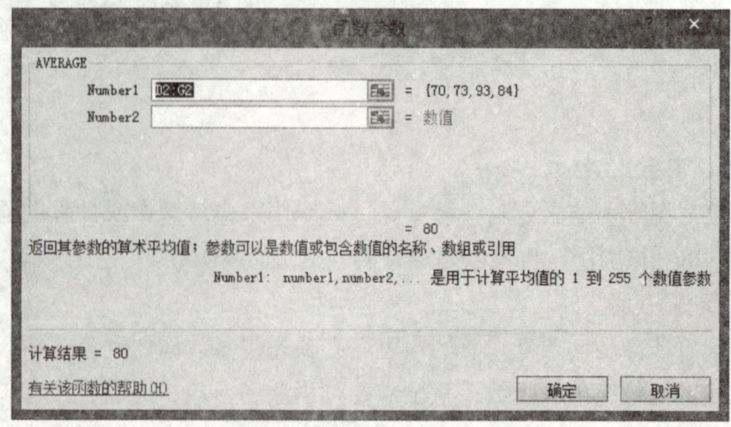

图4-53 “函数参数”对话框

5.在参数框中输入需要进行运算的数值、单元格区域。在Excel 2010中，所有要求用户输入单元格引用的编辑框都可以使用这样的方法输入：首先用鼠标单击编辑框，然后使用鼠标选定要引用的单元格区域（选定单元格区域时，对话框会自动缩小）。如果对话框挡住了要选定的单元格，则单击编辑框右侧的“折叠对话框”按钮，将对话框缩小，如图4-54所示。选择结束时，再次单击“展开对话框”按钮。

图4-54 缩小对话框

6.单击“确定”按钮，即可在单元格中显示使用公式后的结果。如图4-55所示。

H2 =AVERAGE(D2:G2)

	A	B	C	D	E	F	G	H
1	学号	姓名	性别	大学英语	高等数学	计算机应用	应用文写作	平均分
2	04302101	杨妙琴	女	70	73	93	84	80.0
3	04302102	周凤连	女	60	66	96	35	64.3
4	04302103	白庆辉	男	46	79	36	79	60.0
5	04302104	张小静	女	75	95	35	74	69.8
6	04302105	郑敏	女	78	98	缺考	85	87.0
7	04302106	文丽芬	女	93	43	47	94	69.3
8	04302107	赵文静	女	96	31	96	56	69.8
9	04302108	甘晓聪	男	36	71	76	62	61.3
10	04302109	廖宇健	男	35	84	94	71	71.0
11	04302110	曾美玲	女	缺考	35	91	72	66.0

图4-55 函数运算结果

四 常用函数介绍

（一）数学和三角函数

1.SUM（）函数

功能：SUM将指定为参数的所有数字相加。每个参数都可以是区域、单元格引用、数组、常量、公式或另一个函数的结果。例如，SUM（A1:A5）将单元格A1至A5中的所有数字相加。

语法：

SUM（number1,[number2],...]）

参数：

number1必需。想要相加的第一个数值参数。

number2,...可选。想要相加的2到255个数值参数。

说明：

✧ 如果参数是一个数组或引用，则只计算其中的数字。数组或引用中的空白单元格、逻辑值或文本将被忽略。

✧ 如果任意参数为错误值或为不能转换为数字的文本，Excel将会显示错误。

示例：计算学生成绩总分，如图4-56所示。

H2　=SUM(D2:G2)

	A	B	C	D	E	F	G	H
1	学号	姓名	性别	大学英语	高等数学	应用文写作	计算机应用	总分
2	04302101	杨妙琴	女	70	73	65	91.9	299.9
3	04302102	周凤连	女	60	66	42	86	
4	04302103	白庆辉	男	46	79	71	72.6	
5	04302104	张小静	女	76	95	99	75.1	
6	04302105	郑敏	女	78	98	88	78.5	
7	04302106	文丽芬	女	93	43	69	81.2	

图4-56　使用SUM函数计算总分

2.SUMIF（）函数

功能：使用SUMIF（）函数可以对区域中符合指定条件的值求和。

语法：

SUMIF（range, criteria, [sum_range]）

参数：

range必需。用于条件计算的单元格区域。每个区域中的单元格都必须是数字或名称、数组或包含数字的引用。空值和文本值将被忽略。

criteria必需。用于确定对哪些单元格求和的条件，其形式可以为数字、表达式、单元格引用、文本或函数。

sum_range可选。要求和的实际单元格。如果sum_range参数被省略，Excel会对在range参数中指定的单元格（即应用条件的单元格）求和。

说明： 任何文本条件或任何含有逻辑或数学符号的条件都必须使用双引号（"）括起来。如果条件为数字，则无须使用双引号。

示例：已知有三个书店图书销售统计表，现要求利用SUMIF函数计算每一种书的总销量，如图4-57所示。

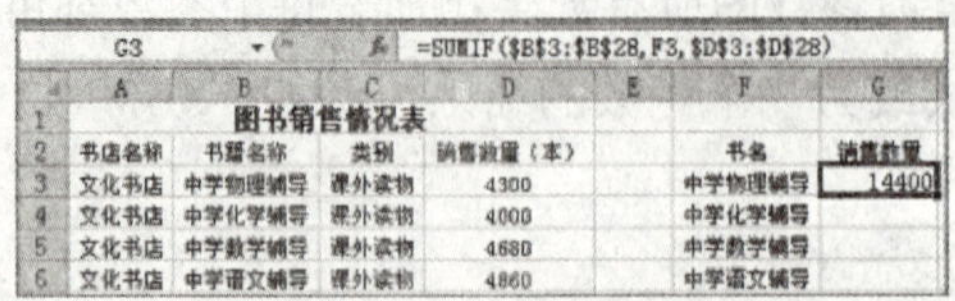

G3 =SUMIF($B$3:$B$28,F3,$D$3:$D$28)

	A	B	C	D	E	F	G
1	图书销售情况表						
2	书店名称	书籍名称	类别	销售数量（本）		书名	销售数量
3	文化书店	中学物理辅导	课外读物	4300		中学物理辅导	14400
4	文化书店	中学化学辅导	课外读物	4000		中学化学辅导	
5	文化书店	中学数学辅导	课外读物	4680		中学数学辅导	
6	文化书店	中学语文辅导	课外读物	4860		中学语文辅导	

图4-57　准备计算销售量

3.RANDBETWEEN（ ）函数

功能：返回位于指定的两个数之间的一个随机整数。每次计算工作表时都将返回一个新的随机整数。

语法：

RANDBETWEEN（bottom,top）

参数：

bottom必需。函数RANDBETWEEN将返回的最小整数。

top必需。函数RANDBETWEEN将返回的最大整数。

示例：抽取获奖人

假设企业年终联欢，期间要给每一个方队抽取1位幸运观众。这里使用RANDBETWEEN函数抽出每个方队的获奖观众座位号，如图4-58所示。

C2 =RANDBETWEEN(1,B2)

	A	B	C	D	E	F
1	部门	人数	获奖座号			
2	工会	10	10			
3	市场部	50	7			
4	开发部	30	29			
5	人事部	10	4			
6	财务部	12	10			
7	生产部	70	47			

图4-58　随机获取幸运观众座位号

（二）日期时间函数

1.TODAY

功能：返回当前日期的序列号。

语法：

TODAY（ ）

TODAY函数没有参数

说明：

✧ 序列号是Excel日期和时间计算使用的日期和时间代码。

✧ Excel可将日期存储为可用于计算的序列号。默认情况下，1900年1月1日的序列号是1，而2008年1月1日的序列号是39448，这是因为它距1900年1月1日有39447天。

例如，知道某人出生于1963年，计算该人到目前为止的年龄，如图4-59所示。

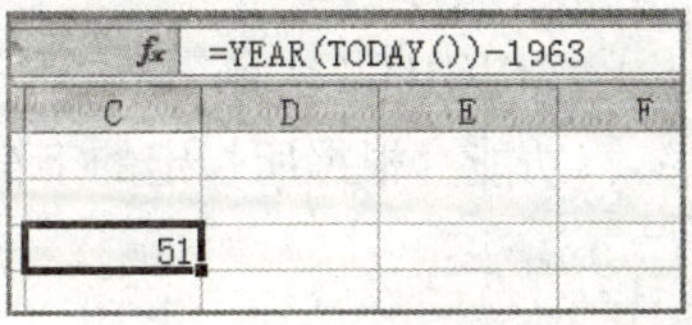

此公式使用TODAY函数作为YEAR函数的参数来获取当前年份，然后减去1963，最终返回对方的年龄。

图4-59　TODAY函数的使用

小技巧：如果函数未按预期更新，则需要更改控制工作簿或工作表重新计算的时间。切换到“文件”选项卡，选择“选项”命令，然后在“计算选项”下的“公式”类别中选中“自动”。

2.NOW（ ）函数

功能：返回当前日期和时间的序列号。

语法：

NOW（ ）

NOW函数没有参数

示例：返回当前系统时间，如图4-60所示。

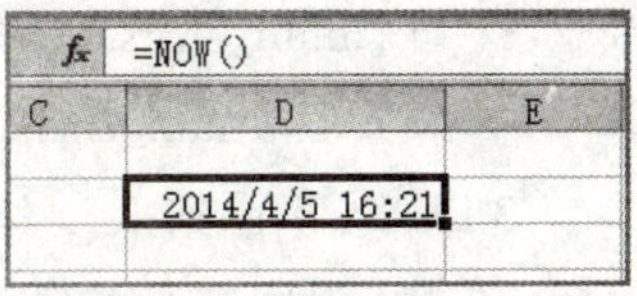

图4-60　显示当前系统时间

（三）文本处理函数

1.LEFT（ ）函数

功能：根据所指定的字符数，返回文本字符串中第一个字符或前几个字符。

语法：

LEFT（text, [num_chars]）

参数：

text必需。包含要提取的字符的文本字符串。

num_chars可选。指定要由LEFT提取的字符的数量。

说明：

✧ num_chars必须大于或等于零。

✧ 如果num_chars大于文本长度，则LEFT返回全部文本。

✧ 如果省略num_chars，则假设其值为1。

示例：从学号中提取学生的入学时间，如图4-61所示。

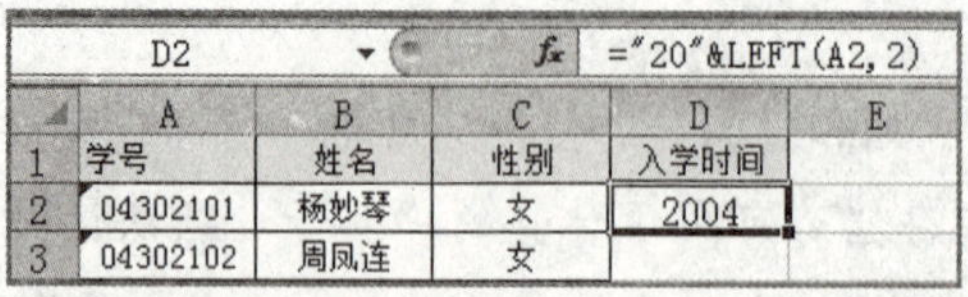

	A	B	C	D	E
1	学号	姓名	性别	入学时间	
2	04302101	杨妙琴	女	2004	
3	04302102	周凤连	女		

D2 =″20″&LEFT(A2,2)

图4-61 计算入学时间

2.RIGHT（）函数

功能：根据所指定的字符数返回文本字符串中最后一个或多个字符。

语法：

RIGHT（text,[num_chars]）

参数：

text必需。包含要提取字符的文本字符串。

num_chars可选。指定要由RIGHT提取的字符的数量。

说明：

✧ num_chars必须大于或等于零。

✧ 如果num_chars大于文本长度，则RIGHT返回所有文本。

✧ 如果省略num_chars，则假设其值为1。

3.LEN（）函数

功能：返回文本字符串中的字符数。

语法：

LEN（text）

参数：

text必需。要查找其文本的长度。空格将作为字符进行计数。

示例：查看输入的身份证位数，如图4-62所示。

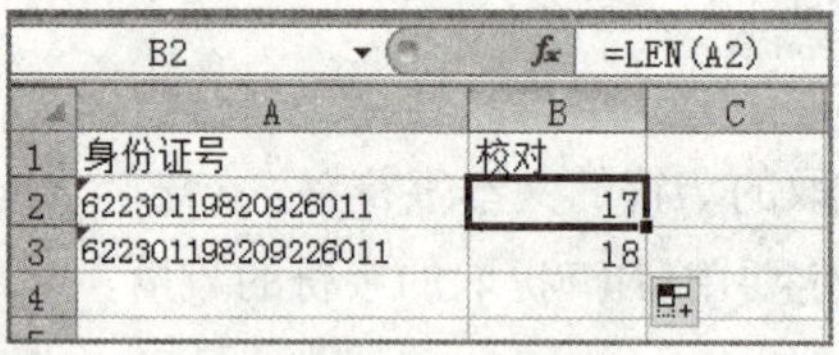

	A	B	C
1	身份证号	校对	
2	62230119820926011	17	
3	622301198209226011	18	
4			

B2 =LEN(A2)

图4-62 LEN函数使用

4.MID函数

功能：返回文本字符串中从指定位置开始的特定数目的字符。

语法：

MID（text, start_num, num_chars）

参数：

text必需。包含要提取字符的文本字符串。

start_num必需。文本中要提取的第一个字符的位置。文本中第一个字符的start_num为1，依此类推。

num_chars必需。指定希望MID从文本中返回字符的个数。

说明：

✧ 如果start_num大于文本长度，则MID返回空文本（""）。

✧ 如果start_num小于文本长度，但start_num加上num_chars超过了文本的长度，则MID只返回至多直到文本末尾的字符。

✧ 如果start_num小于1，则MID返回错误值#VALUE!。

✧ 如果num_chars是负数，则MID返回错误值#VALUE!。

示例：从身份证号中提取出生年月，如图4-63所示。

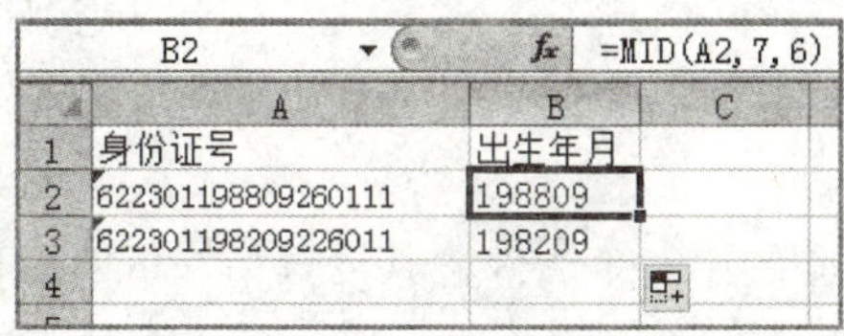

图4-63 提取出生年月

（四）逻辑函数

1.IF（）函数

功能：如果指定条件的计算结果为TRUE，IF函数将返回某个值；如果该条件的计算结果为FALSE，则返回另一个值。

语法：

IF（logical_test, [value_if_true], [value_if_false]）

参数：

logical_test必需。计算结果可能为TRUE或FALSE的任意值或表达式。

value_if_true可选。logical_test参数的计算结果为TRUE时所要返回的值。

value_if_false可选。logical_test参数的计算结果为FALSE时所要返回的值。

说明：

✧ 如果logical_test参数的计算结果为TRUE，并且省略value_if_true参数（即logical_test参数后仅跟一个逗号），IF函数将返回0（零）。若要显示单词TRUE，请对value_if_true参数使用逻辑值TRUE。

✧ 如果logical_test参数的计算结果为FALSE，并且省略value_if_false参数（即value_if_true参数后没有逗号），则IF函数返回逻辑值FALSE。

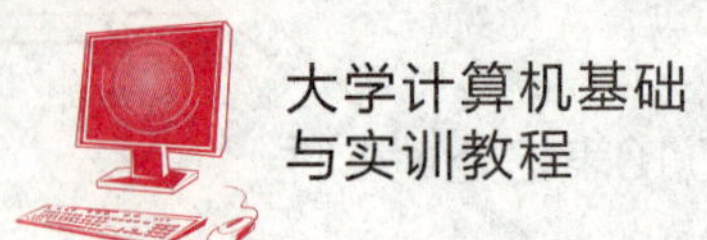

✧ 最多可以使用64个IF函数作为value_if_true和value_if_false参数进行嵌套。

✧ 如果IF的任意参数为数组，则在执行IF语句时，将计算数组的每一个元素。

示例：判断输入的身份证号位数是否正确，如图4-64所示。

B3 fx =IF(LEN(A3)=15,"正确",IF(LEN(A3)=18,"正确","错误"))

	A	B	C	D	E
1	身份证号	校对			
2	62230119880926017	错误			
3	622301198209226011	正确			
4	62232319850701	错误			

图4-64 使用IF函数判断身份证位数是否正确

2.AND（）函数

功能：所有参数的计算结果为TRUE时，返回TRUE；只要有一个参数的计算结果为FALSE，即返回FALSE。

语法：

AND（logical1, [logical2], ...）

参数：

logical1必需。要检验的第一个条件，其计算结果可以为TRUE或FALSE。

logical2, ...可选。要检验的其他条件，其计算结果可以为TRUE或FALSE，最多可包含255个条件。

说明：

✧ 参数的计算结果必须是逻辑值（如TRUE或FALSE），或者参数必须是包含逻辑值的数组或引用。

✧ 如果数组或引用参数中包含文本或空白单元格，则这些值将被忽略。

✧ 如果指定的单元格区域未包含逻辑值，则AND函数将返回错误值#VALUE!。

3.OR（）函数

功能：在其参数组中，任何一个参数逻辑值为TRUE，即返回TRUE；所有参数的逻辑值为FALSE时，返回FALSE。

语法：

OR（logical1, [logical2], ...）

参数：

logical1必需。要检验的第一个条件，其计算结果可以为TRUE或FALSE。

logical2, ...可选。要检验的其他条件，其计算结果可以为TRUE或FALSE，最多可包含255个条件。

说明：

✧ 参数的计算结果必须是逻辑值（如TRUE或FALSE），或者参数必须是包含逻辑值的数组或引用。

✧ 如果数组或引用参数中包含文本或空白单元格，则这些值将被忽略。

✧ 如果指定的单元格区域未包含逻辑值，则AND函数将返回错误值#VALUE!。

（五）统计函数

1.AVERAGE（ ）函数

功能：返回参数的算术平均值。

语法：

AVERAGE（number1, [number2], ...）

参数：

number1必需。要计算平均值的第一个数字、单元格引用或单元格区域。

number2, ...可选。要计算平均值的其他数字、单元格引用或单元格区域，最多可包含255个。

说明：

✧ 参数可以是数字或者是包含数字的名称、单元格区域或单元格引用。

✧ 逻辑值和直接键入到参数列表中代表数字的文本被计算在内。

✧ 如果区域或单元格引用参数包含文本、逻辑值或空单元格，则这些值将被忽略；但包含零值的单元格将被计算在内。

✧ 如果参数为错误值或为不能转换为数字的文本，将会导致错误。

示例：计算学生各科考试平均成绩，如图4-65所示。

H6 =AVERAGE(D6:G6)

	A	B	C	D	E	F	G	H
1	学号	姓名	性别	大学英语	高等数学	计算机应用	应用文写作	平均分
2	04302101	杨妙琴	女	70	73	91.9	65	74.975
3	04302102	周凤连	女	60	66	86	42	63.5
4	04302103	白庆辉	男	46	79	72.6	71	67.15
5	04302104	张小静	女	75	95	75.1	99	86.025
6	04302105	郑敏	女	78	98	78.5	88	85.625
7	04302106	文丽芬	女	93	43	81.2	69	71.55

图4-65 计算平均分

2.MAX（ ）函数

功能：返回一组值中的最大值。

语法：

MAX（number1, [number2], ...）

参数：

number1，[number2]，...，其中number1是必需的，后续数值是可选的。最多可以包含255个数字参数。

说明：

✧ 参数可以是数字或者是包含数字的名称、数组或引用。

✧ 逻辑值和直接键入到参数列表中代表数字的文本被计算在内。

✧ 如果参数为数组或引用，则只使用该数组或引用中的数字。数组或引用中的空白单元格、逻辑值或文本将被忽略。

✧ 如果参数不包含数字，函数MAX返回0（零）。

✧ 如果参数为错误值或为不能转换为数字的文本，将会导致错误。

3.COUNT（ ）函数

功能：COUNT函数计算包含数字的单元格以及参数列表中数字的个数。使用函数COUNT可以获取区域或数字数组中数字字段的输入项的个数。

语法：

COUNT（value1, [value2], ...）

参数：

value1必需。要计算其中数字的个数的第一个项、单元格引用或区域。

value2, ...可选。要计算其中数字的个数的其他项、单元格引用或区域，最多可包含255个。

说明：

✧ 这些参数可以包含或引用各种类型的数据，但只有数字类型的数据才被计算在内。

✧ 逻辑值和直接键入到参数列表中代表数字的文本被计算在内。

✧ 如果参数为错误值或不能转换为数字的文本，则不会被计算在内。

✧ 如果参数为数组或引用，则只计算数组或引用中数字的个数。不会计算数组或引用中的空单元格、逻辑值、文本或错误值。

示例：统计“大学英语”实际参加考试人数，如图4-66所示。

fx =COUNT(D2:D38)

L	M	N	O	P
统计表				
	大学英语	高等数学	计算机应用	应用文写作
最高分				
最低分				
实考人数	35			
应考人数				
缺考人数				
平均成绩				

图4-66 使用COUNT函数统计实考人数

4.COUNTA（ ）函数

功能：COUNTA函数计算区域中不为空的单元格的个数。

语法：

COUNTA(value1, [value2], ...)

参数：

value1必需。表示要计数的值的第一个参数。

value2, ...可选。表示要计数的值的其他参数，最多可包含255个参数。

说明：

✧ COUNTA函数可对包含任何类型信息的单元格进行计数，这些信息包括错误值和空文本("")。例如，如果区域包含一个返回空字符串的公式，则COUNTA函数会将该值计算在内。

✧ COUNTA函数不会对空单元格进行计数。

示例：统计“大学英语”应考人数，如图4-67所示。

fx =COUNTA(D2:D38)

L	M	N	O	P
统计表				
	大学英语	高等数学	计算机应用	应用文写作
最高分				
最低分				
实考人数	35			
应考人数	37			
缺考人数				
平均成绩				

图4-67 使用COUNTA函数统计应考人数

5.RANK.EQ（ ）函数

功能：返回一个数字在数字列表中的排位。其大小与列表中的其他值相关。如果多个值具有相同的排位，则返回该组数值的最高排位。

语法：

RANK.EQ（number,ref,[order]）

参数：

number必需。需要找到排位的数字。

ref必需。数字列表数组或对数字列表的引用。ref中的非数值型值将被忽略。

order可选。1个数字，指明数字排位的方式。

说明：

✧ 如果order为0（零）或省略，则对数字按照降序排列。

✧ 如果order不为零，则对数字按照升序排列。

✧ 函数RANK.EQ对重复数的排位相同。但重复数的存在将影响后续数值的排位。例如，在一列按升序排列的整数中，如果数字10出现两次，其排位为5，则11的排位为7（没有排位为6的数值）。

示例：计算学生总成绩排名，如图4-68所示。

I7 =RANK.EQ(H7,$H$2:$H$38,)

	A	B	C	D	E	F	G	H	I
1	学号	姓名	性别	大学英语	高等数学	计算机应用	应用文写作	总分	名次
2	04302101	杨妙琴	女	70	73	91.9	65	299.9	12
3	04302102	周凤连	女	60	66	86	42	254	32
4	04302103	白庆辉	男	46	79	72.6	71	268.6	26
5	04302104	张小静	女	75	95	75.1	99	344.1	1
6	04302105	郑敏	女	78	98	78.5	88	342.5	2
7	04302106	文丽芬	女	93	43	81.2	69	286.2	17
8	04302107	赵文静	女	96	31	84.5	65	276.5	22

图4-68　学生总成绩排名

项目四　数据管理

数据排序

视频来源：优酷网

一　数据排序

数据排序是指按照一定的规则对数据列表中的数据进行排序，排序为数据的进一步处理提供了方便，同时也能够有效地帮助用户对数据进行分析。

（一）单列排序

Excel 2010中的数据排序方式有多种，可以按照升序或降序进行排列，也可以按照数据大小或字母的先后顺序进行排序。下面以“汇总成绩表”按“总分”降序排序为列，具体操作如下：

1.单击工作表中的H列中任意一个单元格。

2.切换到“数据”选项卡，在“排序和筛选”组中单击“降序”按钮，所有数据将按总分由高到低的顺序进行排列，如图4-69所示。

	A	B	C	D	E	F	G	H
1	学号	姓名	性别	大学英语	高等数学	计算机应用	应用文写作	总分
2	04302101	杨妙琴	女	70	73	91.9	65	299.9
3	04302102	周凤连	女	60	66	86	42	254
4	04302103	白庆辉	男	46	79	72.6	71	268.6
5	04302104	张晓静	女	75	95	75.1	99	344.1
6	04302105	郑敏	女	78	98	78.5	88	342.5
7	04302106	文丽芬	女	93	43	81.2	69	286.2
8	04302107	赵文静	女	96	31	84.5	65	276.5

→

	A	B	C	D	E	F	G	H
1	学号	姓名	性别	大学英语	高等数学	计算机应用	应用文写作	总分
2	04302104	张晓静	女	75	95	75.1	99	344.1
3	04302105	郑敏	女	78	98	78.5	88	342.5
4	04302101	杨妙琴	女	70	73	91.9	65	299.9
5	04302106	文丽芬	女	93	43	81.2	69	286.2
6	04302107	赵文静	女	96	31	84.5	65	276.5
7	04302103	白庆辉	男	46	79	72.6	71	268.6
8	04302102	周凤连	女	60	66	86	42	254

图4-69　数据降序排列

（二）按行排序

按行排序是指对选定的数据按其中的一行作为排序关键字进行排序的方法。具体操作步骤如下：

1.打开要进行按行排序的工作表，单击数据区域中的任意一个单元格，然后切换到功能区中的“数据”选项卡，在“排序和筛选”组中单击“排序”按钮，打开“排序”对话框，如图4–70所示。

2.单击“选项”按钮，打开“排序选项”对话框，在“方向”选项组选中“按行排序”单选按钮，单击“确定”按钮。

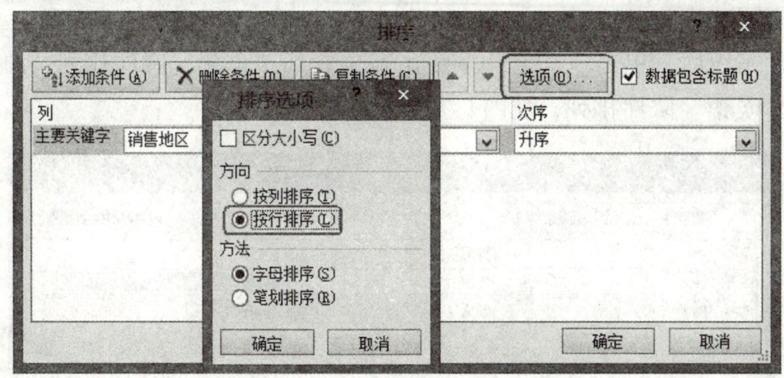

图4–70 “排序选项”对话框

3.返回“排序”对话框，单击“主要关键字”列表框右侧的下拉箭头，在弹出的下拉列表中选择作为排序关键字的选项，如“行2”，在“次序”下拉列表中选择“升序”或“降序”选项，然后单击“确定”按钮。如图4–71所示。

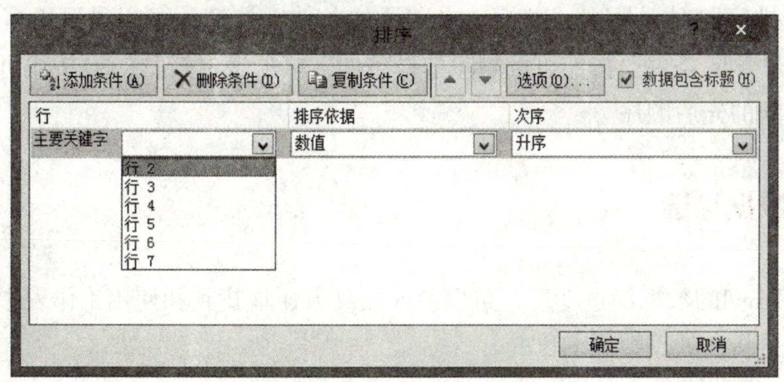

图4–71 指定按行排序

（三）多列排序

单列排序时，是使用工作表中的某列作为排序条件的，如果该列中具有相同的数据，此时就需要使用多列进行排序。下面以“汇总成绩表”的“总分”降序排

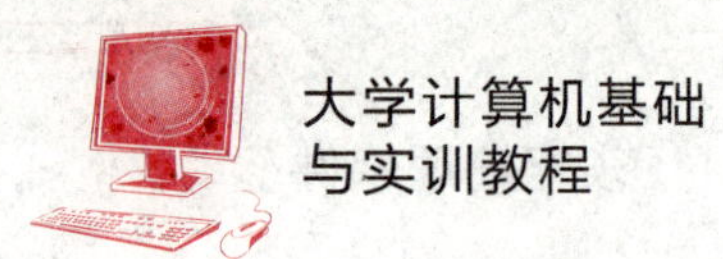

列，总分相同的按“大学英语”降序排序为例，分别按对关键字复杂排序的方法进行操作。

1.单击数据区域中的任意一个单元格，然后切换到功能区中的“数据”选项卡，在“排序和筛选”组中单击“排序”按钮。

2.打开“排序”对话框，在“主要关键字”下拉列表框中选择排序的首要条件。例如“总分”，并将“排序依据”设置为“数值”，将“次序”设置为“降序”。

3.单击“添加条件”按钮，在“排序”对话框中添加次要条件，将“次要关键字”设置为“大学英语”，并将“排序依据”设置为“数值”，将“次序”设置为“降序”。

4.设置完毕后，单击“确定”按钮，即可看到“总分”降序排列，总分相同时再按“大学英语”降序排列，如图4-72所示。

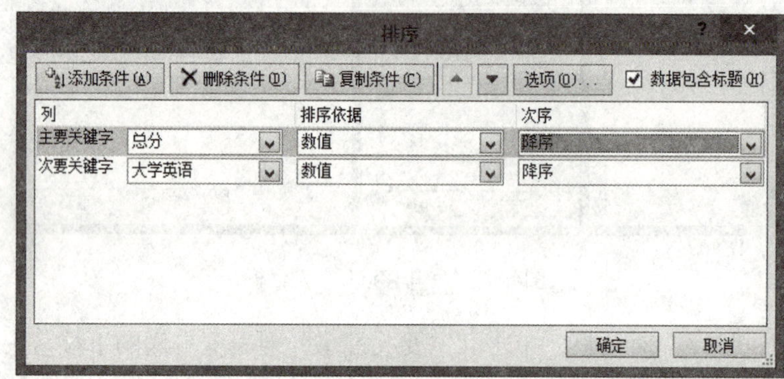

图4-72　多列数据排序

在“排序”对话框中，继续单击“添加条件”按钮，可以设置更多的排序条件；单击“删除条件”按钮可以删除选择条件；单击▲按钮或▼按钮可以调整多个条件之间的先后顺序。

二 数据筛选

使用Excel的数据筛选功能，可以快速而又方便地找到和使用工作表中的数据，达到快速分析和处理数据的目的。

（一）自动筛选

自动筛选就是按照设置的条件对工作表中的数据进行筛选，用于筛选简单的数据。一般情况下，在数据列表的列中含有很多相同值，自动筛选将能够帮助用户在具有大量数据记录的数据列表中快速查找符合条件的记录。以“汇总成绩表”中筛选性别为“女”的同学的各科成绩为例。具体操作如下：

1.数据区域的任意一个单元格，切换到功能区中的“数据”选项卡，在“排序和筛选”组中单击“筛选”按钮，在表格中的每个标题右侧将显示一个向下箭头。

2.单击“类别”右侧的向下箭头，在弹出的下拉菜单中，要想仅选择“女”，可以单击“全选”复选框取消选择，然后选择“女”复选框。

3.单击“确定”按钮即可显示符合条件的数据，如图4-73所示。

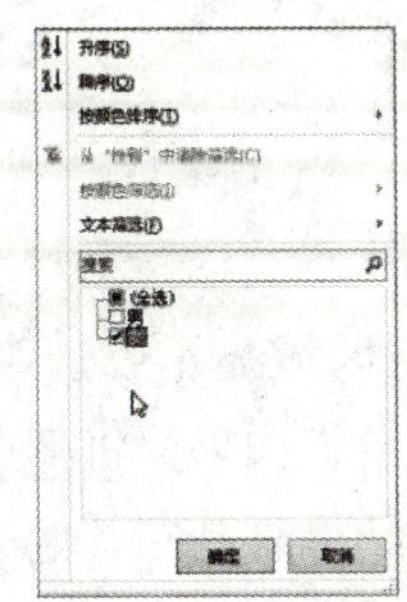

	A	B	C	D	E	F	G	H	I
1	学号	姓名	性别	大学英	高等数	计算机应	应用文写	总分	名次
2	04302101	杨妙琴	女	70	73	91.9	65	299.9	
3	04302102	周凤连	女	60	66	86	42	254	
5	04302104	张小静	女	75	95	75.1	99	344.1	
6	04302105	郑敏	女	78	98	78.5	88	342.5	
7	04302106	文丽芬	女	93	43	81.2	69	286.2	
8	04302107	赵文静	女	96	31	84.5	65	276.5	
11	04302110	曾美玲	女	缺考	35	90.9	67	192.9	
12	04302111	王艳平	女	47	79	98.7	98	322.7	
14	04302113	黄小惠	女	76	85	78.4	81	320.4	
15	04302114	黄斯华	女	94	94	61	47	296	

图4-73 显示符合条件的数据

如果要取消对某一列进行的筛选，可以单击该列旁边的向下箭头，从下拉菜单内选中“全选”复选框，然后单击“确定”按钮。

如果要退出自动筛选，可以再次单击“数据”选项卡的“排序和筛选”组中的“筛选”按钮。

（二）高级筛选

在进行工作表筛选时，如果需要筛选的字段比较多，并且筛选的条件比较复杂，此时可以使用高级筛选。使用高级筛选时需要先在编辑区输入筛选条件再进行高级筛选，从而显示出符合条件的数据行。

1.建立条件区域

在使用高级筛选之前，用户需要建立一个条件区域，用来指定筛选的数据必须满足的条件。在条件区域的首行中包含的字段名必须与数据清单上面的字段名一样，但条件区域内不必包含数据清单中所有的字段名。条件区域的字段名下面至少有一行用来定义搜索条件。

如果用户需要查找含有相似的文本记录，可使用通配符“*”和“？”。

2.使用高级筛选查找数据

建立条件区域后，就可以使用高级筛选来筛选记录。具体操作步骤如下：

（1）选定数据清单中的任意一个单元格，然后切换到功能区中的“数据”选项卡中，在“排序和筛选”组中单击“高级”按钮，出现“高级筛选”对话框，如图4-74所示。

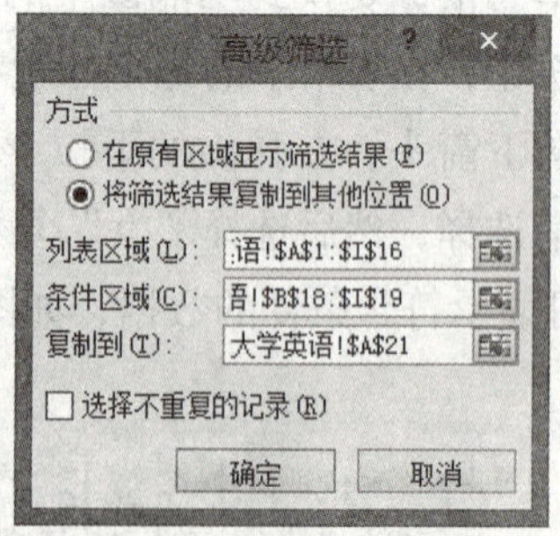

图4-74 “高级筛选”对话框

（2）在“方式”选项组下，如果选中“在原有区域显示筛选结果”单选按钮，则在工作表的数据清单中只能看到满足条件的记录；如果要将筛选的结果放到其他的位置，而不扰乱原来的数据，则选中“将筛选结果复制到其他位置”单选按钮，并在“复制到”框中指定筛选后的副本放置的起始单元格。

（3）在“列表区域”框中指定要筛选的区域。在“条件区域”框中指定条件区域。

（4）单击“确定”按钮。筛选出符合条件的记录。本例筛选出性别为“女”的同学的各科成绩，如图4-75所示。

18		姓名	性别	大学英语	高等数学	计算机应用	应用文写作	总分	名次
19			女						
20									
21	学号	姓名	性别	大学英语	高等数学	计算机应用	应用文写作	总分	名次
22	04302101	杨妙琴	女	70	73	91.9	65	299.9	
23	04302102	周凤连	女	60	66	86	42	254	
24	04302104	张小静	女	75	95	75.1	99	344.1	
25	04302105	郑敏	女	78	98	78.5	88	342.5	
26	04302106	文丽芬	女	93	43	81.2	69	286.2	
27	04302107	赵文静	女	96	31	84.5	65	276.5	
28	04302110	曾美玲	女	缺考	35	90.9	67	192.9	
29	04302111	王艳平	女	47	79	98.7	98	322.7	
30	04302113	黄小惠	女	76	85	78.4	81	320.4	
31	04302114	黄斯华	女	94	94	61	47	296	

图4-75 筛选结果

3.筛选满足“与”条件的数据

当使用高级筛选时，可以在条件区域的同一行中输入多个条件，条件与条件之间是“与”的关系，为了使一个记录能够匹配该多重条件，全部的条件都必须被满足。如图4-76所示就是一个条件“与”的筛选。

筛选条件

学号	姓名	性别	大学英语	高等数学	计算机应用	应用文写作	总分	名次
		女					>300	

筛选结果

学号	姓名	性别	大学英语	高等数学	计算机应用	应用文写作	总分	名次
04302104	张小静	女	75	95	75.1	99	344.1	
04302105	郑敏	女	78	98	78.5	88	342.5	
04302111	王艳平	女	47	79	98.7	98	322.7	
04302113	黄小惠	女	76	85	78.4	81	320.4	

图4-76　筛选性别为“女”，并且总分“>300”分的记录

4.筛选满足“或”条件的数据

如果要建立“或”关系的条件区域，则将条件放在不同的行中，这时，一个记录只要满足条件之一，即可显示出来。如图4-77所示就是一个条件“或”的筛选结果。

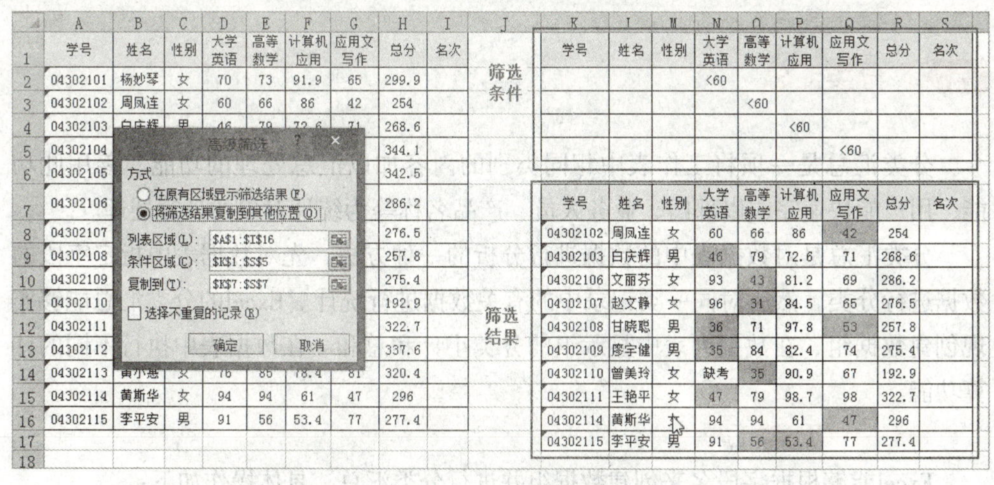

筛选条件

学号	姓名	性别	大学英语	高等数学	计算机应用	应用文写作	总分	名次
			<60					
				<60				
					<60			
						<60		

筛选结果

学号	姓名	性别	大学英语	高等数学	计算机应用	应用文写作	总分	名次
04302102	周凤连	女	60	66	86	42	254	
04302103	白庆辉	男	46	79	72.6	71	268.6	
04302106	文丽芬	女	93	43	81.2	69	286.2	
04302107	赵文静	女	96	31	84.5	65	276.5	
04302108	甘晓聪	男	36	71	97.8	53	257.8	
04302109	廖宇健	男	35	84	82.4	74	275.4	
04302110	曾美玲	女	缺考	35	90.9	67	192.9	
04302111	王艳平	女	47	79	98.7	98	322.7	
04302114	黄斯华	女	94	94	61	47	296	
04302115	李平安	男	91	56	53.4	77	277.4	

图4-77　筛选各科成绩不合格的学生名单

（三）自定义筛选

自定义筛选在筛选数据时允许用户为筛选设定条件，可以进行比较复杂的筛选问题，从而使操作具有更大的灵活性。以从“汇总成绩表”中筛选出“总分”在250~300分之间的记录，可以按照下述步骤进行操作：

1.单击包含要筛选的数据列中的向下箭头（例如，单击“总分”右侧的向下箭

头），从下拉菜单中选择“数字筛选”级联菜单中的“介于”选项，出现“自定义自动筛选方式”对话框。

2.在“大于或等于”右侧的文本框中输入250。如果要定义两个筛选条件，并且要同时满足，则选中“与”单选按钮；如果只需满足两个条件中的任意一个，则选中“或”单选按钮。本例中，选中“与”单选按钮。

3.在“小于或等于”右侧的文本框中输入300。单击“确定”按钮，即可显示符合条件的记录，如图4-78所示。

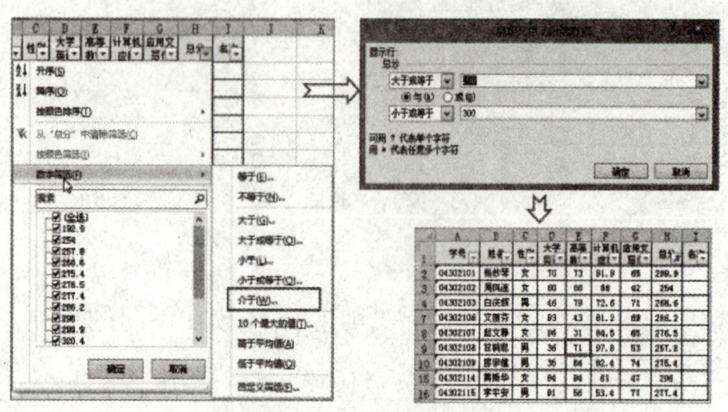

图4-78 自定义筛选

分类汇总
视频来源：优酷网

三 分类汇总

分类汇总是一项将工作表中相同类别的内容加以汇总处理的功能。善用此功能，用户能快速完成以部门、业务人员、产品名称等为统计对象的计算处理。

分类汇总是对数据表中的数据进行分析的一种方法，先对数据表中指定字段的数据进行分类，然后对同一类记录中的有关数据进行统计。Excel的分类汇总能够实现创建数据组、在数据列表中显示组的分类小计和总和、在数据表中执行不同的计算功能。

（一）创建分类汇总

Excel能够根据字段名来创建数据组并进行分类汇总。具体操作如下：

1.打开需要创建分类汇总的工作表，并对需要分类汇总的字段进行排序。例如，对“销售地区”进行降序排序。

2.选定数据清单中的任意一个单元格，切换到功能区中的“数据”选项卡，在“分级显示”组中单击“分类汇总”按钮，出现“分类汇总”对话框，如图4-79所示。

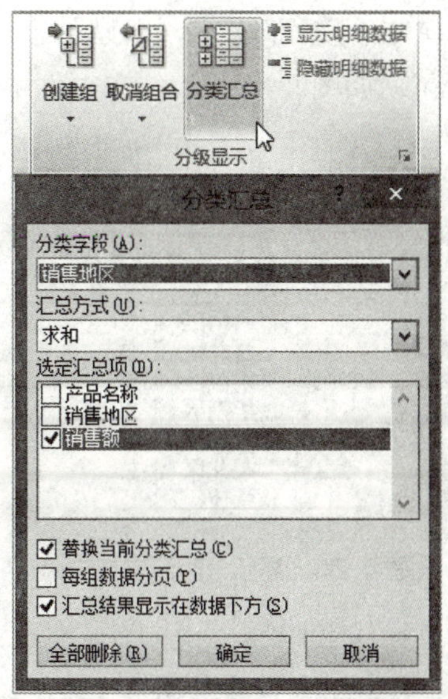

图4-79　“分类汇总”对话框

3.在“分类字段”列表框中，选择步骤1中进行排序的字段，如“销售地区”。在“汇总方式”列表框中，选择汇总计算方式，如选择“求和”。在“选定汇总项”列表框中，选择想计算的列，如选择“销售额”。

4.单击“确定”按钮即可得到分类汇总结果，如图4-80所示。

	A	B	C
1	利达公司建筑材料销售统计（万元）		
2	产品名称	销售地区	销售额
3	塑料	西南区	6854
4	水泥	西南区	8123
5	木材	西南区	2258
6	搅拌机	西南区	5847
7	钢材	西南区	8864
8		**西南区 汇总**	31946
9	塑料	西北区	2340
10	水泥	西北区	4680
11	木材	西北区	2586
12	搅拌机	西北区	8648
13	钢材	西北区	6875
14		**西北区 汇总**	25129
15	塑料	华中区	5828
16	水泥	华中区	6523
17	木材	华中区	4835
18	搅拌机	华中区	6234
19	钢材	华中区	7880
20		**华中区 汇总**	31300
21	塑料	华南区	5286
22	水泥	华南区	5432
23	木材	华南区	3642
24	搅拌机	华南区	9841
25	钢材	华南区	6356

图4-80　分类汇总结果

5.在分级显示视图中，单击行级符号1，仅显示总和与列标志；单击行级符号2，仅显示分类汇总与总和，如图4-81所示。在本例中，单击行级符号3，会显示所有的明细数据。

	A	B	C
1	利达公司建筑材料销售统计（万元）		
2	产品名称	销售地区	销售额
8		西南区 汇总	31946
14		西北区 汇总	25129
20		华中区 汇总	31300
26		华南区 汇总	30557
32		华北区 汇总	29230
38		东北区 汇总	31937
39		总计	180099

图4-81　显示分类汇总与总和

6.单击“隐藏明细数据”按钮-，表示将当前级的下一级明细数据隐藏起来；单击“显示明细数据”按钮+，表示将当前级的下一级明细数据显示出来，如图4-82所示。

	A	B	C
1	利达公司建筑材料销售统计（万元）		
2	产品名称	销售地区	销售额
8		西南区 汇总	31946
14		西北区 汇总	25129
15	塑料	华中区	5828
16	水泥	华中区	6523
17	木材	华中区	4835
18	搅拌机	华中区	6234
19	钢材	华中区	7880
20		华中区 汇总	31300
26		华南区 汇总	30557
32		华北区 汇总	29230
38		东北区 汇总	31937
39		总计	180099

图4-82　显示分级明细数据

（二）嵌套分类汇总

对一个字段的数据进行分类汇总后，再对该数据表的另一个字段进行分类汇总，即构成了分类汇总的嵌套。在创建嵌套分类汇总前，需要对多次汇总的分类字段排序，由于排序字段不止一个，因此属于多列排序。下面以“地区”和“城市”为分类字段进行嵌套分类汇总，具体操作如下：

1.切换到“数据”选项卡，在“排序和筛选”组中单击“排序”按钮，打开“排序”话框。将“主要关键字”设置为“地区”，将其“次序”设置为“升序”。单击“添加条件”按钮，将添加的“次要关键字”设置为“城市”，将其“次序”设置为“升序”，如图4-83所示。

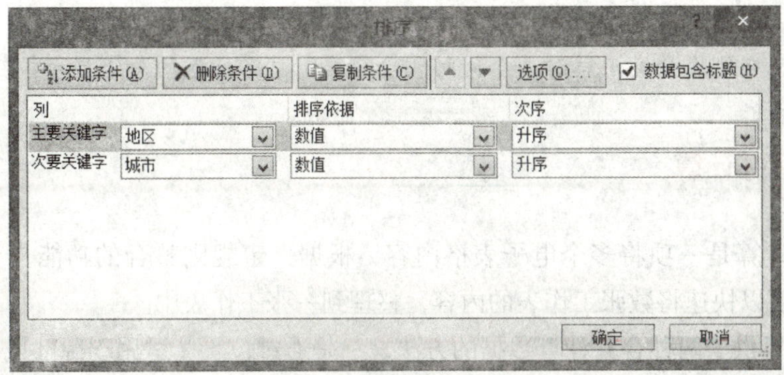

图4-83　“排序”对话框

2.设置好后单击“确定”按钮，返回到工作表中。切换到“数据”选项卡，在“分级显示”组中单击“分类汇总”按钮，打开“分类汇总”对话框。在“分类字段”下拉列表中选择“地区”选项，在“汇总方式”下拉列表中选择“求和”选项，在“选定汇总项”列表框内选中“订货金额”复选框。单击“确定”按钮，进行第一次汇总结果，如图4-84所示。

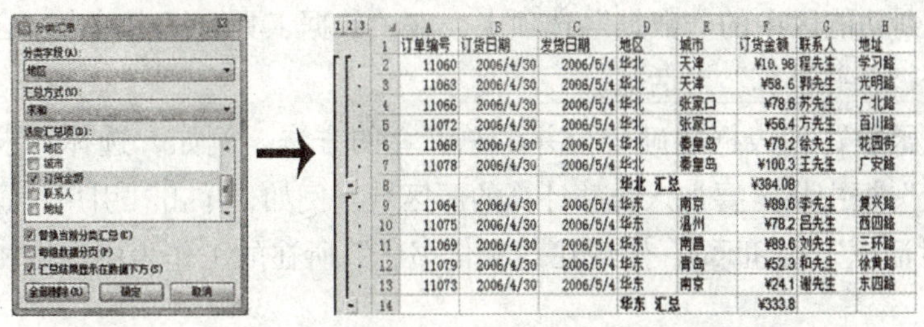

	A	B	C	D	E	F	G	H
1	订单编号	订货日期	发货日期	地区	城市	订货金额	联系人	地址
2	11060	2006/4/30	2006/5/4	华北	天津	¥10.98	程先生	学习路
3	11063	2006/4/30	2006/5/4	华北	天津	¥58.6	郭先生	光明路
4	11066	2006/4/30	2006/5/4	华北	张家口	¥78.6	苏先生	广北路
5	11072	2006/4/30	2006/5/4	华北	张家口	¥56.4	方先生	百川路
6	11068	2006/4/30	2006/5/4	华北	秦皇岛	¥79.2	徐先生	花园街
7	11078	2006/4/30	2006/5/4	华北	秦皇岛	¥100.3	王先生	广安路
8				华北 汇总		¥384.08		
9	11064	2006/4/30	2006/5/4	华东	南京	¥89.6	李先生	复兴路
10	11075	2006/4/30	2006/5/4	华东	温州	¥78.2	吕先生	西四路
11	11069	2006/4/30	2006/5/4	华东	南昌	¥89.6	刘先生	三环路
12	11079	2006/4/30	2006/5/4	华东	青岛	¥52.3	和先生	徐黄路
13	11073	2006/4/30	2006/5/4	华东	南京	¥24.1	谢先生	东四路
14				华东 汇总		¥333.8		

图4-84　第一次分类汇总结果

3.切换到“数据”选项卡，在“分级显示”组中单击“分类汇总”按钮，再次打开“分类汇总”对话框，在“分类字段”下拉列表中选择“城市”选项，在“汇总方式”下拉列表中选择“求和”选项，在“选定汇总项”列表框内选中“订货金额”复选框，撤选“替换当前分类汇总”复选框。

4.单击“确定”按钮进行第二次汇总，如图4-85所示。

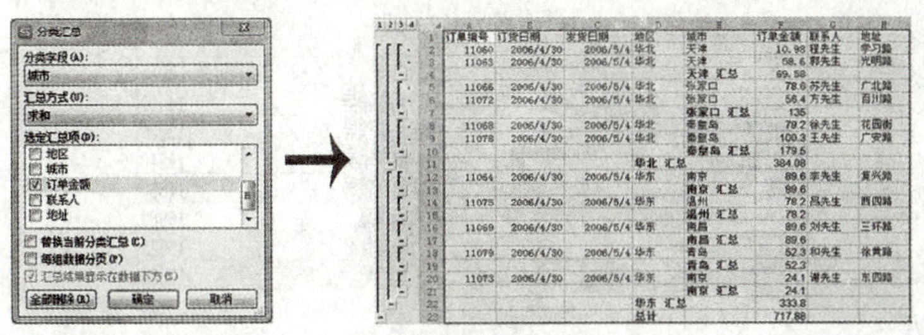

图4-85　第二次分类汇总结果

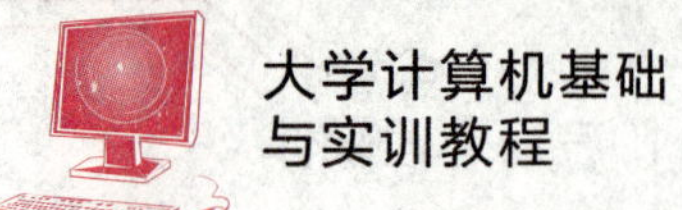

小技巧：如果要删除分类汇总，可以在“分类汇总”对话框中单击“全部删除”按钮。在删除分类汇总时，会同时删除分类汇总时插入的分级显示按钮。

四 合并计算

合并计算是一项将多个电子表格内容，根据一定规则整合的功能。善用此功能，用户可以快速将数张工作表的内容，整理到一张工作表中。

Excel提供了两种合并计算数据的方法，一是通过位置（适用于源区域有相同位置的数据汇总），二是通过分类（适用于源区域没有相同布局的数据汇总）。

（一）通过位置合并计算数据

如果所有源区域中的数据按同样的顺序和位置排列，则可以通过位置进行合并计算。例如，如果用户的数据来自同一模板创建的一系列工作表，则通过位置合并计算数据，以将三个书店各类图书销量合并在一个表中为例，具体操作如下：

1.单击合并计算数据目标区域左上角的单元格。例如，单击“汇总”工作表标签，并选定单元格A1。

2.切换到功能区中的“数据”选项卡，在“数据工具”组中单击“合并计算”按钮，打开“合并计算”对话框。

3.在“函数”列表框中确定合并汇总计算的方法。例如，选择“求和”。在“引用位置”框中指定要加入合并计算的源区域。例如，单击“引用位置”框右侧的“折叠对话框”按钮，然后在“文化书店”所在的工作表中选定相应的单元格区域。

4.再次单击“引用位置”框右侧的“展开对话框”按钮，返回到“合并计算”对话框，可以看到单元格引用出现在“引用位置”框中。单击“添加”按钮，将在“所有引用位置”框中增加一个区域。

5.重复步骤3~4的操作，直到将要合并计算的区域添加到“所有引用位置”列表框内。

6.单击“确定”按钮。将三个工作表的数据合并到一个工作表中，如图4-86所示。

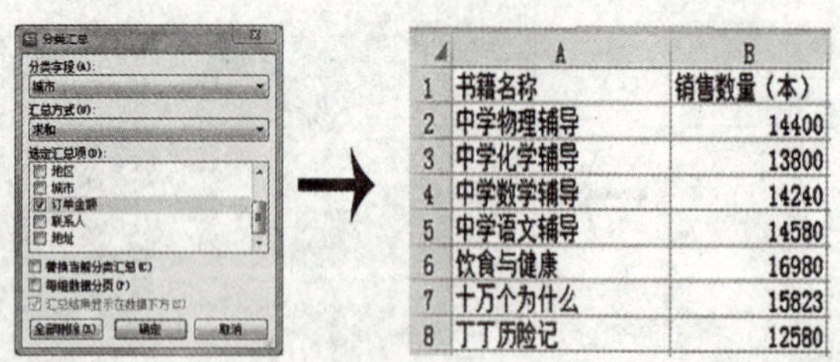

	A	B
1	书籍名称	销售数量（本）
2	中学物理辅导	14400
3	中学化学辅导	13800
4	中学数学辅导	14240
5	中学语文辅导	14580
6	饮食与健康	16980
7	十万个为什么	15823
8	丁丁历险记	12580

图4-86 合并计算

（二）通过分类合并计算

当数据区域包含相似的数据，却以不同方式排列时，可以通过分类来合并计算数据。例如，以计算各类人员考试平均成绩为例，具体操作步骤如下：

1.单击合并计算数据目标区域左上角的单元格，切换到功能区中的“数据”选项卡，单击“数据工具”组中的“合并计算”按钮。

2.打开“合并计算”对话框，在“函数”下拉列表框中选择“平均值”函数。

3.在“引用位置”框中，选定或输入需要进行合并计算的源区域。在“标签位置”选项组中，选中指示标签在源区域中位置的复选框，例如，选中“首行”和“最左列”复选框。

4.单击“确定”按钮。如图4-87所示为按分类进行合并计算的结果。

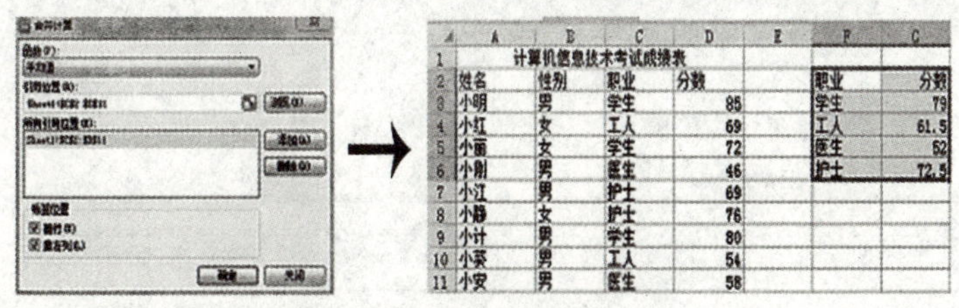

图4-87 按照分类合并计算

五 数据透视表

数据透视表是Excel用于分析、整理原始数据的利器。只要几次简单地操作，就能够将庞大的记录整理得井井有条。

（一）创建数据透视表

数据透视表实际上是一种交互式表格，能够方便地对大量数据进行快速汇总，并建立交叉列表。创建数据透视表的具体操作步骤如下：

数据透视表

视频来源：优酷网

1.选择数据区域中的任意一个单元格，切换到功能区中的“插入”选项卡，在“表”组中单击“数据透视表”按钮，在弹出的菜单中选择“数据透视表”命令。

2.打开“创建数据透视表”对话框，选中“选择一个表或区域”单选按钮，并且在“表/区域”文本框中自动填入光标所在单元格所属的数据区域。在“选择放置数据透视表的位置”选项组内选中“新工作表”单选按钮，如图4-88所示。

3.单击“确定”按钮，即可进入如图4-89所示的数据透视表设计环境。

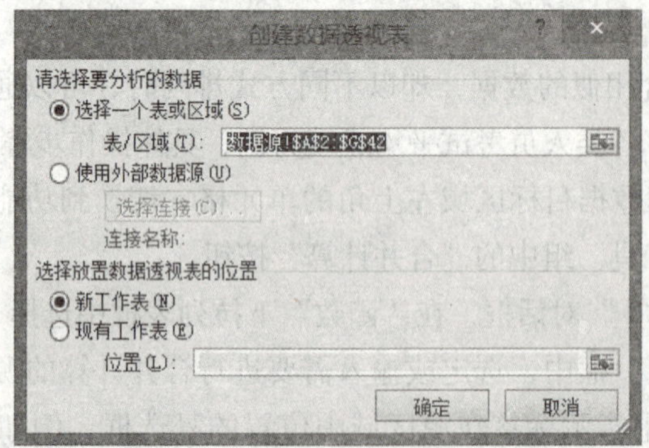

图4-88 “创建数据透视表”对话框

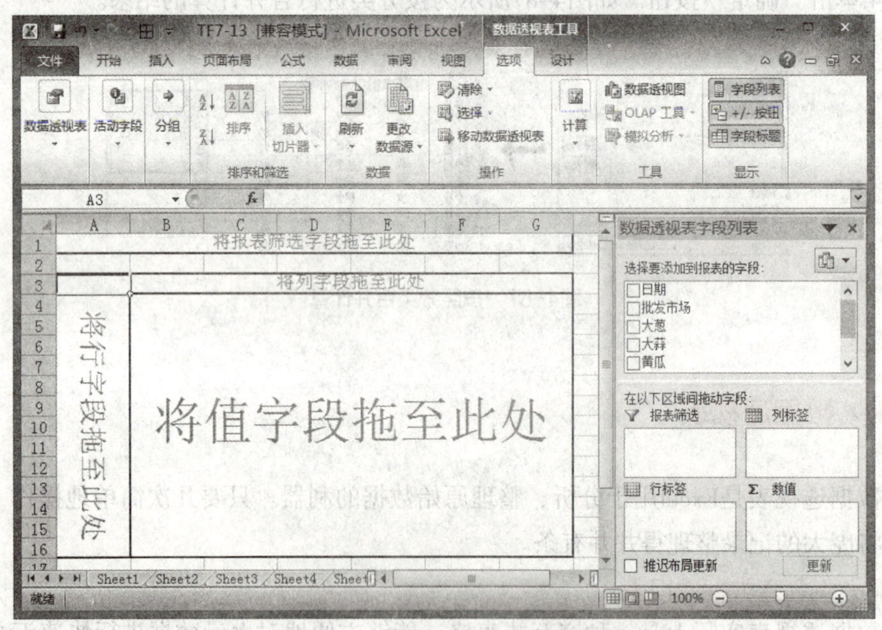

图4-89 数据透视表设计环境

4.在“数据透视表字段列表”任务窗格的“选择要添加到报表的字段”列表框中，将“批发市场”拖到“报表筛选”框中，将“日期”拖到“行标签”框中，将“大葱”“大蒜”“黄瓜”“青椒”“洋葱”拖到“数值”框中。如图4-90所示。

5.创建数据透视表时，默认的汇总方式为求和，可以单击数值项，在弹出的快捷菜单中选择“值字段设置”，打开“值字段设置”对话框，如图4-91所示，可在“选择用于汇总所选字段数据的计算类型”中选择计算类型，如“平均值”。设置完成后单击确定按钮返回Excel窗口。

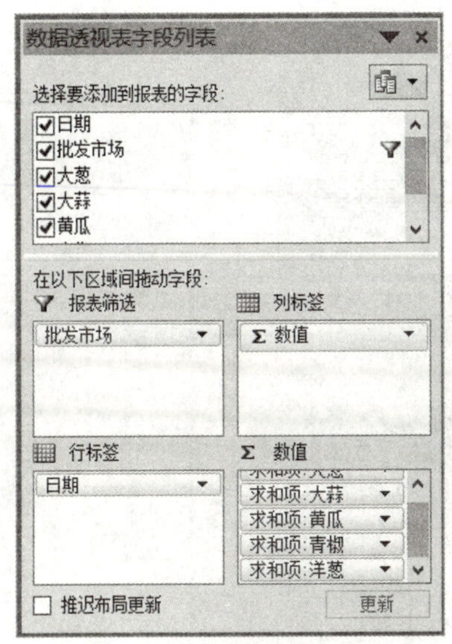

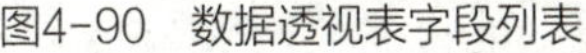
图4-90　数据透视表字段列表

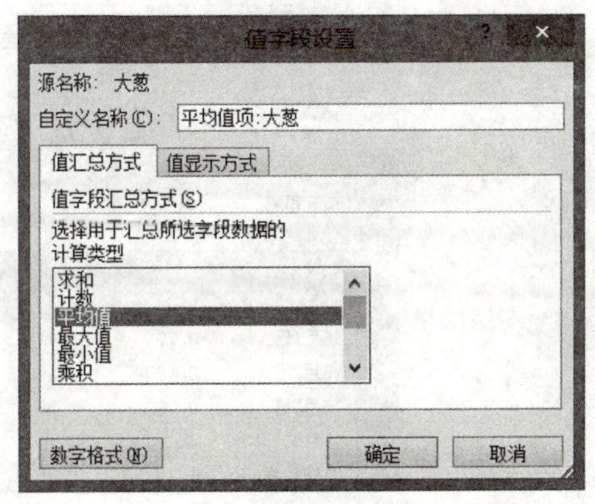

图4-91　“值字段设置”对话框

6.单击“批发市场”右侧的下拉箭头，选择具体要显示的市场，如“许昌友谊”，即可查看该市场近期各种蔬菜的平均价格，如图4-92所示。

	A	B	C	D	E	F
1	批发市场	许昌友谊				
2						
3		数据				
4	日期	平均值项:大葱	平均值项:大蒜	平均值项:黄瓜	平均值项:青椒	平均值项:洋葱
5	5月1日	0.72	1.34	0.65	1.2	0.52
6	5月2日	0.76	1.38	0.68	1.22	0.54
7	5月3日	0.78	1.38	0.68	1.26	0.58
8	5月4日	0.7	1.3	0.6	1.14	0.48
9	平均价格	0.74	1.35	0.6525	1.205	0.53

图4-92　显示“许昌友谊”市场蔬菜平均价格

（二）数据透视表自动套用样式

为了使数据透视表更美观，也为了使每行数据更加清晰明了，还可以为数据透视表设置表格样式，具体操作如下：

1.数据透视表中的任意一个单元格。

2.切换到“设计”选项卡，在“数据透视表样式”选项组中单击“其他”按钮，在弹出的菜单中选择一种表格样式，如图4-93所示为选择“数据透视表样式中等深浅11”的效果。

	A	B	C	D	E	F
1	批发市场	许昌友谊				
2						
3		数据				
4	日期	大葱价格	大蒜价格	黄瓜价格	青椒价格	洋葱价格
5	5月1日	0.72	1.34	0.65	1.2	0.52
6	5月2日	0.76	1.38	0.68	1.22	0.54
7	5月3日	0.78	1.38	0.68	1.26	0.58
8	5月4日	0.7	1.3	0.6	1.14	0.48
9	平均价格	0.74	1.35	0.6525	1.205	0.53

图4-93　套用样式的数据透视表效果

3.如果对默认的数据透视表样式不满意，可以自定义数据透视表的样式。在“数据透视表样式”选项组中单击“其他”按钮，在弹出的菜单中选择“新建数据透视表样式”命令，打开“新建数据透视表快速样式”对话框。在该对话框中，用户可以设置自己所需的表格样式，如图4–94所示。

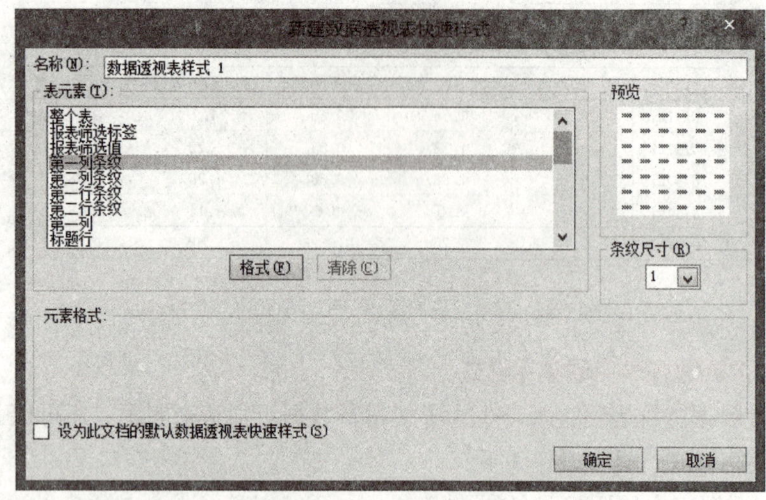

图4-94　“新建数据透视表快速样式”对话框

4.用户还可以切换到“设计”选项卡，通过在“数据透视表样式选项”选项组中，选中相应的复选框来设置数据透视表的外观，如“行标题”“列标题”“镶边行”和“镶边列”等。

项目五　图表操作

使用图表可以将复杂的数据从表格形式转换为图表形式，这不仅可以让用户更加清楚地了解数据之间的关系，还可以让平面的、抽象的数据立体化、形象化，使用户理解更为直观。

一　图表类型

Excel虽然提供了70多种图表样式，如果不明白每种图表类型的特性，画出来的图表还是无法提供确切的资料给相关人员做决策判断，因此首先来认识一下Excel图表类型。

切换到“插入”选项卡，在“图表”区中可以看到内置的图表类型，如图4-95所示。

图4-95　“图表”组

1.柱形图：柱形图是使用最普遍的图表类型，它很适合用来表现一段期间内数量上的变化或者比较不同项目之间的差异，各种项目放置在水平坐标轴上，而其值以垂直的柱形显示，例如，四个季度各城市的销售量，如图4-96所示。

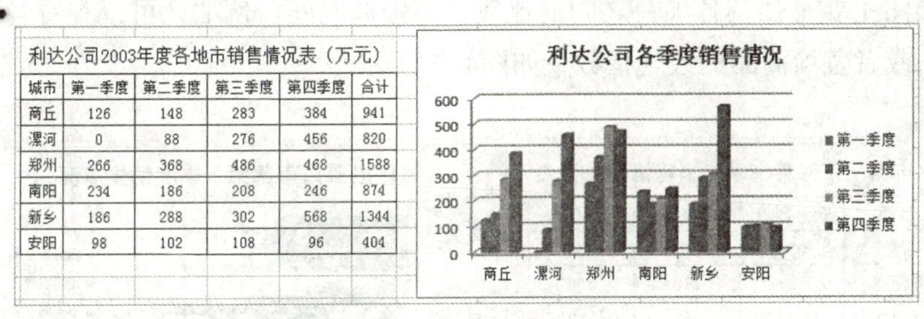

利达公司2003年度各地市销售情况表（万元）

城市	第一季度	第二季度	第三季度	第四季度	合计
商丘	126	148	283	384	941
漯河	0	88	276	456	820
郑州	266	368	486	468	1588
南阳	234	186	208	246	874
新乡	186	288	302	568	1344
安阳	98	102	108	96	404

图4-96　柱形图

2.折线图：显示一段时间内的连续数据，适合用来显示相等间隔（每月、每季、每年等）的数据趋势。例如，农村儿童从出生至一周岁体重发育情况，用折线图来查看其成长趋势，如图4-97所示。

农村儿童出生至一周岁身体发育情况调查								
	男				女			
	体重（公斤）		身高（厘米）		体重（公斤）		身高（厘米）	
	平均值	标准差	平均值	标准差	平均值	标准差	平均值	标准差
初生-7天	3.85	0.38	50.45	1.70	3.56	0.36	49.70	1.70
1月	5.12	0.65	58.50	2.30	4.86	0.60	52.70	2.30
3月	6.98	0.75	66.50	2.20	6.45	0.72	63.30	2.20
4月	7.54	0.78	68.40	2.20	7.00	0.77	63.96	2.20
2月	6.50	0.68	64.50	2.30	5.95	0.61	59.00	2.20
6月	7.98	0.84	69.20	2.30	7.37	0.81	64.80	2.20
8月	8.38	0.89	70.30	2.40	7.81	0.86	66.80	2.30
10月	8.92	0.94	71.00	2.60	8.37	0.92	69.40	2.40

农村儿童出生至一周岁体重变化情况

图4-97 折线图

3.饼形图：饼形图只能有一组数组系列，每个数据系列都有唯一的色彩或者图样，饼形图适合用来表现各个项目在全体数据中所占的比例。例如，要查看预算费用中各项所占比例，就可以用饼形图来表示，如图4–98所示。

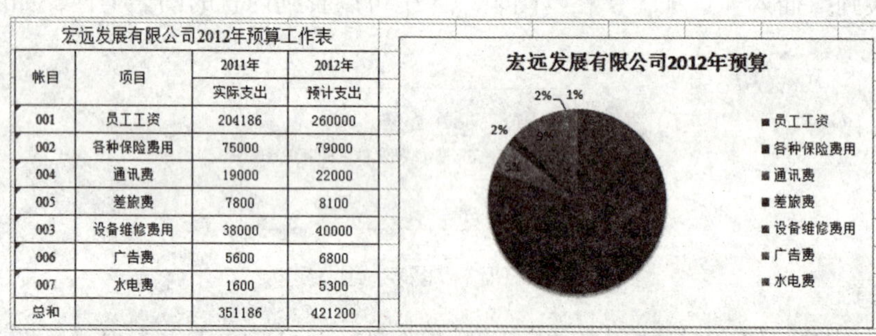

宏远发展有限公司2012年预算工作表			
帐目	项目	2011年	2012年
		实际支出	预计支出
001	员工工资	204186	260000
002	各种保险费用	75000	79000
004	通讯费	19000	22000
005	差旅费	7800	8100
003	设备维修费用	38000	40000
006	广告费	5600	6800
007	水电费	1600	5300
总和		351186	421200

图4-98 饼形图

4.条形图：可以显示每个项目之间的比较情况，y轴表示类别项目，x轴表示值。条形图主要是强调各项目之间的比较，不强调时间。例如，可以查看各地区的销售额，或者各项商品的人气指数，如图4–99所示。

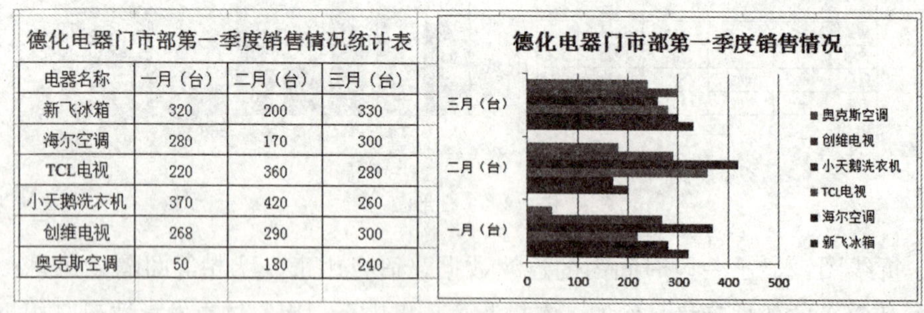

德化电器门市部第一季度销售情况统计表			
电器名称	一月（台）	二月（台）	三月（台）
新飞冰箱	320	200	330
海尔空调	280	170	300
TCL电视	220	360	280
小天鹅洗衣机	370	420	260
创维电视	268	290	300
奥克斯空调	50	180	240

图4-99 条形图

5.面积图：强调一段时间的变动程度，可由值看出不同时间或类别的趋势。例如，可用面积图强调某个时间的利润数据，或者某个地区的销售成长状况，如图4-100所示是某市部分辖区各项费用统计。

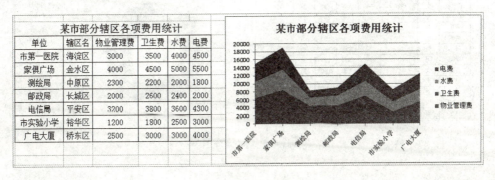

某市部分辖区各项费用统计

单位	辖区名	物业管理费	卫生费	水费	电费
市第一医院	海淀区	3000	3500	4000	4500
家俱广场	金水区	4000	4500	5000	5500
测绘局	中原区	2300	2200	2000	1800
邮政局	长城区	2000	2600	2400	2000
电信局	平安区	3200	3800	3600	4300
市实验小学	裕华区	1200	1800	2500	3000
广电大厦	桥东区	2500	3000	3000	4000

图4-100　面积图

6.散点图：显示两组或者多组数据系列之间的关联。如果散点图包含两组坐标轴，会在水平坐标轴显示一组数据系列，在垂直坐标轴显示另一组数据，图表会将这些值合并成单一的数据点，并以不均匀间隔显示这些值。散点图通常用于科学、统计以及工程数据，还可以进行产品的比较，例如，学成答辩成绩统计，如图4-101所示。

水利水电学校2013届毕业生答辩成绩表

学号	姓名	城镇规划	测量平差	工程测量	仪器维修
13D001	张立平	85	80	78	90
13D002	王老五	76	69	65	80
13D003	李正三	90	86	89	95
13D004	王淼	95	88	90	68
13D005	刘畅	70	68	92	80
13D006	赵龙	78	65	86	85
13D007	张虎	75	67	78	69
13D008	秦雪	73	60	72	80

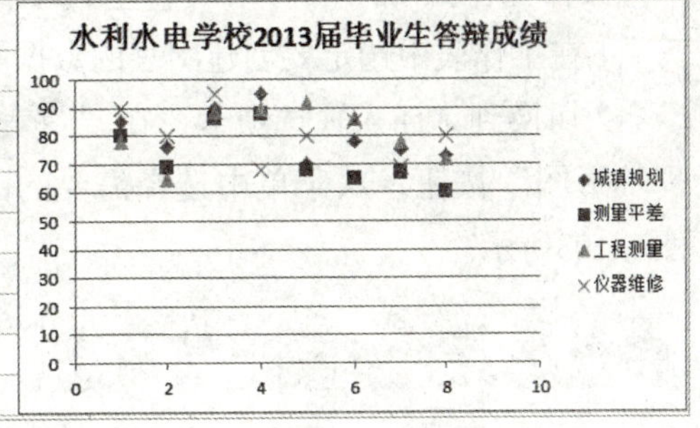

图4-101　散点图

7.股价图：股价图用来说明股价的波动，例如，可以依序输入成交量，开盘价、盘高、盘低、收盘价的数据，来当作投资的趋势分析图。

8.圆环图：与饼形图类似，不过圆环图可以包含多个数据系列，而饼形图只能包含一组数据系列。例如，如图4-102所示可以看到各位老师的工资情况。

9.气泡图：气泡图和散点图类似，不过气泡图是比较三组数值，其数据在工作表中是以列进行排序的，水平坐标轴的数值（*x*轴）在第一列中，而对应的垂直坐标轴数值（*y*轴）以及气泡大小值列在相邻的列中。

10.雷达图：可以用来进行多个数据系列的比较。

恒大中学教师工资表

姓名	性别	基本工资	职称	学历	奖金	补贴	总工资
刘玉玲	女	500	一级	中专	120	29	649
李宁霞	女	500	一级	大专	130	28	658
张立平	女	600	高级	中专	200	40	840
董军	男	600	二级	中专	100	25	725
史明	男	700	二级	中专	150	28	878
王传亮	男	700	二级	本科	150	30	880
李畅	男	800	一级	本科	120	36	956
王霞	女	800	一级	大专	140	38	978
秦稳孔	男	800	一级	本科	160	30	990
赵凤	女	800	一级	大专	160	38	998
王占永	男	900	高级	大专	130	27	1057
赵龙	男	1000	一级	本科	150	35	1185

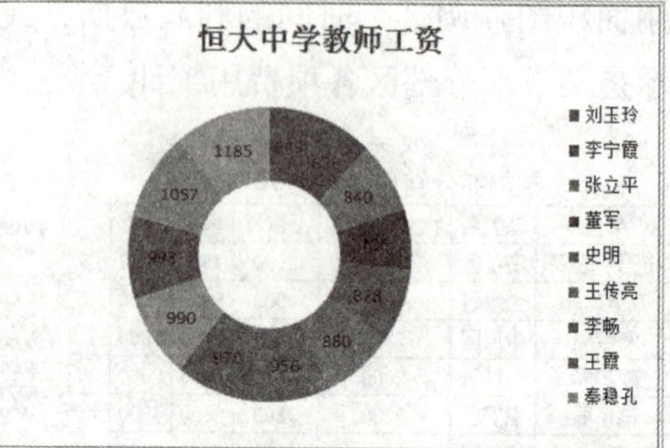

图4-102　圆环图

二 创建图表

图表既可以放在工作表上，也可以放在工作簿的图表工作表上。直接出现在工作表上的图表称为嵌入式图表，图表工作表是工作簿中仅包含图表的特殊工作表。嵌入式图表和图表工作表都与工作表的数据相链接，并随工作表数据的更改而更新。

创建图表
视频来源：搜狐视频

具体操作如下：

1.在工作表中选定要创建图表的数据。

2.切换到“插入”选项卡，在“图表”组中选择要创建的图表类型，这里单击“柱形图”按钮，从菜单中选择需要的图表类型，即可在工作表中创建图表，如图4-103所示。

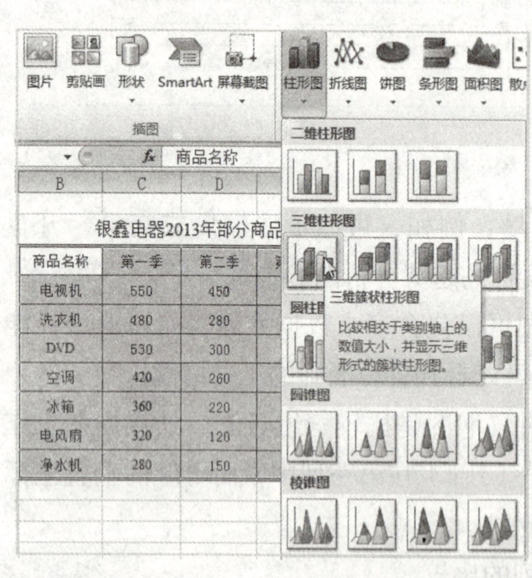

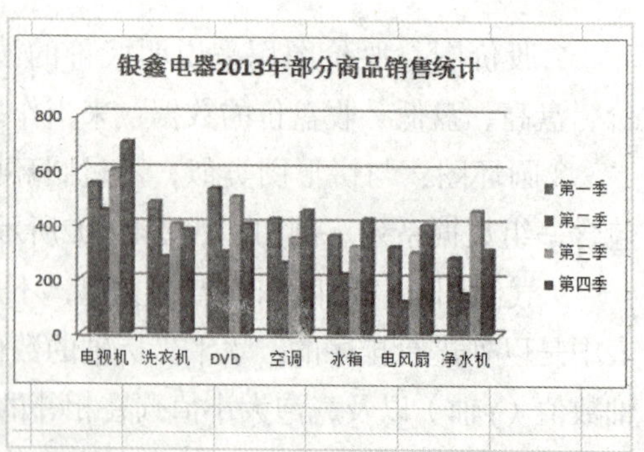

图4-103　创建图表

三 修改图表

创建图表并将其选定后，功能区将多出三个选项卡，即“图表工具/设计”“图表工具/布局”和“图表工具/格式”选项卡。通过这三个选项卡中的命令按钮，可以对图表进行各种设置和编辑。

（一）选定图表项

对图表中的图表项进行修饰之前，应该单击图表项将其选定。有些成组显示的图表项（如数据系列和图例等）各自可以细分为单独的元素，例如，为了在数据系列中选定一个单独的数据标记，先单击数据系列，再单击其中的数据标记。

另外一种选择图表项的方法是：单击图表的任意位置将其激活，然后切换到“格式”选项卡，单击“图表元素”列表框右侧的向下箭头，从弹出的下拉列表中选择要处理的图表项，如图4-104所示。

修改图表

视频来源：优酷网

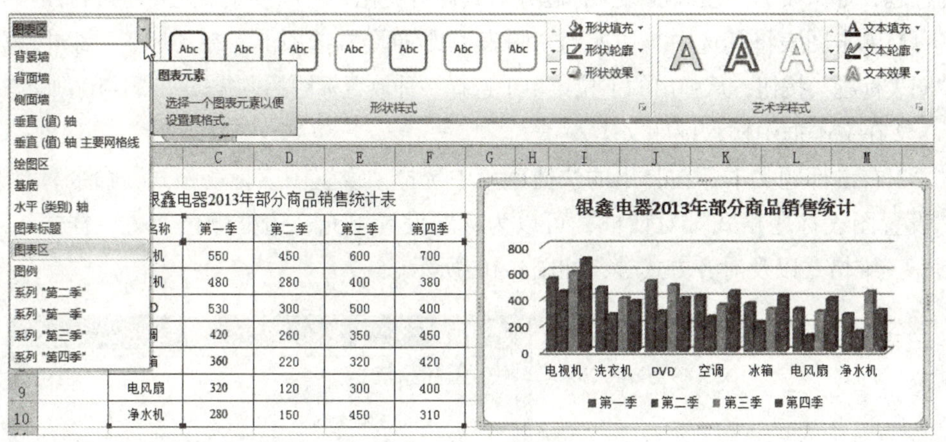

图4-104　选择图表项

（二）调整图表大小及位置

要调整图表的大小，可以直接将鼠标移动到图表的浅蓝色边框的控制点上，当形状变为双向箭头时拖动即可调整图表的大小；也可以在“格式”选项卡的“大小”组中精确设置图表的高度和宽度。

移动图表位置分为在当前工作表中移动和在工作表之间移动两种情况。在当前工作表中移动与移动文本框与艺术字等对象的操作是一样的，只要单击图表区并按住鼠标左键进行拖动即可。下面主要介绍在工作表之间移动图表的方法，例如要将Sheet 1中的图表移动到Sheet 2中，具体操作步骤下：

1.单击工作表Sheet 1中的图表区，切换到“图表工具/设计”选项卡，在“位置”组中单击“移动图表”命令。也可以右击图表区，在弹出的快捷菜单中选择

"移动图表"命令。

2.打开"移动图表"对话框，选中"对象位于"单选按钮，在右侧的下拉列表中选择Sheet 2选项。单击"确定"按钮，即可将Sheet 1的图表移动到Sheet 2中，如图4-105所示。

图4-105　移动图表位置

（三）修改图表标题

为了使图表更直观，最好让每个图表都有明确的主题，这个主题通常就作为图表的标题，如果要为图表添加一个标题并对其进行美化，可以按照下述步骤进行操作：

1.单击图表将其选中。切换到"图表工具/布局"选项卡，在"标签"组中单击"图表标题"按钮，从弹出的下拉菜单中选择一种放置标题的方式，如图4-106所示。

2.在文本框中输入标题文本。

3.右击标题文本，在弹出的快捷菜单中选择"设置图表标题格式"命令，打开"设置图表标题格式"对话框，可以为标题设置填充、边框颜色、边框样式、阴影、三维格式以及对齐方式等，如图4-107所示。

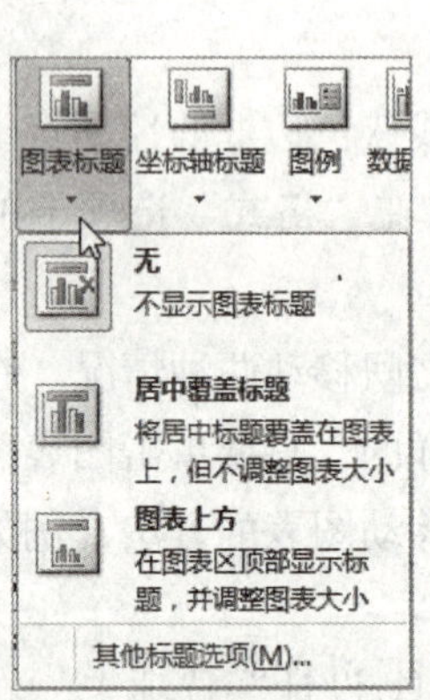

图4-106　"图表标题"下拉列表

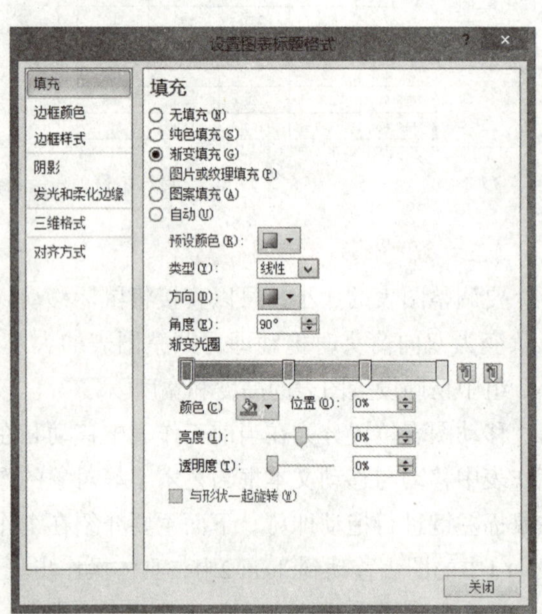

图4-107　"设置图表标题格式"对话框

4.如果要修改字体字号，可以切换到“开始”选项卡，在“字体”组中进行设置。

5.如果要将标题设置为艺术字，可以切换到“图表工具/格式”选项卡，在“艺术字”组中进行设置。

（四）设置坐标轴及标题

用户可以决定是否在图表中显示坐标轴以及显示的方式，而为了使水平和垂直坐标的内容更加明确，还可以为坐标轴添加标题。具体操作如下：

1.单击图表区，然后切换到“图表工具/布局”选项卡，在“坐标轴”组中单击“坐标轴”按钮，然后选择要设置“主要横坐标轴”还是“主要纵坐标轴”，再从其级联菜单中选择设置项即可，如图4-108所示。

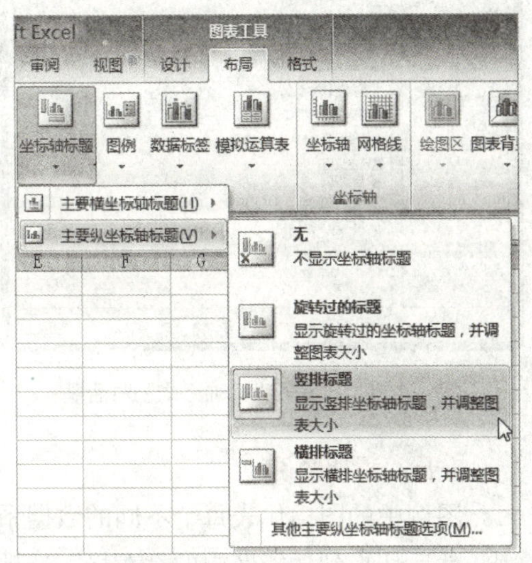

图4-108 “坐标轴”下拉列表

2.要设置坐标轴标题，可以在“布局”选项卡的“标签”组中单击“坐标轴标题”按钮，然后选择要设置“主要横坐标轴标题”还是“主要纵坐标轴标题”，再从其级联菜单中选择设置项，如图4-109所示。将“主要横坐标轴标题”输入为“商品名称”，将“主要纵坐标轴标题”设置为“竖排标题”，然后输入“销售量”，结果如图4-110所示。

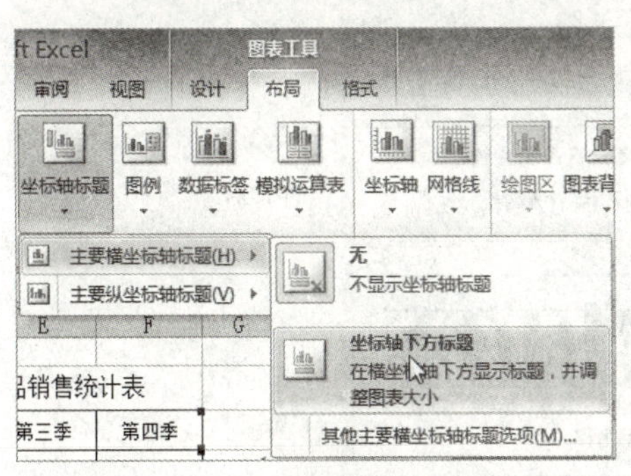

图4-109 “坐标轴标题”下拉列表

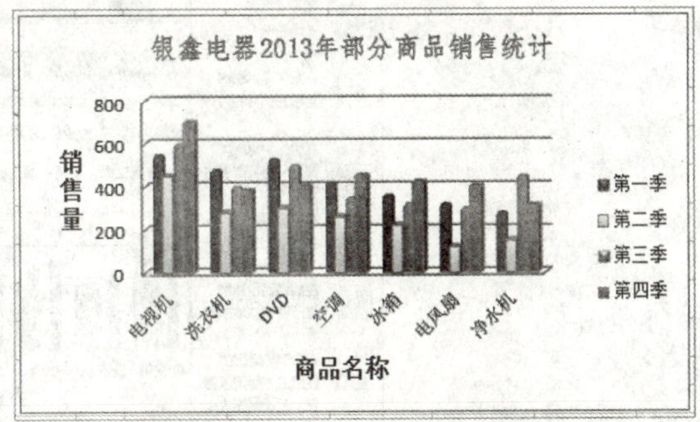

图4-110 设置坐标轴标题效果

3.右击图表中的横坐标轴或纵坐标轴，在弹出的快捷菜单中选择“设置坐标轴格式”命令，在打开的“设置坐标轴格式”对话框中对坐标轴进行设置，如图4-111所示。采用同样的方法，右击横坐标轴标题或纵坐标轴标题，在弹出的快捷菜单中选择“设置坐标轴格式”命令，在打开的“设置坐标轴标题格式”对话框中设置坐标轴标题的格式，如图4-112所示。

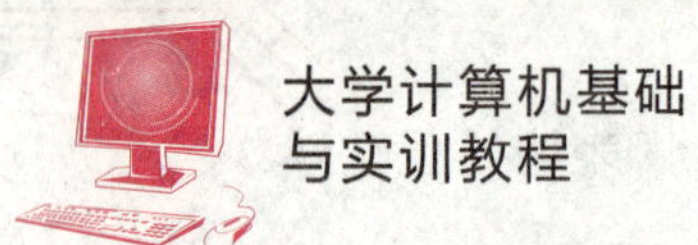

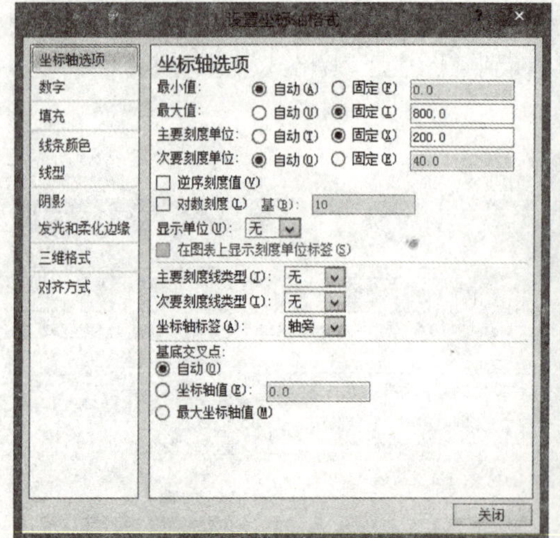

图4-111 “设置坐标轴格式”对话框

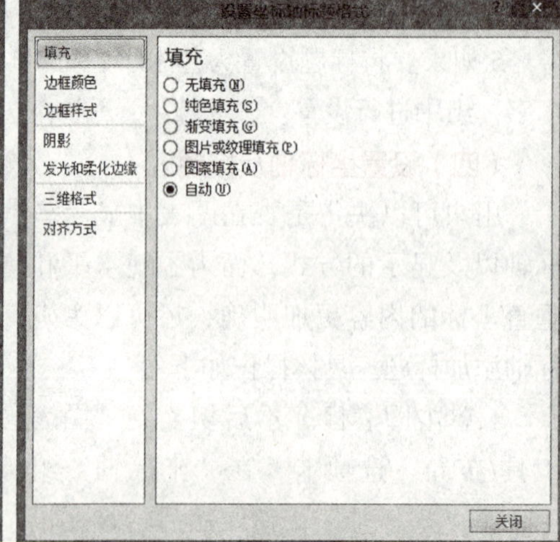

图4-112 “设置坐标轴标题格式”对话框

（五）添加图例

图例中的图标代表每个不同的数据系列的标识。如果要添加图例，可以选择图表，然后切换到功能区中的“布局”选项卡，在“标签”组中单击“图例”按钮，在弹出的菜单中选择一种放置图例的方式，Excel会根据图例的大小重新调整绘图区的大小，如图4-113所示。

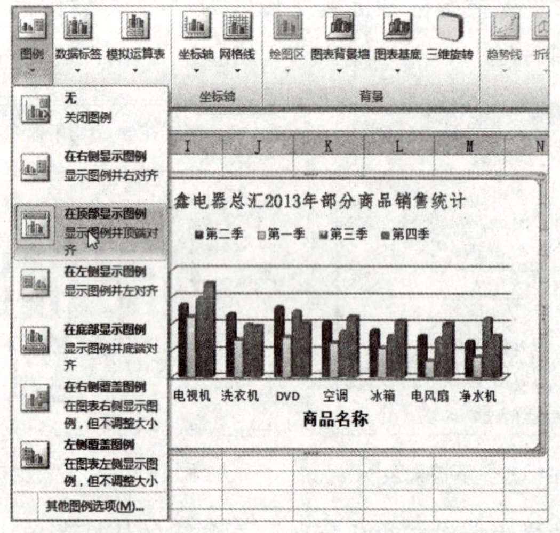

图4-113 “图例”下拉列表

右击图例，在弹出的快捷菜单中选择“设置图例格式”命令，打开“设置图例格式”对话框框，如图4-114所示。与设置图表标题格式类似，在该对话框中也可以设置图例的位置、填充色、边框颜色、边框样式和阴影效果等。

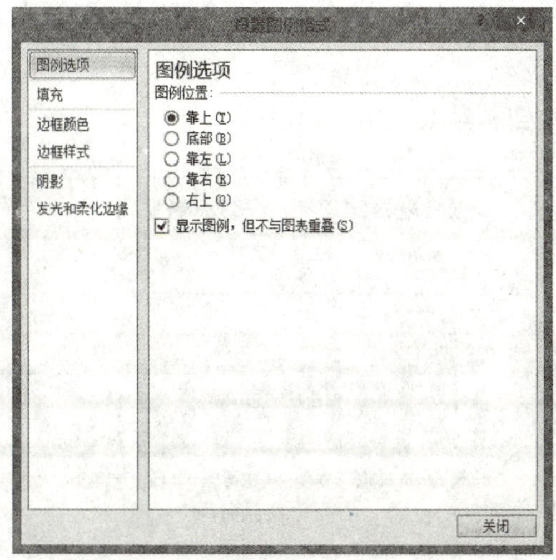

图4-114　“设置图例格式”对话框

（六）更改图表类型

图表类型的选择是相当重要的，选择能最佳地表现数据的图表类型，有助于更清晰地反映数据的差异和变化。Excel提供了若干种标准的图表类型和自定义的类型，用户在创建图表时可以选择所需的图表类型。当对创建的图表类型不满意时，可以更改图表的类型，具体操作如下：

1.如果是嵌入式图表，则单击以将其选定；如果是图表工作表，则单击相应的工作表标签选定。

2.切换到“图表工具/设计”选项卡，在“类型”组中单击“更改图表类型”按钮，出现如图4-115所示的“更改图表类型”对话框。

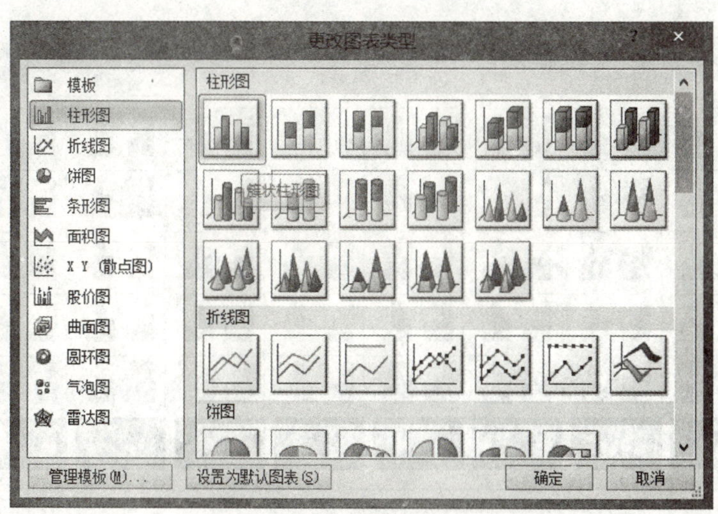

图4-115　“更改图表类型”对话框

3.在“图表类型”列表框中选择所需的图表类型，再从右侧选择所需的子图表类型。

4.单击“确定”按钮，结果如图4–116所示。

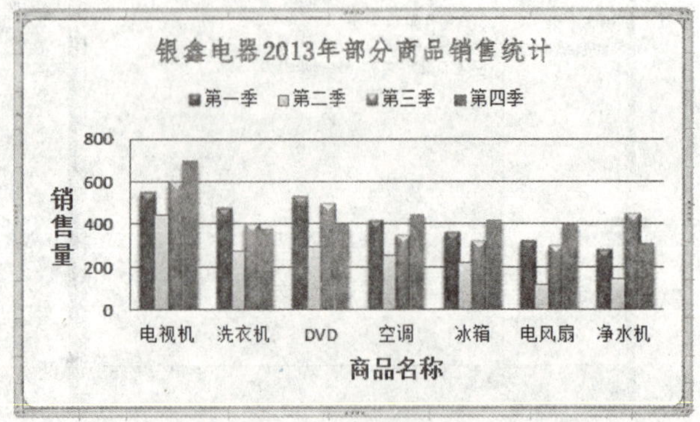

图4–116　更改图表类型后的效果

（七）设置图表样式

创建图表后，可以使用Excel提供的布局和样式来快速设置图表外观，这对于不熟悉分步调整图表选项的用户来说是比较方便的。具体操作如下：

1.单击图表中的图表区，然后切换到“图表工具/设计”选项卡，在“图表布局”组中选择图表的布局类型，例如，选择“布局5”，如图4–117所示。

2.在“图表样式”组中选择图表的颜色搭配方案。例如，选择“样式26”，如图4–118所示。

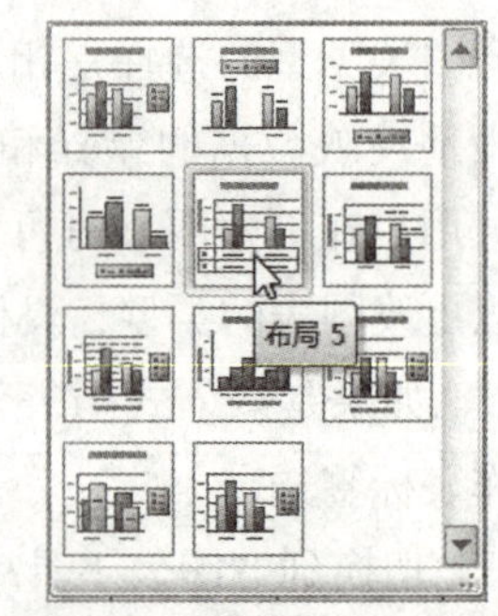

图4–117　“图表布局”下拉列表

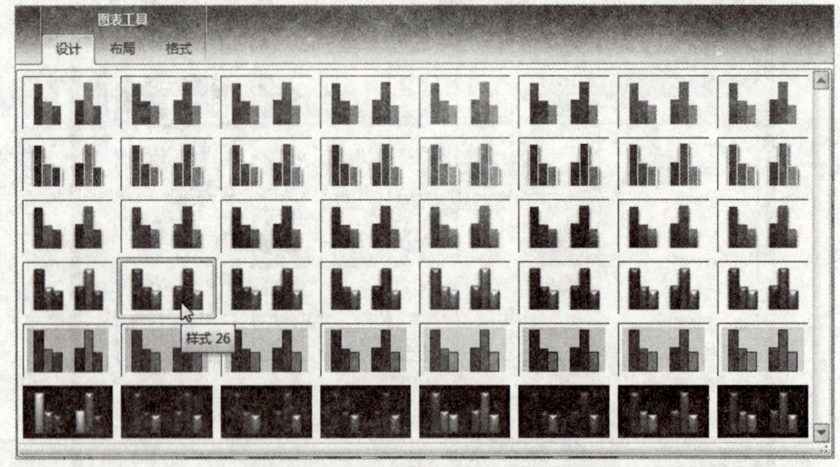

图4–118　“图表样式”下拉列表

3.选择图表布局和样式后，即可快速得到最终的效果，非常美观，如图4–119所示。

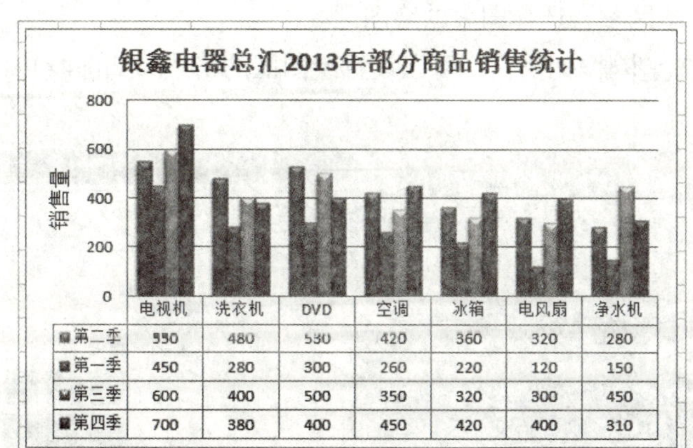

	电视机	洗衣机	DVD	空调	冰箱	电风扇	净水机
第二季	550	480	530	420	360	320	280
第一季	450	280	300	260	220	120	150
第三季	600	400	500	350	320	300	450
第四季	700	380	400	450	420	400	310

图4-119　设置图表布局和套用样式后的效果

（八）设置图表区与绘图区格式

图表区是放置图表及其他元素（包括标题与图形）的大背景，绘图区是放置图表主体的背景。设置图表区和绘图区格式的具体操作如下：

1.单击图表，切换到“图表工具/布局”选项卡，在“当前所选内容”组的“图表元素”下拉列表框中选择“图表区”。

2.单击“设置所选内容格式”按钮，出现“设置图表区格式”对话框。

3.选择左侧列表框中的“填充”选项，在右侧可以设置填充效果。例如，本例以纹理作为填充色，如图4–120所示。还可以进一步设置边框颜色、边框样式和三维格式等，单击“关闭”按钮退出。

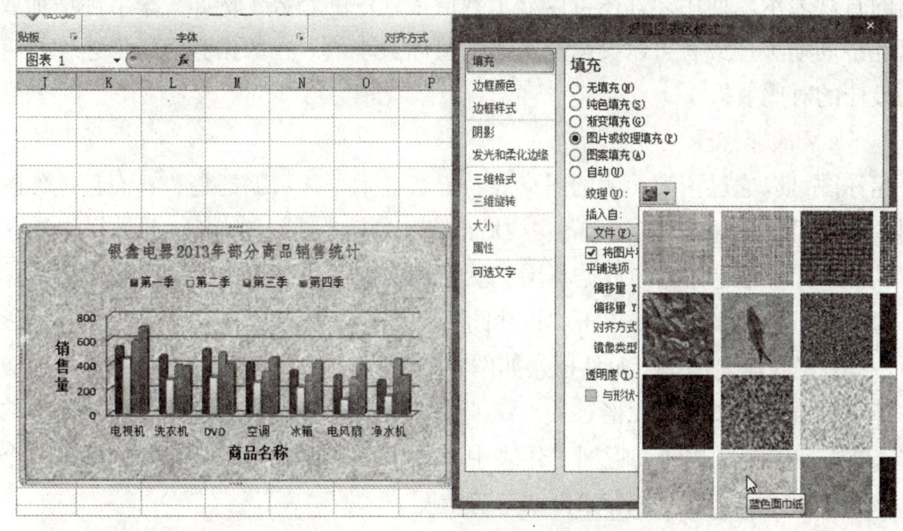

图4-120　设置图表区格式

4.切换到“图表工具/布局”选项卡，在“当前所选内容”组的“图表元素”列表框中选择“绘图区”，选择图表的绘图区。

5.重复步骤2、步骤3的操作，可以设置绘图区的格式，如图4-121所示。

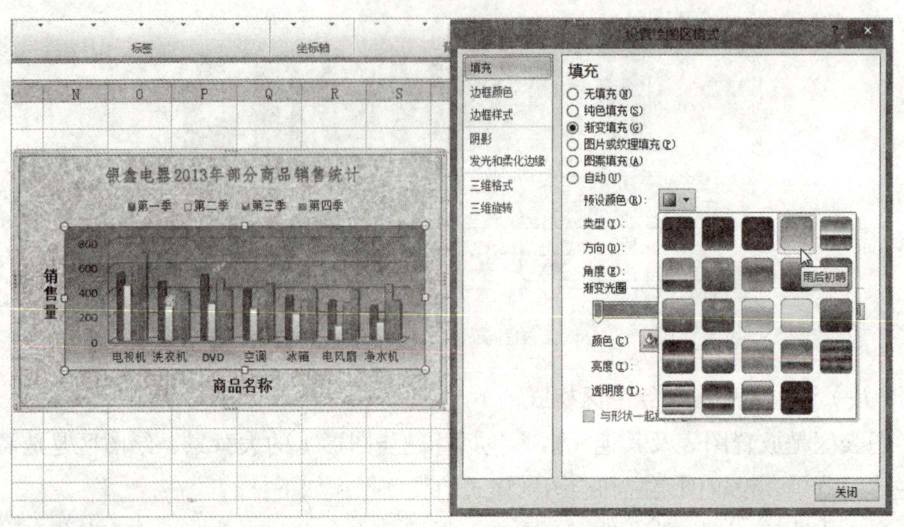

图4-121　设置绘图区格式

使用迷你图

视频来源：优酷网

四 迷你图的使用

迷你图是Excel 2010中的新增功能，是工作表单元格中的微型图表，可以提供数据的直观表示。使用迷你图可以显示数值系列中的趋势（例如，季节性增加或减少、经济周期），或者可以突出显示最大值和最小值。在数据旁边添加迷你图可以达到最佳的对比效果。

（一）插入迷你图

迷你图可以通过清晰简明的图形表示方法显示相邻数据的趋势，而且迷你图只占用少量空间，下面以为2008年各主要城市降水量插入迷你图为例，具体操作如下：

1.选择要创建迷你图的数据范围，然后切换到“插入”选项卡中，单击“迷你图”组中的一种类型，例如单击“折线图”。

2.弹出“创建迷你图”对话框，如图4-122所示。在“选择放置迷你图的位置”框中指定放置迷你图的单元格。

3.单击“确定”按钮，返回工作表中，此时在单元格N3中会自动创建出一个图表，该图表表示“北京”一年来降水趋势情况。

4.拖动N3的拖动柄到N34，为其他城市也创建迷你图，如图4-123所示。

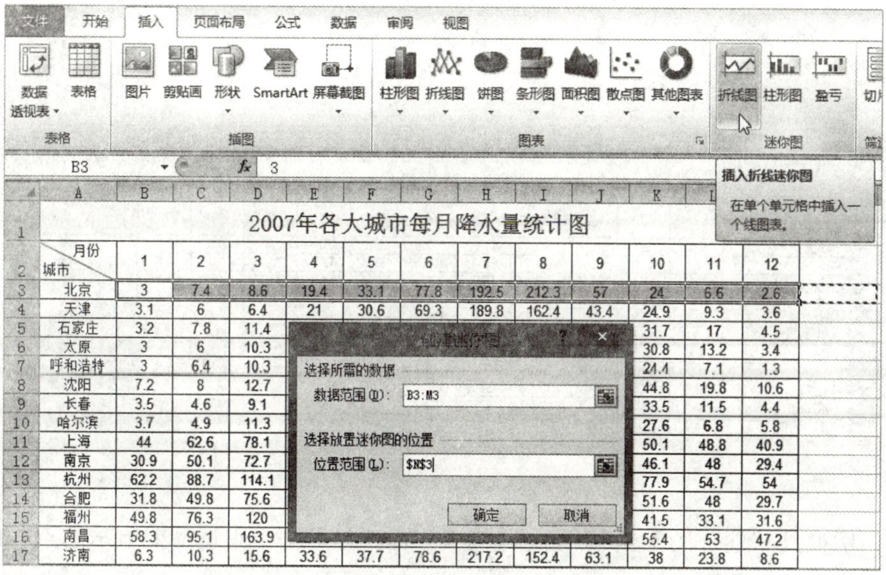

图4-122 “创建迷你图”对话框

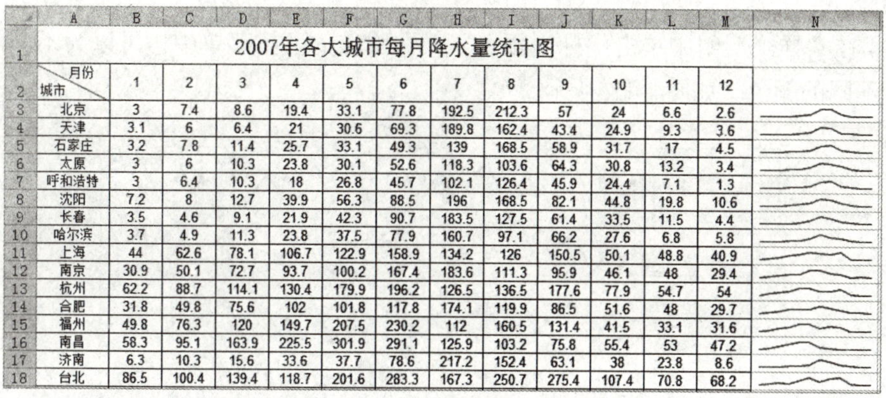

2007年各大城市每月降水量统计图

城市\月份	1	2	3	4	5	6	7	8	9	10	11	12
北京	3	7.4	8.6	19.4	33.1	77.8	192.5	212.3	57	24	6.6	2.6
天津	3.1	6	6.4	21	30.6	69.3	189.8	162.4	43.4	24.9	9.3	3.6
石家庄	3.2	7.8	11.4	25.7	33.1	49.3	139	168.5	58.9	31.7	17	4.5
太原	3	6	10.3	23.8	30.1	52.6	118.3	103.6	64.3	30.8	13.2	3.4
呼和浩特	3	6.4	10.3	18	26.8	45.7	102.1	126.4	45.9	24.4	7.1	1.3
沈阳	7.2	8	12.7	39.9	56.3	88.5	196	168.5	82.1	44.8	19.8	10.6
长春	3.5	4.6	9.1	21.9	42.3	90.7	183.5	127.5	61.4	33.5	11.5	4.4
哈尔滨	3.7	4.9	11.3	23.8	37.5	77.9	160.7	97.1	66.2	27.6	6.8	5.8
上海	44	62.6	78.1	106.7	122.9	158.9	134.2	126	150.5	50.1	48.8	40.9
南京	30.9	50.1	72.7	93.7	100.2	167.4	183.6	111.3	95.9	46.1	48	29.4
杭州	62.2	88.7	114.1	130.4	179.9	196.2	126.5	136.5	177.6	77.9	54.7	54
合肥	31.8	49.8	75.6	102	101.8	117.8	174.1	119.9	86.5	51.6	48	29.7
福州	49.8	76.3	120	149.7	207.5	230.2	112	160.5	131.4	41.5	33.1	31.6
南昌	58.3	95.1	163.9	225.5	301.9	291.1	125.9	103.2	75.8	55.4	53	47.2
济南	6.3	10.3	15.6	33.6	37.7	78.6	217.2	152.4	63.1	38	23.8	8.6
台北	86.5	100.4	139.4	118.7	201.6	283.3	167.3	250.7	275.4	107.4	70.8	68.2

图4-123 为所有数据创建迷你图

（二）更改迷你图的类型

迷你图一共提供了三种类型，它们之间可以进行更改，具体操作如下：

1.选择要更改类型的迷你图所在单元格或单元格区域。

2.切换到“迷你图工具/设计”选项卡，单击“类型”组中的“柱形图”按钮，此时所选单元格中迷你图变成了柱形图，如图4-124所示。

（三）显示迷你图数据点

在迷你图中可以显示出数据的高点、低点、首点、尾点、负点和标记等，让用户更容易观察迷你图的一些重要点。具体操作如下：

1.选择要设置迷你图所在单元格或单元格区域。

月份 城市	1	2	3	4	5	6	7	8	9	10	11	12
北京	3	7.4	8.6	19.4	33.1	77.8	192.5	212.3	57	24	6.6	2.6
天津	3.1	6	6.4	21	30.6	69.3	189.8	162.4	43.4	24.9	9.3	3.6
石家庄	3.2	7.8	11.4	25.7	33.1	49.3	139	168.5	58.9	31.7	17	4.5
太原	3	6	10.3	23.8	30.1	52.6	118.3	103.6	64.3	30.8	13.2	3.4
呼和浩特	3	6.4	10.3	18	26.8	45.7	102.1	126.4	45.9	24.4	7.1	1.3
沈阳	7.2	8	12.7	39.9	56.3	88.5	196	168.5	82.1	44.8	19.8	10.6
长春	3.5	4.6	9.1	21.9	42.3	90.7	183.5	127.5	61.4	33.5	11.5	4.4
哈尔滨	3.7	4.9	11.3	23.8	37.5	77.9	160.7	97.1	66.2	27.6	6.8	5.8
上海	44	62.6	78.1	106.7	122.9	158.9	134.2	126	150.5	50.1	48.8	40.9
南京	30.9	50.1	72.7	93.7	100.2	167.4	183.6	111.3	95.9	46.1	48	29.4
杭州	62.2	88.7	114.1	130.4	179.9	196.2	126.5	136.5	177.6	77.9	54.7	54

图4-124　柱形迷你图

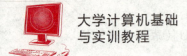

2.切换到“迷你图工具/设计”选项卡，在“显示”组中选择要显示的点，即可显示迷你图中不同的点。

3.在“样式”组中单击“其他”按钮，在弹出的“样式”列表中可以设置迷你图的样式。

4.在“样式”组中单击“标记颜色”，在弹出的下拉菜单中，可以为不同的点设置不同的颜色。如图4-125所示。

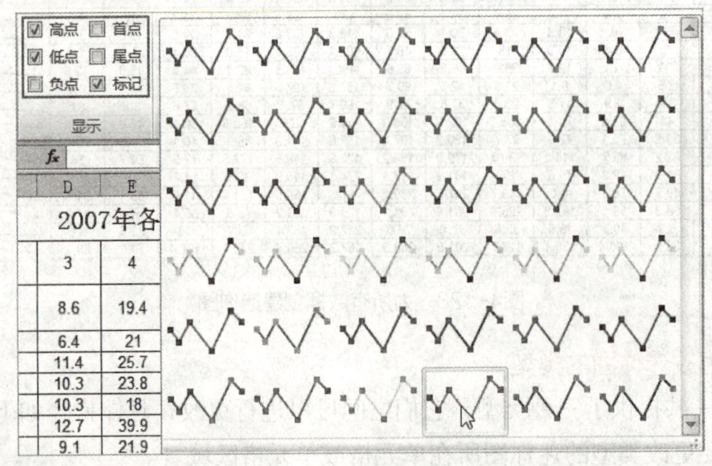

图4-125　“标记颜色”下拉列表

五 数据透视图

使用数据透视表，虽然能够准确地计算和分析数据，但对于数据较多并且排列复杂的数据透视表来说，使用数据透视图能够更加直观地分析数据。创建数据透视图的具体操作如下：

1.选定数据透视表中的任意一个单元格。

2.切换到“数据透视图工具/选项”选项卡，在“工具”组中单击“数据透视图”按钮，出现“插入图表”对话框，先从左侧列表框中选择图表类型，然后从右侧列表框中选择子类型。

3.单击“确定”按钮，即可在文档中插入图表，如图4–126所示。

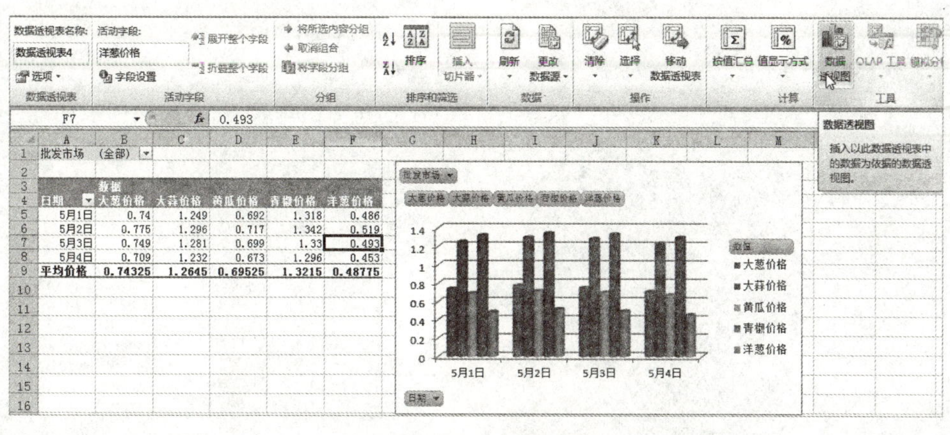

图4–126　创建数据透视图

4.为了仅显示“5月3日”和“5月4日”的数据，在“数据透视图筛选窗格”中，在“日期”下拉列表框内选中“5月3日”和“5月4日”复选框。

5.单击“确定”按钮，即可看到数据透视图中筛选出的数据，如图4–127所示。

6.切换到“数据透视图工具/设计”选项卡，在“图表样式”组中选择一种图表样式，即可快速改变透视图的样式。

数据透视图

视频来源：搜狐视频

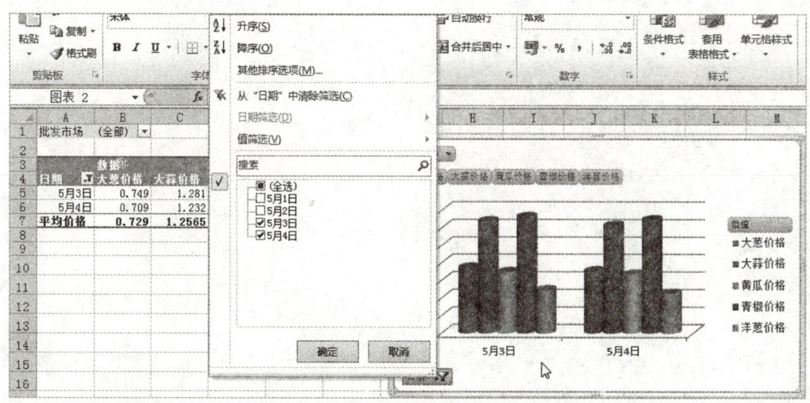

图4–127　筛选后的数据透视图

模块五
PowerPoint 2010演示文稿软件

模块导言

PowerPoint 2010是Office应用程序中的演示文稿软件，用户可运用PowerPoint 2010提供的功能，创建具有专业外观的演示文稿。PowerPoint 2010是Office较为重要的一个组成部分，用于设计、制作各类会议报告展示、产品演示、多媒体教学等演示文稿。用PowerPoint制作的演示文稿不仅图文并茂、生动活泼，而且可以轻松地引用Word或Excel等对象，并配以视频和音频文件，最后可打包成CD，脱离PowerPoint环境直接运行。本章讲述了PowerPoint 2010的基础操作、幻灯片的基本操作、文本格式设置，等等。

学习目标

1.掌握PowerPoint 2010基本操作。

2.掌握幻灯片的制作、修饰。

3.掌握幻灯片中对象的插入及设置。

4.掌握幻灯片的切换及动画的设置。

5.掌握幻灯片的放映和打包。

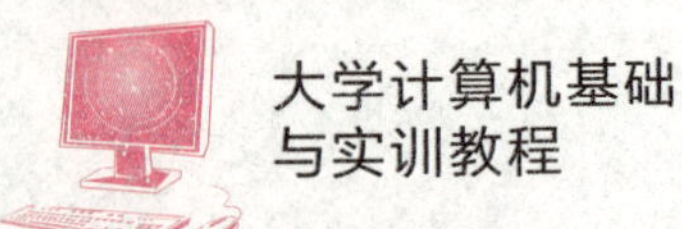

项目一 PowerPoint 2010基础操作

在PowerPoint 2010中，创建的幻灯片都保存在演示文稿中，因此，用户首先应该了解和熟悉演示文稿的基本操作。PowerPoint 2010可以创建多个演示文稿，而在演示文稿中又可以插入多个幻灯片。

一 PowerPoint 2010视图

视图是PowerPoint文档在电脑屏幕中的显示方式，在PowerPoint中包括5种显示方式，分别是普通视图、幻灯片浏览视图、备注页视图、阅读视图和幻灯片放映视图。

（一）普通视图

普通视图是PowerPoint文档的默认视图，是主要的编辑视图，可以用于撰写或设计演示文稿，如图5-1所示。

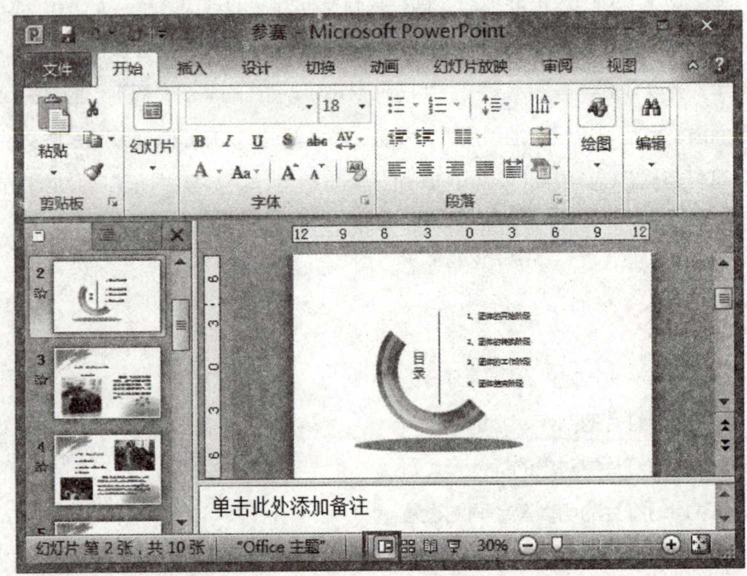

图5-1 普通视图

在该视图中，左窗格中包含“大纲”和“幻灯片”两个标签，并在下方显示备注窗格，状态栏显示了当前演示文稿的总页数和当前显示的页数，用户可以使用垂直滚动条上的“上一张幻灯片”和“下一张幻灯片”在幻灯片之间切换。

（二）幻灯片浏览视图

幻灯片浏览视图可以显示演示文稿有幻灯片的缩图、完整的文本和图片 ，如

图5-2所示。

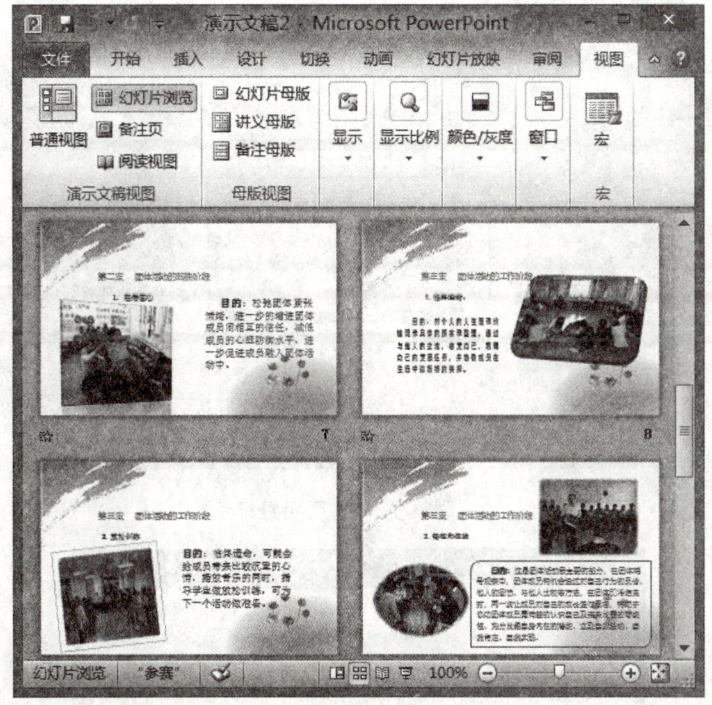

图5-2　幻灯片浏览视图

在该视图中，可以调整演示文稿的显示效果，也可以对演示文稿中的多个幻灯片进行调整，主要包括调整幻灯片的背景和配色方案、添加或删除幻灯片、复制幻灯片，以及排列幻灯片。但在该视图中不能编辑幻灯片的具体内容。

（三）备注页视图

用户如果需要以整页格式查看和使用备注，可以使用备注页视图，在这种视图下，一页幻灯片将被分成两部分，其中上半部分用于展示幻灯片的内容，下半部分则是用于建立备注，如图5-3所示。

（四）阅读视图

阅读视图可以将演示文稿作为适应窗口大小的幻灯片放映查看，在页面上单击，即可翻到下一页，如图5-4所示。

（五）幻灯片放映视图

幻灯片放映视图会占据整个电脑屏幕，它与真实的播放幻灯片效果一样，如图5-5所示。在该视图中，按照指定的方式动态地播放幻灯片内容，用户可以观看其中的文本、图片、动画和声音等效果。幻灯片放映视图中的播放效果就是观众看到的真实播放效果。

图5-3　备注页视图

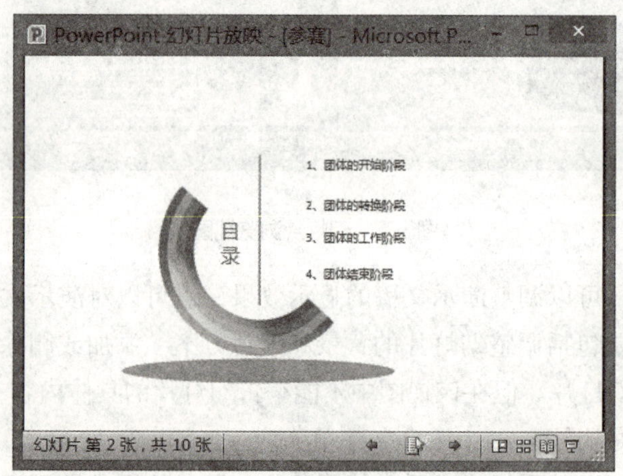

图5-4　幻灯片阅读视图

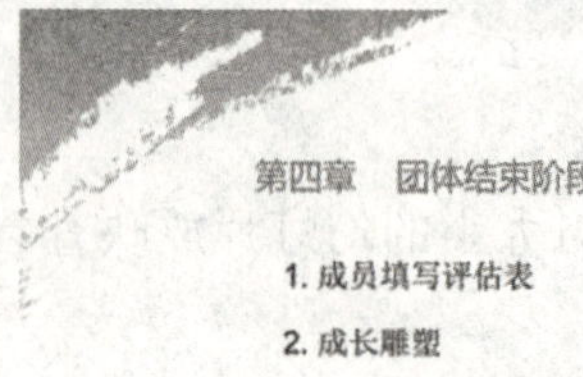

图5-5　幻灯片放映视图

二 PowerPoint 2010演示文稿的基本操作

（一）新建演示文稿

新建演示文稿的方法有以下几种：

1.启动PowerPoint后，软件将自动新建一个演示文稿，如图5-6所示。

2.切换到“文件”选项卡，在窗口左侧选择“新建”命令，然后单击中间的“空白演示文稿”按钮，再单击右侧的“创建”按钮，即可得到新建的演示文稿，在中间区域可以选择多个模板类型。

3.打开文件夹，在空白处单击鼠标右键，在弹出的菜单中选择“新建”命令，然后在其子菜单中选择“Microsoft Office PowerPoint演示文稿”命令，即可新建一个演示文稿。

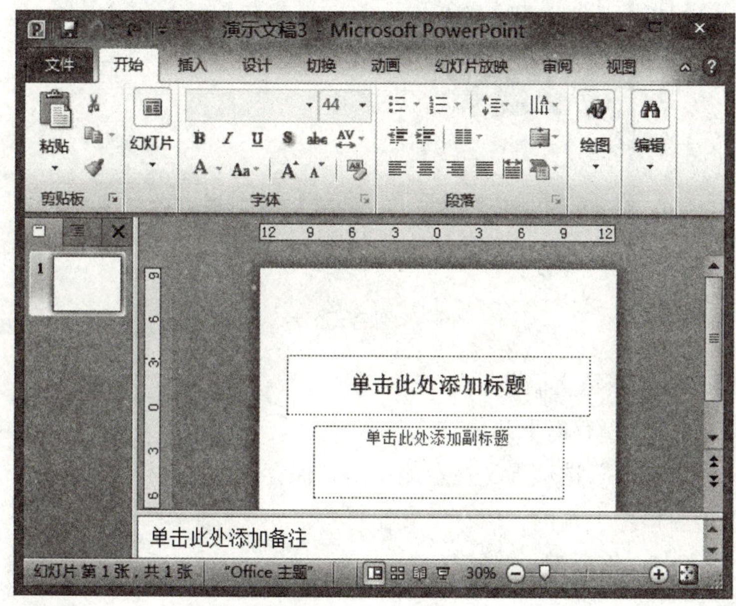

图5-6　PowerPoint 2010 工作界面

（二）打开演示文稿

打开演示文稿的方法有以下几种：

1.启动PowerPoint后，切换到“文件”选项卡，再选择“最近所用文件”命令，在中间可以显示最近使用过的文件名称，选择所需的文件即可打开该演示文稿。

2.切换到“文件”选项卡，再选择“打开”命令，将弹出“打开”对话框，选择所需的演示文稿后，单击“打开”按钮即可。

3.双击该文件即可打开演示文稿。

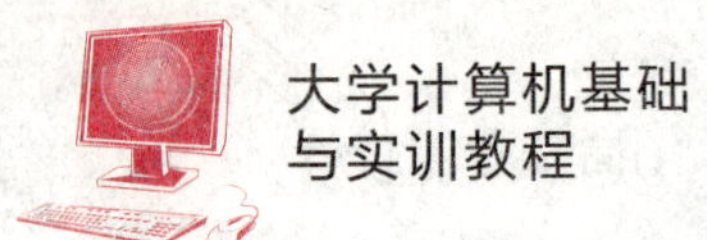

（三）保存演示文稿

1.保存新建的演示文稿

切换到“文件”选项卡，选择“保存”命令。打开“保存”对话框，在对话框的导航栏中选择文档保存位置，在“文件名”文本框中输入演示文稿名称，单击“保存”按钮即可，如图5–7所示。

图5–7　保存幻灯片

2.保存修改后的演示文稿

保存修改后的文稿有以下几种方法：

（1）选择“文件”选项卡，在左侧单击“保存”命令。

（2）单击窗口左上角的“保存”按钮。

（3）按下Ctrl+S组合键。

3.另存演示文稿

“另存为”通常用来备份演示文稿。切换到“文件”选项卡，选择“另存为”命令。打开“另存为”对话框，在导航栏中选择保存演示文稿的位置，在“文件名”文本框中输入演示文稿的新文件名，单击“确定”按钮即可。

（四）关闭演示文稿

关闭演示文稿有以下几种方法：

1.双击文档窗口左上角的按钮。

2.选择“文件”选项卡，单击左侧的“关闭”命令。

3.单击文件窗口右上角的“关闭”按钮。

4.按下Ctrl+F4组合键。

对于编辑后并没有保存的演示文稿，在关闭操作时，将弹出一个询问对话框，如图5-8所示。单击“保存”按钮，将保存编辑后的文稿并关闭；单击“不保存”按钮，将不保存编辑后的演示文稿并关闭；单击“取消”按钮，将取消本次操作。

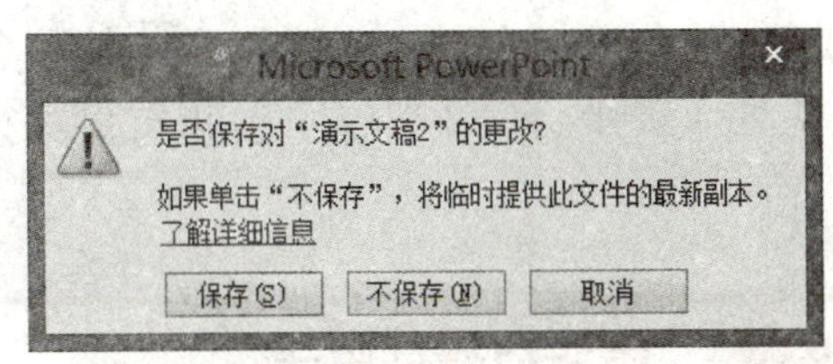

图5-8 提示对话框

项目二 幻灯片的基本操作

一 选择幻灯片

只有在选择了幻灯片后，用户才能对其进行编辑和各种操作。选择幻灯片主要有以下几种方法：

1.选择单张幻灯片单击需要选择的幻灯片，即可将其选择。

2.选择多张不连续的幻灯片：按住Ctrl键，单击需要选择的幻灯片即可。

3.选择多张连续幻灯片：选择第一张幻灯片后，按住Shift键，单击最后一张幻灯片即可。

二 新建幻灯片

可通过以下几种方式新建幻灯片：

1.切换到“开始”选项卡，单击“幻灯片”组中的“新建幻灯片”按钮，即可创建一张新的幻灯片。

2.切换到“开始”选项卡，单击“幻灯片”组中的“新建幻灯片”文字按钮，在弹出来的下拉列表中选择需要的幻灯片样式即可，如图5-9所示。

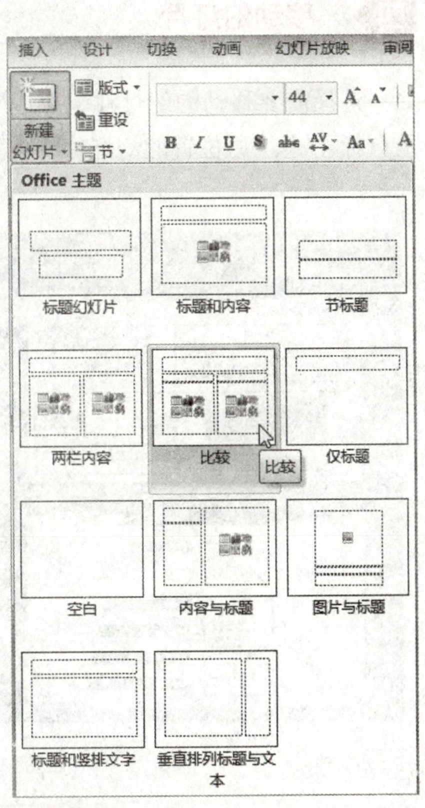

图5-9 “新建幻灯片”下拉列表

3.将鼠标指针移动到幻灯片下方灰色区域，单击鼠标右键，在弹出的快捷菜单中选择“新建幻灯片”命令，也可以新建幻灯片。

三 更改幻灯片版式

选择需要更改版式的幻灯片，切换到“开始”选项卡，单击“幻灯片”组中的“版式”按钮，在弹出的下拉列表中选择需要的版式即可，如图5-10所示。或右击需要更改版式的幻灯片，在弹出的快捷菜单中选择“版式”命令，在其级联菜单中选择需要的版式即可。

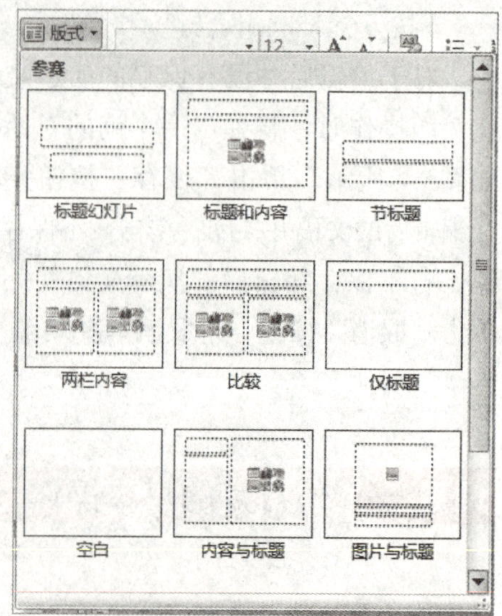

图5-10　选择需要更改的样式

四 移动幻灯片

选择需要移动的幻灯片，按住鼠标左键将其进行拖动。到达合适的位置后，释放鼠标左键，原位置的幻灯片将被移动到新的位置，如图5-11所示。

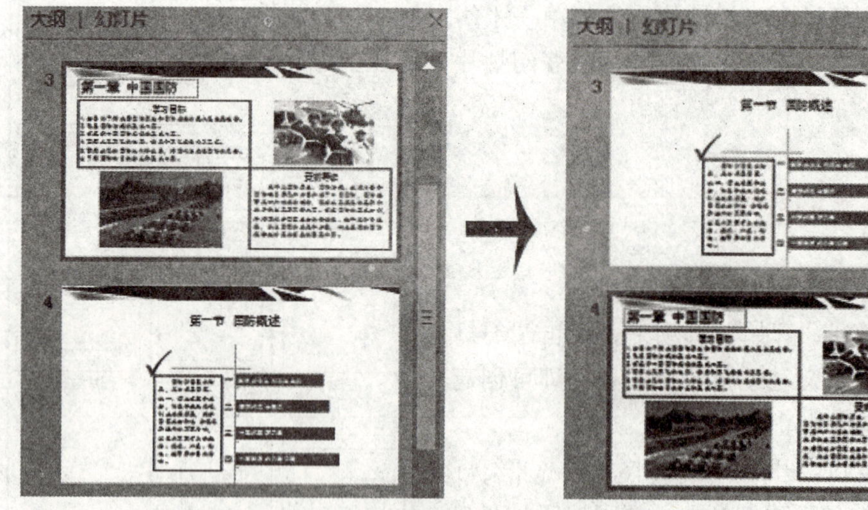

图5-11　幻灯片的移动

五 复制幻灯片

复制幻灯片的方法有以下几种：

1.选择需要复制的幻灯片，切换到“开始”选项卡，在“剪贴板”组中单击“复制”按钮，或右击需要复制的幻灯片，在弹出的快捷菜单中选择“复制”命令，如图5-12所示。在需要粘贴的位置单击“剪贴板”组中的粘贴按钮，或在需要粘贴的位置单击鼠标右键，在弹出的快捷菜单中选择“粘贴”命令即可。

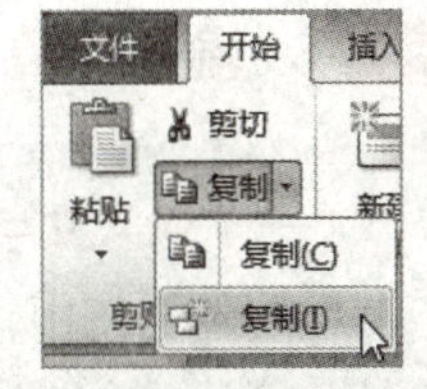

图5-12 “复制”命令

2.选择需要复制的幻灯片，切换到“开始”选项卡，单击“剪贴板”组中的“复制”按钮右侧的下拉按钮，在弹出的下拉菜单中选择第二个“复制”命令，如图5-13所示。或右击需要复制的幻灯片，在弹出的快捷菜单中选择“复制幻灯片”命令，即可复制并粘贴所选幻灯片。

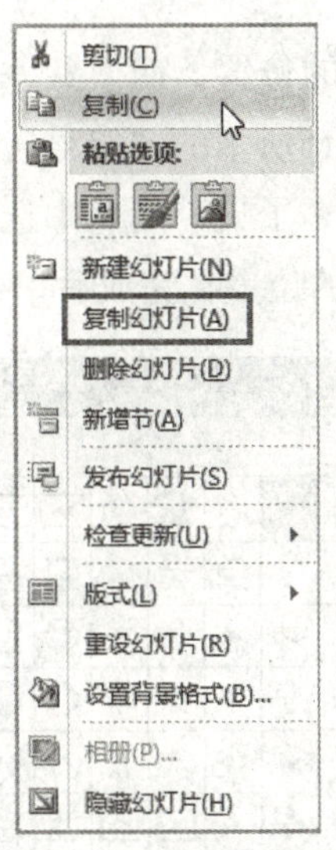

图5-13 选择不同的复制命令

六 删除幻灯片

删除幻灯片的方法有以下几种：

1.选择需要删除的幻灯片，然后按Delete键，即可将该幻灯片删除。

2.右击要删除的幻灯，在弹出的快捷菜单中选择“删除幻灯片”命令。

项目三 文本格式设置

一 输入文稿内容

（一）输入文字

在演示文稿中输入文字的方法与在Word中输入文字的方法一样。启动PowerPoint 2010后将新建一个演示文稿，此时幻灯片中有两个标题占位符，如图5-14所示。将鼠标指针移动到占位符上并单击，将光标置入占位符中，然后输入文字。输入完成后在占位符外侧单击即可。

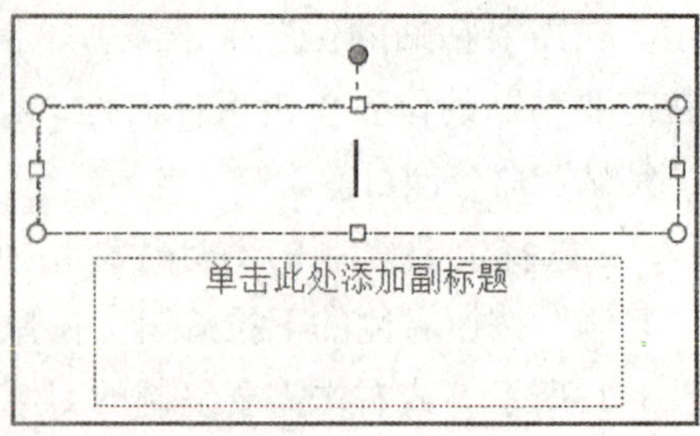

图5-14 占位符

（二）插入符号

将光标移动到需要插入符号的位置，切换到“插入”选项卡。单击“符号”组中的“符号”按钮。打开如图5-15所示的“符号”对话框。在“字体”下拉列表中选择要插入符号的字体样式，在“子集”列表中选择要插入的符号，单击“插入”按钮，即可将该符号插入到指定的位置，完成后单击“关闭”按钮关闭该对话框。

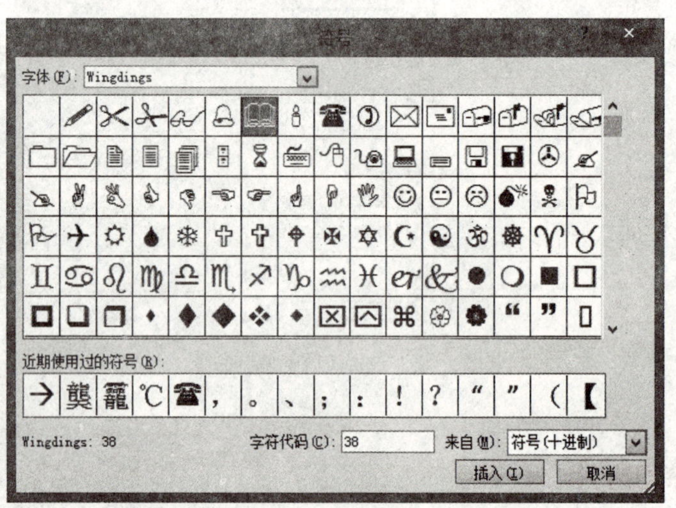

图5-15 “符号”对话框

（三）输入公式

将光标移动到需要插入符号的位置，切换到“插入”选项卡。在“符号”选项组中单击“公式”按钮，在弹出的下拉菜单中可以看到预设的几种公式，用户可以根据需要进行选择。单击要插入的公式进入编辑状态后，选择“公式工具/设计”选项卡，可以对插入的公式进行编辑修改，如图5-16所示。

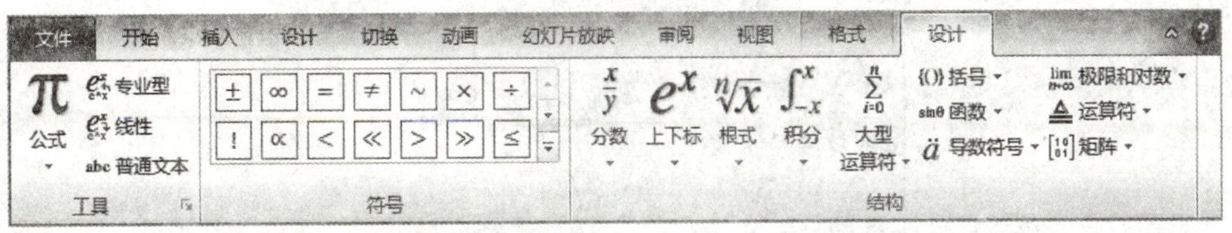

图5-16 “公式工具/设计”选项卡

二 设置文稿格式

在演示文稿中，输入的文字内容较多时，必须对文字进行排列，其中包括设置字体格式和效果，设置段落的对齐、缩进方式，设置行和段的间距，以及设置段落分栏、项目符号和编辑等。

（一）设置字体格式

选择需要设置格式的文本，切换至“开始”选项卡，在“字体”组中设置字体格式，如图5-17所示。或单击“字体”组右下角的“对话框启动器”按钮，打开“字体”对话框，在其中可以更加详细地设置字体格式，如图5-18所示。

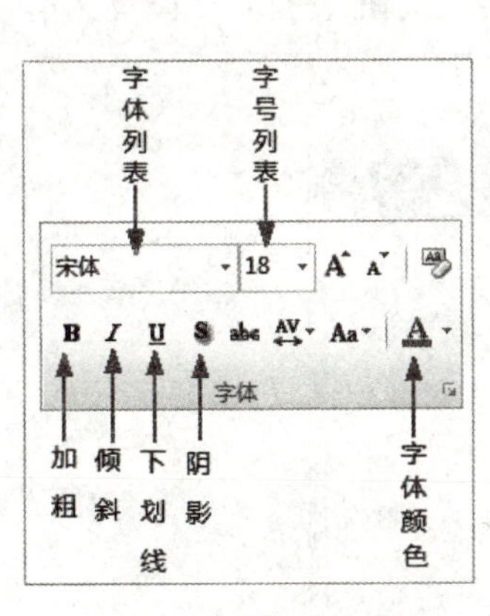

图5-17 “字体”组

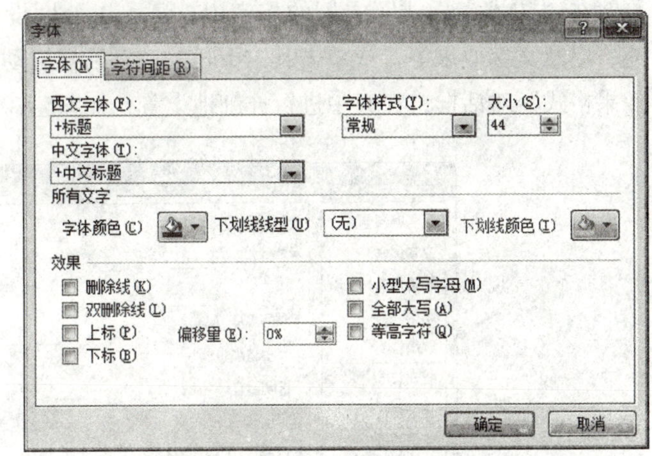

图5-18 “字体”对话框

（二）设置字体效果

除了设置字体格式外，用户还可以设置字体的艺术效果，这样能更加美化文稿，特别是在演示文稿标题文字中，可以适当地为文字添加艺术效果。

选择需要设置效果的文字。切换到“绘图工具/格式”选项卡，单击“艺术字样式”组中的“艺术字样式”下拉按钮，在弹出的下拉列表中选择需要的样式即可，如图5-19所示。

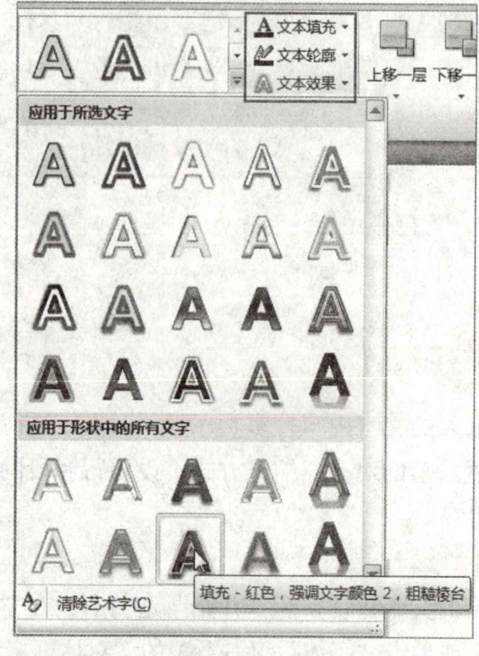

图5-19　文本“快速样式”列表

在“艺术字样式”右侧的按钮中，还可以分别设置文字的颜色填充、轮廓填充，以及文字效果等。或单击其右下角的“对话框启动器”按钮，打开“设置文本效果格式”对话框，在其中进行详细地设置，如图5-20所示。

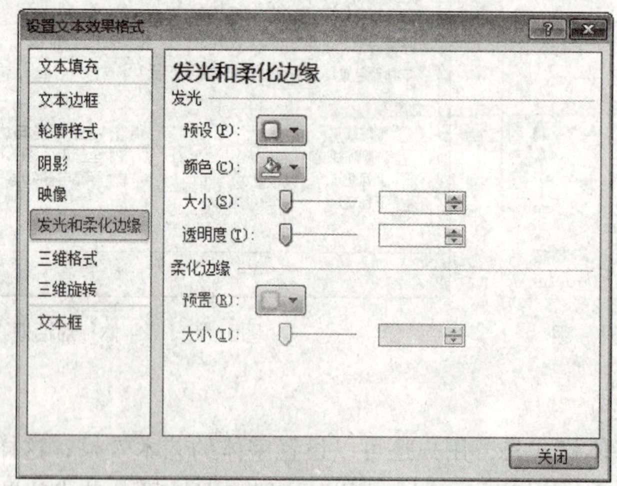

图5-20　“设置文本效果格式”对话框

（三）更改文字方向

选择需要更改字体方向的文本，切换到“开始”选项卡，在“段落”选项组中单击“文字方向”按钮，在弹出的下拉菜单中选择需要的方向调整样式即可，如图5-21所示。

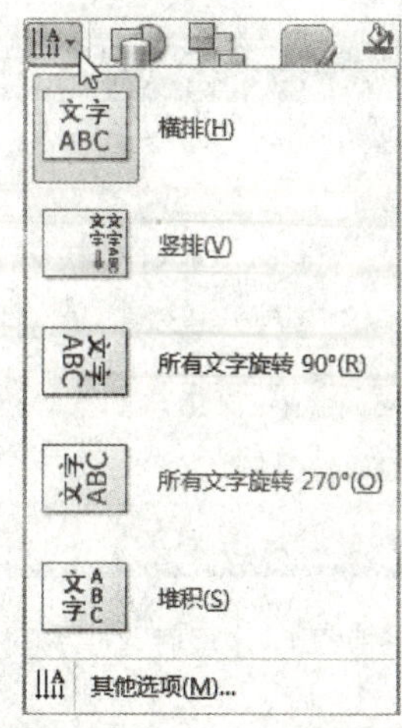

图5-21 “文字方向”下拉列表

（四）设置段落对齐方式

将光标插入需要设置对齐方式的段落，切换到“开始”选项卡，在“段落”组中进行设置，如图5-22所示。

除了设置段落之间的对齐方式外，还可以设置段落在占位符中的对齐方式，单击“段落”组中的“对齐文本”按钮，在弹出的下拉列表中选择合适的对齐方式即可，如图5-23所示。

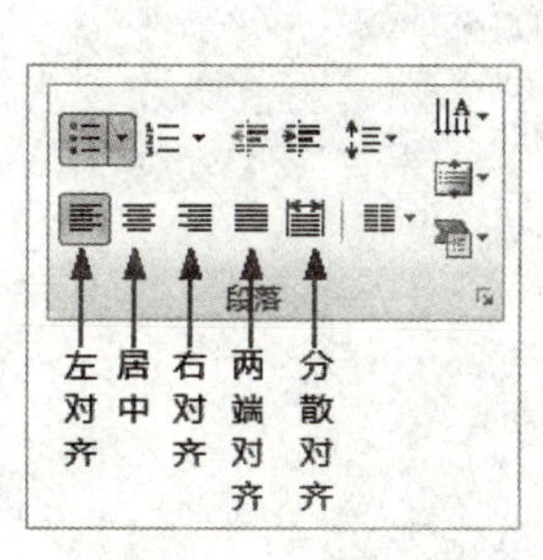

图5-22 “段落”组

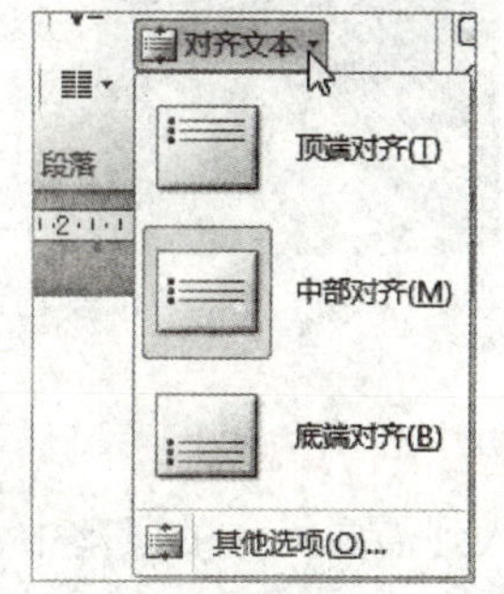

图5-23 “对齐文本”下拉列表

（五）设置段落缩进方式

在幻灯片中输入文本后，可以为段落设置缩进方式，主要分为首行缩进、悬挂缩进和左缩进。

将光标插入需要设置缩进的段落中，切换到“开始”选项卡，单击“段落”组右下角的“对话框启动器”按钮，打开“段落”对话框进行设置，如图5-24所示。或将鼠标指针移动到标尺上，拖动对应的缩进按钮即可，如图5-25所示为拖动首行缩进按钮。

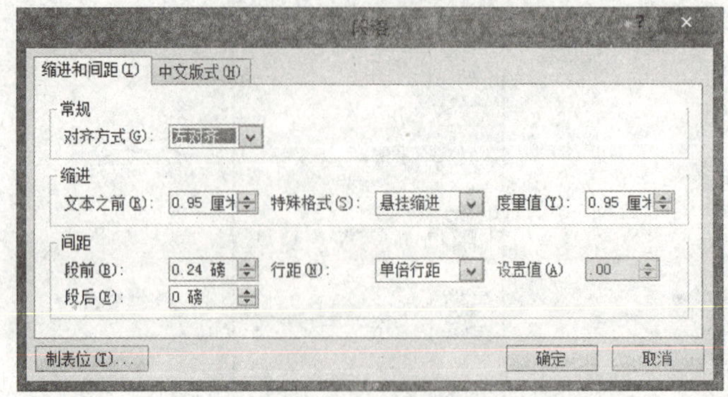

图5-24 “段落”对话框

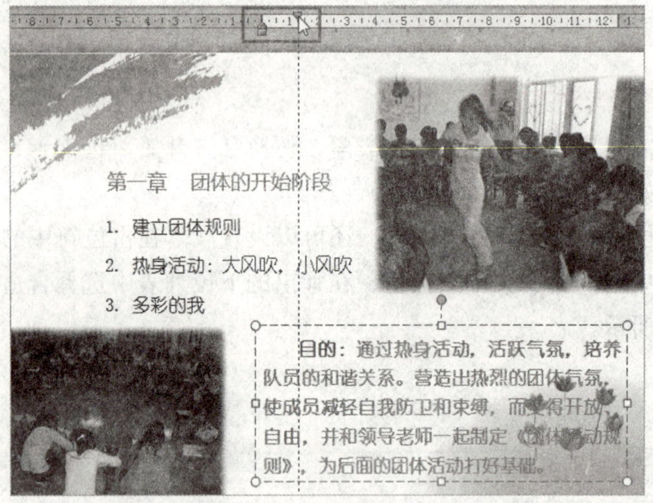

图5-25 标尺

（六）设置段落行距和间距

将光标插入到需要操作的段落中，切换到“开始”选项卡，单击“段落”组中的“行距”按钮，在弹出一个下拉菜单中选择合适的行距即可，如图5-26所示。或在“行距”下拉菜单中选择“行距选项”命令，将打开“段落”对话框，在“间距”选项组的“段前”和“段后”数值框中可以设置间距参数。

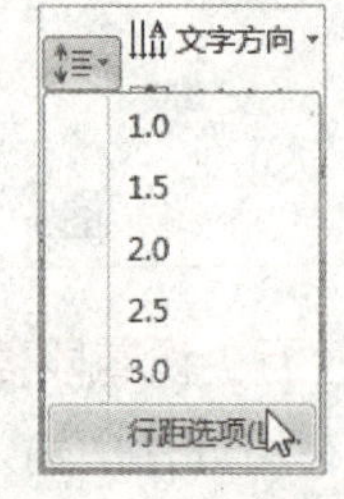

图5-26 “行距”下拉列表

（七）设置段落分栏

将光标插入到需要分栏的段落中，切换到“开始”选项卡，单击“段落”组中的“分栏”按钮，在弹出的下拉列表中选择分栏的栏数即可，如图5-27所示。或在“分栏”下拉列表中选择“更多栏”命令，打开“分栏”对话框进行设置，如图5-28所示。

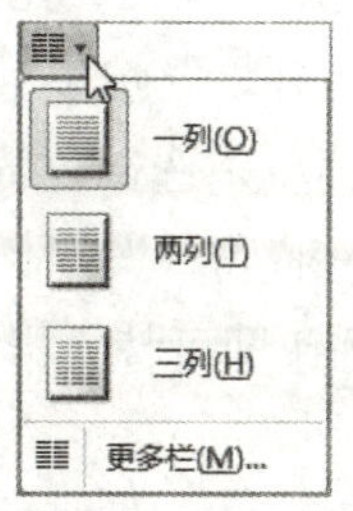

图5-27 “分栏”下拉列表

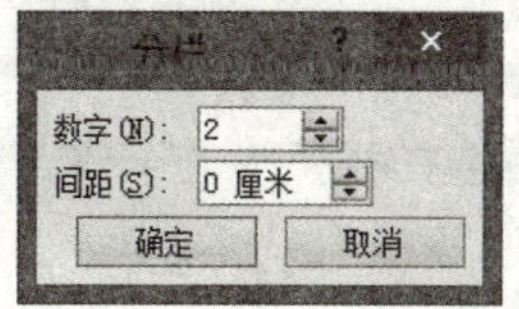

图5-28 “分栏”对话框

三 编辑文稿内容

当用户输入文稿内容后，除了设置字体和段落的各种格式外，还需要对文本进行复制、粘贴、移动、删除等操作；对于一篇较长的文稿，还能快速查找和替换其中的内容。

（一）复制与粘贴文本

选择需要复制的文本，切换到“开始”选项卡，单击“剪贴板”组中的“复制”按钮，或按快捷键Ctrl+C即可复制所选的文本。将光标移动到目标位置，单击“剪贴板”组中的“粘贴”按钮，或按快捷键Ctrl+V即可将复制的文本粘贴到指定的位置。

（二）查找与替换文本

切换到“开始”选项卡，单击“编辑”组中的“查找”按钮。打开“查找”对话框，如图5-29所示。在其中输入需要查找的内容，单击“查找下一个”按钮，将自动在文稿中依次选择相同的内容。

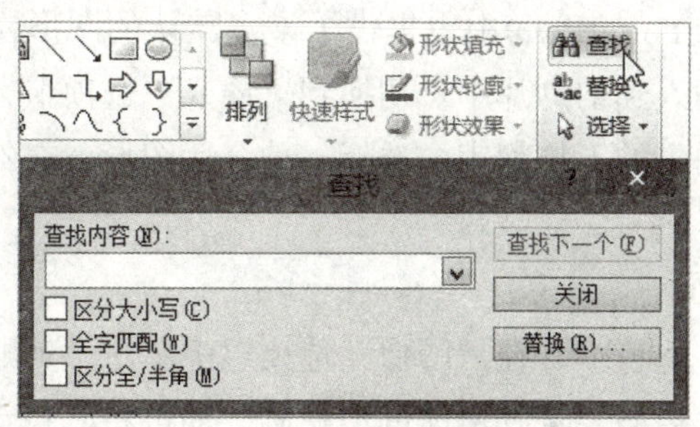

图5-29 “查找”对话框

如果需要将查找的内容进行替换，可以单击“替换”按钮，进入到“替换”对话框，在其中输入查找内容和替换内容，如图5-30所示。单击“替换”按钮，文稿中将自动替换所选择的文本，如果单击“全部替换”按钮，将自动替换文稿中所有符合条件的文本，替换完成后，将弹出一个提示对话框，显示替换的数量。单击“确定”按钮，返回“替换”对话框，再单击“关闭”按钮，完成替换。

如果用户需要替换文稿中的字体，可以选择“开始”选项卡，在“编辑”选项组中单击“替换”右侧的三角形按钮，在弹出的菜单中选择“替换字体”命令，将打开“替换字体”对话框，如图5-31所示。在“替换字体”对话框中选择需要替换的字体，然后选择替换为的字体，单击“确定”按钮即可替换指定的字体。

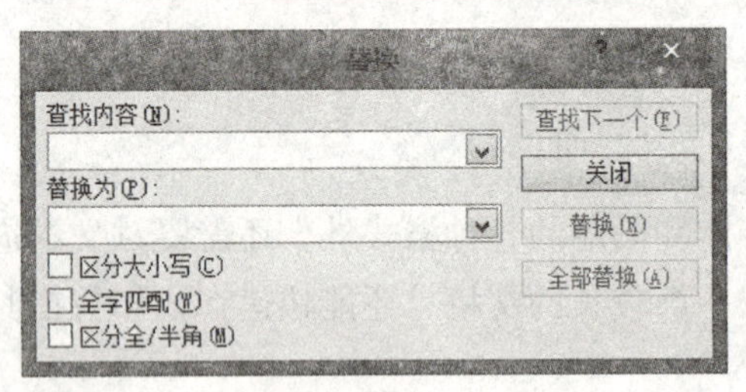

图5-30 “替换”对话框

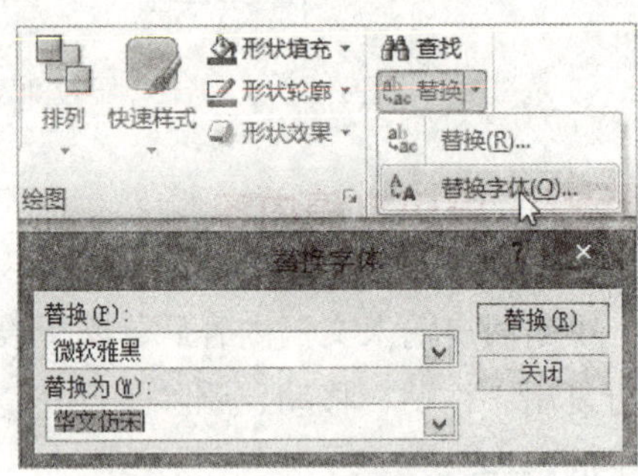

图5-31 “替换字体”对话框

项目四 幻灯片中插入对象

一 插入图形与图片

（一）插入图形

与Word一样，在PowerPoint中也提供了许多默认的图形样式，用户可以根据需要选择所需的图形插入到幻灯片中。切换到“插入”选项卡，单击“插图”组中的“形状”按钮，在弹出的下拉列表中选择一种合适图形，在幻灯片中拖动鼠标，即可绘制出相应的图形。

（二）插入剪贴画

切换到“插入”选项卡，在“图像”选项组中单击“剪贴画”按钮，将在窗口右侧弹出“剪贴画”窗格，选择所需的剪贴画，即可将其自动粘贴到幻灯片中，如图5-32所示。

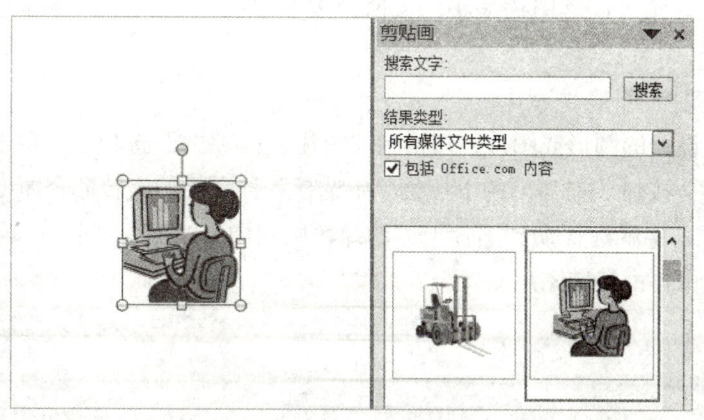

图5-32 插入剪贴画

（三）插入图片

切换到“插入”选项卡，在“图像”组中单击“图片”按钮。打开如图5-33所示的“插入图片”对话框，查找并选择要插入的图片，单击“插入”按钮，即可将图片插入。插入图片后用户可以切换到“图片工具/格式”选项卡中对图片进行各种编辑。

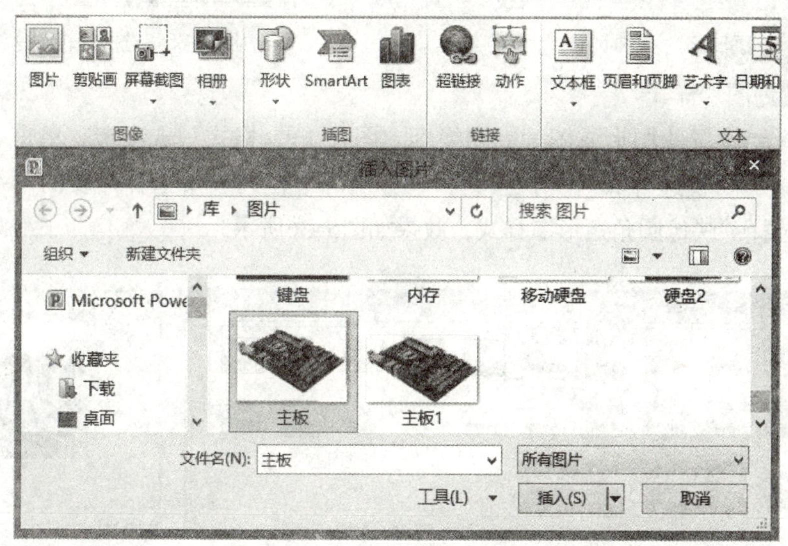

图5-33 “插入图片”对话框

（四）设置图形或图片的格式

将图形或图片插入到幻灯片中后，还可以对其进行格式编辑，包括设置其大小、旋转角度、图形样式、对齐方式，以及叠放次序和更改图形形状等。

1.调整图片大小

选择要设置的图形或图片，切换到“图片工具/格式”选项卡，在“大小”选项卡中可以直接输入调整图片大小的数值，按下Enter键确认图片将等比例缩放，如图5-34所示。

2.旋转图片

选择要设置的图形或图片，切换到“图片工具/格式”选项卡，单击“排列”组中的“旋转”按钮，在弹出的下拉菜单中选择一种需要的旋转命令即可，如图5-35所示。也可以将鼠标移动到图片上方的绿色圆圈中，当鼠标指针变为 时，按住鼠标拖动，可自由旋转图片。

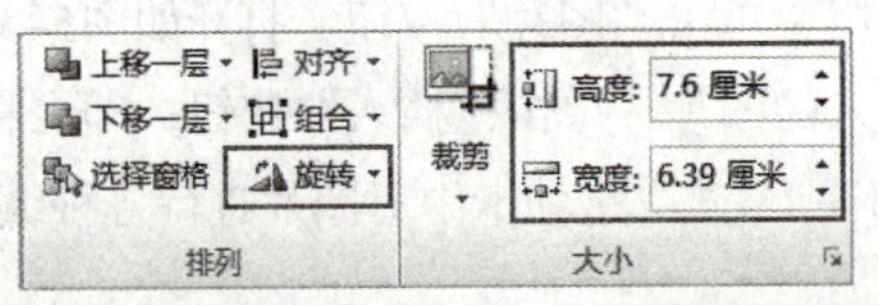

图5-34 “排列”“大小”组

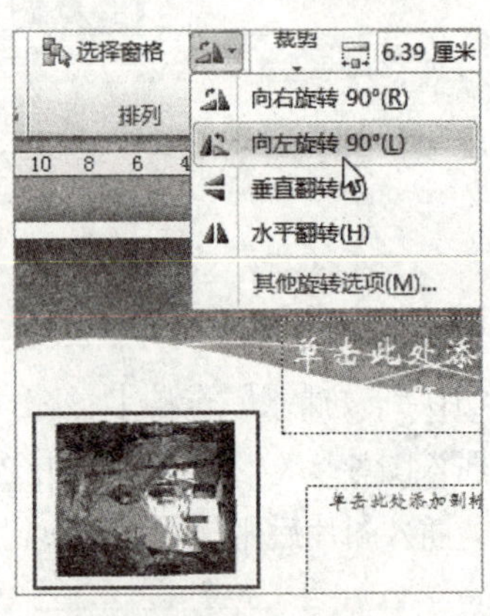

图5-35 选择旋转命令

3.设置图片样式

选择要设置的图形或图片，切换到“图片工具/格式”选项卡，单击“图片样式”组中的“快速样式”下拉按钮，在弹出的下拉列表中选择需要的图片样式即可。如选择“映像圆角矩形”样式，效果如图5-36所示。

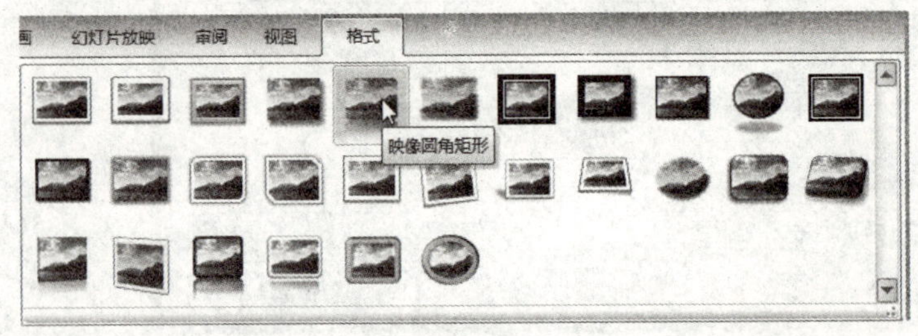

图5-36 快速样式列表及应有效果

4.更改图片

选择要设置的图形或图片，切换到“图片工具/格式”选项卡，单击“调整”组中的“更改图片”按钮，弹出的“插入图片”对话框中选择需要更换的图片即可。

5.设置叠放次序

当幻灯片中有多幅图片或图形时，则只有位于最上面的对象能够显示完全，可通过调整对象的次序关系来显示不同的对象。

选择需要调整次序的图片，切换到“图片工具/格式”选项卡，单击“排列”组中的“上移一层”或“下移一层”右侧的三角形按钮，在弹出的菜单中选择合适的命令即可，如图5-37所示。或右击图片，在弹出的快捷菜单中选择“置于顶层”或“置于底层”以打开的级联菜单中选择合适的叠放次序即可。如图5-38所示。

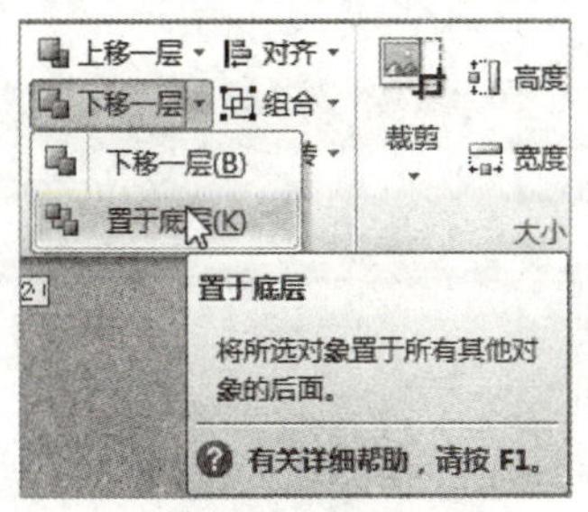

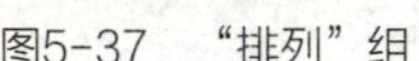
图5-37　“排列”组

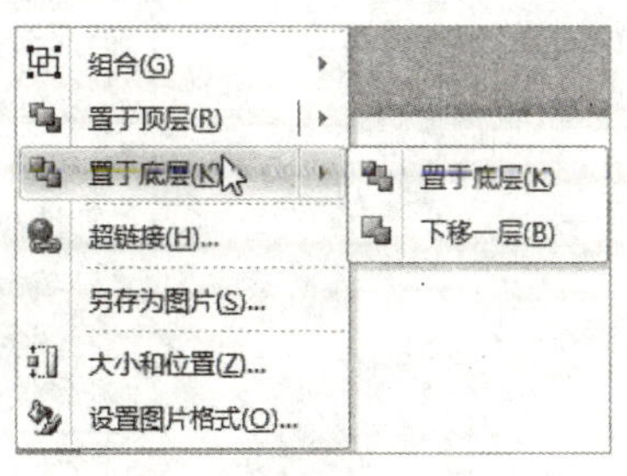

图5-38　图片的快捷菜单

6.显示或隐藏图片

切换到“图片工具/格式”选项卡，单击“排列”组中的“选择窗格”按钮，打开“选择和可见性”窗格，如图5-39所示。用户可以很清楚地观察到所有对象的次序关系，单击下方的箭头符号▲▼，可以将所选对象上移一层或下移一层；单击按钮，可以显示或隐藏对象。

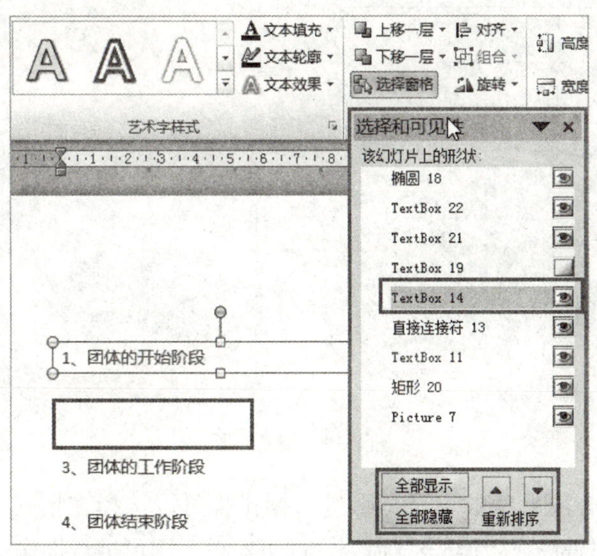

图5-39　“选择和可见性”窗格

7.图片的排列与分布

选择要设置的所有对象，切换到“图片工具/格式”选项卡，单击“排列”组中的

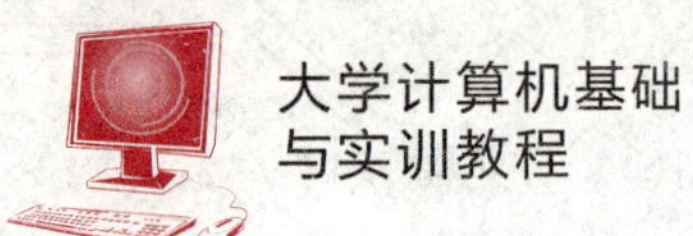

“对齐”按钮，在弹出的下拉菜单中可以设置各种对齐和分布方式，如图5-40所示。

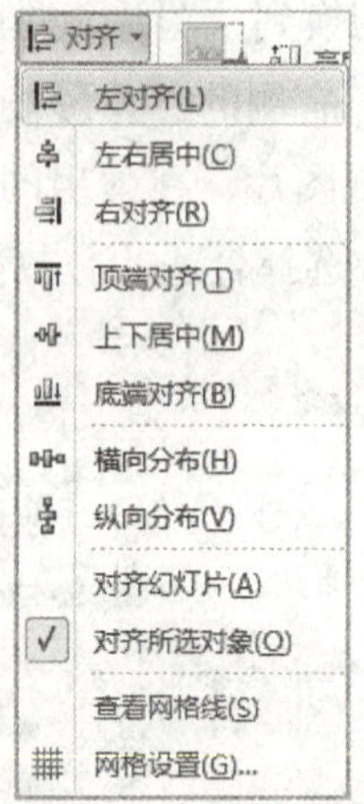

图5-40　“对齐”下拉列表

8.组合对象

按住Shift键的同时逐个单击要组合的图形或图片，将多个图形或图片选中。切换到“图片工具/格式”选项卡，单击“排列”组中的“组合”按钮，在弹出的菜单中选择“组合”命令，如图5-41所示。图形组合后，可以对其同时进行如调整大小、旋转、应用样式等操作。

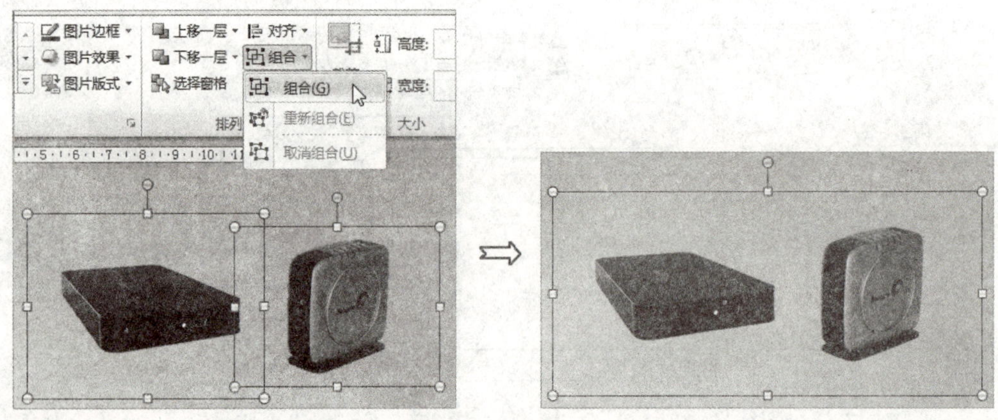

图5-41　组合图形

如果要对组合图形中的单个图形进行操作，可以选择“格式”选项卡，单击“排列”选项组中的“取消组合”命令，即可对单个图形进行操作。

（五）压缩演示文稿中的图片

当演示文稿中的图片过多时，会使文件增大，减慢演示文稿的播放速度，这时就可以压缩图片。具体操作如下：

1.切换到“文件”选项卡，单击“另存为”命令，打开“另存为”对话框，单击“工具”按钮，在弹出的菜单中选择“压缩图片”命令，如图5-42所示。

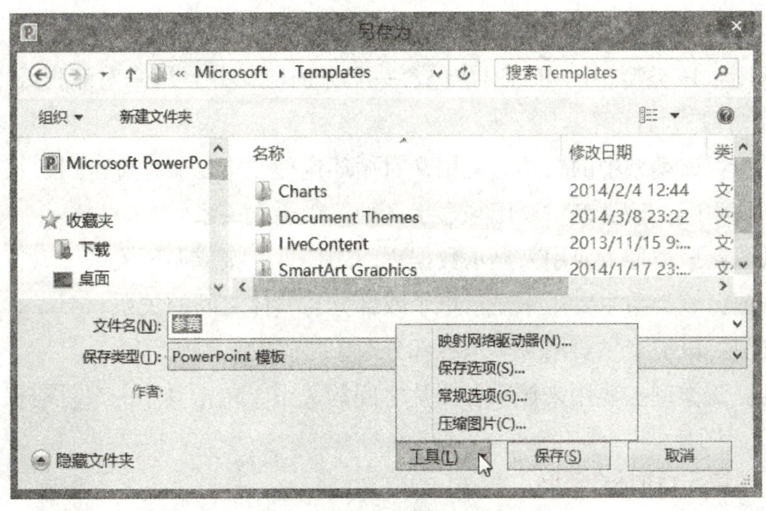

图5-42 “另存为”对话框

2.这时将弹出“压缩图片”对话框，用户可以对“目标输出”选项进行设置，如图5-43所示，单击“确定”按钮后，将开始压缩图片。

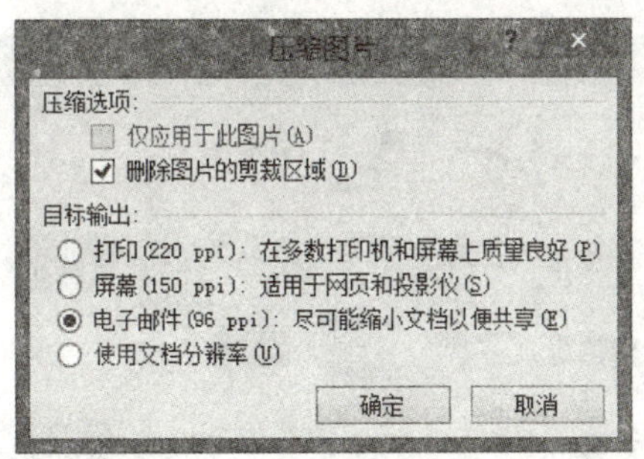

图5-43 “压缩图片”对话框

3.如果要压缩文稿中的单张图片，可以选择该图片，选择“图片工具/格式”选项卡，在“调整”选项组中单击“压缩图片”按钮。

4.在弹出的“压缩图片”对话框的“压缩选项”组中，选择“仅应用于此图片”复选框，即可仅压缩所选择的图片。

二 插入SmartArt图形

在PowerPoint中可以插入SmartArt图形，其中包括列表图、流程图、循环图、层

次结构图、关系图、矩阵图、棱锥图和图片等。

下面将详细介绍这几种图形。

1.列表图：该类型中的布局通常对遵循分步或有序流程的信息进行分组。

2.流程图：该类型中的布局通常包含一个方向流，并且用来对流程或工作流中的步骤以及阶段进行图解。

3.循环图：该类型中的布局通常用来对循环流程或重复流程进行图解。

4.层次结构图：该类型主要用来显示一种等级层次关系。

5.关系图：该类型主要用来显示数据之间的一种连接或循环关系。

6.矩阵图：该类型主要用来显示单个或部分与整体之间的关系。

7.棱锥图：该类型主要用来显示各部分对象之间的比例关系。

8.图片：该类型主要用来显示各图片之间的关系，单击其中的图标，可以打开对话框插入图片。

（一）创建SmartArt图形

切换到“插入”选项卡，单击“插图”组中的“SmartArt”按钮，打开“选择SmartArt图形”对话框，如图5-44所示。在对话框左侧选择合适的SmartArt图形的类型，在中间选择该类型中的一种布局方式，单击“确定”按钮，即可将选择的SmartArt图插入到幻灯片中。

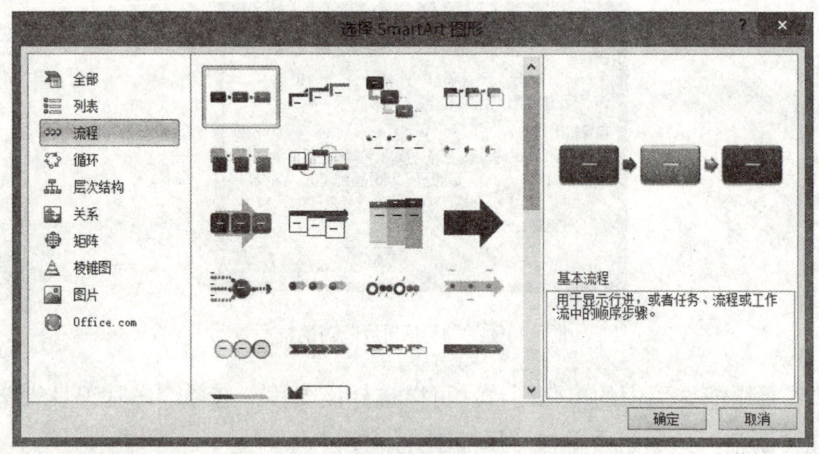

图5-44　“选择SmartArt图形”对话框

（二）设置SmartArt图形格式

在幻灯片中插入SmartArt图形后，用户可以根据实际需要，改变SmartArt图形的布局、形状、大小和位置，以及设置SmartArt图形的外观样式等。具体操作如下：

1.更改布局

选择已经插入到幻灯片中的SmartArt图形，切换到“SmartArt工具/设计”选项卡，单击“布局”组中的“更改布局”按钮，如图5-45所示，选择一种布局后，即可改变幻灯片中的布局结构。

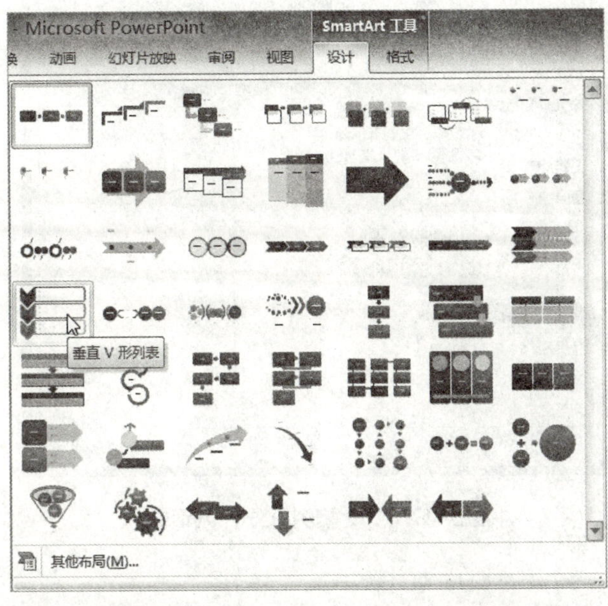

图5-45 SmartArt图形“布局”下拉列表

2.更改形状

选择要更改形状的图形，切换到“SmartArt工具/格式”选项卡，单击“形状”组中的“更改形状”按钮，在弹出的菜单中选择一种形状，如图5-46所示，选择一种形状后，即可改变当前选择图形的形状。

3.调整大小

切换到“SmartArt工具/格式”选项卡，在“大小”选项组中可以输入数值，设置SmartArt图形的高度和宽度。或单击“大小”组右下角的“对话框启动器”按钮，打开“设置形状格式”对话框，在其中可以设置尺寸参数和缩放比例等详细参数，如图5-47所示。也可将鼠标放到图形的任意一个角，向内或向外拖动鼠标，可以放大或缩小图形，这个方法对整个SmartArt图形区域都适用。

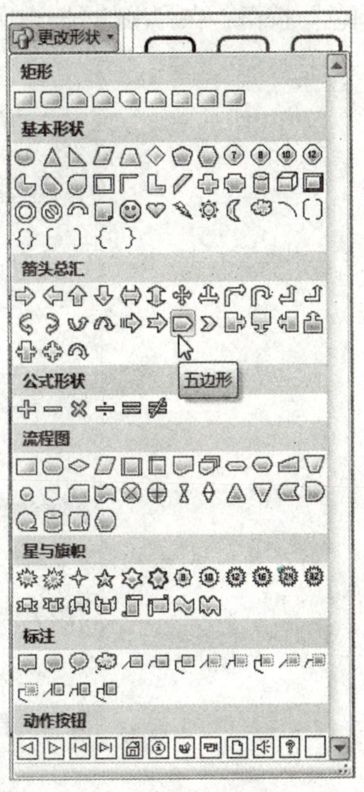

图5-46 图更改形状

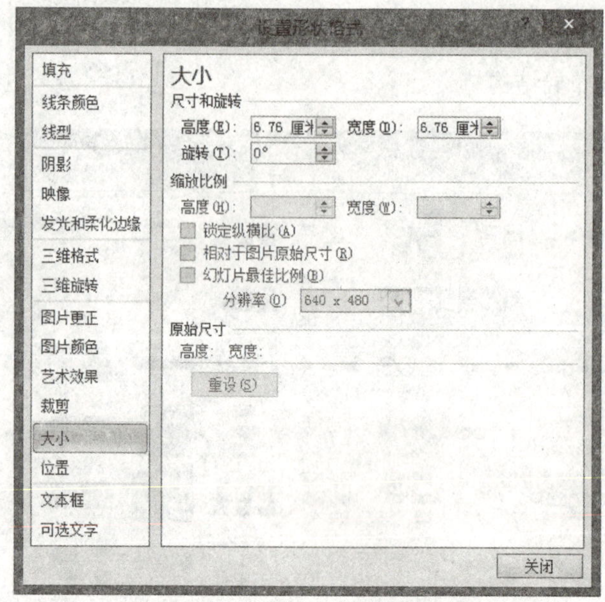

图5-47 “设置形状格式”对话框

4.设置颜色

切换到“SmartArt工具/设计”选项卡，单击“SmartArt样式”选项组中的“更改颜色”按钮，在弹出的列表中可以选择一种颜色，如图5-48所示。

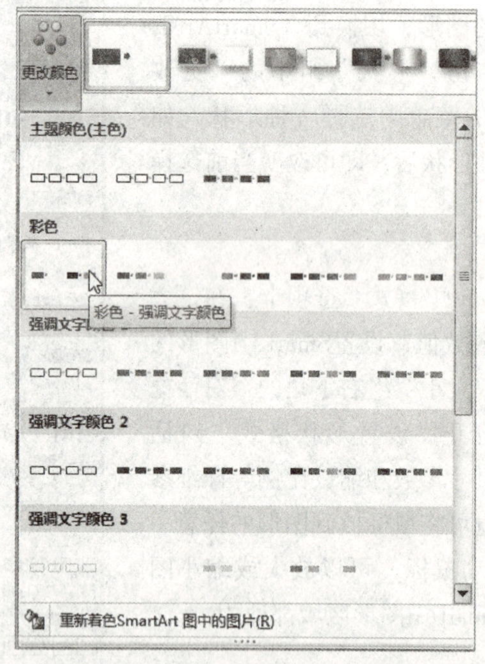

图5-48 “更改颜色”下拉列表

5.设置样式

切换到“SmartArt工具/设计”选项卡，单击“SmartArt样式”组中的“快速样式”按钮，在弹出的列表中可以选择一种样式应用到SmartArt图形中，如图5–49所示。

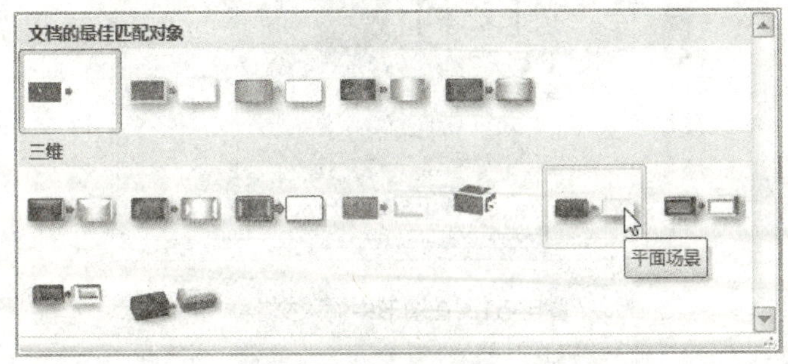

图5–49 “SmartArt样式”下拉列表

6.设置图形边框样式

如果要设置某一个图形的边框效果，可以选择该图形，切换到“SmartArt工具/格式”选项卡，单击“形状样式”组中的“形状样式”列表框右侧的下拉按钮，在弹出的列表中选择需要的形状样式即可，如图5–50所示。

图5–50 选择边框样式

（三）在图形中输入文本内容

在SmartArt图形中输入文字，能够准确地表现出SmartArt图形所表达的内容。在SmartArt图形中输入文本内容的方法很简单，用户可以直接单击图形，即可在光标处输入文本内容，如图5–51所示。

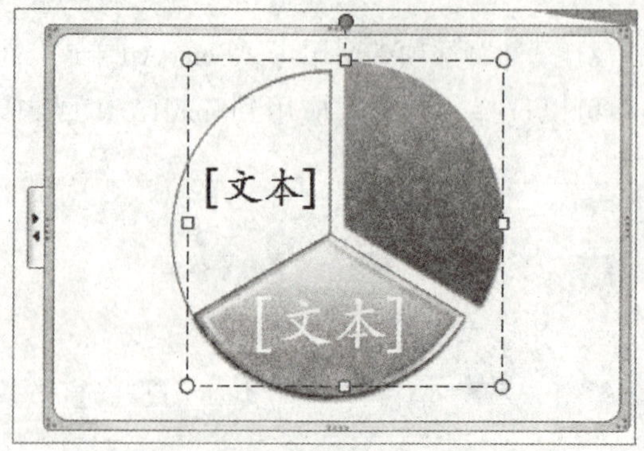

图5-51　在图形中输入文字

除此之外，还可以单击SmartArt图形边框左侧的三角形，打开文本窗格，选择需要输入内容的文本框，再输入文字，如图5-52所示。

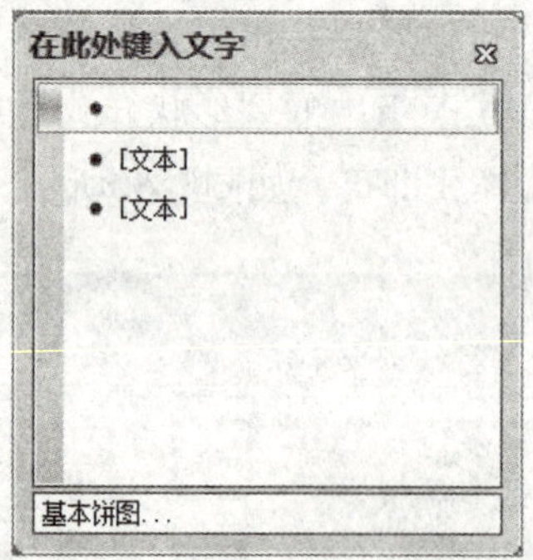

图5-52　在文本窗格中输入文本

三 插入表格

在PowerPoint中使用表格比在Word中使用表格要方便快捷得多，主要包括创建格式、输入文字、调整表格样式等。

（一）创建表格

用户可以根据需要手动绘制表格、使用“插入表格”对话框和使用“插入表格”按钮3种方式来创建表格。

1.手动绘制表格：切换到“插入”选项卡，单击“表格”选项组中的“表格”按钮，在弹出的菜单中选择“绘制表格”命令，这时光标将变为笔形，在幻灯片中拖动鼠标绘制表格外边框，然后在表格中绘制横线和竖线作为表格行和列的界线。

2.使用“插入表格”按钮：切换到“插入”选项卡，单击“表格”选项组中的

“表格”按钮，在弹出的菜单中拖动鼠标即可选择表格的行数和列数，释放鼠标后，将在光标插入点创建表格，如图5-53所示。

3.使用“插入表格”对话框：切换到“插入”选项卡，单击“表格”选项组中的“表格”按钮，在弹出的菜单中选择“插入表格”命令，将弹出“插入表格”对话框，在其中设置表格的行和列，如图5-54所示，单击“确定”按钮，即可在幻灯片中插入一个表格。

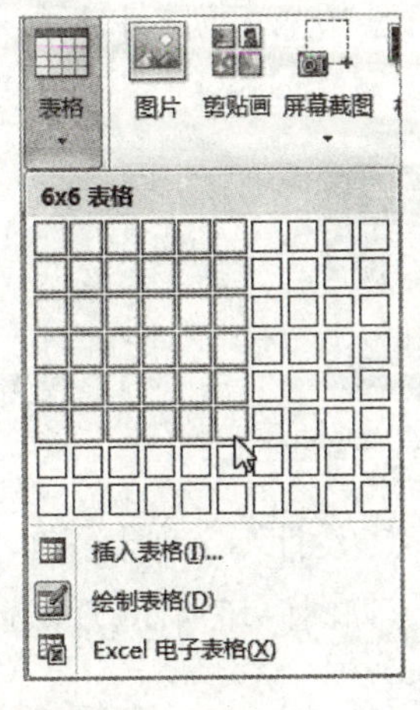

图5-53 “表格”下拉列表

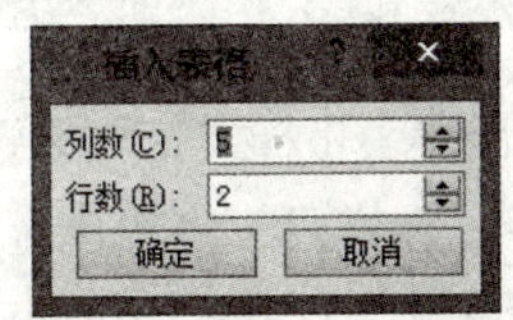

图5-54 “插入表格”对话框

（二）设置表格格式

创建好表格后，还可以对表格格式进行调整，其中包括调整表格和单元格大小，添加和删除行或列，合并单元格，调整行高和列宽等。

具体操作如下：

1.在幻灯片中创建表格后，将鼠标放到表格四周任意一个点，当鼠标变为双向箭头时，拖动鼠标即可缩放表格大小。

2.调整单元格大小，可以选择需要调整的单元格，选择“表格工具/布局”选项卡，在“单元格大小”选项组中输入数值，即可调整单元格大小，如图5-55所示。

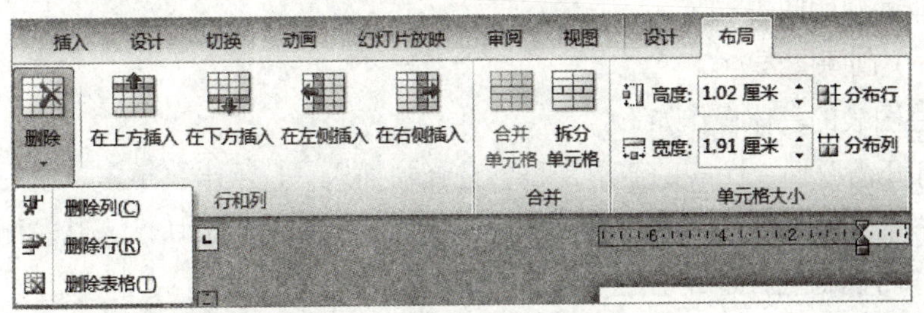

图5-55 “表格工具/布局”选项卡

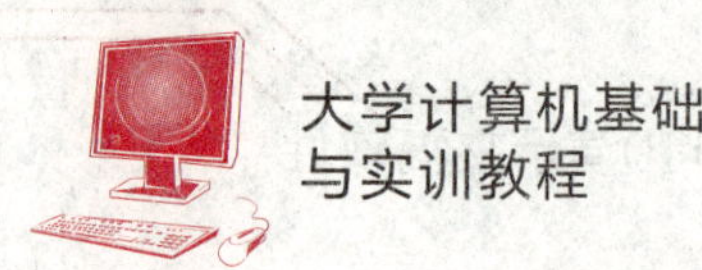

3.在“行和列”选项组中可以设置在何处插入行和列。

4.单击“删除”按钮，在弹出的下拉菜单中可以选择删除行、列或者整个表格，如图5-55所示。

5.如果要合并单元格，可以选择需要合并的单元格，切换到“表格工具/布局”选项卡，单击选项组中的“合并单元格”按钮即可。

6.单击“合并”选项组中的“拆分单元格”按钮，将弹出“拆分单元格”对话框，可以设置拆分的列数和行数，如图5-56所示。设置好列数和行数后，单击“确定”按钮。

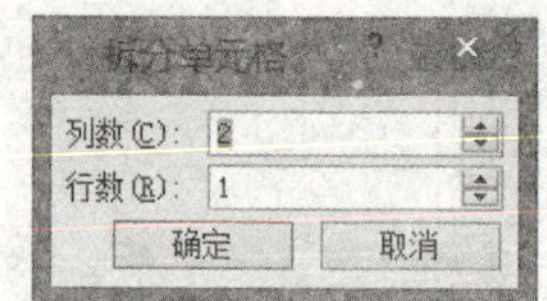

图5-56 “拆分单元格”对话框

7.如果要设置表格样式，可以选择“表格工具/设计”选项卡，在“表格样式”选项组中选择一种样式，将快速应用到表格中，如图5-57所示，该选项组右侧的3个按钮分别可以自定义设置表格的底纹、边框和效果。

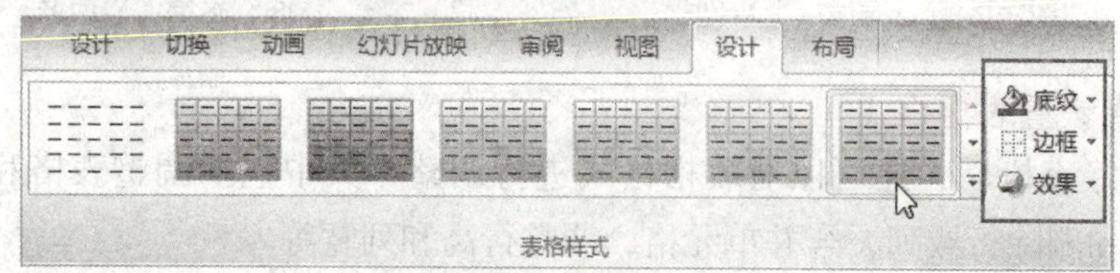

图5-57 “表格样式”组

四 插入图表

在PowerPoint中，只需选择图表类型、图表布局和图表样式，即可方便地创建出具有专业外观的图表。

（一）创建图表

创建图表的具体操作如下：

1.打开需要插入图表的演示文稿，选择“插入”选项卡，单击“插图”选项组中的“图表”按钮，将弹出“插入图表”对话框，如图5-58所示，其左侧显示了图表类型，右侧则包含了详细的列表缩览图。

2.选择一种图表类型，单击“确定”按钮，将在幻灯片中插入默认图表。

3.在插入图表的同时将打开Excel数据表，在其中可以修改对应的数据，如

图5-59所示。

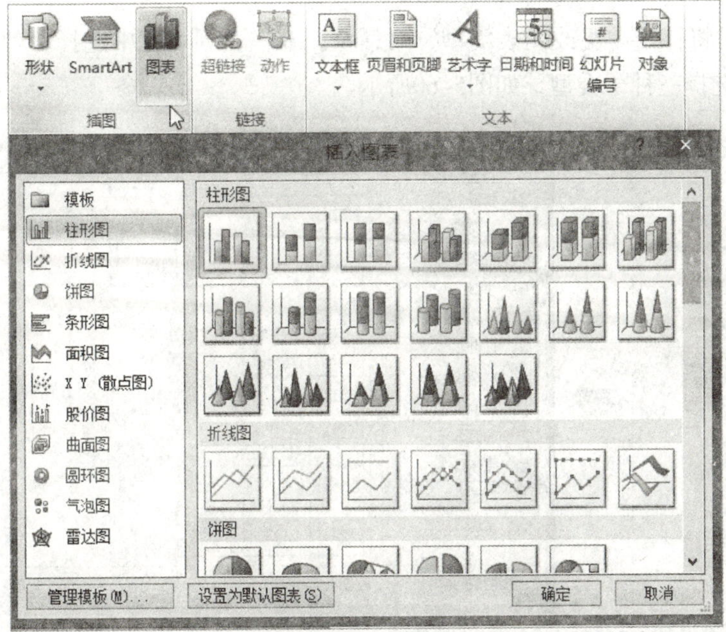

图5-58　“插入图表”对话框

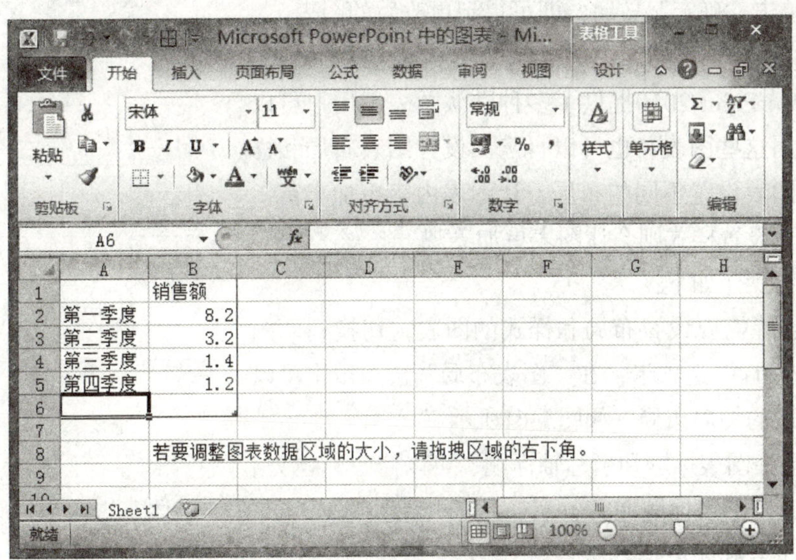

图5-59　PowerPoint中的图表 - Excel

4.修改好数据后就可以创建符合要求的图表。

（二）更改图表类型

更改图表类型的具体操作如下：

1.选择已创建的图表，单击鼠标右键，在弹出的菜单中选择“更改图表类型”命令。

2.这时将打开“更改图表类型”对话框，在左侧列表框中选择一种图表类型，在右侧再选择一种子类型，如图5-60所示。

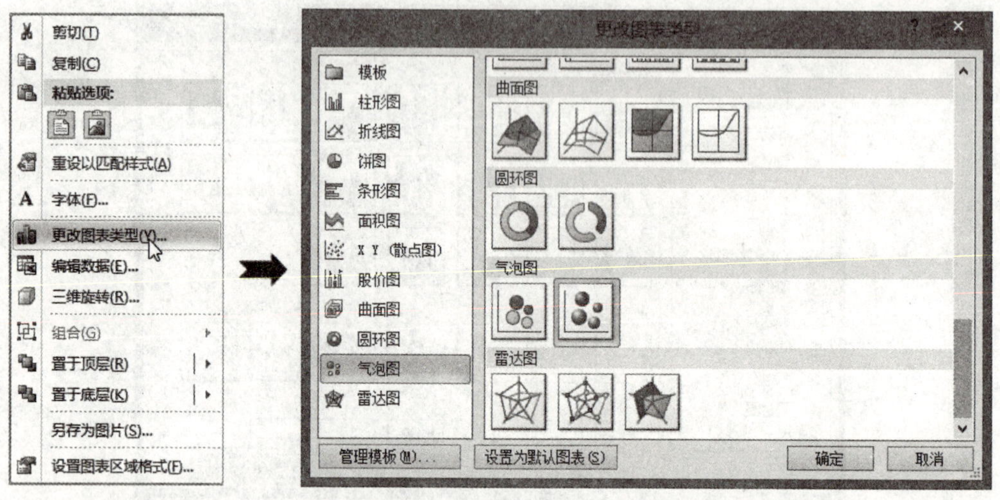

图5-60　更改图表类型

3.单击“确定”按钮，即可得到更改后的图表。

（三）设置图表布局和样式

PowerPoint 2010提供了多种默认图表，用户可以直接使用这些图表，也可以自定义设计图表布局和样式，为图表设置不同的布局，让图表内容更加丰富，而且图表设置样式则会让图表更加美观。

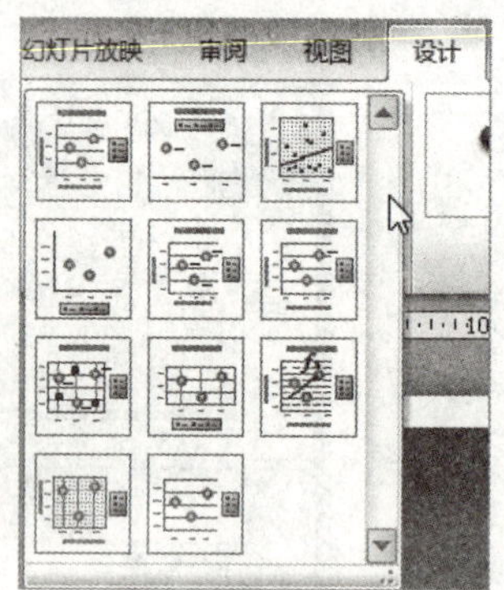

图5-61　“图表布局”下拉列表

具体操作如下：

1.选择需要设置布局和样式的图表，切换到“图表工具/设计”选项卡，在“图表布局”选项组中可以选择合适的图表布局，如图5-61所示。

2.选择图表标题和坐标轴标题，可以修改标题文本。

3.选择图表标题文字，切换到“开始”选项卡，在“字体”选项卡中可以设置字体、字号和颜色等。

4.切换到“图表工具/格式”选项卡，在“艺术字样式”选项组中还可以对文字应用艺术效果。

5.切换到“图表工具/设计”选项卡，在“快速样式”选项组中可以设置图表的样式效果，如图5-62所示。

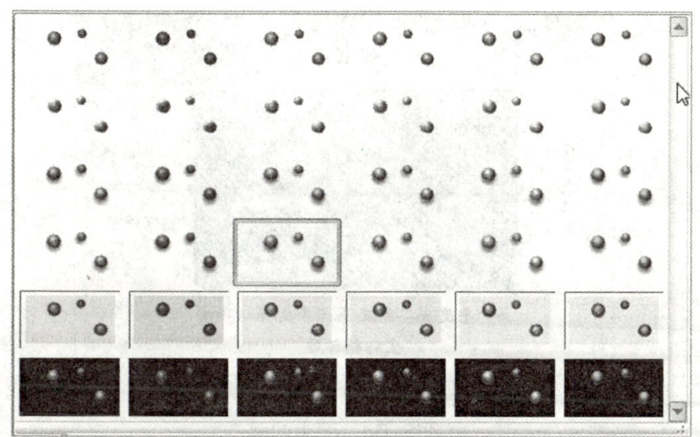

图5-62 “快速样式”下拉列表

6.切换到“图表工具/布局”选项卡，单击“背景”选项组中的“绘图区”按钮，在弹出的菜单中选择“其他绘图区选项”命令。打开“设置绘图区格式”对话框，选择左侧的“填充”，然后在右侧可以选择背景墙的填充方式，如选择“渐变填充”单选按钮，可以对其设置颜色，如图5-63所示。

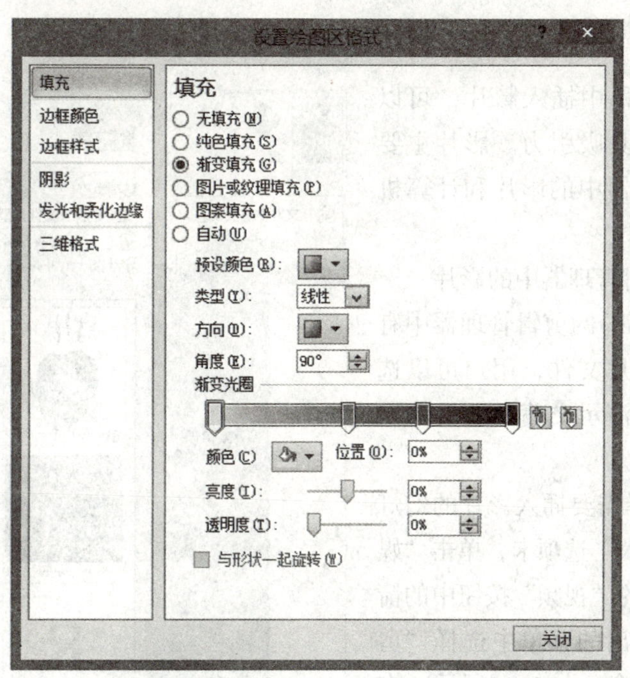

图5-63 “设置绘图区格式”对话框

7.完成后单击“关闭”按钮，得到的图表效果如图5-64所示，完成图表布局和样式的设置。

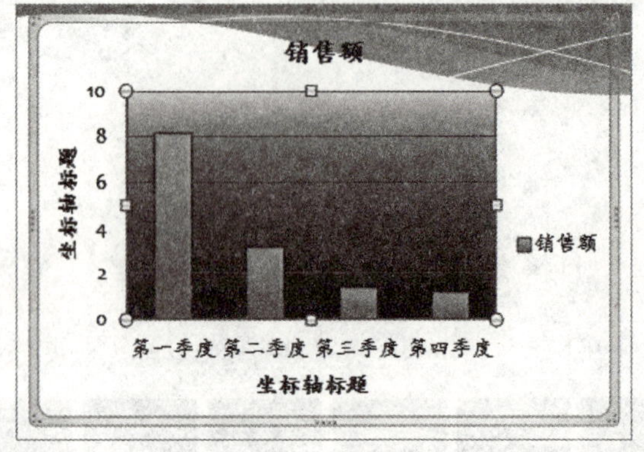

图5-64　图表效果

五 插入多媒体

插入多媒体
视频来源：搜狐视频

一个好的演示文稿除了有文字和图片外，还少不了在其中加入一些多媒体对象，如视频片段、声音特效等。加入这些内容可以让演示文稿更加生动活泼、丰富多彩。

（一）在演示文稿中插入影片

在演示文稿中插入影片，可以让演示文稿更具吸引力。影片主要分为剪辑管理器中的影片和计算机中的影片文件。

1.插入剪辑管理器中的影片

在PowerPoint的剪辑管理器中有软件自带的影片文件，用户可以选择一种插入到演示文稿中。具体操作如下：

（1）选择需要插入影片的幻灯片，选择“插入”选项卡，单击“媒体”选项组中的“视频”按钮中的箭头符号，在弹出的菜单中选择“剪贴画视频”命令，如5-65所示。在窗口右侧将打开“剪贴画”窗格，在列表中选择一种影片剪辑进行单击，即可将其插入到幻灯片中。

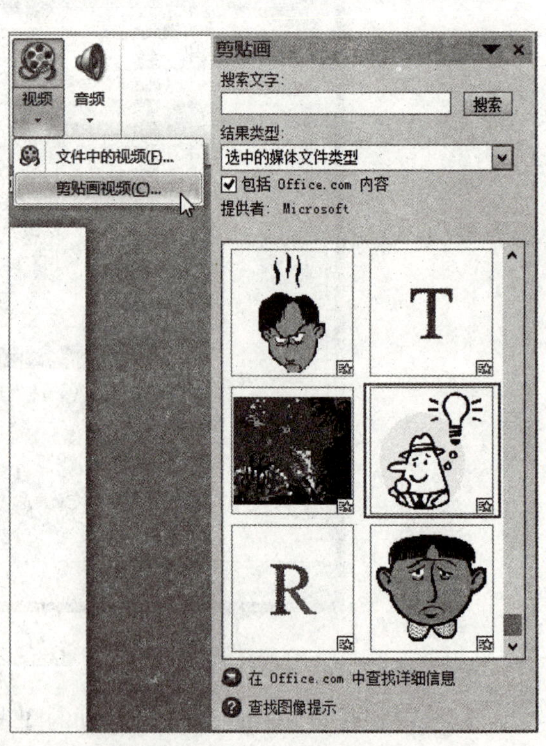

图5-65　插入剪贴画视频

（2）在幻灯片中选择该影片，即可调整其位置，如果拖动影片边框上的控制点，还可以调整其大小。

2.插入影片文件

用户还可以选择计算机中自己保存的影片文件插入到幻灯片中进行播放。具体操作如下：

（1）选择需要插入影片的幻灯片，选择“插入”选项卡，单击“媒体”选项组中的“视频”按钮，即可弹出“插入视频文件”对话框，选择需要插入的影片文件。

（2）单击“插入”按钮，即可弹出影片正在插入的提示对话框。等候一会儿，便可得到插入的影片，如图5-66所示。

（3）拖动影片边框上的控制点，可以调整其大小和位置，单击下方的“播放”按钮，即可播放影片。

（4）切换到“视频工具/播放”选项卡，单击“编辑”选项组中的“剪辑视频”按钮，将打开“剪辑视频”对话框，在其中可以通过设置视频的起始时间获取需要的那部分视频，如图5-67所示。

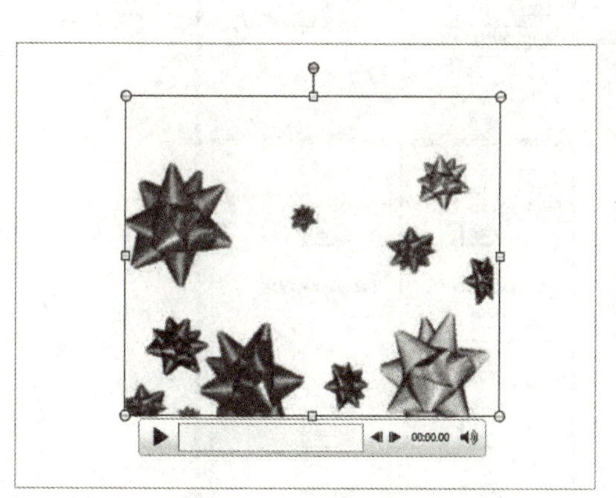

图5-66 插入视频文件

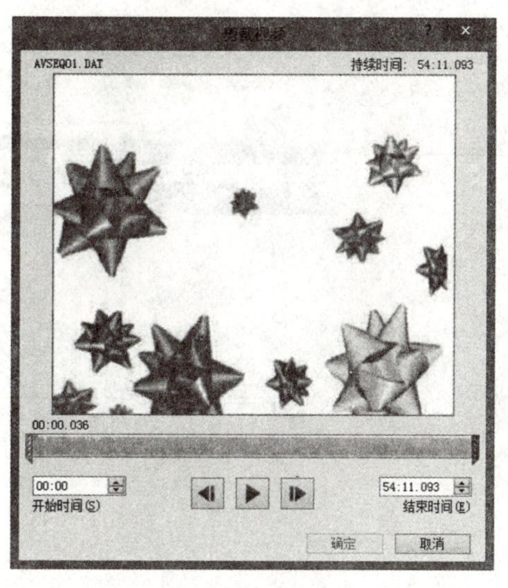

图5-67 剪辑影片

（5）切换到“视频工具/播放”选项卡，在“视频”选项组中可以设置影片播放时的各种选项，在“开始”下拉菜单中可以调整影片播放的效果，分为“单击时”和“自动”两种，如图5-68所示。

（二）在演示文稿中插入声音

在演示文稿中还可以单独插入声音。插入声音同样也分为剪辑管理中的声音和计算机中的声音文件。除此之外，用户还可以在PowerPoint中录制声音。

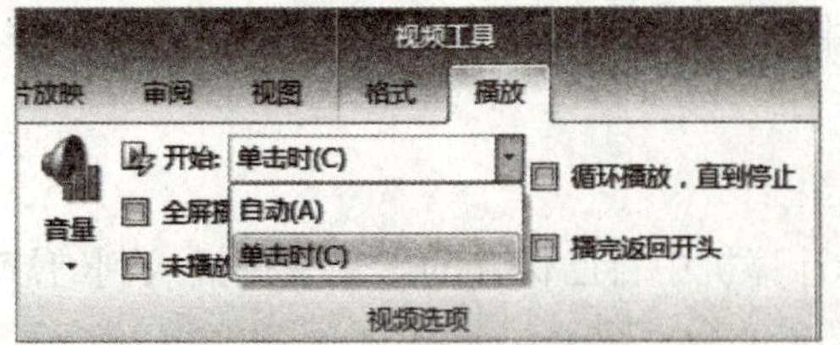

图5-68 “视频选项”组

1.插入剪辑管理中的声音

与插入剪辑视频一样，用户可以在PowerPoint中选择声音文件插入到演示文稿中。插入剪辑管理中的声音的具体操作方法如下：

（1）选择要插入声音的幻灯片，切换到“插入”选项卡，单击“媒体”选项组中的“音频”按钮下方的箭头符号，在弹出的菜单中选择“剪贴画音频”命令。

（2）打开“剪贴画”窗格，在其中单击要插入的声音剪辑，即可将声音插入到幻灯片中，并将以喇叭图标显示，如图5-69所示。

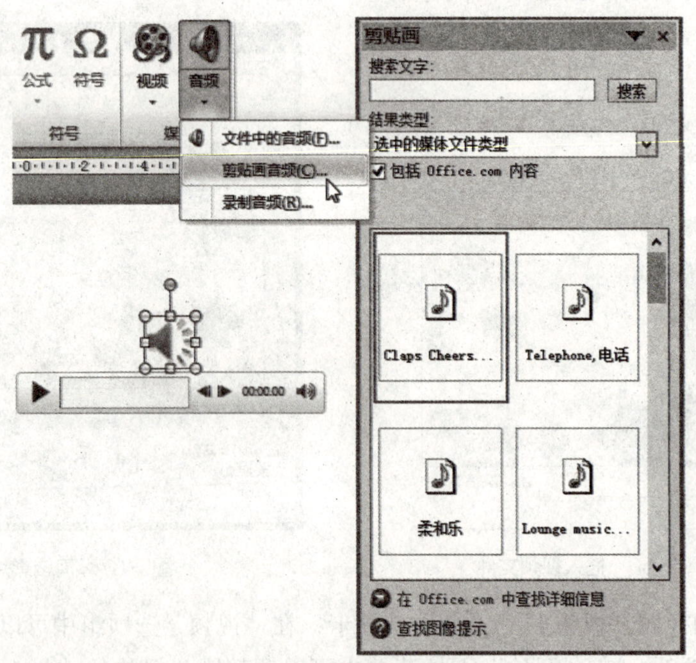

图5-69 插入声音剪辑

（3）单击“播放”按钮，即可播放该声音。

2.插入文件中的声音

如果在制作幻灯片时需要一些特殊的声音，用户可以自行从电脑中调取出来，插入到幻灯片中。

插入文件中的声音的操作方法与插入剪辑管理中的声音的方法一样，选择“插入”选项卡，单击“媒体”选项组中的“音频”按钮下方的箭头符号，在弹出的菜单中选择“文件中的音频”命令，即可打开“插入音频”对话框，如图5-70所示，选择一种音频文件后，单击“插入”按钮，即可将音频文件插入到幻灯片中，同样以喇叭图标显示。

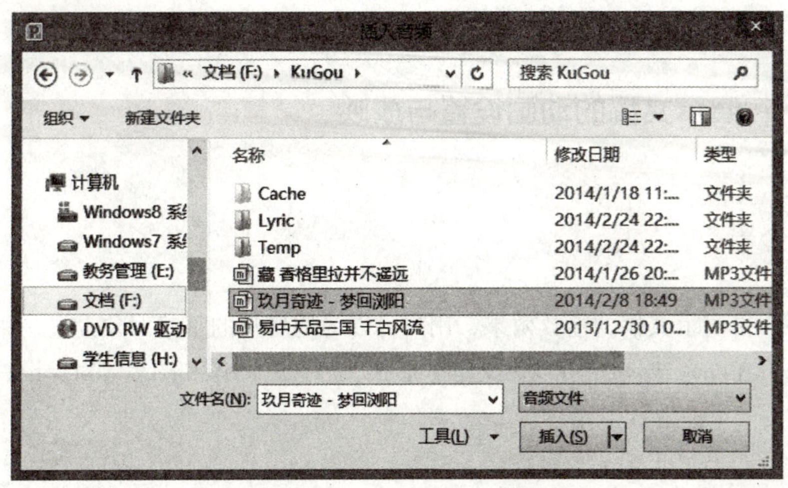

图5-70 “插入音频”对话框

3.录制声音

在PowerPoint中还可以人工录制声音，但录制声音必须有话筒、扬声器、声卡等设备。录制声音的具体操作方法如下：

（1）选择需要插入声音的幻灯片，切换到“插入”选项卡，单击“媒体”中“音频”按钮下方的箭头，在弹出的菜单中选择“录制音频”命令，打开“录音”对话框，如图5-71所示。

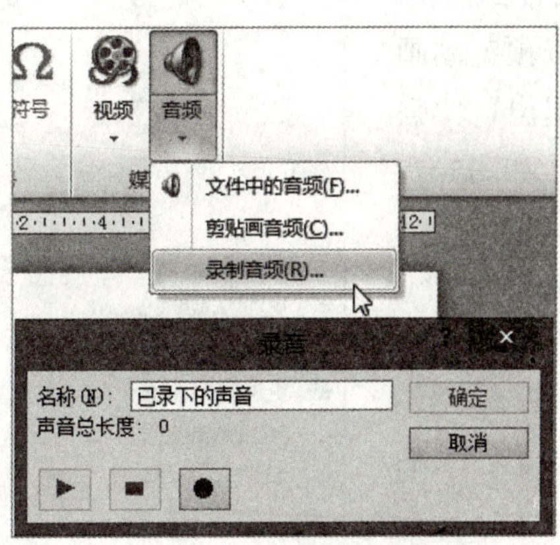

图5-71 “录音”对话框

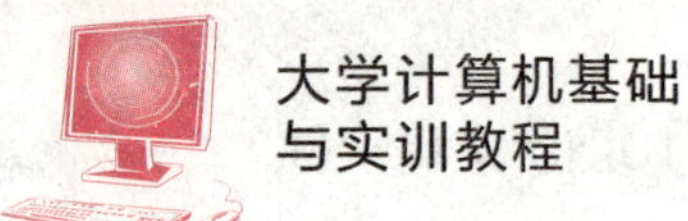

（2）在“名称”文本框中输入录音的名称，然后单击“录制”按钮 ● 开始录音，单击“停止”按钮 ■ 停止录音，单击“播放”按钮 ▶ 可播放录制的声音。在“声音总长度”中可以显示录制声音的长度。

（3）录音完成后，单击“确定”按钮即可在幻灯片中插入录制的声音，同样以一个喇叭图标显示。

项目五 演示文稿的动画设置与放映

一 设置动画效果

为了丰富演示文稿的播放效果，用户可以为幻灯片的某些对象设置一些特殊的动画效果，在PowerPoint中可以为文本、形状、声音、图像和图表等对象设置动画效果。

（一）创建动画

创建动画包括一整套完整的动画设置，用户只需简单地将其应用到演示文稿的一张或多张幻灯片中，即可为这些幻灯片中的对象设置方案中定义的各种动画效果。

1.选择要设置动画的对象，切换到“动画”选项卡，单击“动画”选项组中的“动画样式”按钮，在其下拉菜单中可以预览动画样式，包括“进入”“退出”“强调”和“动作路径”4种，如图5-72所示。

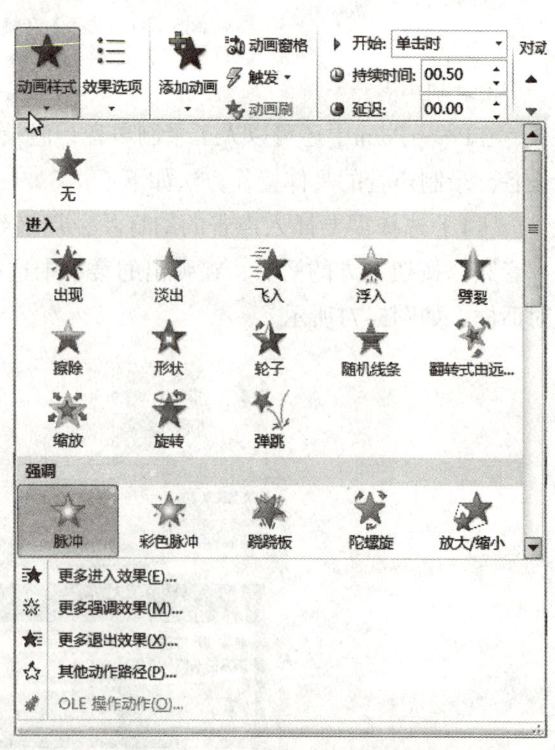

图5-72 “动画样式”下拉列表

2.选择一种动画效果，如“飞入”效果，单击“预览”按钮，可以预览动画效果。

3.单击“动画”选项组中的“效果选项”按钮，在其下拉菜单中可以选择与该动画对应的运动方向，如图5-73所示。

4.如果要添加动画效果，可以单击“高级动画”选项组中的“添加动画”按钮，在弹出的菜单中选择需要添加的动画即可，如图5-74所示。

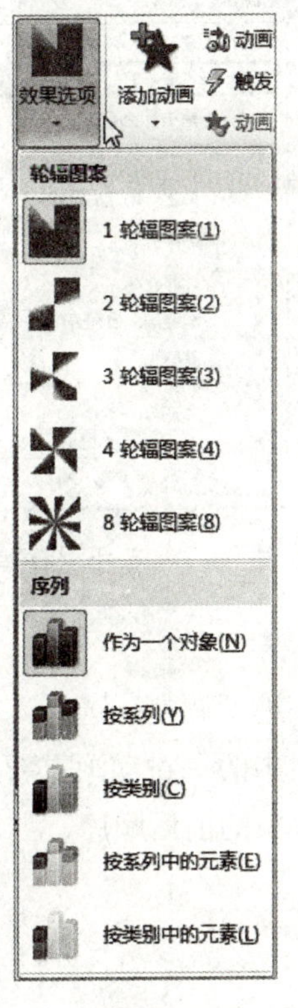

图5-73　“效果选项”下拉列表

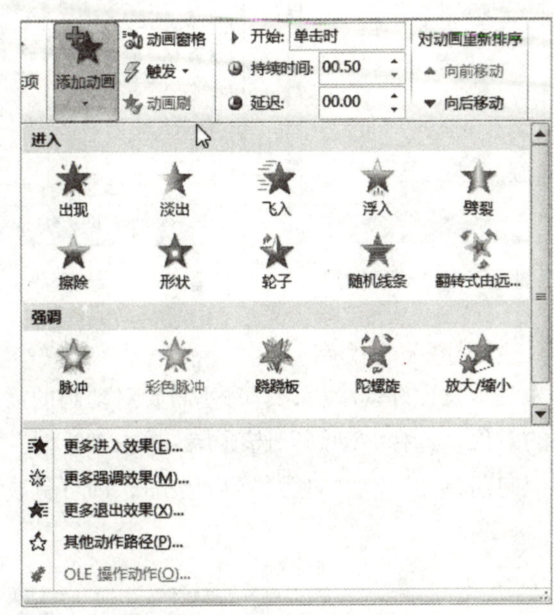

图5-74　“添加动画”下拉列表

5.如果要取消动画效果，可以在“动画样式”下拉菜单中选择“无”选项即可。

（二）动画窗格

通过“动画窗格”可以使用户在演示文稿中很容易地创作出非常专业的动画。在“动画窗格”中显示了幻灯片中所有动画及有关动画效果的重要信息，如效果类型、多个动画之间的相对顺序、受影响对象的名称以及效果的持续时间等。

1.切换到“动画”选项卡，单击“高级动画”选项组中的“动画窗格”按钮，即可在窗口右侧出现“动画窗格”，在其中可以看到每个动画前面都会显示一个播放编号，如图5-75所示。

2.选择需要查看播放的幻灯片，在“动画窗格”中单击“播放”按钮，即可播放当前幻灯片的所有动态效果，如图5-76所示。

3.当列表中的项目右侧有向下箭头时，则表示还有相对应的菜单，单击该箭

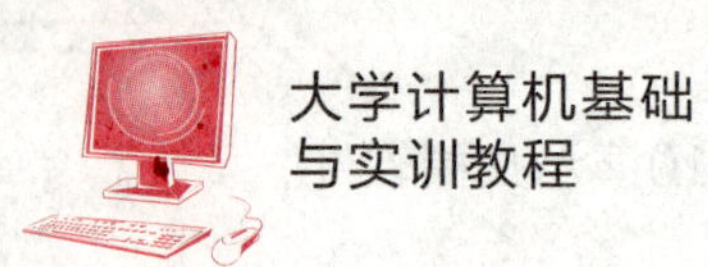

头，即可弹出一个下拉菜单，如图5-77所示，通过菜单命令可以应用更多操作。

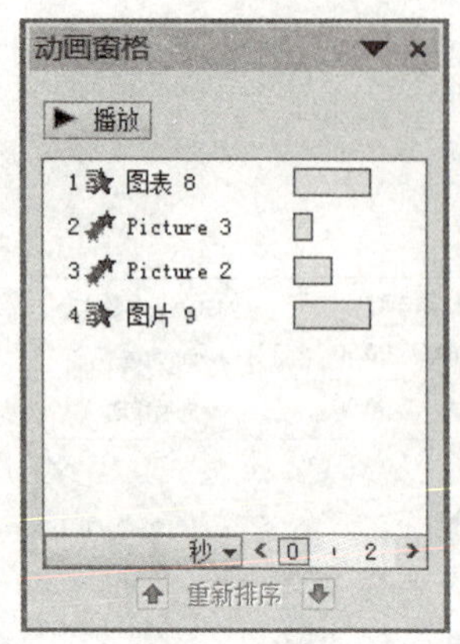

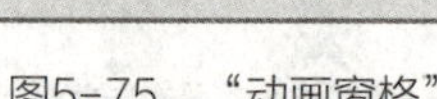

图5-75 “动画窗格”

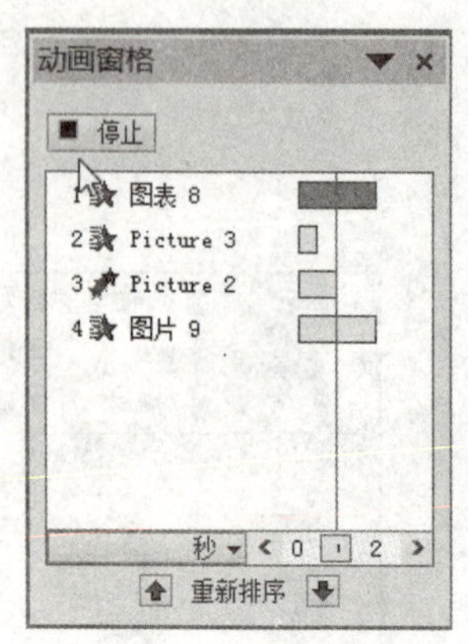

图5-76 动画预览

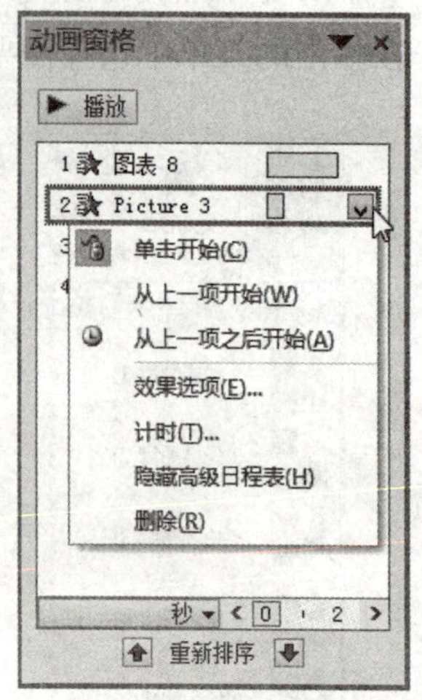

图5-77 应用下拉菜单

（三）调整动画顺序

为对象设置好动画后，有时还需要对动画的播放顺序进行调整。选择需要更改顺序的对象，选择“动画”选项卡，单击“计时”选项组中的“对动画重新排序”下的“向前移动”或“向后移动”按钮，即可更改当前对象的前后顺序，如图5-78所示。

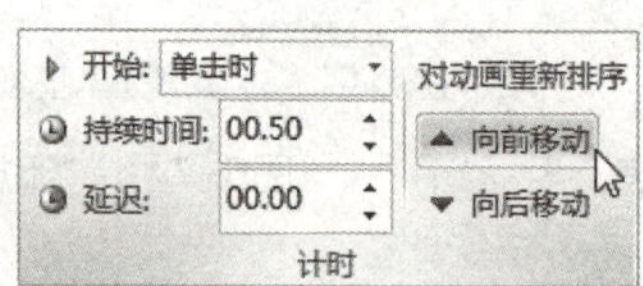

图5-78 调整动画顺序

二 放映前的准备

在放映幻灯片前，可以对放映方案进行设置，用户可以根据不同场合的需要选择不同的放映方式，并可通过自定义放映的形式来有选择地放映演示文稿中的部分幻灯片。

（一）设置放映方式

如果在放映幻灯片时，用户的要求较高，则可以对幻灯片放映进行一些特殊设置。打开需要设置的演示文稿，切换到“幻灯片放映”选项卡，单击“设置”选项组中的“设置幻灯片放映”按钮，打开“设置放映方式”对话框，如图5-79所示。

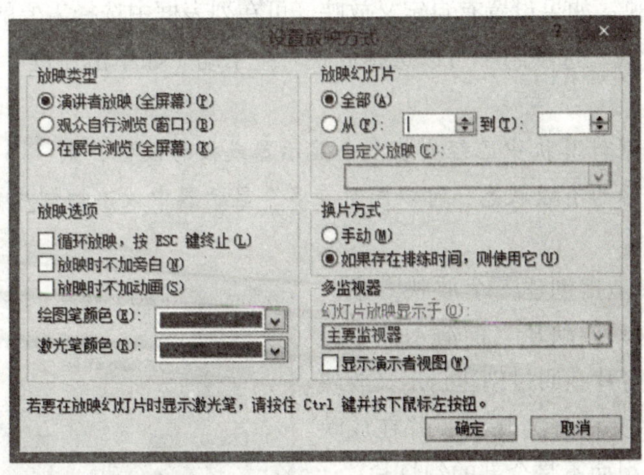

图5-79　“设置放映方式”对话框

在该对话框的“放映类型”选项组中，可设定以下3种不同的幻灯片放映方式：

1.演讲者放映（全屏幕）：全屏显示放映，演讲者具有对放映的完全控制，并可用自动或人工方式运行幻灯片放映。

2.观众自行浏览（窗口）：在标准窗口中运行放映，且提供一些菜单和命令，便于观众自己浏览演示文稿。

3.在展台浏览（全屏幕）：自动全屏放映，而且5分钟没有用户指令后会重新开始，观众可以进行更换幻灯片、单击超级链接和动作按钮的操作，但不能更改演示文稿。

在“放映选项”选项组中，可设定以下5种放映选项：

1.循环放映，按Esc键终止：放映幻灯片时循环播放，只有按下Esc键时才会结束放映。

2.放映时不加旁白：如果在幻灯片录制过旁白，则选中该复选框将在放映幻灯片时不加上录制的旁白。

3.放映时不加动画：如果在幻灯片中设置过动画效果，则选中该复选框将在放映幻灯片时去掉动画效果。

4.“绘图笔颜色”列表框：单击该列表框将弹出颜色列表，单击某个颜色块可为幻灯片设置绘图笔的颜色。

5.“激光笔颜色”列表框：单击该列表框将弹出颜色列表，单击某个颜色块可为幻灯片设置激光笔的颜色。

在“放映幻灯片”选项组中，可设定以下3种放映选项：

1.全部：放映演示文稿中的所有幻灯片。

2.从第几页到第几页：在数值框中可设置放映幻灯片的起始位置和终止位置。

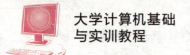

3.自定义放映：如果设置有自定义放映，可在列表框中选择需要的放映方案。

在“换片方式”选项组中可以选择放映时按手动（如单击左键）或排练时间切换幻灯片。

小技巧：如果计算机中已经安装多个显示器或投影设备，则“多监视器”选项组中的选项将显示为有效状态，可以同时在多个显示器中放映幻灯片。

（二）设置自定义放映

自定义放映是指创建一个放映方案，并在方案中规定只放映从当前演示稿中提取出来的部分幻灯片。通过创建自定义放映方案可以将演示文稿分为几组，并在放映时选择放映某一组而不是全部的幻灯片。

设置自定义放映的具体操作方法如下：

1.打开需要进行自定义放映的演示文稿，选择“幻灯片放映”选项卡，单击“开始放映幻灯片”选项组中的“自定义幻灯片放映”按钮，在弹出的菜单中选择“自定义放映”命令。

2.打开“自定义放映”对话框，单击“新建”按钮，如图5-80所示。

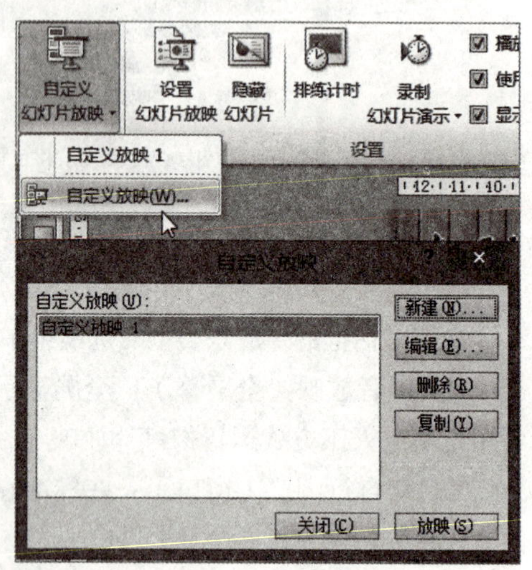

图5-80 “自定义放映”对话框

3.打开“定义自定义放映”对话框，可以设置幻灯片放映名称，然后在左侧列表框中选择要添加到自定义放映中的幻灯片，单击“添加”按钮，如图5-81所示。

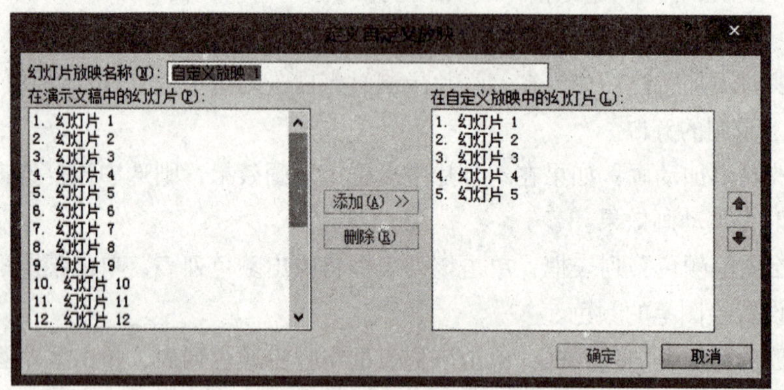

图5-81 “定义自定义放映”对话框

4.设置好后单击“确定”按钮，返回到“自定义放映”对话框中，可以看到刚才设置的自定义放映名称。

5.单击“放映”按钮可以直接放映自定义设置的幻灯片，单击“关闭”按钮可以返回编辑窗口。

6.在PowerPoint编辑窗口中单击“幻灯片放映”选项卡，单击“开始放映幻灯片”选项组中的“自定义幻灯片放映”按钮，在弹出的菜单中可以显示刚才所定义的幻灯片名称，即可启动自定义放映。

三 放映幻灯片

将演示文稿编辑完毕，并对放映做好各项设置后，即可开始放映演示文稿，在放映过程中需进行换页等各种控制，并可将鼠标用作绘图笔进行标注。

（一）启动放映

当设置好幻灯片的放映方式后，就可以开始放映幻灯片了。切换到“幻灯片放映”选项卡，单击“开始放映幻灯片”组中的“从头开始”按钮，即可从第一张开始放映幻灯片；单击“从当前幻灯片开始”按钮，即可从当前选择的幻灯片开始放映，如图5-82所示。

图5-82 “开始放映幻灯片”组

（二）幻灯片放映过程中的控制

启动放映后，在幻灯片的任意区域单击鼠标右键，在弹出的菜单中选择“上一张”或“下一张”命令，可以播放上一张或下一张幻灯片；选择“定位至幻灯片”命令，在弹出的子菜单中可以选择要播放的幻灯片，选择“暂停”命令可以停止播放，暂停播放后选择“继续”命令可以继续播放幻灯片，播放菜单如图5-83所示。

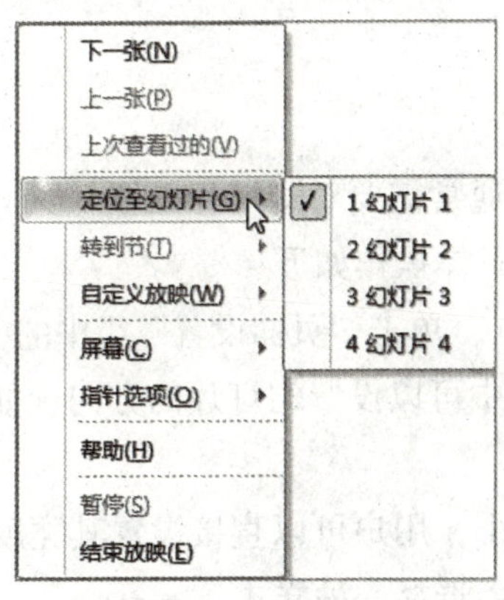

图5-83 幻灯片播放菜单

（三）标注幻灯片

为了方便演讲者在放映过程中的讲解和注释，在放映时可以对幻灯片进行标注，也就是添加墨迹注释。具体操作方法如下：

1.在幻灯片放映视图中选择需要添加标注的幻灯片，单击鼠标右键，在弹出的菜单中选择“指针选项”命令，在其子菜单中可以选择添加墨迹注释的笔形，如选择“笔”，如图5-84所示。

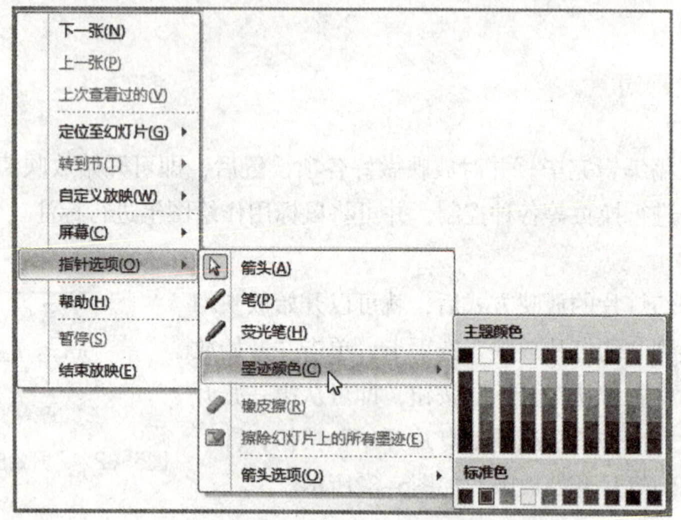

图5-84　设置鼠标指针类型

2.再选择“墨迹颜色”命令，在其子菜单中选择一种颜色。

3.设置好后，按住鼠标左键在幻灯片中拖动，即可书写或绘图。

四 打印演示文稿

（一）设置页面属性

在打印演示文稿之前，通常需要对幻灯片设置好页面的大小、宽度、高度、编号和方向等，即页面设置。具体操作如下：

1.切换到“设计”选项卡，单击“页面设置”组中的“页面设置”按钮，将打开“页面设置”对话框，在其中可以设置幻灯片的方向，如选择“纵向”，如图5-85所示。

2.还可以设置幻灯片大小，用户可以直接设置其宽度和高度参数，也可以单击“幻灯片大小”下拉列表框，选择一种样式。

3.用户还可以设置幻灯片编号的起始值，如设置起始值为1，设置好后单击“确定”按钮，可看到设置后的效果。

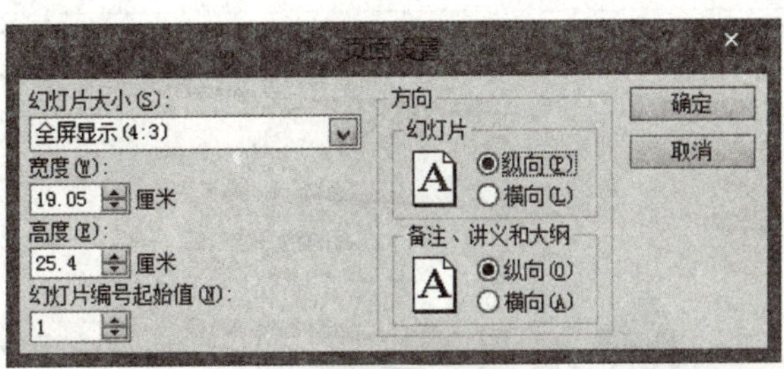

图5-85 “页面设置”对话框

（二）设置页眉和页脚

在幻灯片中也和在Word文稿中一样，可以添加页眉页脚，其中包含幻灯片编号、时间和日期、公式标志、幻灯片名称、演示者姓名等。

为幻灯片设置页眉和页脚的具体操作方法如下：

1.选择需要设置页眉和页脚的幻灯片，选择“插入”选项卡，单击“文本”选项组中的“页眉和页脚”按钮，将打开“页眉和页脚”对话框，如图5-86所示。

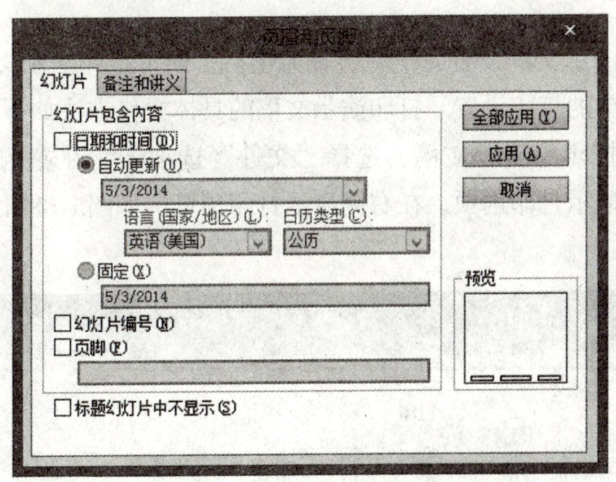

图5-86 “页眉和页脚”对话框

2.选择“日期和时间”复选框，如果要让添加的日期与幻灯片放映的日期一致，则选中“自动更新”选项；如果只想显示演示文稿完成的日期，可以选中“固定”选项，并输入日期。

3.选中“幻灯片编号”复选框可以对演示文稿进行编号，当添加或删除幻灯片时编号会自动更新；选中“页脚”复选框，可以在下方文本框中输入文本信息；选中“标题幻灯片中不显示”复选框可以不在标题幻灯片中显示页眉和页脚内容。

4.设置完成后，单击“全部应用”按钮，即可得到页眉页脚效果，在幻灯片中可以查看添加的效果，如图5-87所示。

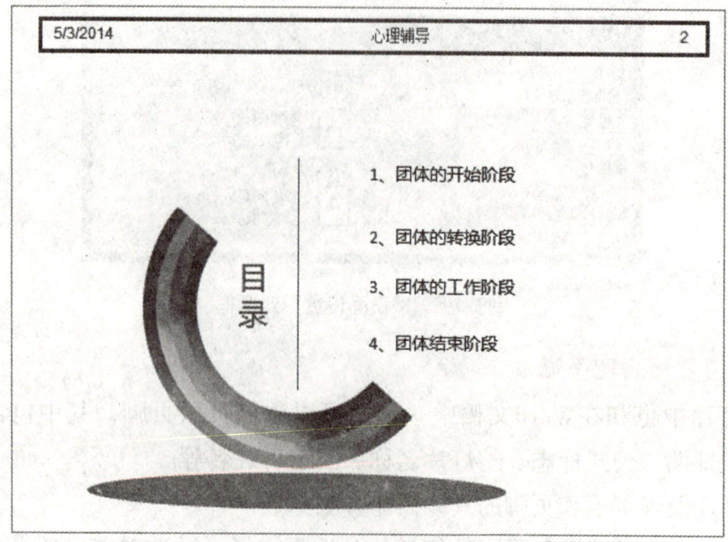

图5-87　插入页眉页脚效果

（三）打印演示文稿

对需打印的演示文稿设置完毕并检查无误后，便可打印演示文稿。打印之前还需要进行一些简单的打印设置。打印演示文稿的具体操作方法如下：

1.打开需要打印的演示文稿，选择“文件”选项卡，在左侧选择“打印”命令，即可在中间显示打印选项，在右侧显示打印预览，如图5-88所示。

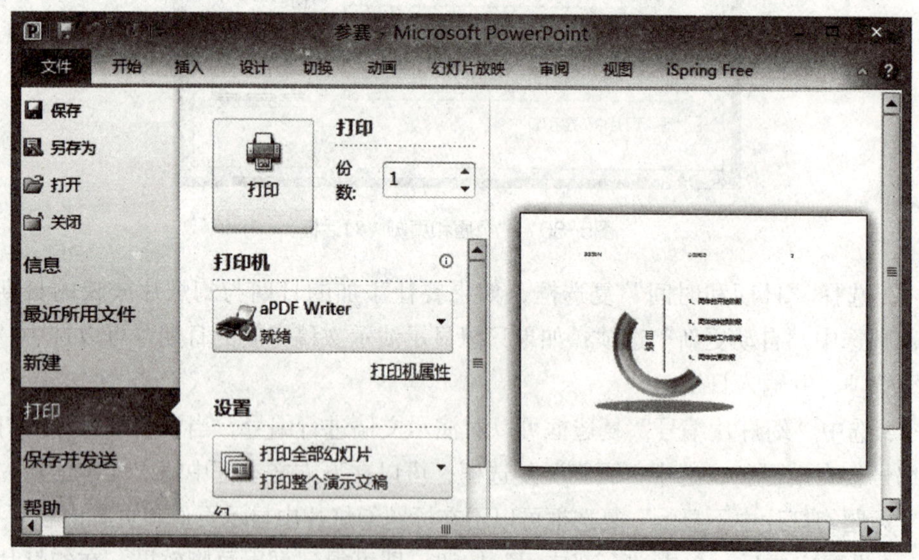

图5-88　打印预览窗口

2.在“份数”选项后面的文本框中可以输入需要打印的份数；再单击设置下面的按钮，在弹出的下拉菜单中可以选择打印的内容，可以是全部幻灯片，也可以是部分幻灯片。

3.如选择“自定义范围”命令，则需要在下面的文本框中输入需要打印的幻灯片编号或幻灯片范围。

4.单击“整页幻灯片”按钮，在弹出的菜单中可以选择打印版式和每页打印几张幻灯片，如图5-89所示。

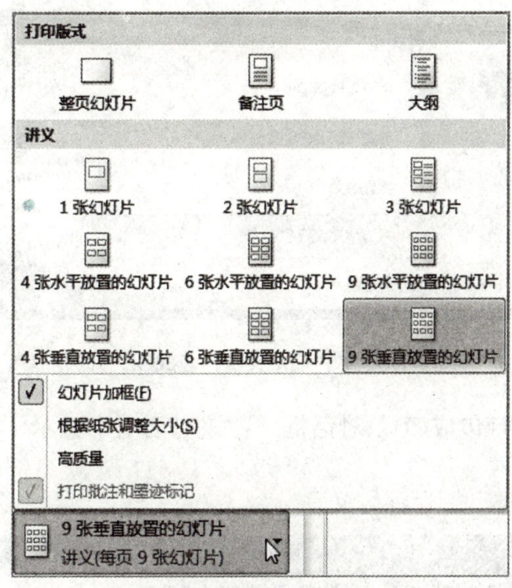

图5-89　设置每面打印的内容

5.当设置为多张幻灯片在同一页面上打印时，就可以设置打印是纵向还是横向版式，然后再单击“颜色”按钮，在弹出的菜单中可以设置打印颜色。

6.设置完成后，单击上方的“打印”按钮，即可开始打印。

五 打包演示文稿

有时用户需要将制作好的演示文稿传给其他人进行学习、欣赏等，但如果在他人的电脑中没有安装PowerPoint程序，将无法正常播放。这就需要先在自己的电脑中对演示文稿进行打包，然后复制到他人电脑中，解包后即可正常播放。

打包演示文稿的具体操作方法如下：

1.打开需要打包的演示文稿，选择“文件”选项卡，单击左侧的“保存并发送”命令，然后单击中间的“将演示文稿打包成CD”命令，在右侧显示了“将演示

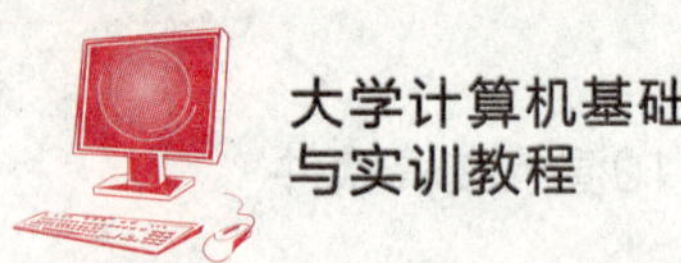

文稿打包成CD”的文字说明信息，再单击下方的“打包成CD”按钮，如图5-90所示。

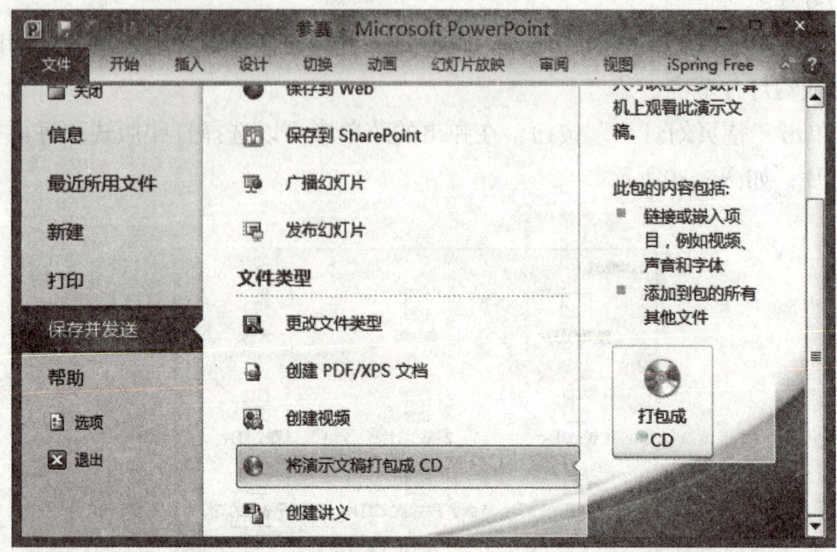

图5-90 “将演示文稿打包成CD”命令

2.这时将弹出“打包成CD”对话框，在该对话框中显示了当前要复制的文件，如图5-91所示。

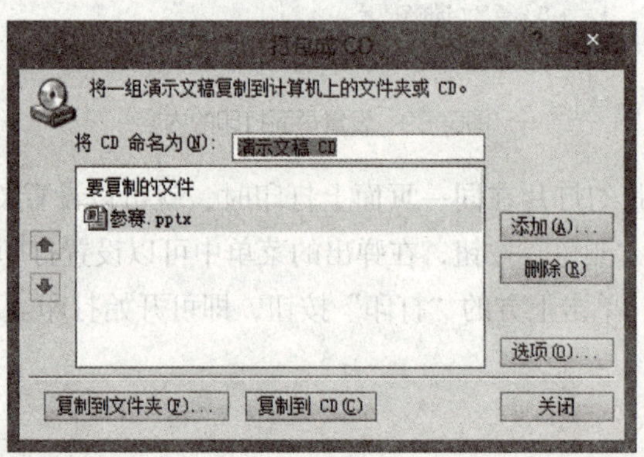

图5-91 “打包成CD”对话框

3.单击“添加”按钮，打开“添加文件”对话框，在其中可以选择要添加到打包文件夹中的文件。

4.单击“选项”按钮，可以打开“选项”对话框，对打包做一些高级设置，如设置密码，如图5-92所示。

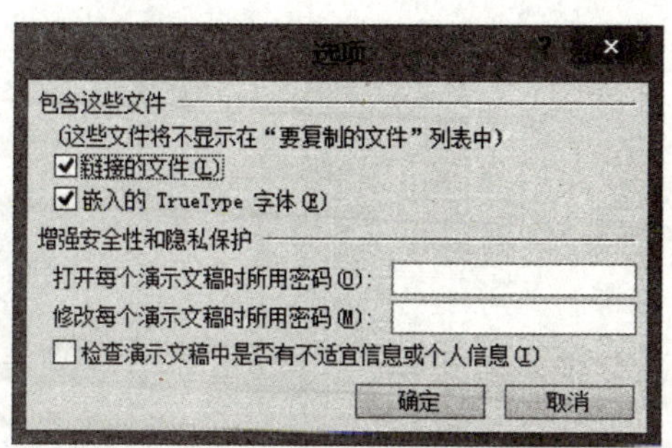

图5-92 “选项”对话框

5.设置好后单击“确定”按钮，回到“打包成CD”对话框中，单击“复制到文件夹”按钮，将弹出如图5-93所示的“复制到文件夹”对话框。

图5-93 “复制到文件夹”对话框

6.单击“浏览”按钮设置打包文件的名称和保存位置，然后单击“确定”按钮返回到“打包成CD”对话框，完成所有操作后，单击“关闭”按钮关闭“打包成CD”对话框。

第二篇

大学计算机基础

实践篇

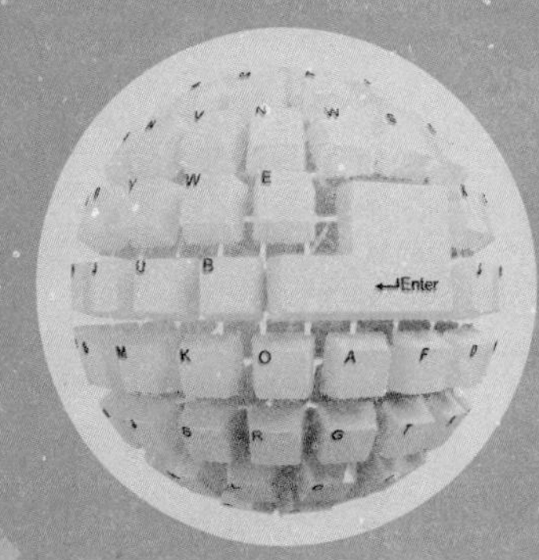

模块一
计算机基础

本章为计算机基础部分，通过本章学习了解计算机的软、硬件系统及一些常用的设备，对我们常用的微型机，即PC的组装方法以及常见的故障维护有基本的了解和掌握，熟悉计算机最常用的输入设备——键盘的正确使用和汉字的输入方法，了解杀毒软件的安装与维护，为后期的学习奠定基础。

实训一 计算机系统

【实训目标】

1.掌握计算机系统的组成。

2.了解微型机系统的硬件组成与配置。

3.培养对微型机硬件各组成部件的识别能力。

4.为计算机组装与常见故障维护奠定基础。

【实训任务】

在教师的指导下，打开实验用的主机箱侧盖，观察主机箱内部的计算机硬件设备配置。

【实训步骤】

1.启动机箱上的电源按钮，开机后按住键盘上的Pause（暂停）键可以查看本机的系统配置表，包括显示卡的型号、显示缓存容量、内存大小、CPU类型、硬盘大小等，将这些相关的硬件配置记录下来。

2.关闭电源（不可在还未断电的情况下打开主机箱的侧盖），打开实验用计算机主机箱的侧盖，观察主机箱内部的计算机硬件设备的连接方式，在老师的指导下，可以尝试着将主机箱内的一些部件进行拆装，在操作过程中要轻拔轻放，以免用力过度损坏硬件设备。

3.掌握计算机相关硬件的型号、作用、配置等。

（1）机箱：认识机箱的作用、分类，机箱的内部、外部结构和机箱前后面板的结构。

（2）电源：认识电源的作用、型号、分类、结构等。

（3）CPU：认识CPU的型号、类型、主频、电压、厂商标识和CPU的性能等。

（4）内存：了解该机系统中的RAM、ROM、Cache等不同的功能特点和容量的大小，进一步加深对内存在微机系统中的重要性的认识。

（5）主板：认识主板的生产厂商、型号、结构、功能组成、采用的芯片组、接口标准、跳线设置、在机箱中的固定方法，以及与其他部件的连接情况。

（6）硬盘：认识硬盘的生产厂商、作用、类型、型号、外部结构、接口标准及与主板和电源的连接情况。

（7）常用的插卡件：主要认识显示卡、网卡、声卡、多功能卡等卡件的作用、型号、主要技术参数和特点等，并能对上述卡件加以区别。

（8）常用的外部设备：认识显示器、鼠标、键盘、打印机、扫描仪、投影仪等外部设备的作用、分类、型号，以及它们与主机箱之间的连接方式等。

【实训练习】

1.根据图1–1所示，若要将CPU、内存条、显卡、硬盘、电源五个部件安装到如下的主板上，请说明该如何连接主板的接口。（用图中标出的数字回答）

图1–1　主板示意图

①＿＿＿＿＿＿　②＿＿＿＿＿＿　③＿＿＿＿＿＿　④＿＿＿＿＿＿　⑤＿＿＿＿＿＿

2.若计划用3000元购置一台组装的台式计算机，用于一般的家用娱乐和学习，请试着给出该购买计划的计算机配置清单和价格。选购过程可以参考网上商城，如京东网上商城。

实训二　计算机的组装与常见故障维护

【实训目标】

1.了解和掌握计算机硬件组装常用的工具。

2.了解和掌握计算机硬件组装的流程和注意事项。

3.掌握计算机的一些常见故障的处理。

【实训步骤】

检查实验所需的工具——带磁性的梅花螺丝刀，微型机组装所涉及的硬件设备，如主机箱、CPU、主板、连接线、硬盘、显卡、声卡等设备是否齐全。如果设备和工具已经准备就绪，那么就可以开始进行微型机的组装了。具体的组装流程如下：

1.安装电源

电源一般安装在主机箱尾部的上端，其作用是将高压交流电变为低压直流电，供主机板和其他部件使用。

2.安装硬盘等驱动器

硬盘的作用是存储数据和程序，它是计算机必不可少的设备。

3.安装CPU

CPU是计算机系统的核心部件，它是计算机的指挥中心和运算中心，它决定了计算机的速度和性能。安装时，注意先把CPU插座的压杆往上拔到90度以上，然后把CPU的1脚对应CPU插座的1脚，再适当用力往下压按CPU，最后把压杆归位即可。

4.安装CPU风扇

在安装CPU风扇前，先要在CPU的表面上涂一层散热硅胶，再把CPU风扇固定在CPU上。

5.安装内存条

内存是计算机处理数据的场所，将内存条接口对准内存插槽接口，向下压按即可。

6.安装主机板

主板是计算机的“灵魂”，或者说是各部件的“家”，各部件必须通过主板上的各种通道和接口才能相互通信连接，安装时注意把主板上的几个螺丝孔对准主机箱螺丝孔，上好螺丝即可固定安装好主板。

7.安装显卡、网卡、声卡

由于这块主板集成了显卡、网卡、声卡等芯片，所以一般情况下不用额外安装它们了，这样就为我们节省了很多资源。

8.连接电源线

连接主板与硬盘、主板与CPU风扇、主板与电源之间的连线。

9.连接面板指示灯及开关

主机组装完毕，请检查各部件连接。

10.连接外部设备

外部设备主要有显示器、鼠标和键盘，首先，把显示器的信号线与主机箱后部的显示卡的D型输出端连接；然后，连接显示器电源：把显示器电源的另一端连接到电源插座上。连接好显示器后，按对应的颜色接口，对齐方向，将键盘插头和鼠标插头连接到主机的插口上，基本的外部设备就连接完毕了。

11.通电开机自检

检查各种连接，确认无误后连接主机电源，打开显示器开关、主机开关，出现Windows桌面，启动成功，组装完成。

【实训练习】

1.按下电源键，发现主机箱没有任何反应，可能是什么原因?

2.在使用计算机时，系统经常跳出蓝屏，并卡死在那里，可能是什么原因?

3.计算机速度变慢或者CPU风扇时常加速运转，可能是什么原因?

4.按下计算机电源按钮时，CPU风扇能正常运转，但无法正常启动计算机，可能是什么原因?

5.计算机使用一段时间后，主机箱内噪声变大，可能是什么原因?

实训三 计算机键盘操作

【实训目标】

1.熟悉键盘每一个键位的排列。

2.习惯正确的打字姿势。

3.掌握键盘指法分工。

4.金山打字软件的使用。

【实训任务】

1.查看键盘的几个功能块，确定正确的打字姿势及基本的指法。

2.选择桌面的指法练习软件——金山打字通进行指法训练。

【实训步骤】

1.掌握主键盘区指法分配

（1）混合练习26个英文字母键，选择一种文本编辑器如文本文档，正确完成以下内容的输入：

Do you want a friend whom you could tell everything to, like your deepest feelings and thoughts? Or are you afraid that your friend would laugh at you, or would not understand what you are going through? Anne Frank wanted the first kind, so she made her diary her best friend.

唧唧复唧唧，木兰当户织，不闻机杼声，惟闻女叹息。问女何所思，问女何所忆，女亦无所思，女亦无所忆。昨夜见军帖，可汗大点兵，军书十二卷，卷卷有爷名。阿爷无大儿，木兰无长兄，愿为市鞍马，从此替爷征。东市买骏马，西市买鞍鞯，南市买辔头，北市买长鞭。旦辞爷娘去，暮宿黄河边，不闻爷娘唤女声，但闻黄河流水鸣溅溅。旦辞黄河去，暮至黑山头，不闻爷娘唤女声，但闻燕山胡骑鸣啾啾。

（2）正确完成下列符号的输入：

@%&(#$@)!(><|?￥$、/{}[]=——，。**%&￥#…….–+”‘：~·

2.掌握常用的功能键的作用

主要掌握与文本编辑相关的功能键的作用。如按下delete键、Home键、Ctrl+Home、End键、Ctrl+End、PageUp键、PageDown键等，观察按下这些功能键后产生的效果和光标位置的变化情况。

3.选择“金山打字通”进行指法练习。

【实训练习】

1.练习“金山打字通”软件的“新手入门”部分。

2.选择“金山打字通”软件的“英文打字–文章练习”部分中的任意一篇文字进行英文字母练习。

3.选择“金山打字通”软件的“拼音打字–文章练习”部分中的任意一篇文字进行拼音打字练习。

实训四 杀毒软件的安装与使用

【实训目标】

1.掌握系统漏洞的概念及漏洞修复的方法。
2.掌握恶意软件的定义、特征及防治方法。
3.掌握杀毒软件的安装、使用方法。

【实训步骤】

1.安装360杀毒软件，如图1–2所示。

图1–2 安装360杀毒软件

2.在百度搜索“360安全卫士”并下载，下载完成后找到文件双击开始安装“360安全卫士”，如图1–3所示。

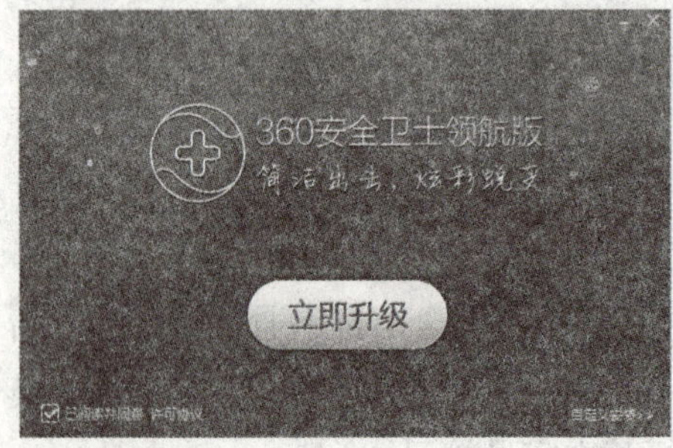

图1–3 “360安全卫士”的下载和安装

3.安装完后打开360杀毒软件对计算机进行扫描杀毒，初始界面有快速扫描、全盘杀毒、自定义扫描，根据当前电脑的状态选择需要的杀毒方式，如图1–4所示：

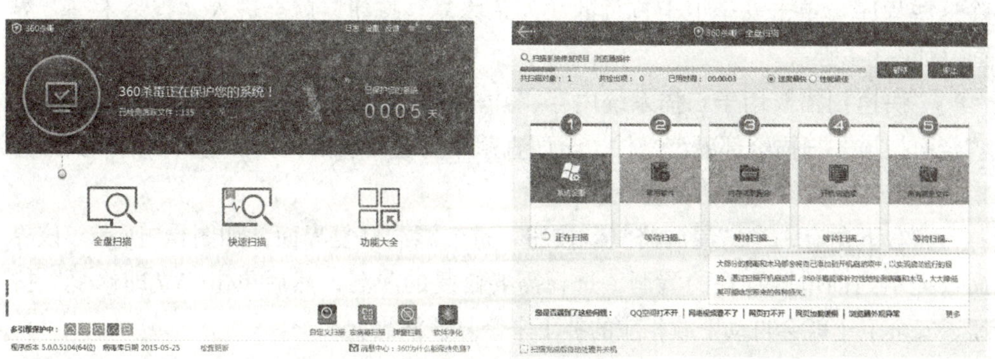

图1–4 360杀毒软件杀毒界面

4.电脑体检。

打开“360安全卫士”后，弹出页面告诉用户电脑当前有多少天没有体检了，然后单击“立即体检”按钮，安全卫士就会对电脑进行一个检测。体检功能可以全面的检查电脑的各项状况，包括检测电脑系统、软件是否有故障，检测电脑里没用的文件缓存、文件垃圾等，检测是否有病毒、木马、漏洞等，检测是否存在可优化的开机启动项。

体检完毕后会提交给您一份优化电脑的意见，您可以根据您的需要对电脑进行优化，也可以便捷地选择一键优化。若分数不为100分，则会在页面上显示相关的不安全的因素，单击对应的不安全因素下方的“清理”按钮可以对该部分做修复，此外，还可以单击“一键修复”按钮对所有的不安全因素做修复，直到体检值为100为止，如图1–5所示。

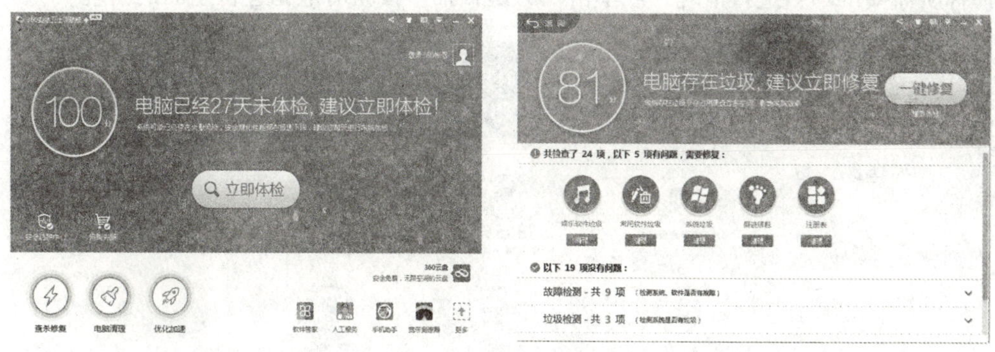

图1–5 显示体验结果

5.查杀修复。

木马查杀功能可以找出您电脑中疑似木马的程序，并在取得您允许的情况下删除这些程序。单击安全卫士首页的“闪杀修复”按钮，就会进入“查杀木马”界面，如图1–6所示。

“快速扫描”用于扫描系统内存、开机启动项等关键位置，快速查杀木马；“全面扫描”扫描全部磁盘文件，全面查杀木马及其残留；“自定义扫描”扫描您指定的文件或文件夹，精确查杀木马。

在右下角有一个“漏洞修复”按钮，进入漏洞修复界面，如图1–7所示。该界面会提示当前电脑存在的漏洞，选择需要修复的漏洞，然后单击“立即修复”按钮，安全卫士就会自动下载相应的补丁来修复该漏洞。

图1–6　查杀木马界面

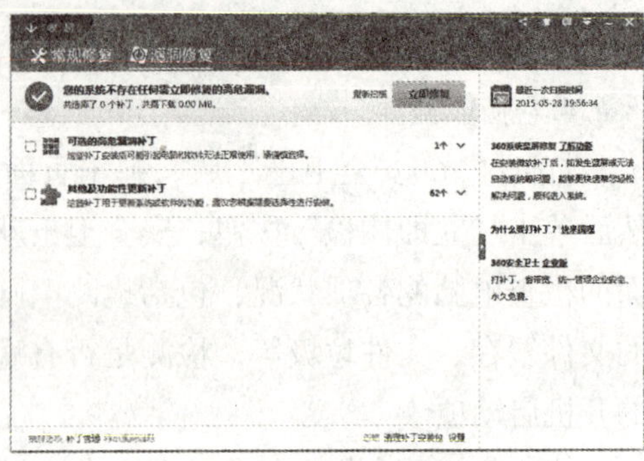

图1–7　漏洞修复界面

6.电脑清理。

电脑清理可帮您清理无用的垃圾文件、上网痕迹和各种插件等，让您的电脑更快更干净。单击安全卫士首页的“电脑清理”按钮，得到如图1–8所示的界面，选择你所需要的项目进行清理，或单击“一键扫描”按钮对电脑进行全面的清理。

图1–8　电脑清理界面

7.优化加速。

系统优化加速主要是从开机、系统、网络、硬盘四个方面进行加速。单击安全卫士首页的“优化加速”按钮，单击“开始扫描”按钮，安全卫士就会就这四个项目进行检测，如有可以优化的项目，就会在界面上提示，选中想要优化的选项然后单击“立即优化”就可以对该项进行优化，如图1-9所示。

图1-9　体检后结果界面

8.软件管家。

软件管家聚合了众多安全优质的软件，可以方便、安全地下载。用软件管家下载软件不必担心“被下载”的问题。如果下载的软件中带有插件，软件管家会提示用户。从软件管家下载软件更不需要担心下载到木马病毒等恶意程序。同时，软件管家还为用户提供了“开机加速”和“卸载软件”的便捷入口。单击安全卫士首页的“软件管家”按钮，得到如图1-10所示的界面。

图1-10　软件管家界面

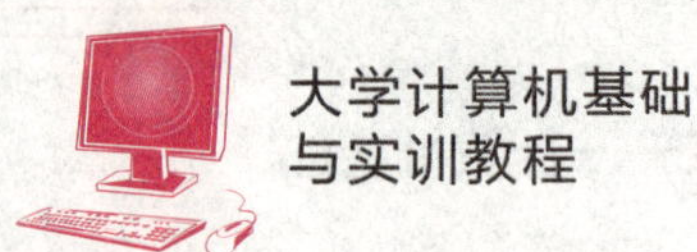

【实训练习】

使用“360安全卫士”对当前电脑进行体检、查杀修复、电脑清理、优化加速等操作。

综合上机练习

1.在下列计算机部件中：键盘、内存条、鼠标、显示器、扫描仪、打印机，

输入设备有：______________________________。

输出设备有：______________________________。

2.计算机系统分为______________和______________。

3.查看并说明你所操作计算机的CPU型号、内存大小、硬盘大小以及所安装的操作系统类型。

4.选择“金山打字通”软件的“英文打字-文章练习”部分中的任意一篇文字进行拼音打字练习。

5.图1-11显示了某品牌主板的I/O接口，请说明该主板的接口类型及其作用。

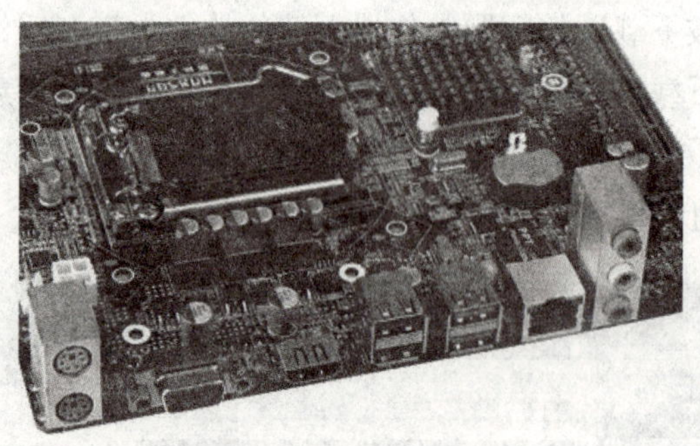

图1-11　电脑外部设备接口

模块二
Windows 7操作系统实训

本章通过Windows 7基本操作、文件与文件夹管理、个性化环境设置以及常用附件与工具软件四个实训案例介绍了Windows 7操作系统的基本应用。通过模块的学习，应掌握Windows 7的桌面、开始菜单、资源管理器窗口、文件与文件夹、控制面板、常用附件程序以及工具软件等方面操作应用，理解操作系统方面的一些基本概念。

实训一 Windows 7基本操作

【实训目标】

1.理解桌面的组成，掌握桌面图标、任务栏和开始菜单的基本操作。

2.掌握应用程序的启动与退出。

3.理解窗口的组成，掌握窗口的基本操作。

4.掌握操作系统的切换用户、注销、锁定等操作。

【实训任务】

在登录Windows 7操作系统后，按照如下要求对其进行基本操作：

1.以小图标的方式显示桌面图标，并根据修改日期对其进行排列（修改日期在后的则排列靠后）。

2.启动“Internet Explorer”浏览器程序。

3.在桌面上创建“画图”程序的快捷方式。

4.设置任务栏：将“Internet Explorer”窗口程序锁定到任务栏，以便今后快速启动这个程序；将任务栏通知区的“网络”图标设置为“仅显示通知”。

5.设置“开始”菜单：将“开始”菜单里“附件”中的“计算器”程序附到“开始”菜单。

【实训步骤】

1.具体操作步骤如下：

（1）在桌面空白处右击，在弹出快捷菜单上选择“查看”菜单项命令，并在其子菜单上选择“小图标”菜单项命令，如图2-1所示，则桌面图标将以小图标方式显示。

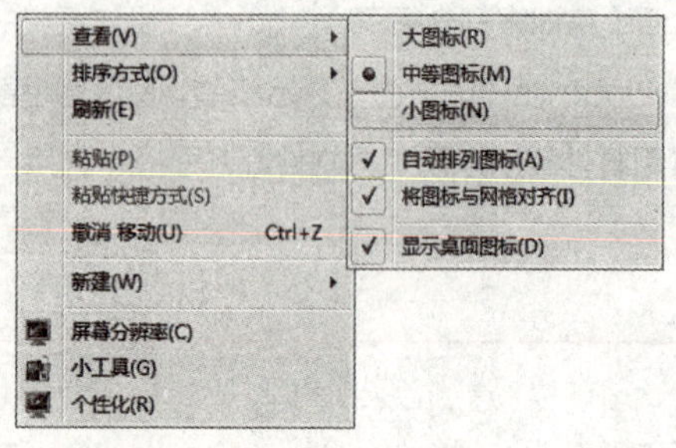

图2-1 “查看”菜单命令

（2）再次在桌面空白处右击，在弹出快捷菜单上选择“排序方式”菜单项命令，并在其子菜单上选择“修改日期” 菜单项命令，如图2-2所示，则桌面上的图标将按照修改日期先后排列。注意，若再次进行该操作时，将按照逆序排列。

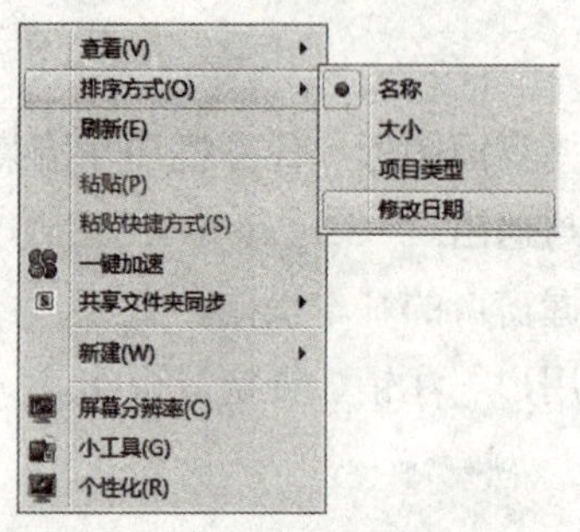

图2-2 “排序方式”菜单命令

2.启动“Internet Explorer”浏览器程序，有两种常用方法。

方法一：双击桌面上“Internet Explorer”的桌面图标，如图2-3所示。

图2-3 “Internet Explorer”桌面图标

方法二：

（1）单击任务栏上的“开始”按钮。

（2）在弹出的“开始”菜单上单击“所有程序”，并找到“Internet Explorer”命令，如图2-4所示。

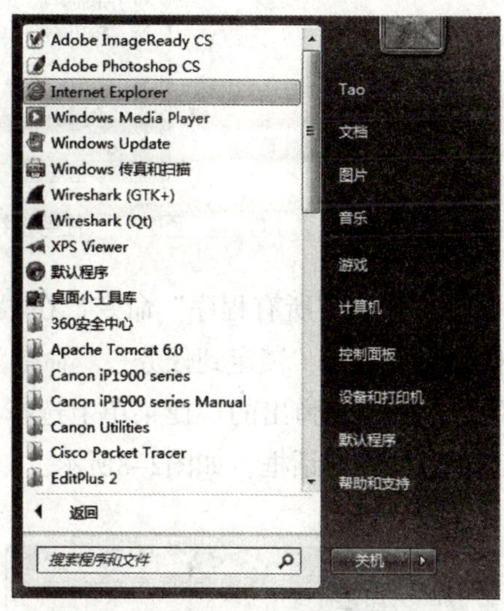

图2-4 Internet Explorer菜单项

（3）单击“Internet Explorer”命令。

3.创建“画图”程序的快捷方式，有两种常用方法。

方法一：

（1）选择“开始”按钮→“所有程序”→“附件”命令。

（2）在“附件”文件夹下的“画图”菜单项上右击，则弹出快捷菜单。

（3）在快捷菜单上选择“发送到”→“桌面快捷方式”命令，则桌面上将会出现“画图”程序的快捷方式图标，如图2-5所示。

图2-5 “画图”桌面图标

方法二：

（1）在资源管理器窗口中找到“画图”程序的执行文件“mspaint.exe”。mspaint.exe程序一般位于C盘的Windows文件夹下的System32子文件夹下。

（2）用右键将“mspaint.exe”文件图标拖动至桌面空白处，释放鼠标时将弹出如图2-6所示的快捷菜单，选择“在当前位置创建快捷方式”命令。

4.具体操作步骤如下：

（1）将“Internet Explorer”程序锁定到任务栏有两种方法。

方法一：启动“Internet Explorer”程序，在任务栏上的“Internet Explorer”任务

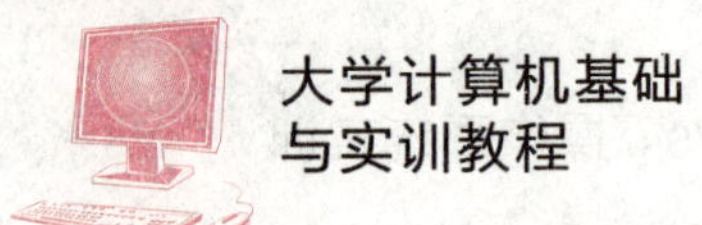

按钮上右击，在弹出的快捷菜单上选择“将此程序锁定到任务栏”命令，如图2-7所示。

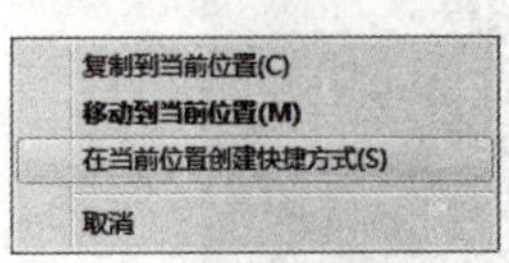

图2-6　右键拖动快捷菜单

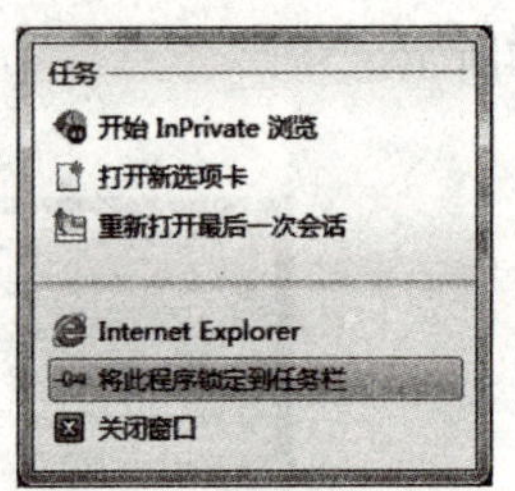

图2-7　任务按钮快捷菜单

方法二：选择“开始”按钮→“所有程序”命令，在“Internet Explorer”菜单项上右击，在弹出的快捷菜单上选择“锁定到任务栏”命令。

（2）在任务栏空白处右击，在弹出的快捷菜单上选择“属性”命令，系统打开“任务栏和「开始」菜单属性”对话框，如图2-8所示。

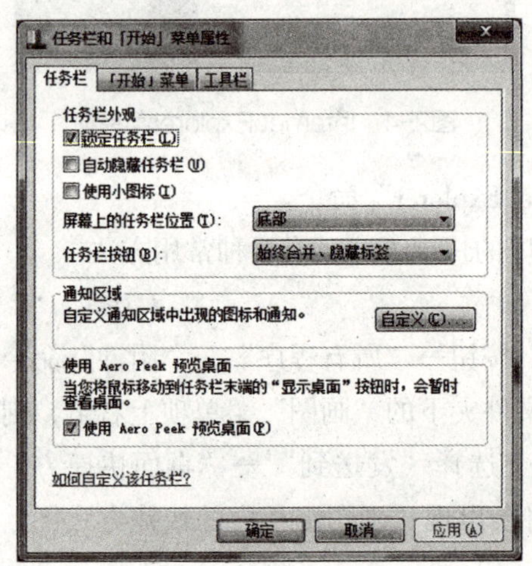

图2-8　任务栏属性

（3）单击对话框中“自定义”按钮，系统打开“通知区域图标”窗口，确保“始终在任务栏上显示所有的图标和通知”复选框未被勾选。

（4）单击窗口上“网络”右侧的下拉列表框，选择“仅显示通知”，如图2-9所示，并单击“确定”按钮。

5.选择“开始”按钮→“所有程序”→“附件”命令，在“附件”文件夹的“计算器”菜单项上右击，在弹出的快捷菜单上选择“附到开始菜单”命令，则在“开始”菜单的上方显示“计算器”菜单项。

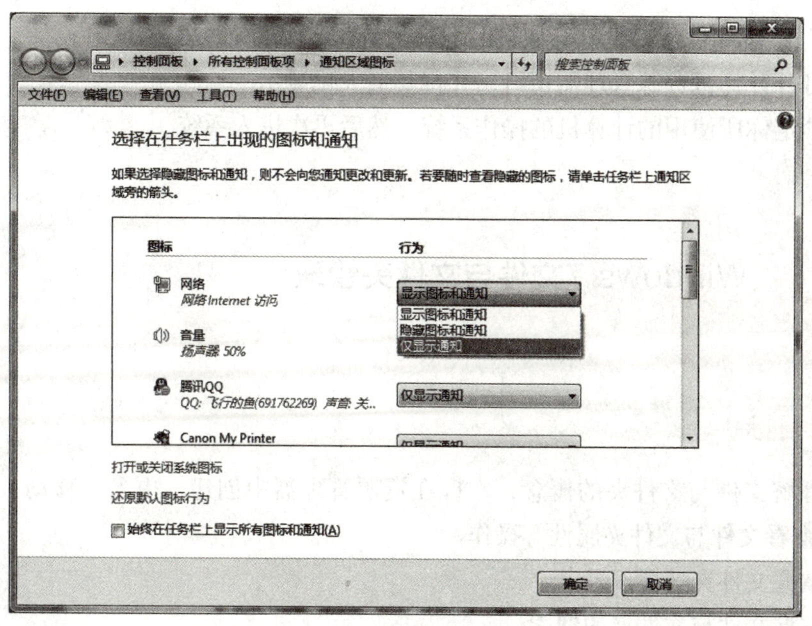

图2-9　设置网络图标行为

小技巧：在某些场合，使用键盘操作可能要比使用鼠标操作更加方便。关于窗口操作的常用快捷键，例如：Alt+Tab，在当前打开的窗口之间进行切换；PrintScreen，复制当前屏幕图像到剪贴板；Alt+PrintScreen，复制当前窗口到剪贴板；Alt+F4，关闭当前窗口或退出应用程序。

【实训练习】

（一）按照如下要求，对Windows 7系统进行基本操作：

1.取消桌面的自动排列图标功能，使用户能自由排列桌面图标。

2.在桌面上创建C盘驱动器的快捷方式。

3.打开“开始”菜单里“附件”中的“命令提示符”程序。

4.设置任务栏：将计算机资源管理器窗口程序锁定到任务栏；始终在任务栏上显示所有图标和通知；取消“使用Aero Peek预览桌面”功能。

5.设置“开始”菜单：将“最近使用的项目”添加到“开始”菜单；调整“开始”菜单里“附件”菜单项到菜单中的第一个位置；清除最近在“开始”菜单中打开程序的记录。

（二）按照如下要求，对Windows 7系统进行基本操作：

1.打开“开始”菜单里“附件”中的“计算器”程序。

2.设置任务栏：设置自动隐藏任务栏；将“桌面工具栏”添加到任务栏。

3.设置“开始”菜单：设置电源按钮默认操作为“重新启动”；清除最近在

“开始”菜单和任务栏中打开项目的记录。

4.打开计算机资源管理器窗口，并将其最大化显示。

5.锁定你所使用的计算机的操作系统，然后再次进入系统。

实训二 Windows 7文件与文件夹管理

【实训目标】

1.理解文件与文件夹的概念，掌握在资源管理器中创建、更名、移动、复制、删除及查看文件与文件夹属性等操作。

2.掌握文件夹选项设置。

3.掌握文件与文件夹的搜索。

【实训任务】

利用Windows的资源管理器窗口，按照如下要求对文件或文件夹进行操作：

1.在C盘下建立名为Myfiles的文件夹，并在该文件夹下分别建立名为Created、Sea1和Sea2的子文件夹。

2.在Created文件夹下建立一个名为note.txt的文本文档以及名为file.docx的Microsoft Word文档。

3.将note.txt文件设置为隐藏属性。

4.设置文件夹选项，显示created文件夹下隐藏的文件，并确保所有文件的扩展名能够显示。

5.在“C:\Windows\System32”位置搜索名为mspaint.exe文件，并将搜索到的mspaint.exe文件复制到Sea1文件夹中。

6.将Sea1文件夹移动到Sea2文件夹中。

7.将Sea1文件夹删除到回收站，并从回收站彻底删除该文件夹。

8.在计算机C盘中搜索扩展名为“*.jpg”的文件，并将前5个和第7个复制到Sea2文件夹中。

【实训步骤】

1.具体操作步骤如下：

（1）双击桌面上“计算机”图标，打开Windows计算机资源管理器窗口。

（2）双击C盘驱动器图标，窗口内容区域显示C盘根目录下的文件或文件夹。

（3）在内容区域空白处右击，在弹出的快捷菜单上选择“新建”→“文件夹”命令，则在当前位置建立新的文件夹，默认名称为“新建文件夹”且文件名处于编辑状态。

（4）将文件夹名修改为“Myfiles”，并按回车键。

双击Myfiles文件夹图标，进入Myfiles文件夹，在该文件夹下按照上述方法依次建立Created、Sea1和Sea2子文件夹。

2.具体操作步骤如下：

（1）双击Created文件夹图标，进入Created文件夹。

（2）在Created文件夹空白处右击，在弹出的快捷菜单上选择“新建”→“文本文档”命令，则在当前位置建立具有默认名称的文本文档，然后修改文件的主文件名为“note”，即建立了“note.txt”文本文档。

注意：按照该方法创建的文档具有默认的扩展名（.txt），扩展名有可能可见或不可见（视文件夹选项设置而定，后面的操作会涉及），用户不需要自己添加扩展名。另外，在修改文件名时只需要修改文件主文件名，不要弄丢扩展名。

（3）再次在文件夹空白处右击，在弹出的快捷菜单上选择“新建”→“Microsoft Word文档”命令，则在当前位置建立具有默认名称的Word文档，然后修改文件的主文件名为“file”，即建立了名为“file.docx”的Microsoft Word文档。注意，完成此操作需要计算机系统安装有Microsoft Word 2007以上版本的程序。

完成以上操作后，Created文件夹下将会建立并显示note.txt、file.docx文档（默认情况，文件扩展名为隐藏），如图2-10所示。

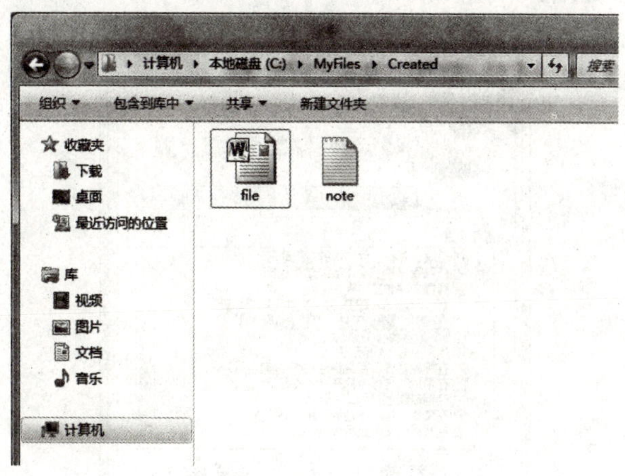

图2-10　创建note.txt、file.docx文档

3.在note.txt文件上右击，弹出文件属性对话框，勾选隐藏属性，如图2-11所示，并单击“确定”按钮。

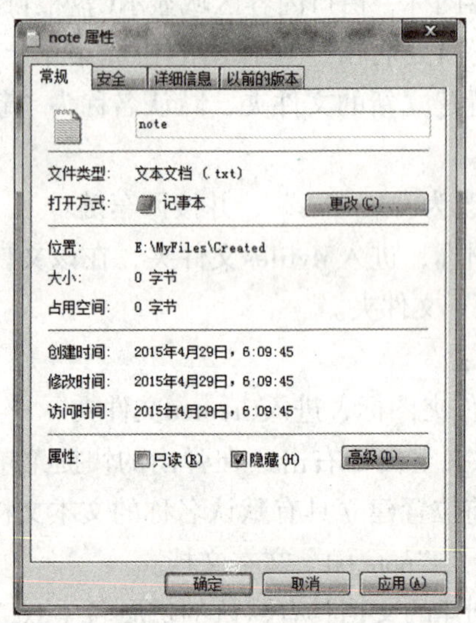

图2-11　note属性

4.具体操作步骤如下：

（1）在资源管理器窗口的工具栏单击“组织”按钮，在弹出的菜单上选择“文件夹和搜索选项”。或者在资源管理器窗口的工具栏单击“组织”按钮，在弹出的菜单上选择“布局”→“菜单栏”命令，将菜单栏显示在资源管理器窗口上，再选择菜单栏上的“工具”→“文件夹选项”命令。

（2）在“文件夹选项”对话框上，选择“查看”选项卡，在高级设置列表框中找到相关属性，如图2-12所示。

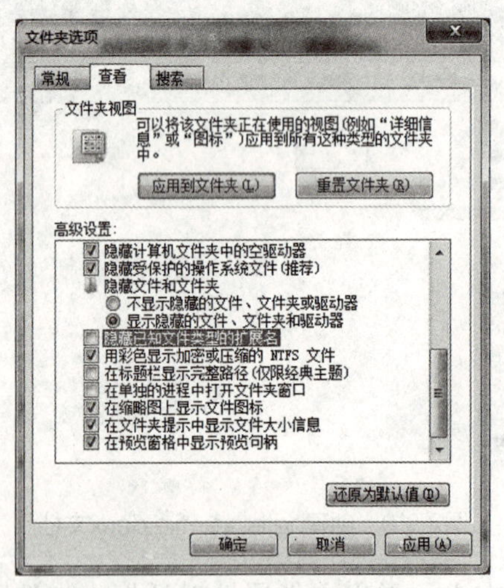

图2-12　文件夹选项高级设置

（3）选中“显示隐藏的文件、文件夹和驱动器”的单选按钮，取消“隐藏已知文件类型的扩展名”的复选框的勾选，单击“确定”按钮。

5.具体操作步骤如下：

（1）在资源管理器窗口中打开“C:\Windows\System32”文件夹。

（2）在搜索框中输入“mspaint.exe”，则系统将立即在当前位置进行搜索，搜索结果如图2–13所示。

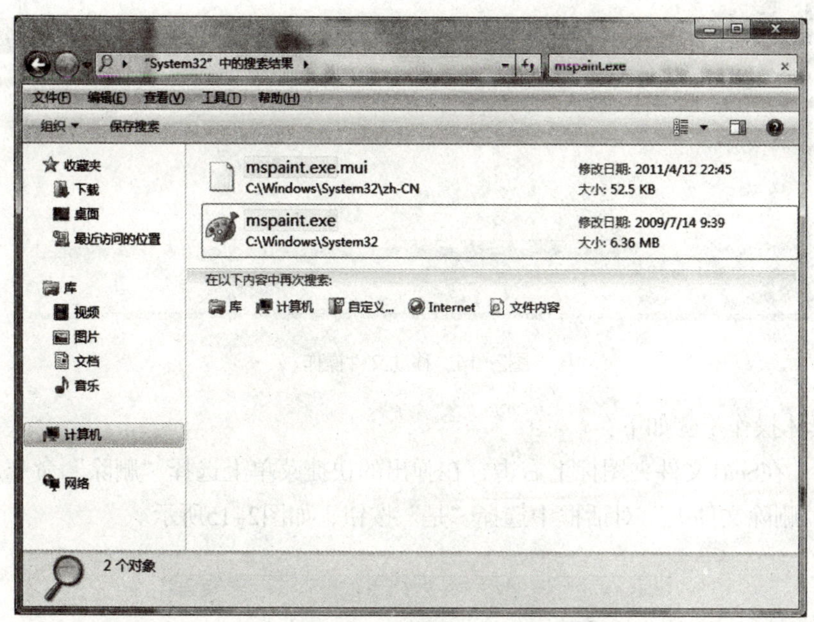

图2–13　搜索“mspaint.exe”文件的结果

（3）在mspaint.exe文件图标上右击，在弹出的快捷菜单上选择“复制”命令。

（4）打开Sea1文件夹，在窗口空白处右击，在弹出的快捷菜单上选择“粘贴”命令。

6.移动文件或文件夹，有两种常用的方法。

方法一：用鼠标拖动Sea1文件夹图标至Sea2文件夹图标上方，当出现“移动到Sea2”时释放鼠标，如图2–14所示。

方法二：

（1）在Sea1文件夹图标上右击，在弹出的快捷菜单上选择“剪切”命令。

（2）打开Sea2文件夹，在窗口空白处右击，在弹出的快捷菜单上选择“粘贴”命令。

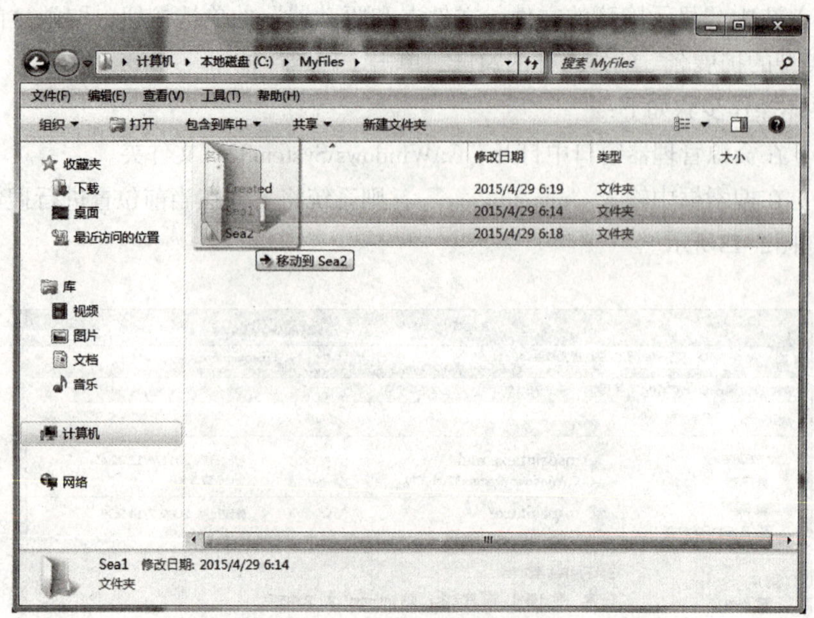

图2-14　移动文件操作

7.具体操作步骤如下：

（1）在Sea1文件夹图标上右击，在弹出的快捷菜单上选择“删除”命令，并在打开的“删除文件夹”对话框中选择“是”按钮，如图2-15所示。

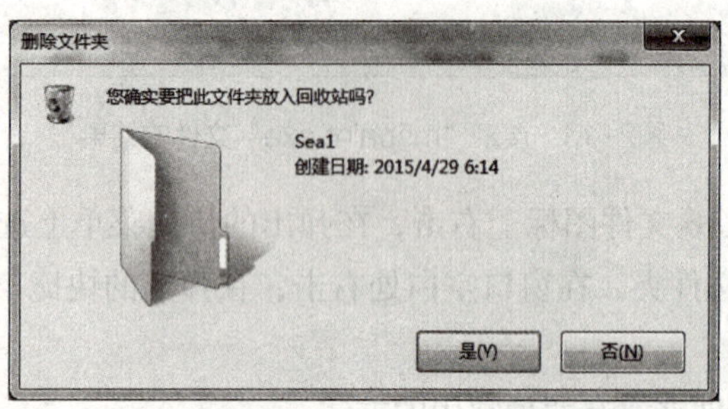

图2-15　确认是否删除“Sea1”文件夹

（2）双击“回收站”图标，打开回收站窗口，在该窗口中找到Sea1文件。

（3）在“回收站”窗口中的Sea1文件图标上右击，在弹出快捷菜单上选择“删除”命令，并确认这一操作。

8.具体操作步骤如下：

（1）在资源管理器窗口中打开C盘驱动器。

（2）在窗口的搜索栏中输入“*.jpg”，则系统将立即在当前位置进行搜索，搜索结果如图2-16所示。

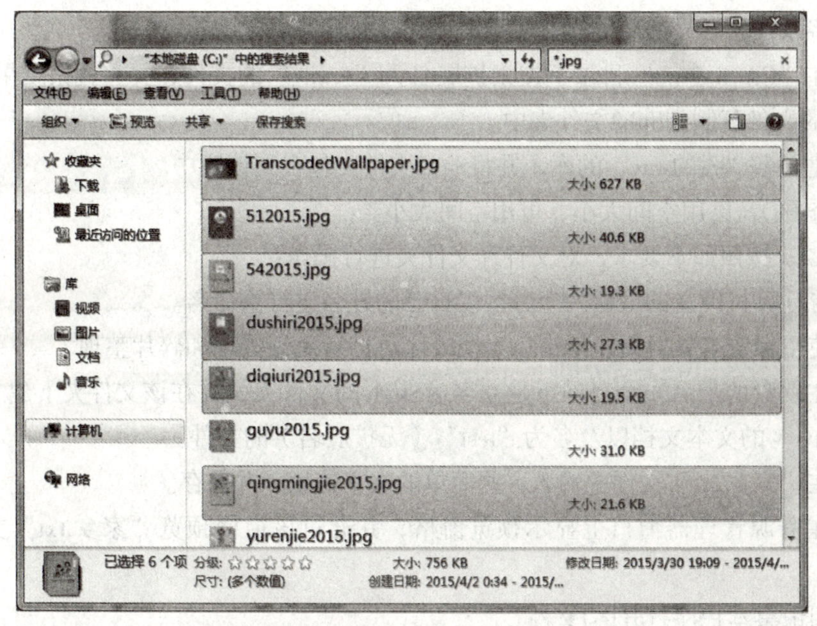

图2-16　搜索“*.jpg”文件的结果

注意：通过“开始”菜单里的搜索框也能搜索程序和文件，但是这与通过窗口搜索框搜索是有区别的。从“开始”菜单搜索时，搜索结果中仅显示已建立索引的文件。例如，包含在库中的所有内容都会自动建立索引。

（3）选择第1个文件，然后按住Shift键同时选择第5个文件，再释放Shift键，最后按住Ctrl键同时选择第7个文件，这样便选中了前5个和第7个文件。

（4）在被选中的文件上右击，在弹出的菜单上选择“复制”命令。

（5）在资源管理器窗口中打开Sea2文件夹，在该窗口中右击，在弹出的快捷菜单上选择“粘贴”命令。

小技巧：关于文件与文件夹操作的常用快捷键，如：Ctrl+A，选中当前窗口的所有对象；Ctrl+C，复制选中的对象；Ctrl+X，剪切选中的对象；Ctrl+V，粘贴对象；Delete，删除选中的对象；Shift+Delete，彻底删除一个对象而不将其放到回收站；在拖动文件或文件夹时按下Ctrl键，复制文件或文件夹。

【实训练习】

（一）按照如下要求，对文件和文件夹进行操作：

1.在D盘下建立名为自己学号的文件夹，并在该文件夹下建立名为Sub1和Sub2的两个子文件夹。

2.在以自己学号命名的文件夹下建立名为my.bmp的图像文件。

3.将my.bmp文件分别复制到Sub1和Sub2的两个子文件夹中。

4.将以自己学号命名的文件夹下my.bmp文件重新命名为new.bmp。

5.在“C:\windows”目录下搜索扩展名为“*.wav”的文件，并将搜索结果中前5个最大的文件复制到Sub2文件夹中。

6.建立名“我的wav”的库，并将Sub2文件夹包含到该库中。

7.查看D盘已用空间大小、可用空间大小。

（二）按照如下要求，对文件和文件夹进行操作：

1.将计算机硬盘的最后一个分区以自己的姓名进行重命名。

2.使用系统工具对硬盘的最后一个分区盘进行磁盘清理和碎片整理。

3.在硬盘的最后一个分区下建立名为Study的文件夹，并在该文件夹下建立名为“家乡.txt”的文本文档以及名为“test”（无扩展名）的文件。

4.在“家乡.txt”文件中输入一些简单的文字信息，并保存。

5.在资源管理器窗口上显示预览窗格，并通过该窗格预览“家乡.txt”文件的内容。

6.用记事本程序打开test文件。

7.搜索本计算机上文件名中含有“x86”和“inst”字符的文件。

实训三 Windows 7个性化环境设置

【实训目标】

1.了解控制面板的组成、视图方式。

2.掌握利用控制面板设置鼠标与键盘、安装与删除字体、设置显示效果、设置用户账户、安装与卸载程序、查看系统信息、设置电源选项或设置日期和时间等。

3.了解主题、分辨率等概念，理解用户账号的类型。

【实训任务】

利用控制面板等程序，按照如下要求对Windows系统的环境进行设置：

1.打开控制面板窗口，并按照小图标的方式显示控制面板视图。

2.在语言栏添加“简体中文全拼”输入法。

3.设置显示效果：将一张给定的图片设置为桌面背景；将屏幕的文字大小变大到“125%”（设置完成后还原为默认选项）。

4.为计算机系统创建一个新的标准账户，用户名为“one”，密码为“123456”。

5.安装一个给定应用程序，在试用后再卸载该应用程序。

6.设置一个比较节能的电源计划：15分钟后关闭显示器，30分钟后使计算机进入休眠状态。

【实训步骤】

1.具体操作步骤如下：

（1）打开控制面板，有两种常用方法。

方法一：选择“开始”按钮→“控制面板”命令。

方法二：打开计算机资源管理器窗口，单击窗口工具栏上的“打开控制面板”按钮。

（2）在打开的控制面板窗口中，将查看方式更改为“小图标”，结果如图2-17所示。

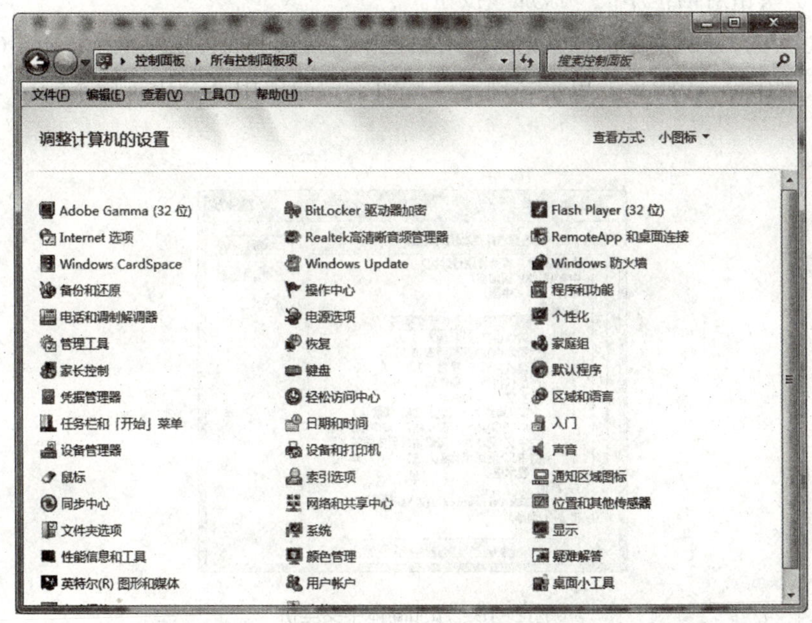

图2-17　控制面板窗口

2.具体操作步骤如下：

（1）单击任务栏上语言栏中的“选项”图标（下方三角形）■，并在弹出的菜单上选择“设置”命令，打开“文本服务和输入语言”对话框，如图2-18所示。或者打开控制面板窗口，通过窗口中的“区域和语言”链接及相关操作打开“文本服务和输入语言”对话框。

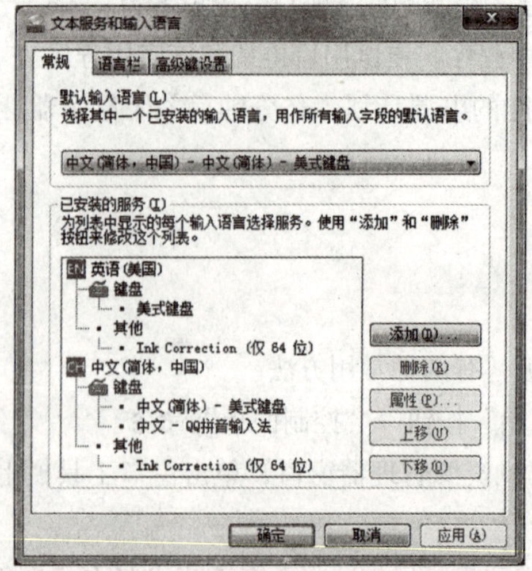

图2-18 “文本服务和输入语言”对话框

（2）单击对话框中的“添加”按钮。

（3）在打开的“添加输入语言”对话框中，勾选“简体中文全拼（版本6.0）”复选框，如图2-19所示，单击“确定”按钮，“简体中文全拼（版本6.0）”添加完成。

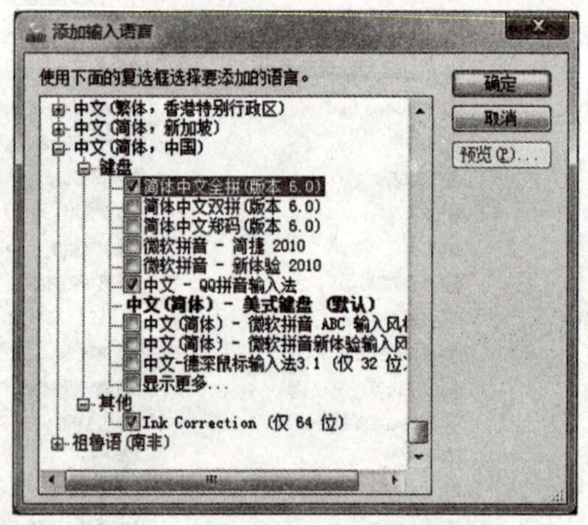

图2-19 添加简体中文全拼

3.具体操作步骤如下：

（1）在桌面空白处右击，在弹出的快捷菜单上选择“个性化”命令。或者打开控制面板窗口，通过窗口中的链接显示个性化内容，如图2-20所示。

（2）单击窗口中的“桌面背景”链接，显示桌面背景内容。

（3）单击窗口中的“浏览”按钮，通过“浏览文件夹”窗口选择事先准备好的图片，单击“保存修改”按钮，则桌面背景更换为所选择图片。

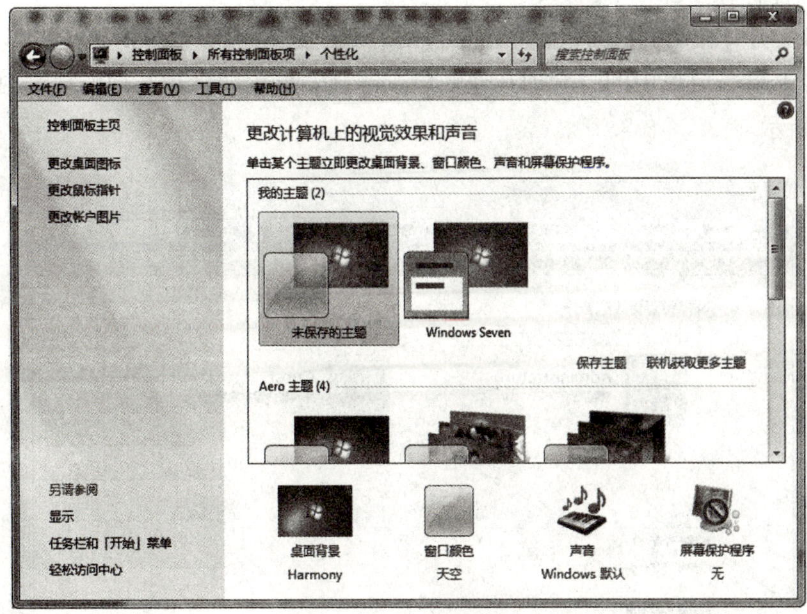

图2-20 个性化内容

（4）单击左侧窗格的“显示”链接，显示其具体内容，如图2-21所示。

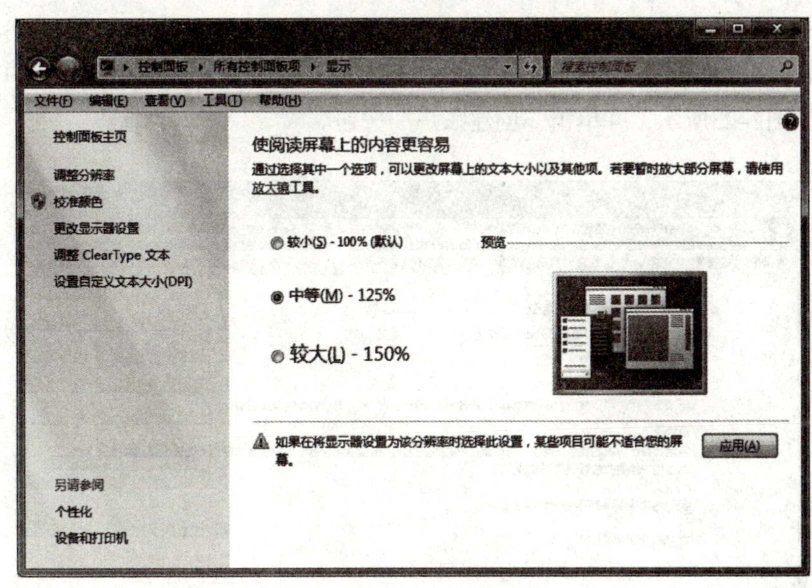

图2-21 显示内容

（5）单击窗口中的“中等（M）-125%”单选按钮，并选择“应用”按钮。注意，该设置需注销当前系统，并重新进入系统后才生效。

4.具体操作步骤如下：

（1）打开控制面板窗口，单击窗口中的链接显示“用户账号”内容。

（2）单击窗口中的“管理其他账户”链接，显示“管理其他账户”内容，如图2-22所示。

图2-22 管理账户内容

（3）单击窗口中的“创建一个新账户”链接，显示“创建新账户”内容。

（4）在窗口中的文本框中输入新账户用户名“one”，选择“标准账户”单选按钮，如图2-23所示，并单击“创建账户”按钮。

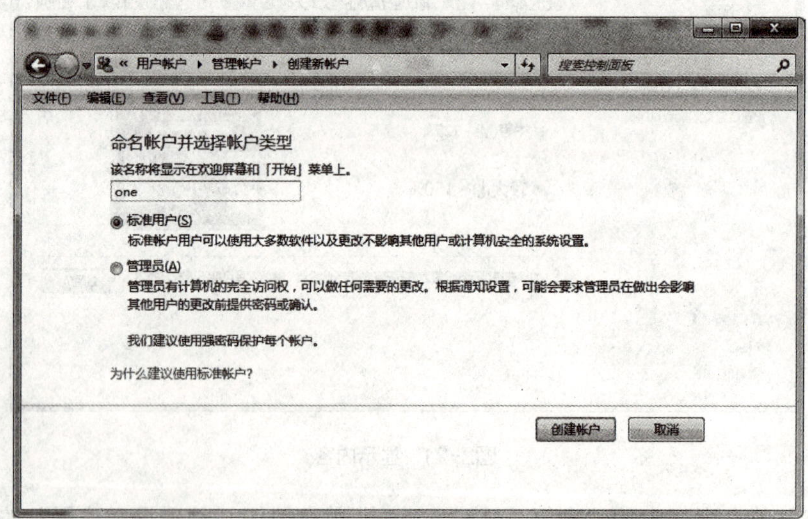

图2-23 创建新账户内容

5.以360压缩应用程序为例，具体操作步骤如下：

（1）双击360压缩程序的可执行文件（扩展名为.exe）图标，启动安装程序。

（2）在打开的安装程序对话框中，单击“自定义安装”链接，在窗口中“安装到：”后的文本框中选择或输入程序安装路径，并选择其他相关安装信息选项，如图2-24所示，单击“立即安装”按钮，则程序会自动进行安装。

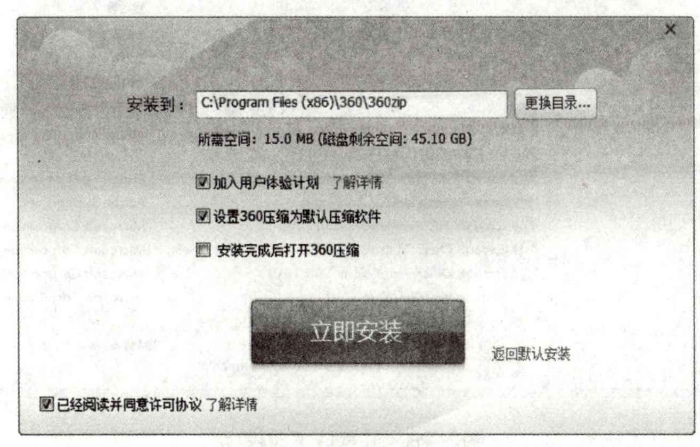

图2-24 360压缩安装程序

（3）安装结束后，可选择“开始”按钮→“所有程序”→“360安全中心”→“360压缩”命令，在该文件夹菜单项下单击“360压缩”命令，即可启动360压缩程序，如图2-25所示。

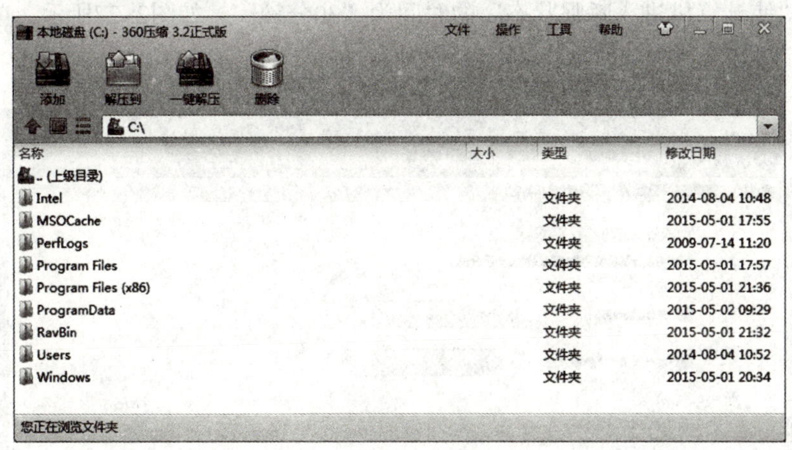

图2-25 360压缩程序主窗口

（4）若要卸载该应用程序，则打开控制面板窗口，通过单击相关链接显示程序和功能内容，如图2-26所示，在窗口下拉列表中选中“360压缩”选项，单击“卸载/更改”按钮，则启动360压缩卸载程序，后面根据提示进行操作即可。

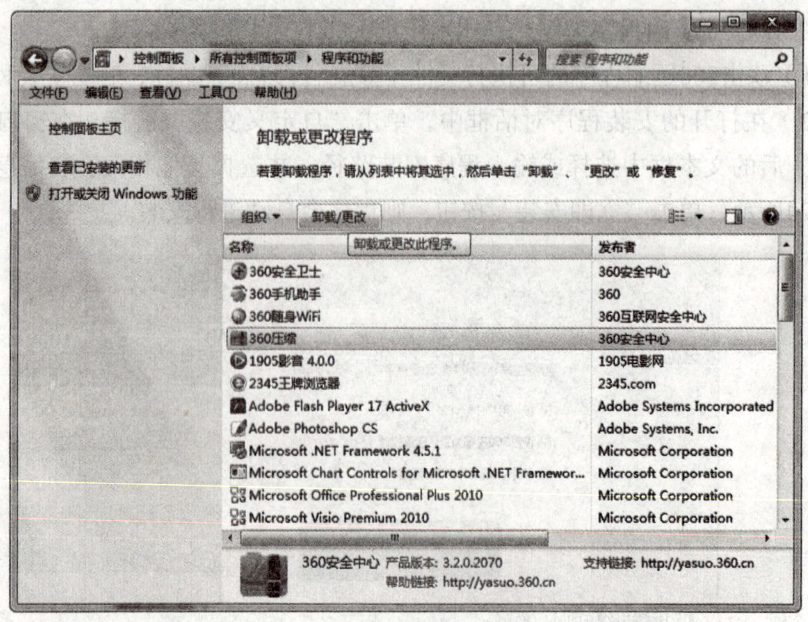

图2-26　卸载或更改程序

6.具体操作步骤如下：

（1）打开控制面板窗口，通过单击相关链接显示电源选项内容。

（2）单击窗口中被选中的首选计划选项后的“更改计划设置”链接。

（3）在控制面板“编辑计划设置”窗口中，设置“关闭显示器”的时间为“15分钟”“使计算机进入睡眠状态”的时间为“30分钟”，如图2-27所示，单击“保存修改”按钮。

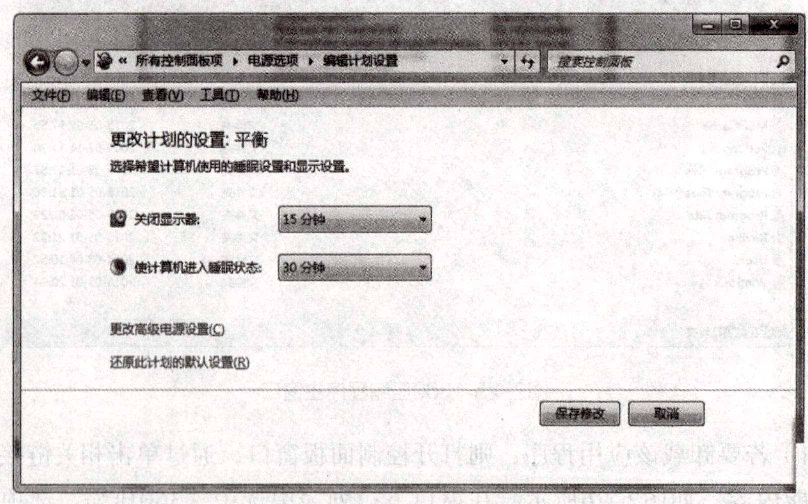

图2-27　编辑计划设置内容

【实训练习】

（一）按照如下要求，对Windows系统的环境进行设置：

1.设置鼠标与键盘：设置鼠标滑轮一次滚动行数为4行；设置增加键盘按键的重复延迟时间。

2.删除语言栏中多余的输入法，仅保留“中文（简体）-美式键盘（默认）”和任意一种中文文字输入法。

3.设置显示效果：将系统的显示主题更改为“Windows经典”（设置完成后还原为默认选项）；设置10分钟无操作将启动“气泡”屏幕保护程序。

4.查看当前计算机的处理器类型、内存大小、操作系统类型以及计算机名称。

5.通过Internet时间服务器同步功能更新系统时间。

（二）按照如下要求，对Windows系统的环境进行设置：

1.设置显示效果：查看当前显示器的显示效果（分辨率、颜色数）；将“控制面板”图标添加到桌面上。

2.将计算机的视觉效果设置为“调整为最佳外观”（设置完成后还原为默认选项）。

3.将系统声音设置为“静音”。

4.将系统时间更改为2020年1月1日。

5.查看计算机的IP地址。

实训四 常用附件与工具软件

【实训目标】

1.掌握Windows附件中写字板、计算器、画图、截图工具等程序的使用。

2.掌握一些其他常见工具软件的使用。

【实训任务】

使用常用附件与工具软件，按照如下要求创建相应的文件：

1.打开“附件”中的“写字板”程序。

2.打开“附件”中的“计算器”程序，显示“单位转换”面板，在单位转换面板中计算90角度转换为弧度的值。

3.打开“附件”中的“截图工具”程序，将已打开的计算器窗口截图保存在写字板文档中，并将写字板文档保存到桌面，命名为“文档.rft”。

4.截取桌面上“计算机”图标，将其保存到桌面，命名为“计算机.png”。

5.截取Windows 7的整个桌面，将其保存到桌面，命名为“桌面.jpg”。

6.将文件“文档.rft”、“计算机.png”、“桌面.jpg”压缩成名称为“files.rar”的压缩文件，查看压缩文件包的内容，然后将压缩文件包解压至桌面“files”文件夹中。

【实训步骤】

1.选择“开始”按钮→“所有程序”→“附件”→“写字板”命令，打开写字板程序。

2.具体操作步骤如下：

（1）选择“开始”按钮→“所有程序”→“附件”→“计算器”命令。

（2）在计算器程序窗口中，选择“查看”→“单位转换”命令，显示“单位转换”面板。

（3）选择转换单位类型为“角度”，输入“从90角度”，则计算器自动给出其弧度值，如图2-28所示。

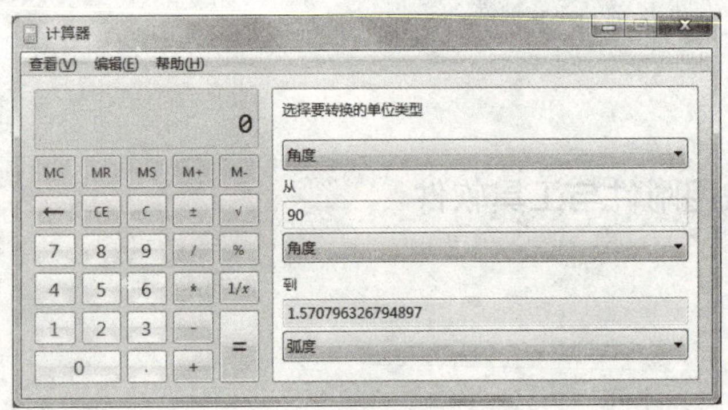

图2-28 计算器“单位转换”

3.具体操作步骤如下：

（1）选择“开始”按钮→“所有程序”→“附件”→“截图工具”命令，打开如图2-29所示的截图工具窗口。

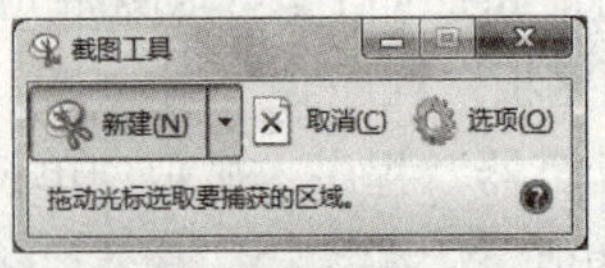

图2-29 截图工具窗口

（2）拖动光标选取计算器程序窗口，当释放鼠标左键时，则所选中区域显示在截图工具窗口中，如图2-30所示。

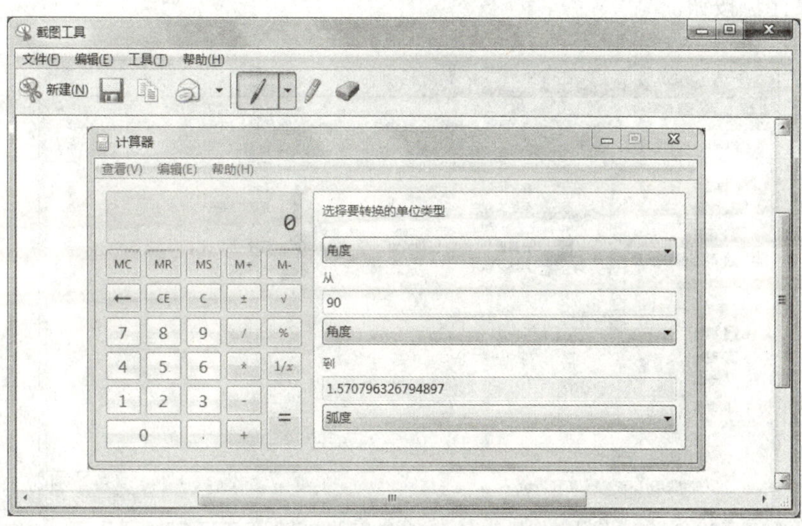

图2-30　截取“计算器”结果

（3）单击该窗口工具栏上的“复制”按钮，则将该图片复制到剪贴板。

（4）打开任务栏上的写字板程序窗口，单击该窗口工具栏上的“粘贴”按钮，将图片粘贴到写字板中，如图2-31所示。

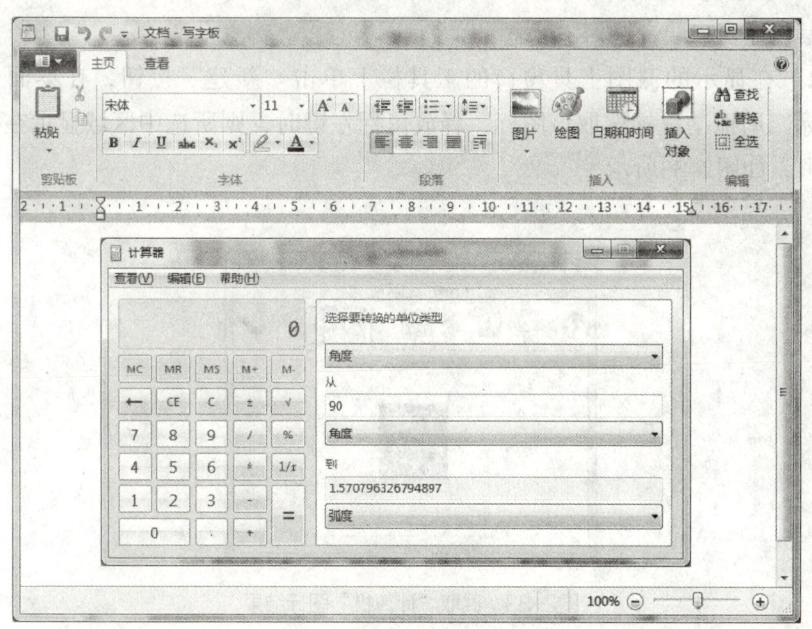

图2-31　粘贴“计算器”结果

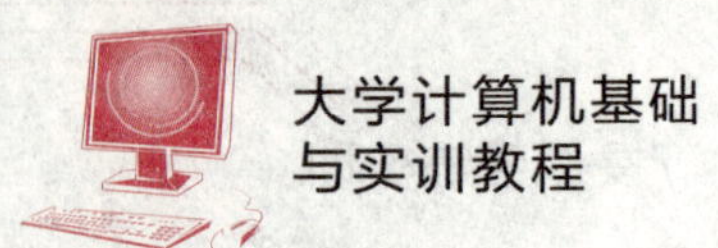

（5）单击写字板窗口的快速工具栏上的“保存”按钮，在打开的“保存为”对话框导航窗格中选择“桌面”，确保文件名为“文档.rft”，如图2-32所示，然后单击“保存”按钮。

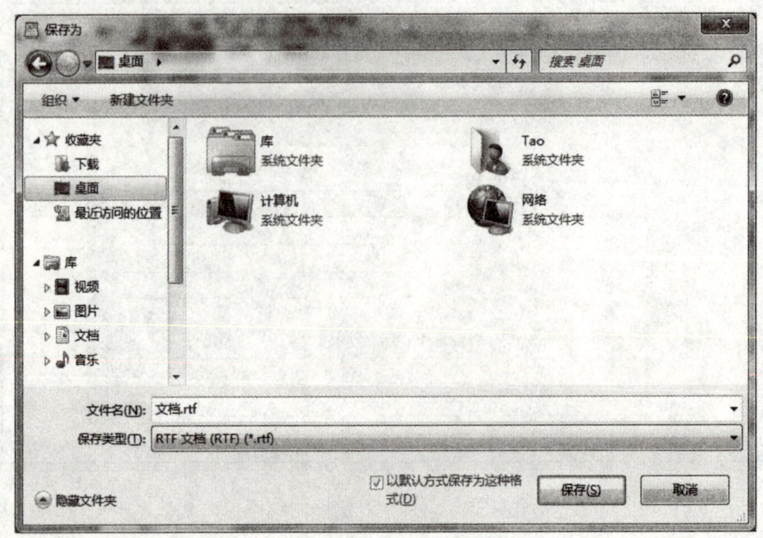

图2-32　保存“文档.rtf”文件

4.具体操作步骤如下：

（1）最小化所有程序的窗口（点击任务栏最右边的“显示桌面”），仅显示截图工具程序窗口。

（2）在显示的截图工具窗口的工具栏上单击“新建”按钮，在桌面“计算机”图标四周拖动鼠标选取该图标，释放鼠标左键时，则所选中区域显示在截图工具窗口中，如图2-33所示。

图2-33　截取“计算机”图标结果

（3）单击截图工具窗口工具栏上的“保存截图”按钮，在打开的“另存为”

对话框导航窗格中选择“桌面”，将文件名更改为“计算机.png”，如图2-34所示，然后单击“保存”按钮。

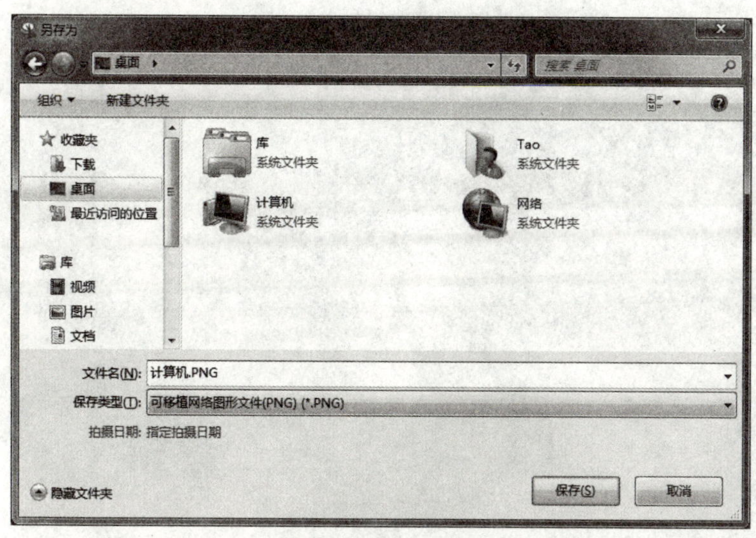

图2-34　保存“计算机.png”文件

5.截取Windows 7的整个桌面，有两种常用方法。

方法一：使用Windows附件“截图工具”，操作方法与本实训的任务4相同。

方法二：

（1）单击任务栏最右边的“显示桌面”，按下键盘上“PrintSceen”键，将桌面图片复制到剪贴板。

（2）选择“开始”按钮→“所有程序”→“附件”→“画图”命令，打开画图程序。

（3）在画图程序窗口工具栏上单击“粘贴”按钮，将桌面图片粘贴到画图程序的画布上，如图2-35所示。

（4）单击写字板窗口快速工具栏“保存”按钮，在打开的“另存为”对话框导航窗格中选择“桌面”，将文件名更改为“桌面.jpg”，然后单击“保存”按钮。

6.具体操作步骤如下：

（1）选择桌面上“文档.rft”、“计算机.png”、“桌面.jpg”三个文件，并在选中的任意一个文件上单击右键。

（2）在弹出的快捷菜单上选择“添加到压缩文件”命令。

（3）在打开的“压缩文件名和参数”对话框上，将压缩文件名更改为“files.rar”，如图2-36所示，单击“确定”按钮。

（4）双击桌面上“files.rar”文件图标，打开如图2-37所示的程序窗口。

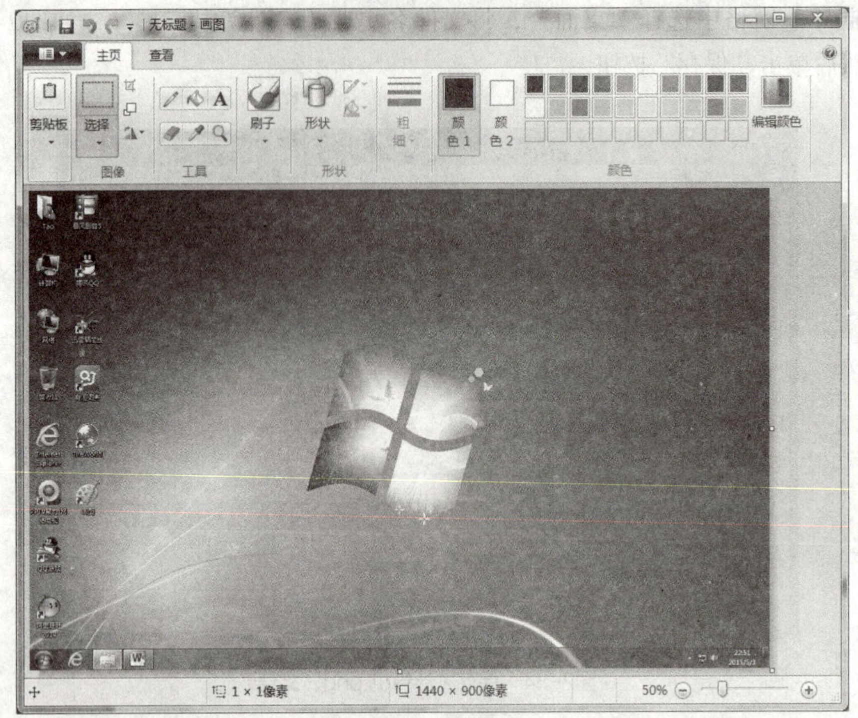

图2-35　截取“桌面”结果

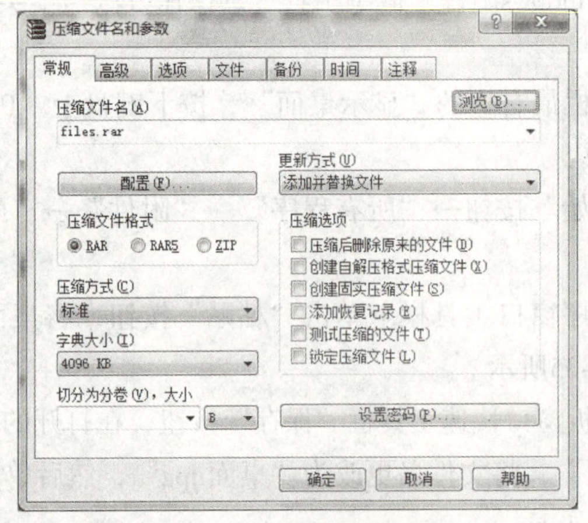

图2-36　压缩文件名和参数

（5）单击窗口工具栏的“解压到”按钮，在打开的“解压路径和选项”窗口上确保目标路径为桌面上的files子文件夹，如图2-38所示，单击“确定”按钮。

【实训练习】

（一）按照如下要求，使用常用附件与工具软件进行操作：

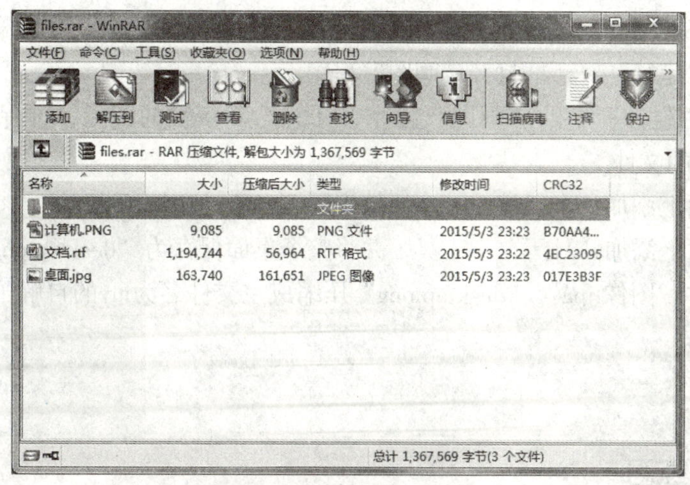

图2-37 files.rar压缩包内容

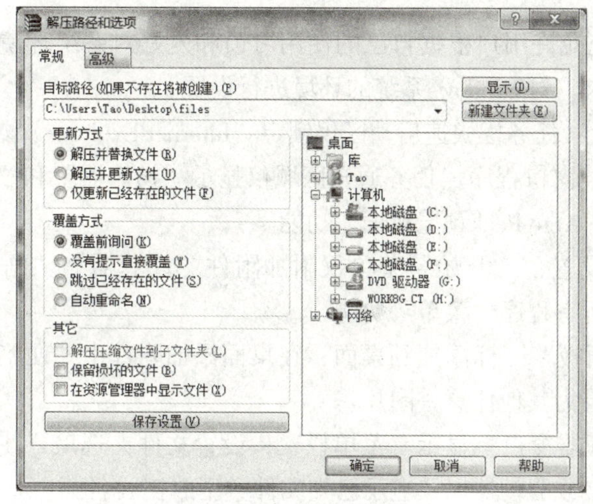

图2-38 解压路径和选项

1.打开“附件”中的“计算器”程序，利用“计算器”程序计算十进制数15对应的二进制数值。

2.将计算器窗口截图保存在写字板文档中，并将写字板文档保存成名为“文档.docx”的文件。

3.截取资源管理器窗口，在“附件”中的“画图”程序中编辑该图像，用文字标出窗口的各组成部分，并把编辑好的图像保存为“resmgr.png”的文件。

4.将“resmgr.png”的图像文件格式转换成.jpeg格式的同名文件保存。

5.打开任务管理器，查看CPU和内存的使用率情况。

6.打开360安全卫士，对计算机系统进行安全检查。

（二）按照如下要求，使用常用附件与工具软件进行操作：

1.通过“运行”对话框打开“画图”程序。

2.打开“附件”中的“画图”程序，任意绘制一幅的图像，并保存为名称为“图像.jpg”的文件。

3.在桌面上添加一个便签，并在便签中写下自己的心情留言。

4.在桌面上添加“日历”小工具，并将整个桌面保存为“desktop.png”。

5.将文件“图像.jpg”“desktop.png”压缩成主文件名为my的自解压缩格式的压缩文件。

综合上机练习

Windows系统允许用户根据自己的使用习惯和爱好对系统环境进行个性化的设置。按照如下要求，对Windows系统的环境进行设置。

1.任务栏设置：任务栏快速启动区仅锁定“Internet Explorer”浏览器程序和“计算机资源管理器”窗口程序；任务通知区域仅显示“扬声器”和“网络”图标；取消任务栏的“使用Aero Peek预览桌面”功能。

2.开始菜单设置：“开始”菜单仅附加附件“计算器”“画图”程序；取消“按名称排序‘所有程序’菜单”功能。

3.将“控制面板”图标添加到桌面；在桌面添加附件中“便签”程序的快捷方式；更改桌面背景为其他任意一图片。

4.在资源管理器窗口上显示“菜单栏”；设置文件夹选项，使得系统能显示隐藏的文件、文件夹或驱动器以及显示已知文件类型的扩展名。

5.将最后一个磁盘驱动器，名称更改为“我的分区”；在“我的分区”下建立文件夹“书籍”，并在该文件夹下建立子文件夹“文学”“历史”“计算机”以及“分类说明.docx”Word文档。

6.创建一个名称为“书籍”的库，并将“我的分区”下“书籍”文件夹包含到“书籍”库中。

7.语言栏仅保留“中文（简体）–美式键盘（默认）”“简体中文全拼（版本6.0）”和其他任意一种中文文字输入法；将计算机的视觉效果调整为“让Windows选择计算机的最佳设置”；创建并应用一个新的电源计划，使计算机20分钟后关闭显示器，1小时后进入睡眠状态。

8.创建一个名称为“xiaoxiao”的标准用户账户给小孩使用，并仅允许其在周六和周日的8：00~20：00以该账户使用计算机。

模块三
Word 2010的使用

本模块通过Word 2010文档管理与排版、产品信息表——Wrod2010表格制作、产品宣传海报——图文混排、毕业论文排版——长文档编辑、批量制作录用通知书——邮件合并、制作公司行政组织结构图——SmartArt图形六个实训介绍了Word 2010的基本应用。通过本模块的学习，掌握文档的基本操作（创建、录入、打开、内容选取、内容移动、复制与删除、查找与替换、撤销与恢复），掌握文档的基本排版（字符格式的设置、段落格式设置、页面设置），掌握文档的高级排版（项目符号和编号、边框和底纹、分栏、首字下沉、样式、自动生成目录），了解Word 2010图文混排技术（艺术字插入及设置、图形插入与设置、文本框插入与设置、SmartArt图形），了解表格处理技术，了解邮件合并。

实训一 Word 2010文档管理与排版

【实训目标】

1.掌握创建和保存Word文档的方法。

2.掌握设置字符格式的方法。

3.掌握设置段落格式的方法。

4.掌握设置分栏、首字下沉、边框和底纹的方法。

5.掌握设置页面格式的方法。

【实训任务】

本节以制作“幸福”一文为例，介绍如何新建及保存文档；在输入了文字后，对文字进行选择、复制、剪切等基本操作；插入日期和时间；根据实际需要，对文档进行基本排版，包含字符格式设置，段落格式设置、分栏、首字下沉、边框和底纹及页面设置，最后效果如图3–1所示。

幸福，是一种出至于内心的高兴

幸福二字，无可否认，是每个人都想要追求的，而每个人对幸福的定义都不同。有的人认为拥有一生的财富便是幸福、有的人认为位高权重已很幸福、有的人认为受万人景仰就会幸福……人们各有不同的梦想，就代表着不同的幸福。其实，幸福很简单，只要你愿意，幸福之门早就已为你打开。

幸福，是一种感受，是一种出至于内心的高兴。勇于追求之者与不贪心之者才能拥有。小时候，我们一生下来，就有许多许多的人已为我们送来祝福。长大后，我们便有了欲望，有了欲望就有了梦想，那时候要告诉自己，有梦就去追！在梦想达成了，就是在成功之日，幸福也会悄悄降临。

别人说，小时候，幸福很简单；长大后，简单很幸福。对啊！幸福，每人都可以拥有它，因它是不会偏私的，只是在乎你自己是怎样去掌握自己的幸福。当然，幸福不是必然的，要靠自己的努力和耐心的等待去播种幸福的种子，在这些种子开花结果之日，便是你获得幸福之时。

图3–1 效果图

【实训步骤】

1.新建文档并保存

（1）在“文件”选项卡中，选择“新建”；在可用模板中，选择“空白文档”。

（2）在“文件”菜单下，选择“保存”或者“另存为”进行文件的首次保存。

（3）在“另存为”对话框中，选择“学院职工合同范文”文档的保存位置“E:\文件”，输入文件名“幸福”，录入文字并保存。如图3–2所示。

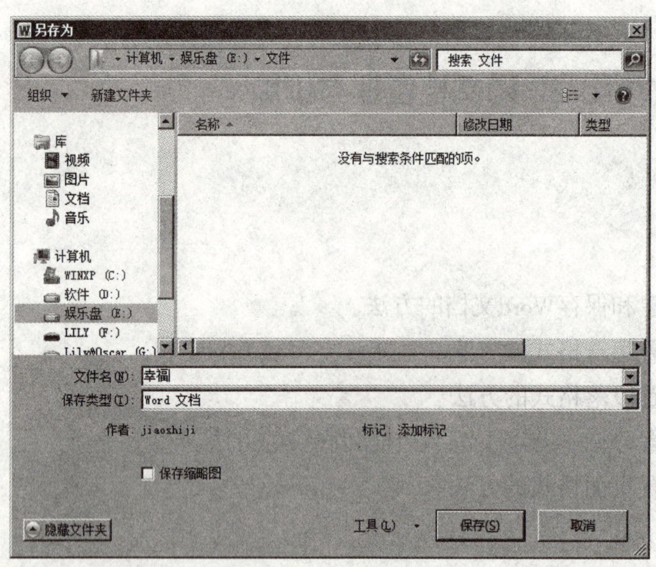

图3–2 “另存为”对话框

（4）在文档中输入相应文字并保存。

（5）在文档中插入当前日期和时间。在“插入”选项卡中，选择“日期和时间”。根据文章需要，选择正确的的日期时间格式，插入当前的日期和时间，如图3–3、图3–4所示。

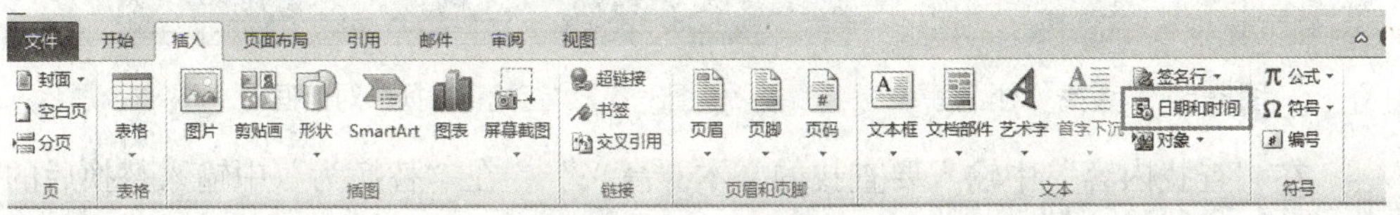

图3–3 日期和时间

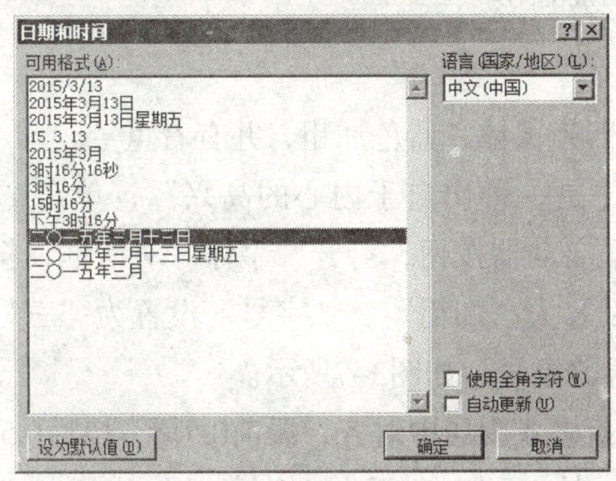

图3–4 日期和时间

2.文本的移动、删除、复制

当录入文档后，经常需要对文字内容进行基本编辑工作，如移动文本位置、删除部分文本、复制重复文本等。

（1）选中所需移动文字，将光标定位在所选文字上，按下鼠标左键不放，移动鼠标，将文字移动到目的位置。

（2）选中所需删除文字，按下Delete键即可删除。

（3）选中所需复制文字，在键盘上按下Ctrl+C进行复制，将鼠标定位至目标位置，按下Ctrl+V进行粘贴，复制完成。

3.查找和替换

（1）在文档中查找“快乐”两个字。

在“开始”选项卡中选择 “编辑”在弹出的下拉菜单中的选择“查找”，或者按Ctrl+F。在弹出的“导航”对话框中输入“高兴”，如图3–5所示。

（2）将文档中的“快乐”字替换为“快乐”。

在“开始”选项卡中选择 “编辑”，在弹出的下拉菜单中的选择“替换”，弹出如图3–6所示的 “查找和替换” 对话框。

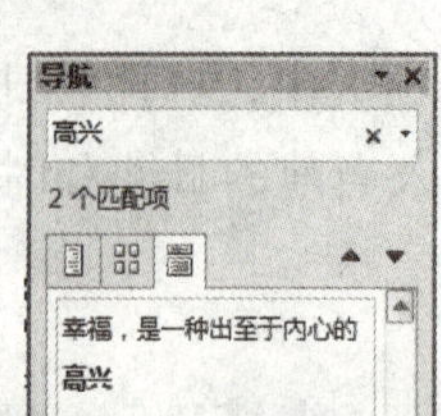

图3-5　“查找”对话框

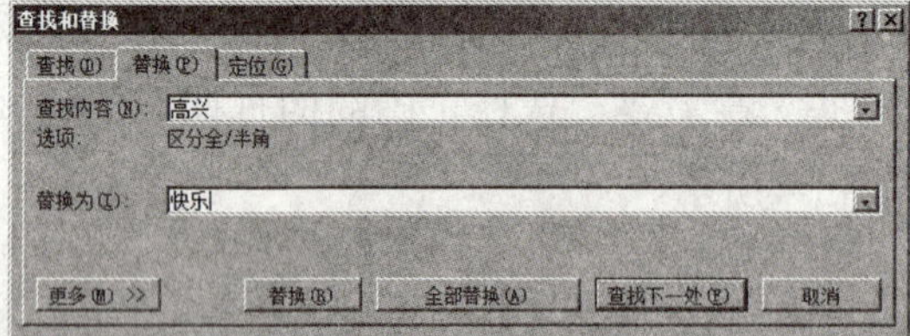

图3-6　“查找和替换”对话框

在“查找内容”中输入要查找的文本“高兴”，在“替换为”中输入替换后的字符“快乐”。单击“替换”按钮，当前被查找到的内容就被新字符替换，同时找到下一处查找内容；如果用户点击“全部替换”按钮，则文本中被选定的范围内的所有匹配文本被新的字符替换。

4.设置标题格式

（1）设置标题为四号黑体、蓝色加粗，并有着重号。

选中标题“幸福，是一种出自于内心的高兴”，单击“开始”选项卡上“字体”组右下角的对话框启动器按钮，打开“字体”对话框，将“中文字体”设置为“黑体”、“字形”设置为“加粗”、“字号”设置为“三号”、“字体颜色”设置为“蓝色”、并设置着重号，如图3-7所示。

（2）设置标题段落格式为居中对齐，段前0.5行，段后0.5行。

选中标题“幸福，是一种出自于内心的高兴”，单击“开始”选项卡上“段落”组右下角的对话框启动器按钮，打开“段落”对话框，将“对齐方式”设为“居中”，段前0.5行，段后0.5行，如图3-8所示。

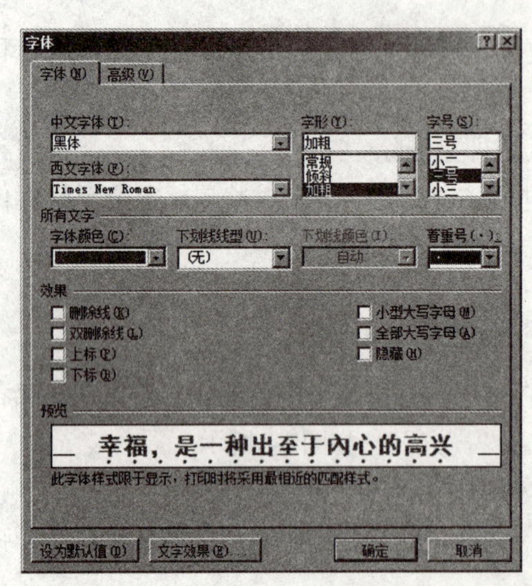

图3-7　标题字体格式

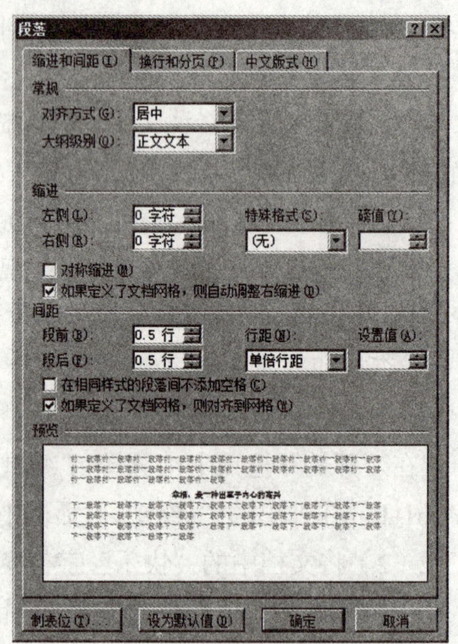

图3-8　标题段落格式

5.设置正文格式

（1）将正文设为小四号楷体。

选中正文，打开的“字体”对话框，将“中文字体”设置为“楷体”，“字号”设置为“小四号”。

（2）将正文段落格式设置为左对齐，首行缩进2个字符，行距为固定值15磅。

选中正文，打开“段落”对话框，将“对齐方式”设为“左对齐”；在“特殊格式”下，选择“首行缩进”，度量值为“2字符”；在“行距”下，选择“固定值”，度量值为“15磅”。

6.设置特殊格式

（1）将正文第一段首字设置为下沉2行、楷体、距正文1厘米的效果。

选中正文第一段，单击“插入”选项卡上“文本”组的“首字下沉”按钮，在展开的列表中选择“首字下沉选项”。在弹出的“首字下沉”对话框中，“位置”选择“下沉”；“字体”选择“楷体”；“下沉行数”设置为2；“距正文”设置为“1厘米”，如图3–9所示。

（2）将正文第二段设置为两栏、栏宽相等、显示分隔线。

选中正文第二段，单击“页面布局”选项卡上“页面设置”组的“分栏”按钮，在展开的列表中选择“更多分栏”。在弹出的“分栏”对话框中，“预设”选择“两栏”；在“栏宽相等”及“分隔线”前打勾，如图3–10所示。

图3-9　首字下沉对话框

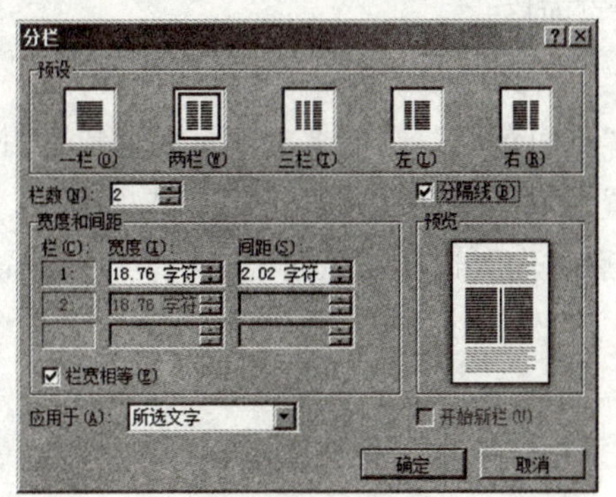

图3-10　分栏对话框

（3）正文第三段设置为蓝色双横线边框，宽度为 1/2磅，并添加红色的底纹效果。

选中正文第三段，单击“页面布局”选项卡上“页面背景”组的“页面边框”按钮。在弹出的“边框和底纹”对话框中选择“边框选项卡”，并在“设置”中选择“自定义”，“样式”中选择“双横线边框”，“颜色”选择“蓝色”，“宽度”选择“0.5磅”，在“应用于”下拉列表中选择“段落”，如图3–11所示。

在弹出的“边框和底纹”对话框中选择“底纹”选项卡。单击“填充”下的下拉三角按钮，在展开的颜色中，选择“标准色”下的第2个“红色”；在“应用于”下拉列表中选择“段落”，如图3-12所示。

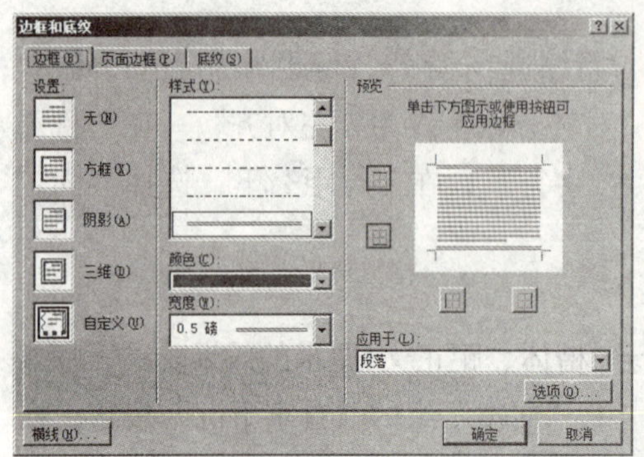

图3-11　“边框和底纹”对话框：设置边框

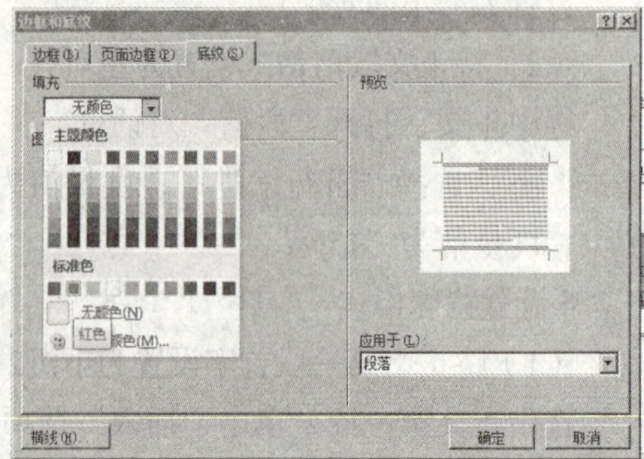

图3-12　“边框和底纹”对话框：设置底纹

（4）将正文最后一段中的“小时候，幸福很简单；长大后，简单很幸福”信息设置为字符间距加宽5磅的文字效果。

选中文字，单击“开始”选项卡上“字体”组右下角的对话框启动器按钮，打开“字体”对话框，选择“高级”选项卡，在“间距”后选择“加宽”，“磅值”后设置“5磅”。

7.设置页面格式

设置上、下页边距为2cm，装订线位置为左，纸张方向为纵向。

单击“页面布局”选项卡上“页面背景”组右下角的对话框启动器按钮，打开“页面设置”对话框。在“页边距”选项卡中，设置上页边距为2cm，下页边距为2cm；“纸张方向”选择“纵向”；“装订线位置”选择“左”。

【实训练习】

1.按以下格式要求，将文章《丑石》排版，最后效果如图3-13。

（1）标题为三号楷体字，并有如效果图所示的红色下划线，并为居中对齐。

（2）正文字体大小为四号字，并设置为首行缩近2个字符。

（3）全文设置了25磅的行间距，段前间距为0.5行。

（4）将正文第一段首字设置了下沉3行，距正文2厘米的效果。

（5）将正文第二段设置为三栏，栏宽相等，并需要添加分隔线。

（6）为文章第三段设置了如图所示的双实线边框。

（7）将文章第四段中的“常常”、“每每”信息设置为提升5磅的文字效果。

（8）为文章最后一段添加绿色段落底纹。

丑石

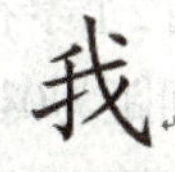

常常遗憾我家门前的那块丑石呢：它黑黝黝地卧在那里，牛似的模样；谁也不知道是什么时候留在这里的，谁也不去理会它。只是麦收时节，门前摊了麦子，奶奶总是要说：这块丑石，多碍地面哟，多时把它搬走吧。

于是，伯父家盖房，想以它垒山墙，但苦于它极不规则，没棱角儿，也没平面儿；用錾破开吧，又懒得花那么大气力，因为河滩并不甚远，随便去掬一块回来，哪一块也比它强。房盖起来，压铺台阶，伯父也没有看上它。有一年，来了一个石匠，为我家洗一台石磨，奶奶又说：用这块丑石吧，省得从远处搬动。石匠看了看，摇着头，嫌它石质太细，也不采用。

它不像汉白玉那样的细腻，可以凿下刻字雕花，也不像大青石那样的光滑，可以供来浣纱捶布；它静静地卧在那里，院边的槐荫没有庇护它，花儿也不再在它身边生长。荒草便繁衍出来，枝蔓上下，慢慢地，竟锈上了绿苔、黑斑。我们这些做孩子的，也讨厌起它来，曾合伙要搬走它，但力气又不足；虽时时咒骂它，嫌弃它，也无可奈何，只好任它留在那里去了。

稍稍能安慰我们的，是在那石上有一个不大不小的坑凹儿，雨天就盛满了水。常常雨过三天了，地上已经干燥，那石凹里水儿还有，鸡儿便去那里渴饮。每每到了十五的夜晚，我们盼着满月出来，就爬到其上，翘望天边；奶奶总是要骂的，害怕我们摔下来。果然那一次就摔了下来，磕破了我的膝盖呢。

图3-13　实训练习1效果图

2.按以下格式要求，将文章《海边的白蝴蝶》排版，最后效果如图3-14。

海边的白蝴蝶

我和两个朋友一起去海边拍照、写生。朋友中一位是摄影家，一位是画家，他们同时为海边的荒村、废船、枯枝的美惊叹而感动，白净绵长的沙滩反而被忽视了。我看他们拿出照相机和素描簿，坐在废船头工作，那样深情而专注，我想到通常我们都为有生机的事物感到美好，眼前的事物生机早已早已断失，为什么还会觉得美呢？恐怕我们感受到是时间，以及无常、孤寂的美吧！ 然后，我得到一个结论：一个人如果愿意时常保有寻觅美好感觉的心，那么在事物的变迁之中不论是生机盎然或枯落沉寂都可以看见美，那美的根源不在事物，而在心灵、感觉，乃至眼睛。

正在思索的时候，摄影家惊呼起来：“呀！蝴蝶！一群白蝴蝶。”他一边叫着，一边立刻跳起来，往海岸奔去。

往他奔跑的方向看去，果然有七八只白影在沙滩上追逐，这也使我感到惊讶，海边哪来的蝴蝶呢？既没有植物，也没有花，风势又如此狂乱。但那些白蝴蝶上下翻转的飞舞，确实是非常美的，怪不得摄影家跑得那么快，如果能拍到一张白蝴蝶在海滩上飞舞的照片，就不枉此了。

我到摄影家站在白蝴蝶边凝视，并未举起相机，他扑上去抓住其中的一只，那 些 画 面 仿 佛 是 影 片 里 ， 无 声 、 慢 动 作 的 剪 影 。

图3-14　实训练习2效果图

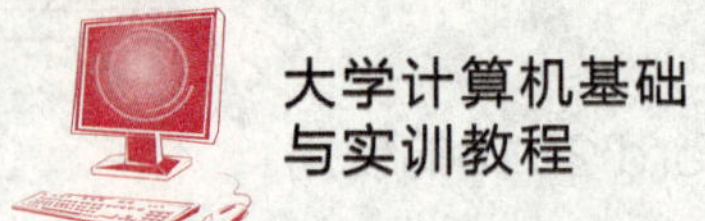

（1）标题为三号黑体字，有着重号，并为居中对齐。

（2）正文字体大小为小四号字楷体，首行缩近2个字符，左对齐方式。

（3）全文设置了固定值20磅的行间距，段前间距为0行，段后间距为0.5行。

（4）将正文第一段首字设置下沉3行、距正文1厘米的效果。

（5）将正文第三段设置为三栏，栏宽相等，不显示分隔线的效果。

（6）将文章第二段的文字设置如图所示的红色点划线文字边框，宽度为1/2磅，并添加黄色的段落底纹效果。

（7）将正文最后一段中的“那些画面仿佛是影片里，无声、慢动作的剪影。”文字设置为加宽5磅的文字效果。

实训二 产品信息表——Word 2010表格制作

【实训目标】

1.掌握表格的创建及表格内容的输入。

2.掌握行与列的插入、删除，修改行高，修改列宽。

3.掌握单元格的插入、删除、合并与拆分。

4.掌握表格的格式化：单元格对齐方式、边框和底纹的设置。

5.掌握表格和文本的相互转换。

【实训任务】

本节以制作“产品信息表”为例，首先介绍插入表格与在表格中输入文字；然后介绍合并与拆分表格，调整表格行高和列宽，设置表格边框与底纹，最后效果如图3–15所示。

产品信息表			
产品编号		**产品名称**	
产品价格		**产品数量**	
产品描述			

图3–15　产品信息表

1.创建表格

根据产品信息记录，可以在Word 2010中方便地创建表格，并将数据输入到表格中，这样可以更加便捷地管理与分析销售数据。

（1）利用“绘制表格”创建表格。

单击“插入”选项卡上“表格”组的“表格”按钮，在展开的下拉列表中根据需要创建的表格大小，直接选择对应的行数和列数。在此处，选择4行4列，如图3-16所示。

（2）利用“插入表格”对话框创建表格。

单击“插入”选项卡上“表格”组的“表格”按钮，在展开的下拉列表中单击“插入表格”按钮，如图3-17所示。

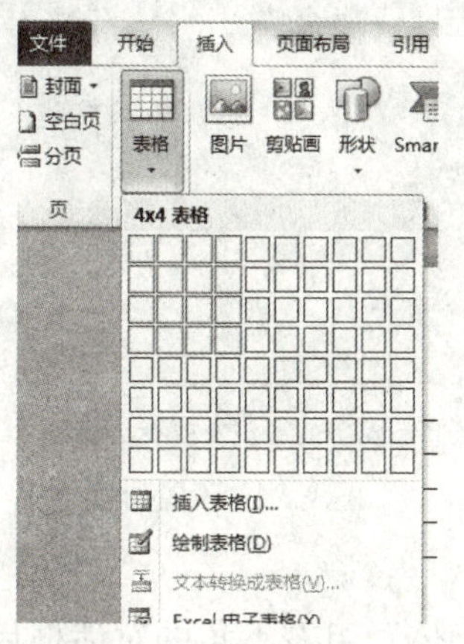

图3-16　绘制表格

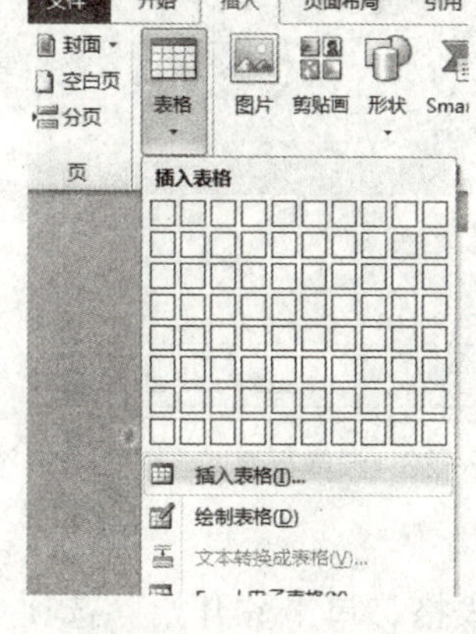

图3-17　利用“插入表格”对话框创建表格

在弹出的“插入表格”对话框中。根据设计需求输入表格的行与列，在“列数”中输入4，“行数”中输入4，单击“确定”按钮，生成一个具有4行4列的表格，如图3-18所示。

（3）输入数据。

在表格中输入如下文字，如图3-19所示。

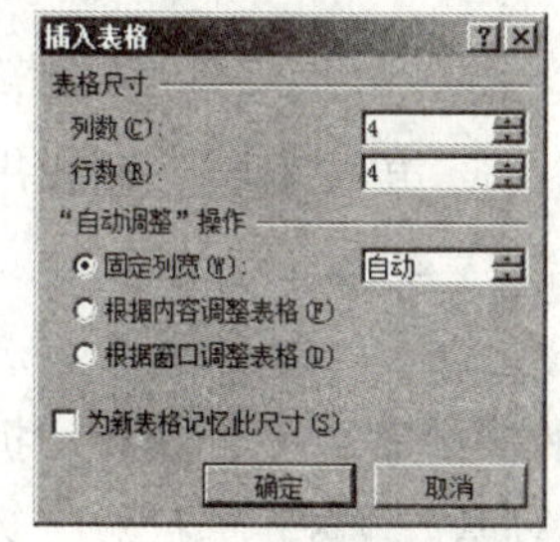

图3-18　“插入表格”对话框

产品信息表			
产品编号		产品名称	
产品价格		产品数量	
产品描述			

图3-19　新插入的表格

2.设置行高与列宽

（1）设置行高：选择第1行至第4行，单击右键，在快捷菜单中选择“表格属性”，在弹出的“表格属性”对话框中选择“行”标签，选择“指定高度”，并选择1.5厘米，如图3–20所示。

（2）设置列宽：选择第1列至第4列，单击右键，在快捷菜单中选择“表格属性”，在弹出的“表格属性”对话框中选择“列”标签，选择“指定宽度”，并选择3厘米，如图3–21所示。

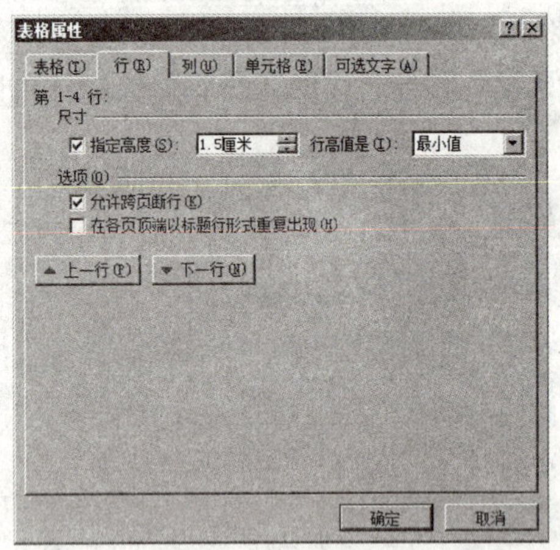

图3-20　设置行高

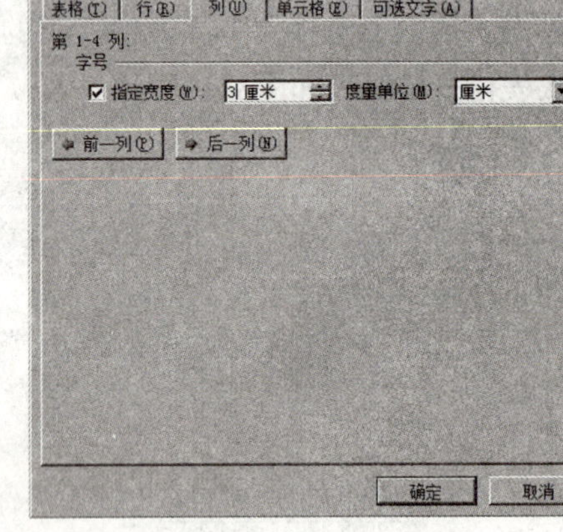

图3-21　设置列宽

3.设置表格字体

选中整个表格，单击“开始”选项卡上“字体”组右下角的对话框启动器按钮，打开“字体”对话框；或者右击鼠标，在弹出的快捷菜单中选择“字体”。在打开的“字体”对话框中，将“中文字体”设置为“黑体”，“字号”设置为“四号”，字体颜色选择“深蓝”。

4.设置单元格对齐方式

选中整个表格，单击右键，在弹出的快捷菜单中选择“单元格对齐方式”，在9个对齐方式按钮中，选择第2行第2个按钮。

5.合并与拆分单元格

（1）合并单元格。

由于第1行是标题行，因此需要将第1行合并。选中第1行，单击右键，在弹出的快捷菜单中，选择“合并单元格”。采用同样的方法，合并第4行。

（2）拆分单元格。

将第4行拆分为3列。选中第4行，单击右键，在弹出的快捷菜单中，选择“拆分单元格”。在弹出的“拆分单元格”对话框中，设置“列数”为3，“行数”为1，如图3–22所示。

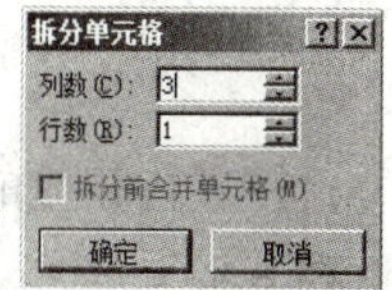

图3-22 “拆分单元格”对话框

6.设置表格的边框和底纹

选中整个表格，单击右键，在弹出的快捷菜单中选择“边框和底纹”。

（1）设置表格边框。

设置外边框，选择1.5磅的红色实线方框。设置好后的表格如图3-23所示。

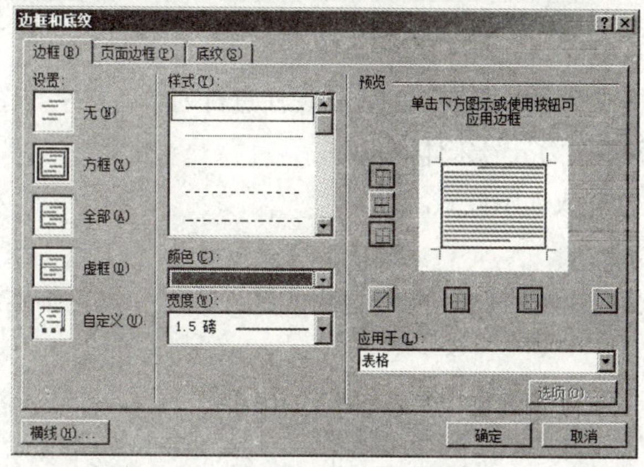

图3-23 “边框”对话框

（2）设置标题行底纹。

选中标题行，单击右键，在弹出的快捷菜单中选择“边框和底纹”，在弹出来的“边框和底纹”对话框中选择“底纹”标签。在“填充”中选择“浅黄”色，应用于“单元格”，如图3-24所示。设置好底纹后的表格如图3-25所示。

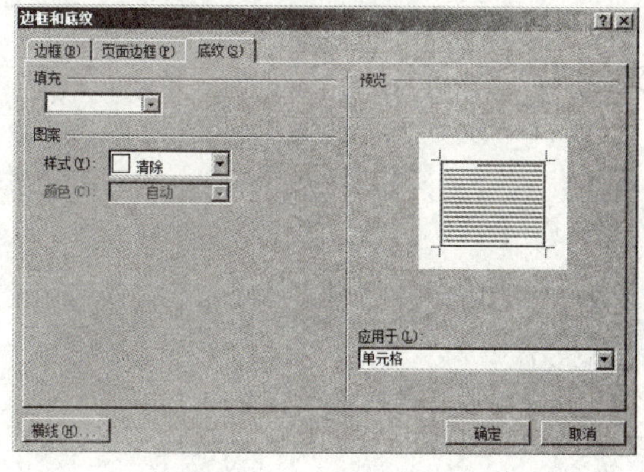

图3-24 “底纹”对话框

产品信息表			
产品编号		产品名称	
产品价格		产品数量	
产品描述			

图3-25 设置底纹后的表格

【实训练习】

1.生成如图3–26“客户信息表”，并进行相应的格式设置。具体要求如下：

（1）将所有字体设为五号宋体。

（2）将第1行合并成如图样式，并设置浅蓝色底纹。

客户信息				登记日期	年	月	日
公司名称			联系人		部门		
详细地址				联系电话			
邮政编码		传真		电子邮件			
客户性质				合作规模			
备注							

图3–26　客户信息表

2.生成如下“授课情况一览表”的表格，注意行列数、文字与图一致。

（1）将所有字体设为五号宋体。

（2）将第1行合并成如图样式。

（3）生成如图表头。

（4）为表格设置如图的1.5磅的红色粗实线外边框和黑色细实线内边框。具体效果如图3–27所示。

授课情况一览表			
课程 时间	计算机基础	VB 程序设计	ACCESS 数据库
2015	120 人	65 人	65 人
2014	150 人		57 人
2013	89 人	78 人	

图3–27　授课情况一览表

实训三　产品宣传海报——图文混排

【实训目标】

1.掌握艺术字的插入及设置。

2.掌握图片的插入及图片格式设置。

3.掌握文本框的插入及设置。

4.掌握文字和表格相互转换。

【实训任务】

当有公司或者企业有新产品进入市场之际，为了取得良好的宣传效果，可以为产品制作电视广告，也可以为产品制作宣传海报。本节以制作产品宣传海报为例，首先介绍艺术字的插入及设置，图片的插入及设置，以及文本框的插入及设置；然后介绍项目符号的使用；最后介绍文字和表格的相互转换。排版前文字内容如图3-28所示。

蒲扇

摇掉肩周炎：摇扇子是一种需要手指、手腕和局部关节肌肉协调、配合的上肢运动。在天热的时候经常摇扇，正是对上肢关节肌肉的锻炼，可以促进肩关节肌肉的血液循环，使肩关节得到锻炼，加强肩关节肌肉韧带的力量和协调性。

摇走精神障碍：心理学研究表明，人的情绪、心境和行为与季节变化有关。在炎热的夏季，许多人会出现情绪波动，特别是中老年人，容易出现情感障碍。用摇扇消遣，注意力集中于手上，保持心情舒畅，排除杂念和消除不良因素的刺激，可提高对疾病的耐受性。邀上三五好友，树下一坐，谈天说地，精神上的郁闷就可一扫而光。

蒲扇价格表

型号 价格 数量

A001 12 34

A002 15 56

A003 24 28

图3-28　产品宣传海报原文字

1.插入并编辑艺术字

（1）选中标题“蒲扇”，单击“插入”选项卡上“文本”组的“艺术字”按钮，在展开的下拉列表中根据需要创建的艺术字样式。在此处，我们选择第4行第1个，如图3-29所示。插入好的艺术字效果如图3-30所示。

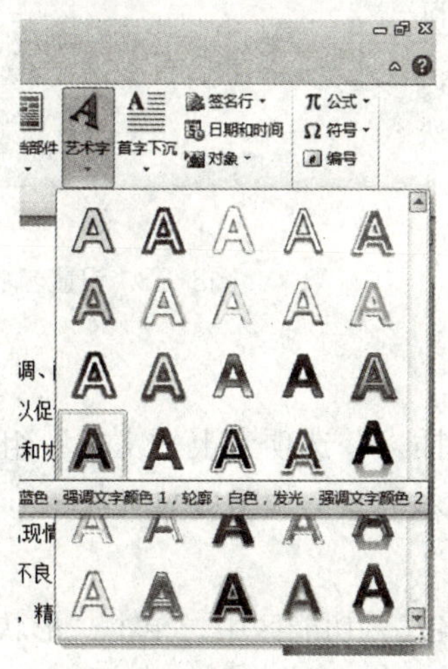

图3-29 插入艺术字

图3-30　艺术字效果

（2）设置艺术字形状。

选中艺术字，在打开的“绘图工具/格式”功能区中。单击“艺术字样式”分组中的“文本效果”按钮，打开文本效果菜单，指向“转换”选项。在打开的转换列表中选择“倒V”形状，如图3-31所示。设置好的“倒V”效果的艺术字，如图3-32所示。

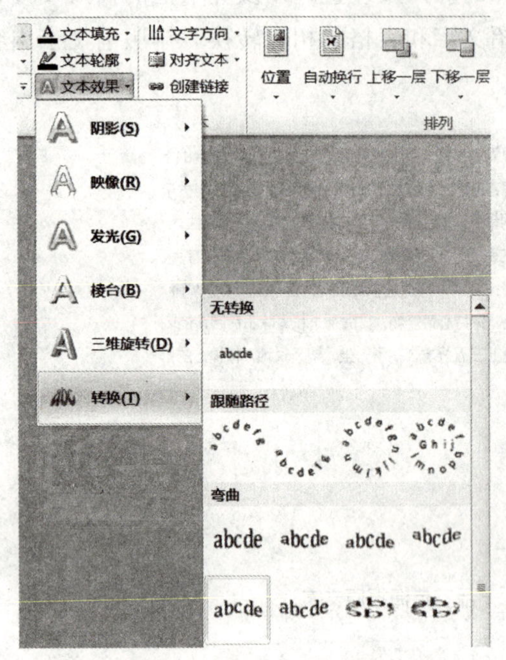

图3-31　设置“倒V”形状

图3-32　设置“倒V”的效果

（3）设置艺术字位置。

选中艺术字，在打开的“绘图工具/格式”功能区中，单击“排列”分组中的“自动换行”按钮，打开自动换行级联菜单，选择“四周型环绕”，如图3-33所示。然后选中艺术字，按住鼠标左键不放，移动鼠标，将艺术字拖动到合适的位置。

图3-33　设置艺术字位置

2.插入并编辑文本框

（1）插入文本框。

选中“摇走肩周炎”5个字，单击“插入”选项卡上“文本”组的“文本框”按钮，在展开的下拉列表中选择“绘制文本框”，如图3-34所示。

（2）设置文本框线条效果。

选中文本框，在打开的“绘图工具/格式”功能区中，单击“形状样式”分组中第1行第3个样式“彩色轮廓–红色”，如图3-35所示。

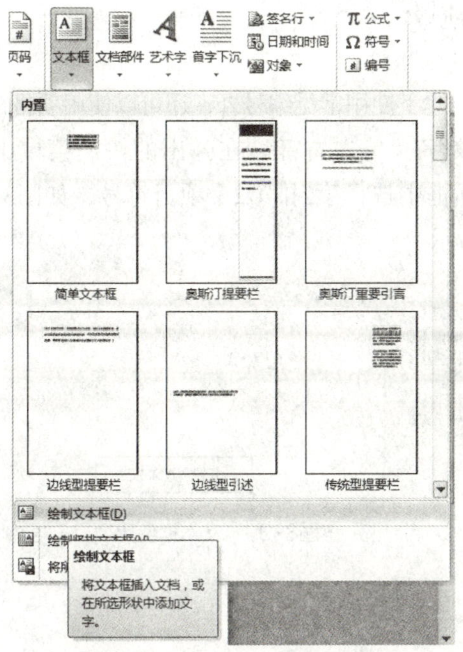

图3-34 插入文本框

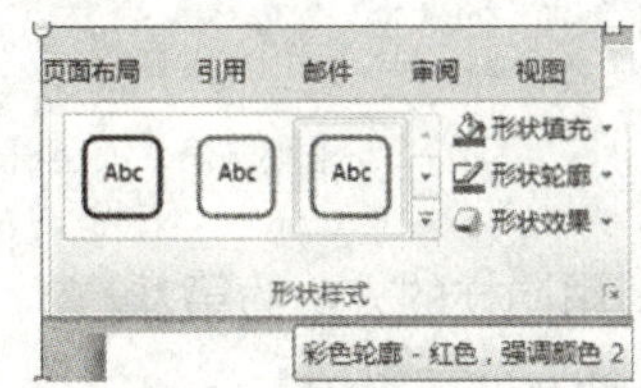

图3-35 设置文本框线条样式

（3）设置文本框填充样式。

选中文本框，在打开的“绘图工具/格式”功能区中，单击“形状样式”分组中形状填充按钮；在弹出的级联菜单中，选择“纹理”中的第3排第3个“羊皮纸”，效果如图3-36所示。

（4）设置文本框位置。

选中文本框，在打开的“绘图工具/格式”功能区中，单击“排列”分组中的“自动换行”按钮，打开自动换行级联菜单，选择“嵌入型”，如图3-37所示。

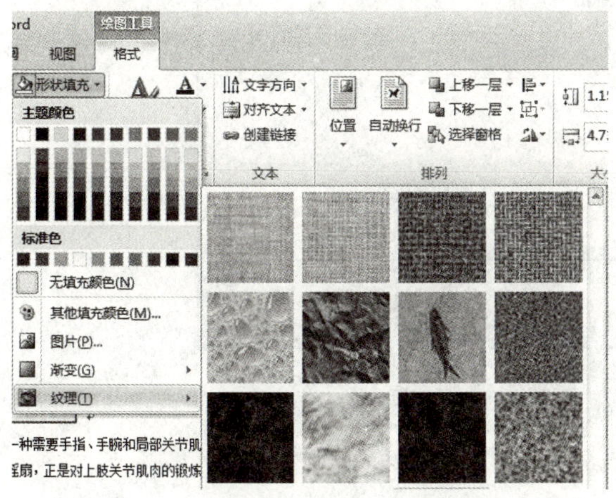

图3-36 “填充效果”对话框

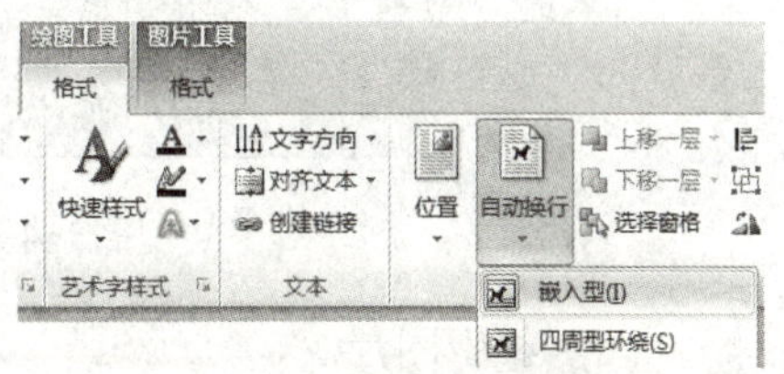

图3-37 设置文本框位置

按照同样的方式设置文字“摇走肩周炎”。

3.项目符号和编号

为了使输入文字层次结构更加清晰，除了使用常见编号外，还可以使用项目符号。

（1）选中需要添加项目符号的文字，单击右键。在弹出的快捷菜单中选择“项目符号”。在“项目符号库”对话框中选择第2排第2个项目符号，如图3-38所示，插入项目符号后，效果如图3-39所示。

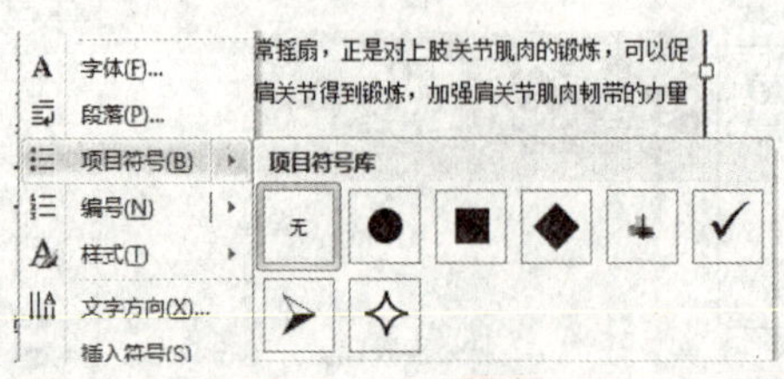

图3-38　项目符号

✧ 摇掉肩周炎

图3-39　文本框使用项目符号

采用同样的方法为第2段文字插入项目符号。

4.插入并编辑图片

（1）插入图片。单击“插入”选项卡上“插图”组的“图片”按钮。在打开的“插入图片”对话框中，选中所需“蒲扇”图片，单击“插入”按钮，如图3-40所示。

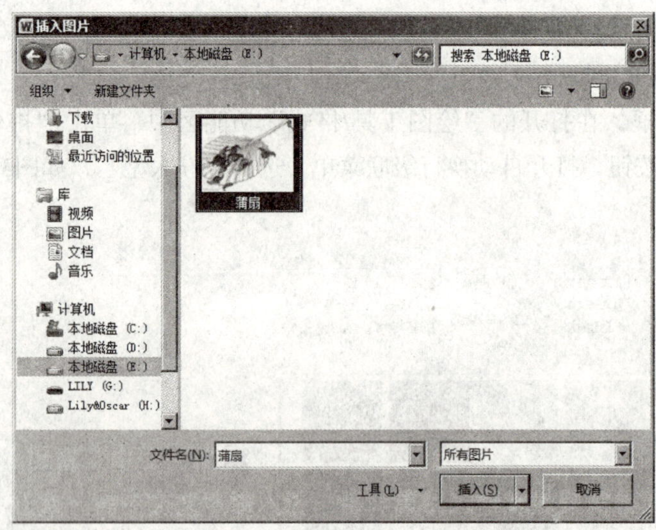

图3-40　“插入图片”对话框

（2）编辑图片。

选中图片，在打开的“图片工具/格式”功能区中，单击“排列”分组中的“自动换行”按钮，打开自动换行级联菜单，选择“四周型环绕”，如图3-41所示。然后调整图片大小，将图片拖放至第二段文字中间，效果如图3-42所示。

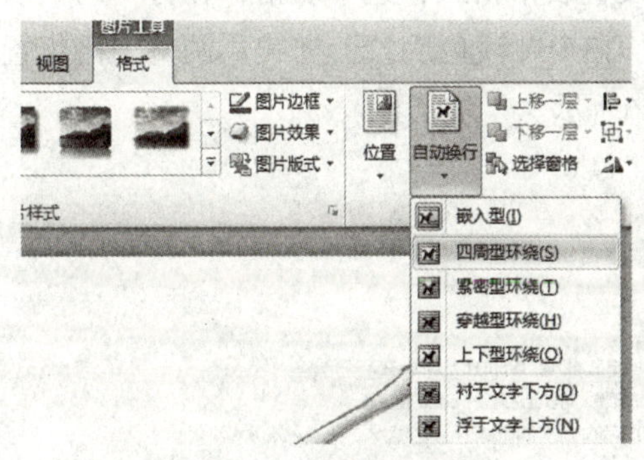

图3-41　设置图片位置

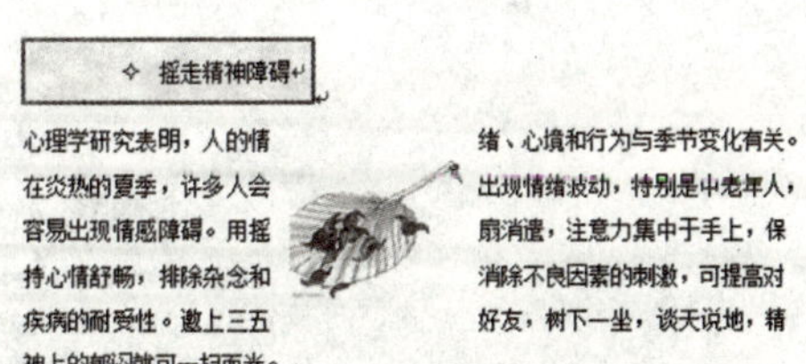

图3-42　图片位置

5.文本转换为表格

（1）选中第2段后面的所有文字，单击“插入”选项卡上“表格”组的“表格”按钮，在弹出的级联菜单中选择“文本转换成表格”，如图3-43所示。

（2）在“将文字转换成表格”对话框中，设置“文字分隔位置”为“空格”，“表格尺寸”中的“列数”自动调整为3列，如图3-44所示。

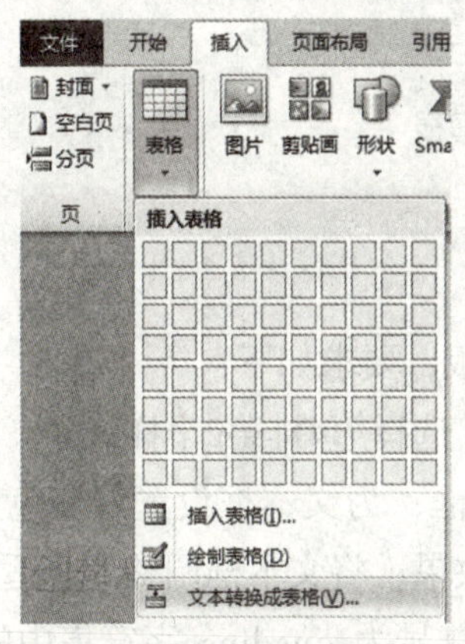

图3-43　文本转换为表格

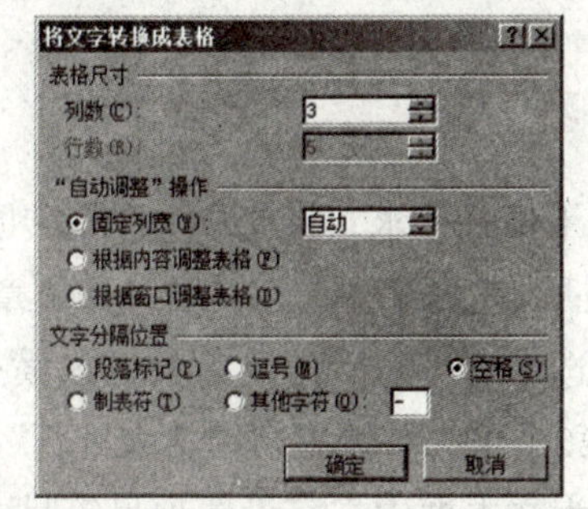

图3-44　“将文字转换成表格”对话框

转换后的表格如图3-45所示。

蒲扇价格表		
型号	价格	数量
A001	12	34
A002	15	56
A003	24	28

图3-45　转换后的表格

（3）设置表格。

首先将表格中第一行合并：选中第1行，单击右键，在弹出的快捷菜单中，选择“合并单元格”。然后应用表格样式，设置表格格式：选中表格，在打开的“表格工具/设计”功能区中，单击表格样式中第3个“浅色底纹”样式。调整表格位置至合适处，最终产品宣传海报效果如图3-46所示。

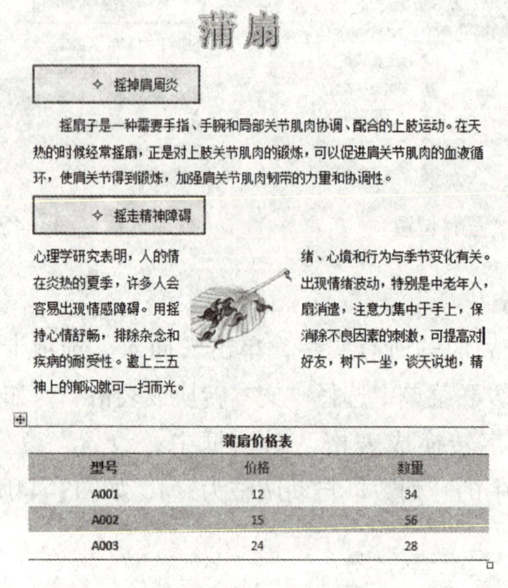

蒲扇

✧ 摇掉肩周炎

摇扇子是一种需要手指、手腕和局部关节肌肉协调、配合的上肢运动。在天热的时候经常摇扇，正是对上肢关节肌肉的锻炼，可以促进肩关节肌肉的血液循环，使肩关节得到锻炼，加强肩关节肌肉韧带的力量和协调性。

✧ 摇走精神障碍

心理学研究表明，人的情绪、心境和行为与季节变化有关。在炎热的夏季，许多人会出现情绪波动，特别是中老年人，容易出现情感障碍。用摇扇消遣，注意力集中于手上，保持心情舒畅，排除杂念和消除不良因素的刺激，可提高对疾病的耐受性。邀上三五好友，树下一坐，谈天说地，精神上的郁闷就可一扫而光。

蒲扇价格表		
型号	价格	数量
A001	12	34
A002	15	56
A003	24	28

图3-46　产品宣传海报

【实训练习】

1.按以下格式要求，将文章《广东砖雕》排版，要求如下：

（1）插入艺术字“广东砖雕”作文章标题，选择第4排第2个样式。

（2）选中“广东砖雕”，并插入横排文本框；为文本框设置浅蓝色边框（快速样式中第2个），并设置“白色大理石”填充效果；将文本框调整到合适位置。

（3）为文本框中文字设置项目符号，项目符号为wingdings字符集中的“田”符号。

（4）按照同样的效果，设置“临夏砖雕”。

（5）插入图片“砖雕”，并将图片文字环绕方式设置为“四周环绕型”。将图片调整至合适位置。

（6）将最后4排文字，转换为表格，具体效果如图3-47。

2.按以下格式要求，将文章《各地皮影戏》排版，要求如下：

（1）插入艺术字“各地皮影戏”作文章标题，选择第1排第2个样式。

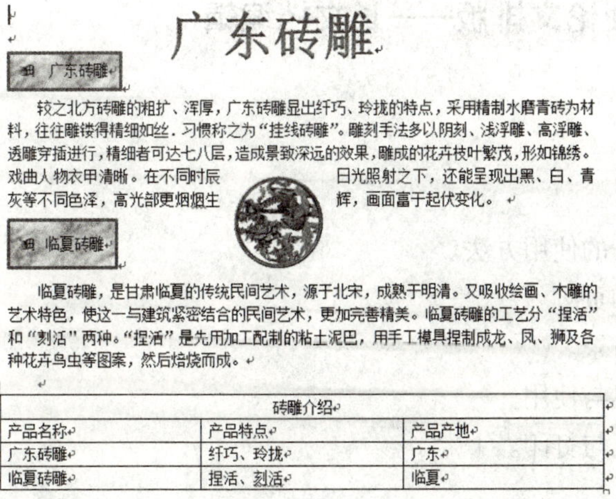

广东砖雕

广东砖雕

较之北方砖雕的粗犷、浑厚，广东砖雕显出纤巧、玲珑的特点，采用精制水磨青砖为材料，往往雕镂得精细如丝。习惯称之为“挂线砖雕”。雕刻手法多以阴刻、浅浮雕、高浮雕、透雕穿插进行，精细者可达七八层，造成景致深远的效果，雕成的花卉枝叶繁茂，形如锦绣。戏曲人物衣甲清晰。在不同时辰日光照射之下，还能呈现出黑、白、青灰等不同色泽，高光部更烟烟生辉，画面富于起伏变化。

临夏砖雕

临夏砖雕，是甘肃临夏的传统民间艺术，源于北宋，成熟于明清。又吸收绘画、木雕的艺术特色，使这一与建筑紧密结合的民间艺术，更加完善精美。临夏砖雕的工艺分“捏活”和“刻活”两种。“捏活”是先用加工配制的粘土泥巴，用手工模具捏制成龙、凤、狮及各种花卉鸟虫等图案，然后焙烧而成。

砖雕介绍		
产品名称	产品特点	产品产地
广东砖雕	纤巧、玲珑	广东
临夏砖雕	捏活、刻活	临夏

图3-47　砖雕

（2）选中“陕西皮影”，并插入横排文本框；为文本框设置紫色边框（快速样式中第5个），并设置黄色填充效果；将文本框调整到合适位置。

（3）为文本框中文字设置如图箭头项目符号。

（4）按照同样的效果，设置“湖北皮影”。

（5）插入图片“皮影戏”，并将图片文字环绕方式设置为“四周环绕型”。将图片调整至合适位置。

（6）将最后4排文字，转换为表格；将表格调整至合适大小，并应用表格样式中的第4个，具体效果如图3-48。

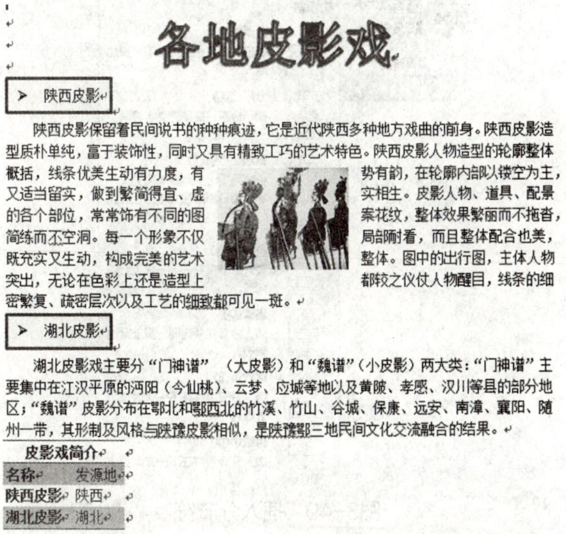

各地皮影戏

➢ 陕西皮影

陕西皮影保留着民间说书的种种痕迹，它是近代陕西多种地方戏曲的前身。陕西皮影造型质朴单纯，富于装饰性，同时又具有精致工巧的艺术特色。陕西皮影人物造型的轮廓整体概括，线条优美生动有力度，有势有韵，在轮廓内部以镂空为主，又适当留实，做到繁简得宜、虚实相生。皮影人物、道具、配景的各个部位，常常饰有不同的图案花纹，整体效果繁丽而不拖沓，简练而不空洞。每一个形象不仅局部耐看，而且整体配合也美，既充实又生动，构成完美的艺术整体。图中的出行图，主体人物突出，无论在色彩上还是造型上都较之仪仗人物醒目，线条的细密繁复、疏密层次以及工艺的细致都可见一斑。

➢ 湖北皮影

湖北皮影戏主要分“门神谱”（大皮影）和“魏谱”（小皮影）两大类：“门神谱”主要集中在江汉平原的沔阳（今仙桃）、云梦、应城等地以及黄陂、孝感、汉川等县的部分地区；“魏谱”皮影分布在鄂北和鄂西北的竹溪、竹山、谷城、保康、远安、南漳、襄阳、随州一带，其形制及风格与陕豫皮影相似，是陕豫鄂三地民间文化交流融合的结果。

皮影戏简介	
名称	发源地
陕西皮影	陕西
湖北皮影	湖北

图3-48　皮影戏

实训四 毕业论文排版——长文档编辑

【实训目标】

1.掌握分隔符的使用方法。

2.添加页眉和页脚。

3.自动生成目录。

4.样式的新建与使用。

5.文档的预览与打印。

【实训任务】

编写毕业论文是每个毕业生都要经历的重要事情。由于论文中包含章节过多，同时还有图和表格等诸多元素，本模块以对毕业论文排版为例，介绍了如何添加页眉和页脚、新样式的创建和使用、自动生成目录，最后讲解了文档的预览与打印。

1.在目录和这个正文之间插入分节符

将光标置于目录与正文之间，单击“页面布局”选项卡上“页面设置”组的“分隔符”按钮，在打开级联菜单中选择“分节符”→“下一页”，如图3-49所示。

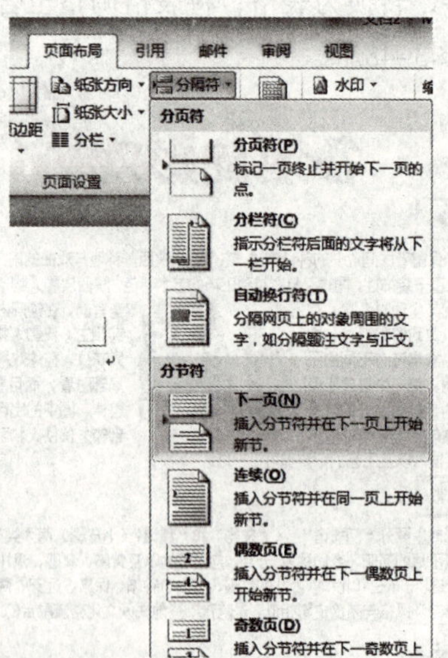

图3-49 插入分节符

插入分节符后，可以单击“视图”选项卡上的“文档视图”组的“大纲视图”

按钮，可以看到插入的分节符如图3-50所示。如果需要删除插入的分节符，只需要在大纲视图下将光标置于分节符所在行，按下Delete键即可。

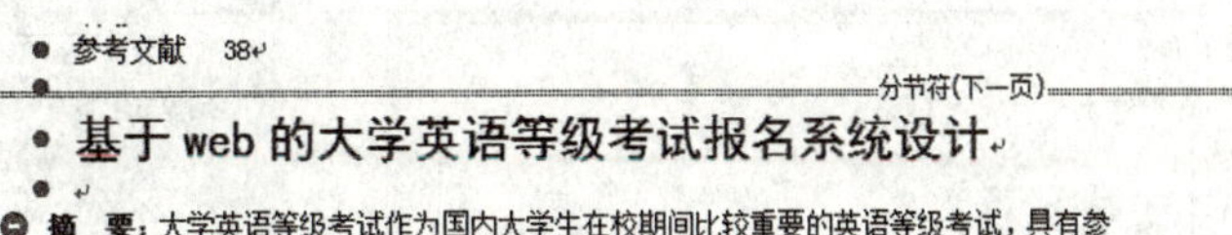

图3-50　大纲视图下的分节符

2.添加页眉和页脚

（1）设置不同节显示不同页眉。

根据毕业论文要求，封面及目录所在页均不显示页眉，具体设置如下：双击页眉区，在打开的“页眉和页脚工具/设计”功能区“导航”组中，单击“链接到前一条页眉”，去掉本节与上节的链接，如图3-51所示。

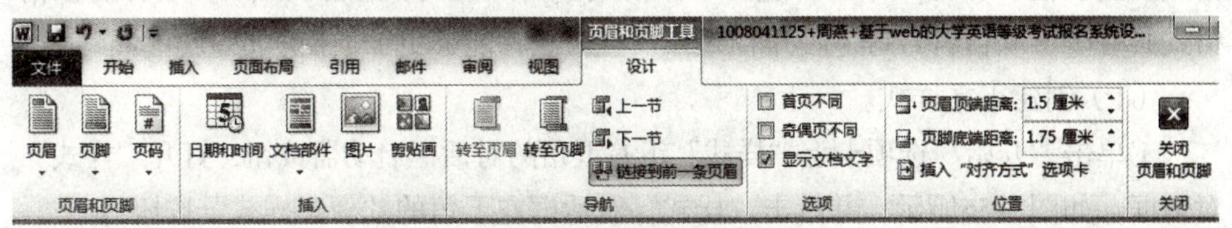

图3-51　设置不同节显示不同页眉

（2）添加页眉。

单击“插入”选项卡上“页眉和页脚”组的“页眉”按钮，在打开级联菜单中选择“编辑页眉”。在页眉编辑区域输入“毕业论文”，并将其对齐方式设置为“居中对齐”，如图3-52所示。

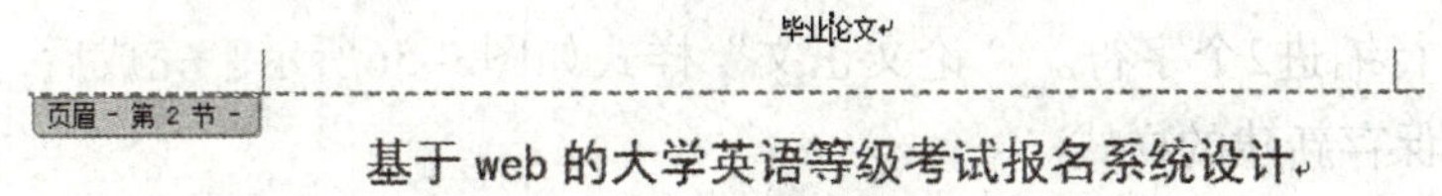

图3-52　添加页眉

（3）添加页码。

将光标移到页脚处，在打开的“页眉和页脚工具/设计”功能区“页眉和页脚”组中，单击“页码”按钮。在弹出的级联菜单中，选择“页面底端”→“普通数字2”，如图3-53所示。

提示：如果修改页码的格式，在打开的“页眉和页脚工具/设计”功能区“页眉和页脚”组中，单击“页码”按钮。在弹出的级联菜单中，选择“设置页码格式”，并在弹出的“页码格式”对话框中设置页码的格式，如图3-54所示。

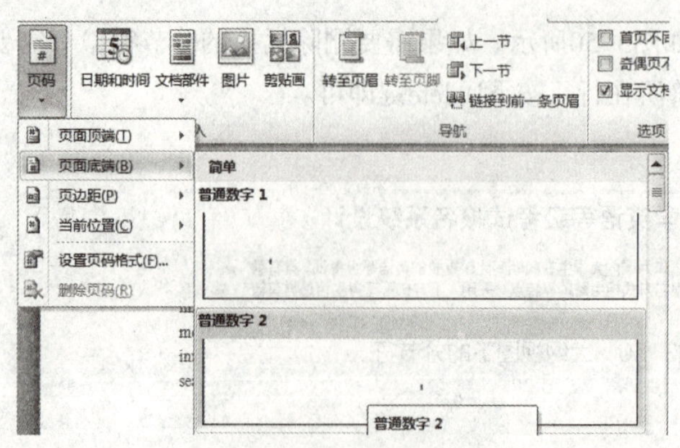

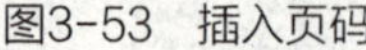

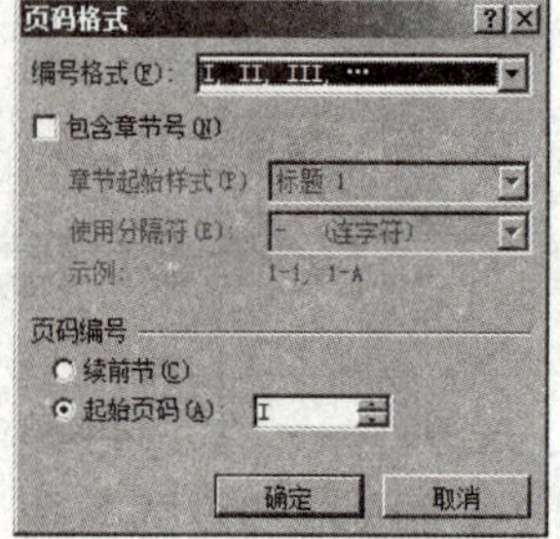

图3-53　插入页码　　　　图3-54　“页码格式”对话框

3.创建和使用样式

样式是多种单独格式的综合体，其中包含多种格式，是Word文档中各种基本的格式设置功能。在样式中可以包含字体格式、段落格式、边框和底纹（字体和段落格式共有）、项目符号等。使用样式来设置格式，能够更加便捷、快速。

（1）创建正文样式。

①单击“开始”选项卡上“样式”组右下角的对话框启动器按钮，打开“样式”对话框，如图3-55所示；并单击“样式”对话框左下角的“新建样式”按钮 。

②在弹出的“根据格式设置创建新样式”对话框中设置新样式名称为“论文正文”，输入样式名称“正文样式”；在格式中将字体设为“宋体”“五号”“左对齐”。

③单击“根据格式设置创建新样式”对话框左下角的“格式”按钮，在弹出的级联菜单中选择“段落”。在弹出的“段落”对话框中，将正文的对齐方式设为“左对齐”，大纲级别为“正文文本”。段前0行，段后0行，单倍行距；特殊格式下设置首行缩进2个字符。“论文正文”样式如图3-56所示。完成后，单击“确定”按钮，保存新建的样式。

（2）创建一级标题样式。

采用同样的方法，创建一级标题样式，将一级标题样式中的字体格式设为四号、黑体、左对齐，大纲级别为1级；段前0.5行，段后0.5行，单倍行距，如图3-57所示。

（3）创建二级标题样式。

采用同样的方法，创建二级标题样式，将二级标题样式中的字体格式设为小四号、黑体、左对齐，大纲级别为2级；段前0.5行，段后0行，单倍行距。

（4）创建三级标题样式。

采用同样的方法，创建三级标题样式，将三级标题样式中的字体格式设为五号、黑体、左对齐，大纲级别为3级；段前0行，段后0行，单倍行距。

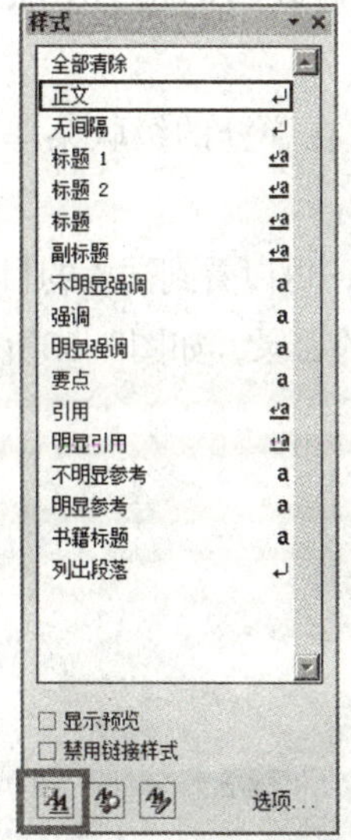

图3-55 “样式”菜单

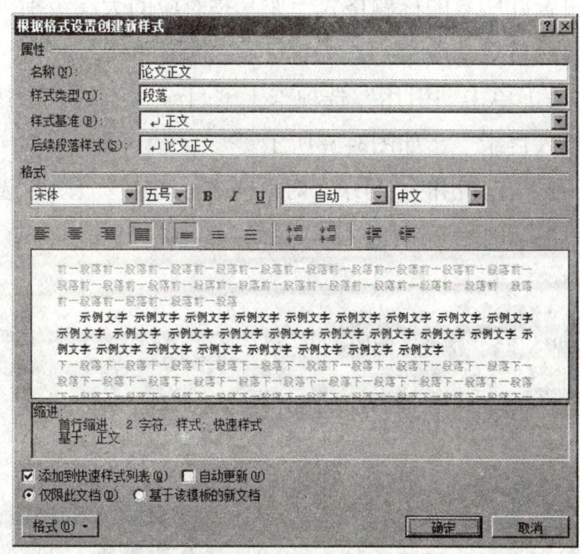

图3-56 设置论文正文样式

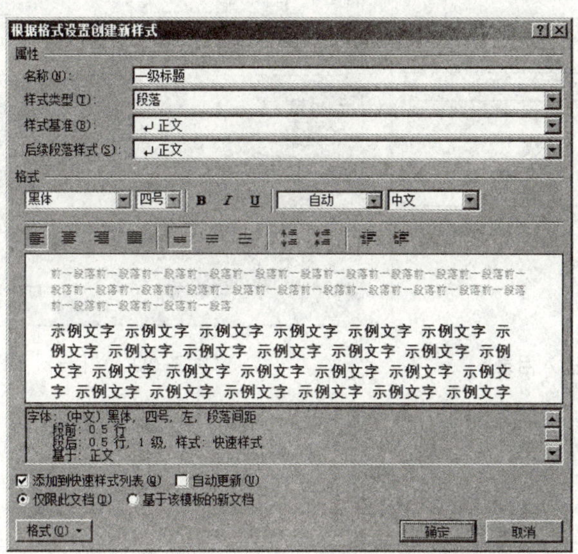

图3-57 新建一级标题样式

（5）使用新建样式。

样式创建好之后，可以为文档中各部分内容设置与其对应的样式，从而快速对内容设置格式。使用样式时，单击“开始”选项卡上“样式”组右下角的对话框启动器按钮，打开“样式”窗格。单击需要设置样式的段落，然后在打开的“样式和格式”窗格中单击所需的样式名称，即可以为光标所在的段落设置所选样式。

4.自动生成目录

设置好所有的标题格式，尤其是对应的大纲级别后，就可以用Word 2010提供的自动生成目录功能。

（1）单击“引用”选项卡上“目录”组的目录按钮，在弹开的级联菜单中选择“插入目录”，如图3-58所示。

（2）在弹出的“目录”对话框中，选择“目录”选项卡，可以看到插入的目录样式，单击“确定”按钮，插入目录，如图3-59所示。插入后的目录，如图3-60所示。

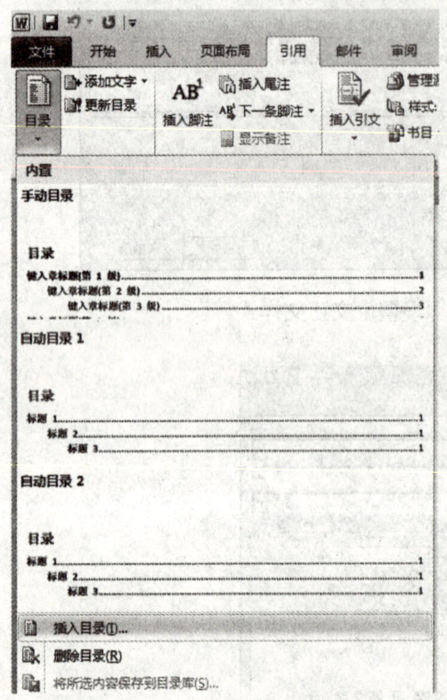

图3-58 插入目录

图3-59 “目录”对话框

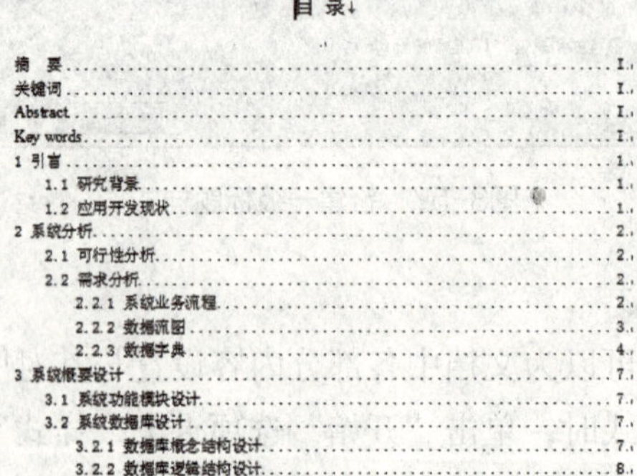

目 录

摘 要……I
关键词……I
Abstract……I
Key words……I
1 引言……1
1.1 研究背景……1
1.2 应用开发现状……1
2 系统分析……2
2.1 可行性分析……2
2.2 需求分析……2
2.2.1 系统业务流程……2
2.2.2 数据流图……3
2.2.3 数据字典……4
3 系统概要设计……7
3.1 系统功能模块设计……7
3.2 系统数据库设计……7
3.2.1 数据库概念结构设计……7
3.2.2 数据库逻辑结构设计……8

图3-60 生成目录

5.文档与打印

单击“文件”选项卡上“打印”按钮，可看到打印选项与打印预览显示在右方。在此处可以设置打印份数，选择打印机，设置打印页数等，如图3-61所示。

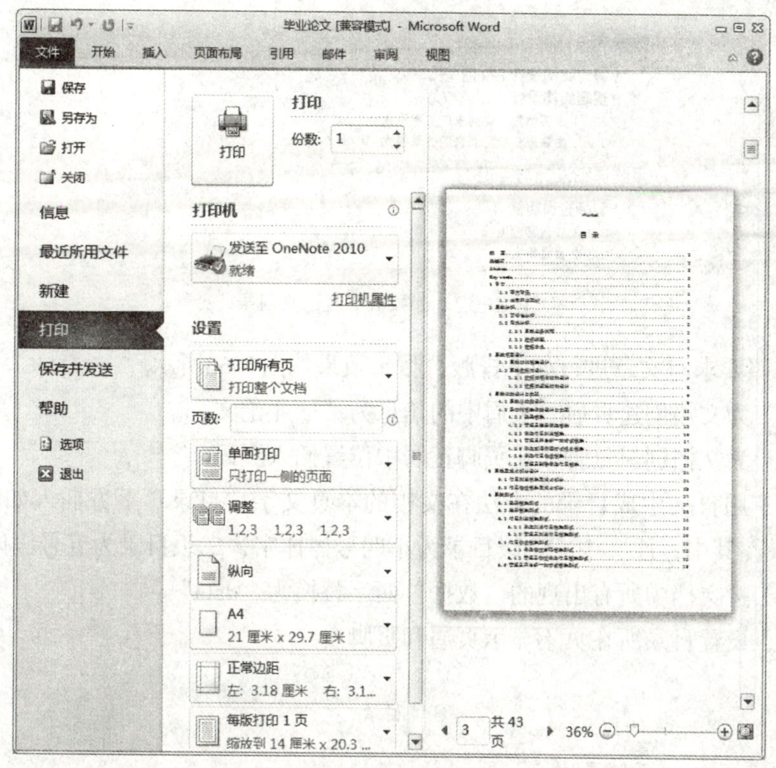

图3-61 打印文档

最后，注意将设置后的论文进行再次保存。

【实训练习】

1.按照要求对下列文章排版，目录效果如图3-62所示。

（1）为文档创建页眉，页眉中的信息为“基于web的多媒体教室管理系统的设计与实现”。

（2）为文档创建页脚，在页脚正居中位置插入页码。

（3）用自动生成目录的方法在文档的本页文字“目录”下方插入如图3-62所示的目录，其中，原文中，一级目录为四号黑体字，二级目录小四号黑体，三级目录为五号黑体。

（4）将文档中所有出现的“教师”两字替换为“teacher”。

（5）设置目录所在页不显示页眉和页脚。

目录

1 需求分析 1
1.1 系统功能需求 1
1.1.1 教室查询子系统 1
1.1.2 教师查询子系统 1
2 数据库设计 2
2.1 **概念结构设计 E-R 图** 2
2.2 **逻辑结构设计** 2
2.2.1 由实体集转化而来的关系模式 2
2.2.2 由联系集转化而来的关系模式 2
3 系统详细设计与实现 3
3.1 **教师查询功能** 3
3.1.1 按教师查询 3
3.1.2 目录检索 3

图3-62　计算机毕业论文目录

2.按照要求对文章进行如下排版，目录效果如图3-63所示。

（1）为文档创建页眉，页眉中的信息为“毕业论文”。

（2）为文档创建页脚，在页脚正居中位置插入页码。

（3）用自动生成目录的方法在文档的本页文字“目录”下方插入如图3-63所示的目录，其中，原文中，一级目录为小四号黑体字，二级目录为五号黑体。

（4）将文档中所有出现的“数据”两字替换为“data”。

（5）设置目录所在页不显示页眉和页脚。

目录

前言 1
1. **系统概要设计** 2
1.1 系统功能模块 2
1.2 系统业务流程 2
2. **详细设计** 3
2.1 系统架构综述 3
2.2 静态结构设计 3

图3-63　目录效果

实训五　批量制作录用通知书——邮件合并

【实训目标】

1.掌握创建要进行邮件合并的主文档的方法。

2.掌握使用邮件合并功能操作数据源文档。

【实训任务】

使用Word 2010中的邮件合并功能，创建邮件并合并，批量制作“录用通知书”文档。

【实训步骤】

1.创建Word主文档即录用通知书中通用部分

新建“录用通知书”文档。打开文档窗口，单击“页面布局”选项卡中“页面设置”组右下角的对话框启动器按钮，打开“页面设置”对话框。在页面对话框中设置纸张方向为“横向”，上、下页边距为3cm，左、右页边距为2cm，如图3-64所示。

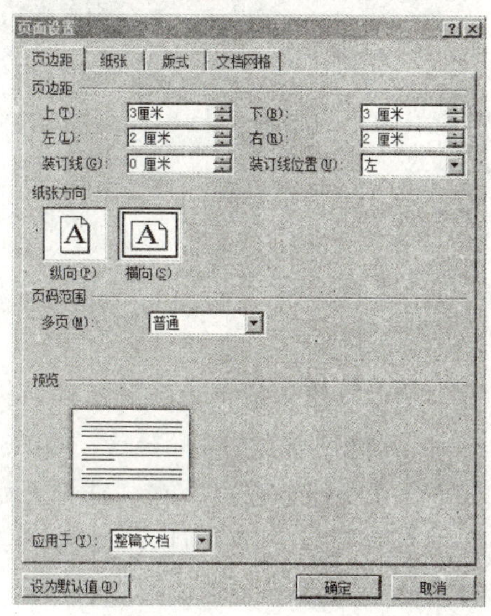

图3-64　设置纸张方向

输入文档内容，并设置字符格式和段落格式，效果如图3-65所示。

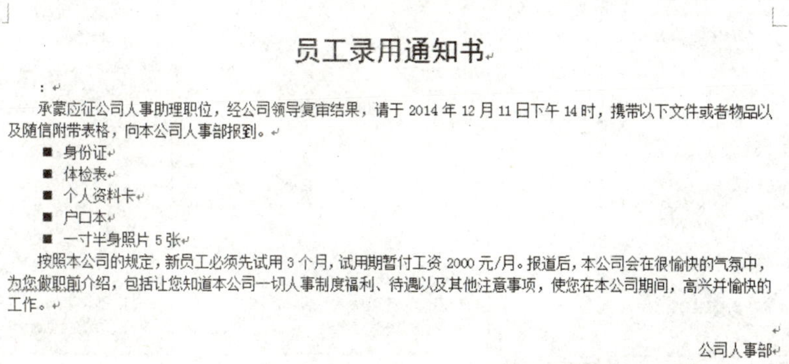

员工录用通知书

：

承蒙应征公司人事助理职位，经公司领导复审结果，请于2014年12月11日下午14时，携带以下文件或者物品以及随信附带表格，向本公司人事部报到。

- 身份证
- 体检表
- 个人资料卡
- 户口本
- 一寸半身照片5张

按照本公司的规定，新员工必须先试用3个月，试用期暂付工资2000元/月。报道后，本公司会在很愉快的气氛中，为您做职前介绍，包括让您知道本公司一切人事制度福利、待遇以及其他注意事项，使您在本公司期间，高兴并愉快的工作。

公司人事部

图3-65　录用通知书内容

2.创建Word数据源文档

新建“录用名单”文档，输入录用人员名单。注意第1行应输入字段名称，即该列对应的内容，如图3-66所示。

3.邮件合并

（1）打开已经创建好的主文档“录用通知书.docx”，单击“邮件”选项卡中“开始邮件合并”分组中的“开始邮件合并”按钮，在展开的列表中选择“邮件合并分步向导”，如图3-67所示。

姓名，性别
李小明，男
胡大江，男
张卫东，男
李平，女
杜宏，女
范思怡，女
李红，女

图3-66 录用名单

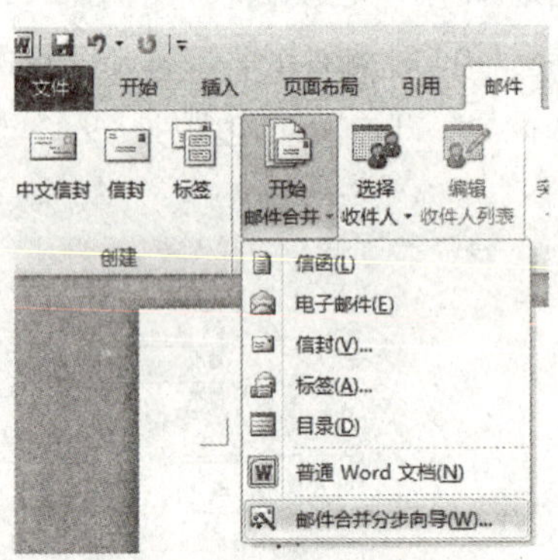

图3-67 开始邮件合并

（2）在打开的“邮件合并”任务窗格，在“选择文档类型”向导页中选择“信函”，并单击“下一步：正在启动文档”超链接，如图3-68所示。

（3）在打开的“邮件合并”任务窗格，在“选择开始文档”向导页中选择“使用当前文档”，并单击“下一步：选取收件人”超链接，如图3-69所示。

（4）在打开的“邮件合并”任务窗格，在“选择收件人”向导页中选择“使用现有列表”，并单击“浏览”超链接，如图3-70所示。

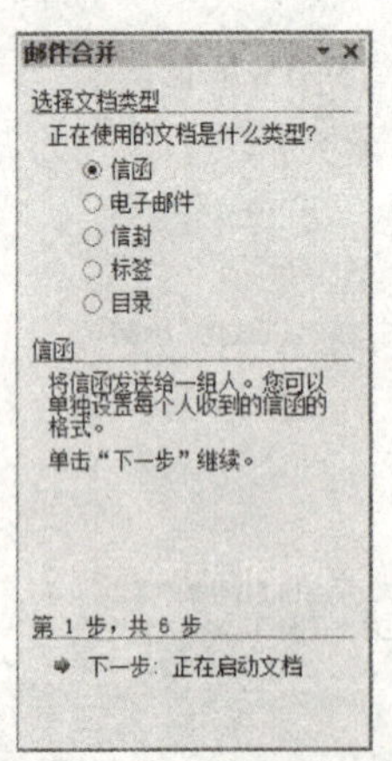

图3-68 选择文档类型

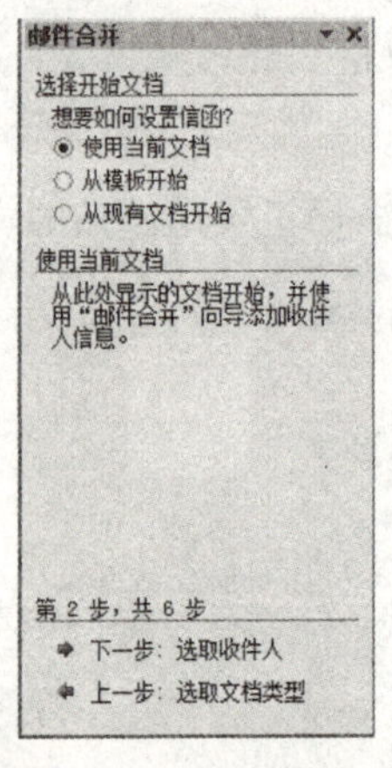

图3-69 选择开始文档

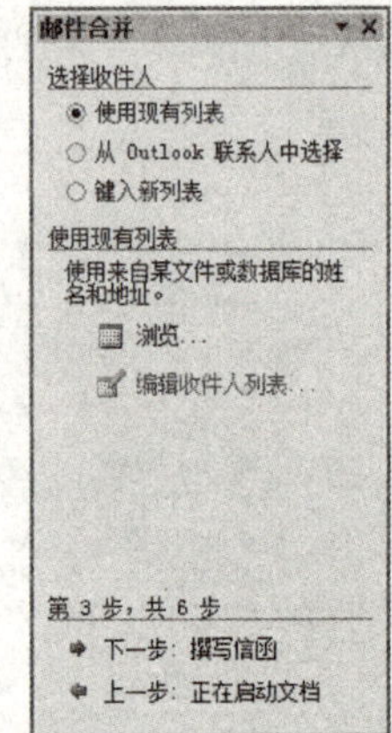

图3-70 选择收件人

（5）在打开的“选取数据源”对话框中，选中已经保存的“录用名单.docx”文件，单击“打开”按钮，如图3-71所示。

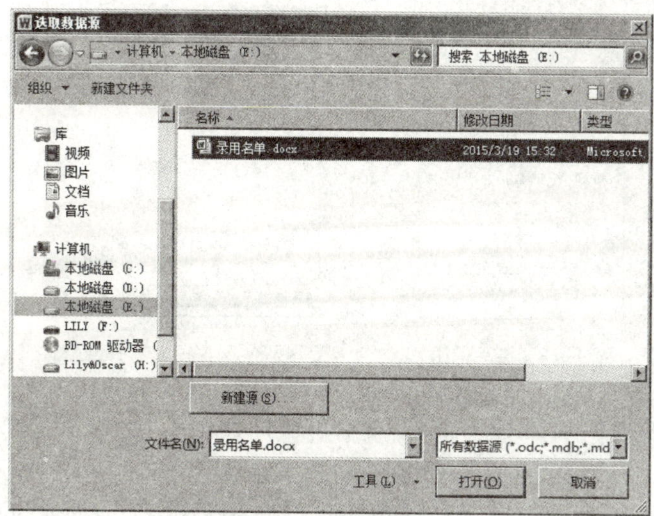

图3-71　选取数据源

（6）在打开的“邮件合并收件人”对话框中，可以根据需要选取或者取消选中联系人，如果需要合并所有收件人，直接单击“确定”按钮，如图3-72所示。

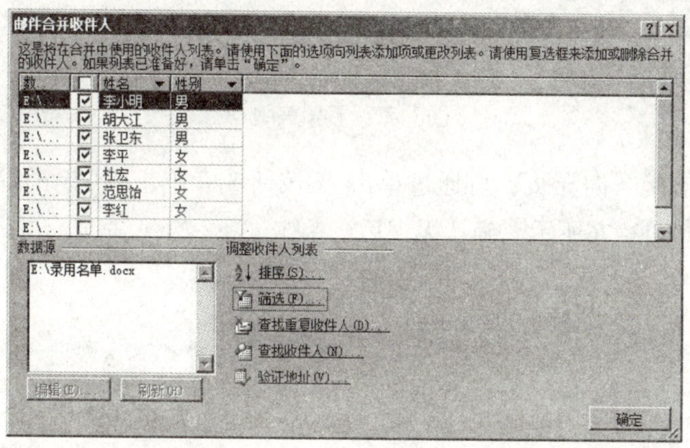

图3-72　邮件合并收取人

（7）返回Word 2010文档窗口，在“邮件合并”任务窗格“选择收件人”向导页中单击“下一步：撰写信函”超链接。

（8）打开“撰写信函”向导页，将插入点光标定位到Word 2010文档顶部，然后根据需要单击 “其他项目”等超链接，并根据需要撰写信函内容。如图3-73所示。

（9）在打开的“插入合并域”窗口中，选择需要插入的域，此处选择“姓名”，单击“插入”按钮，如图3-74所示。

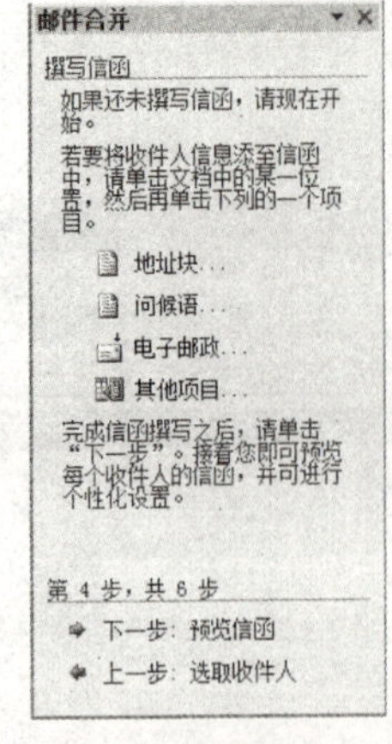

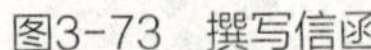
图3-73 撰写信函

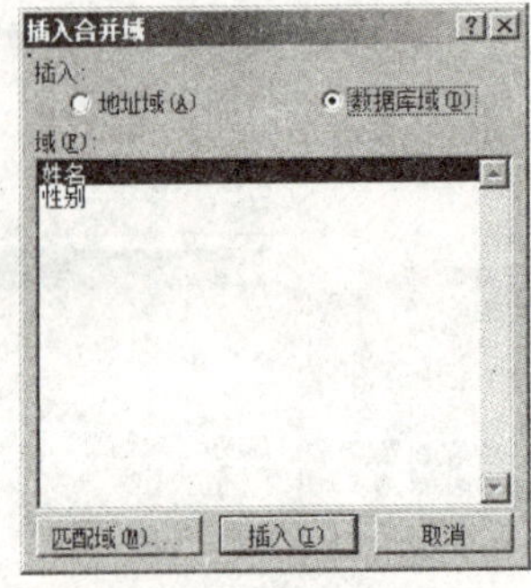

图3-74 插入合并域

完成后，回到Word 2010文档窗口，在“邮件合并”任务窗格“撰写信函”向导页中单击“下一步，预览信函”超链接。

（10）在打开的“预览信函”向导页可以查看信函内容，插入的姓名域以“<<姓名>>”方式显示，如图3-75所示。

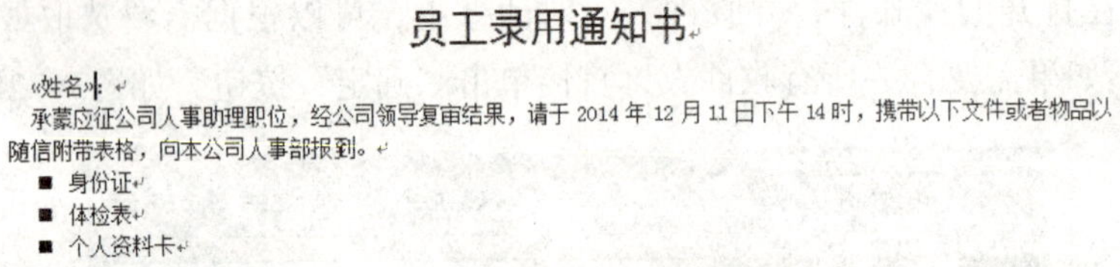

员工录用通知书

«姓名»：

承蒙应征公司人事助理职位，经公司领导复审结果，请于 2014 年 12 月 11 日下午 14 时，携带以下文件或者物品以随信附带表格，向本公司人事部报到。

- 身份证
- 体检表
- 个人资料卡

图3-75 预览信函

在“预览信函”向导页，可通过单击«按钮或者单击»按钮预览上一封或者下一封信函，如图3-76所示。确认无误后，单击“下一步：完成合并”超链接。

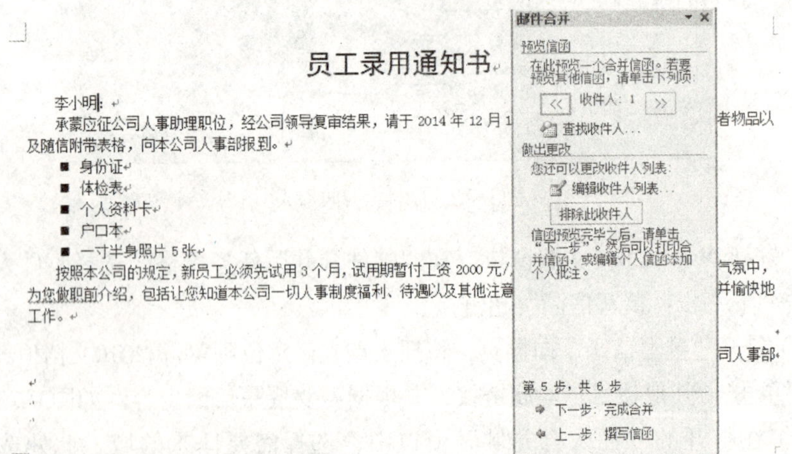

图3-76 预览信函

（11）打开“完成合并”向导页，用户既可以单击“打印”超链接开始打印信函，也可以单击“编辑单个信函”超链接对个别信函进行再次编辑，如图3-77所示。

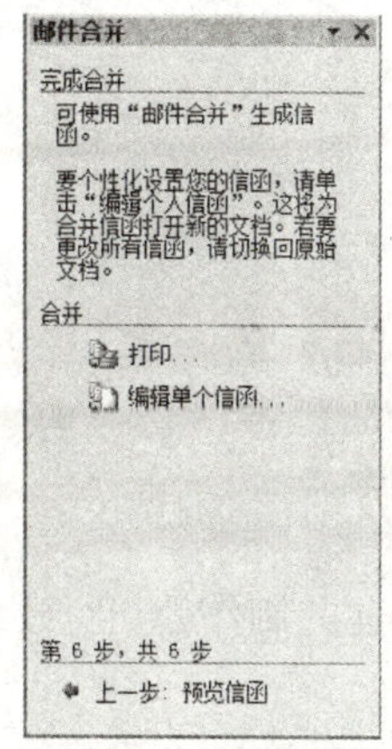

图3-77　完成合并

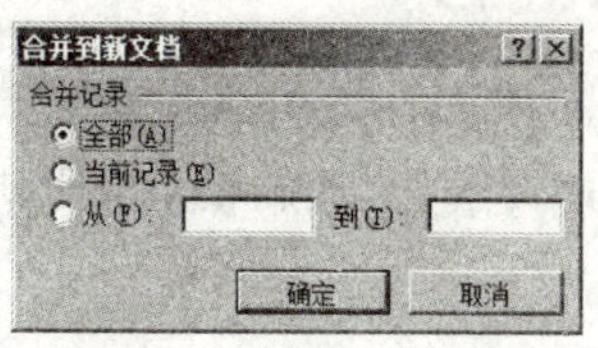

图3-78　合并到新文档

如果选择单击“编辑单个信函”超链接，则打开如图3-78所示的“合并到新文档”对话框。用户可以在对话框中选择不同的合并范围，如果需要全部合并，则选中“全部”。完成后，单击“确定”按钮。

【实训练习】

1.请根据请柬模板，自动生成请柬。并使用邮件合并功能，利用“联系簿.xls”文档为地址，批量生成如下的聘书，效果如图3-79所示。

2.请根据聘书模板，自动生成请柬。并使用邮件合并功能，利用“联系簿.xls”文档为地址，批量生成如下的聘书，效果如图3-80所示。

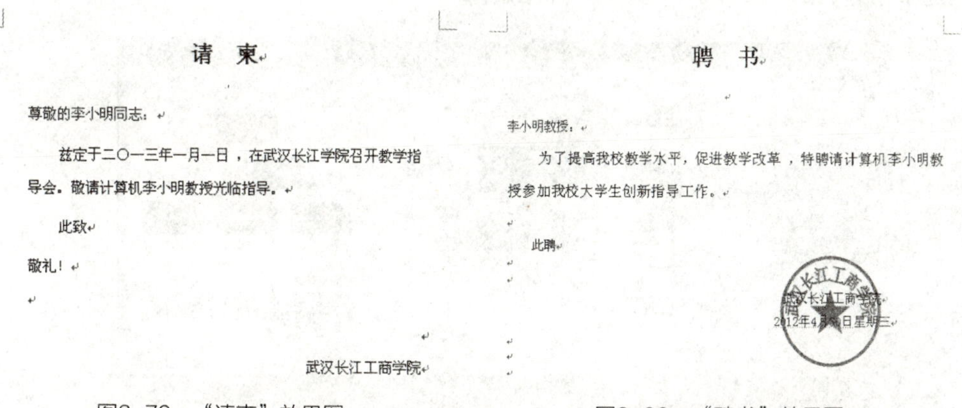

请　柬

尊敬的李小明同志：

兹定于二〇一三年一月一日，在武汉长江学院召开教学指导会。敬请计算机李小明教授光临指导。

此致

敬礼！

武汉长江工商学院

图3-79　“请柬”效果图

聘　书

李小明教授：

为了提高我校教学水平，促进教学改革，特聘请计算机李小明教授参加我校大学生创新指导工作。

此聘

武汉长江工商学院

2012年4月日星期三

图3-80　“聘书”效果图

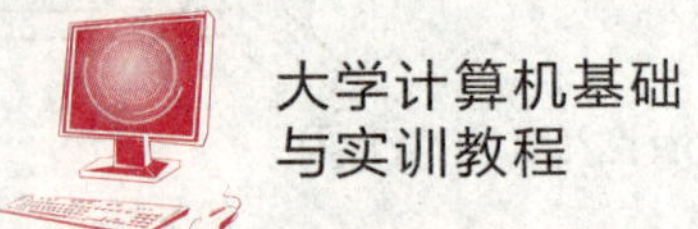

实训六 制作公司行政组织结构图——SmartArt图形

【实训目标】

1.掌握创建创建SmartArt图形的基本方法。

2.掌握调整和设置SmartArt图形的基本方法。

3.掌握设计与制作组织结构图的基本方法。

【实训任务】

使用Word 2010中的绘制SmartArt图形功能，创建并制作公司行政组织结构图。

【实训步骤】

1.插入SmartArt图形

（1）在“插入”→“插图”选项组中单击形状下拉按钮，在下拉菜单中单击“SmartArt”命令按钮，如图3-81所示。

图3-81 插入SmartArt图形

（2）打开“选择SmartArt图形”对话框，在左侧单击“层次结构”，接着在右侧选中第1行第1列的子图形类型，如图3-82所示。

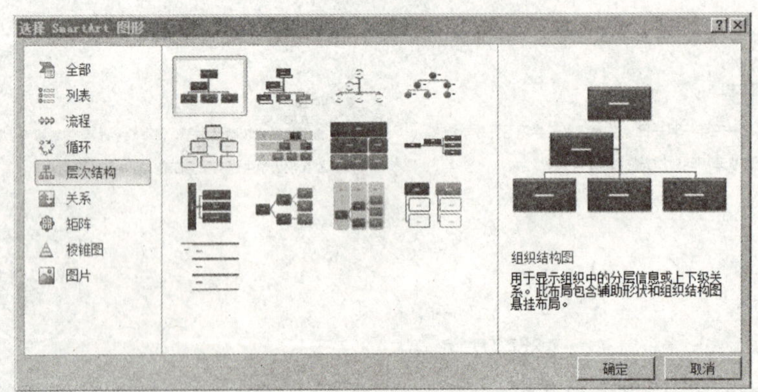

图3-82 选择SmartArt图形

（3）选中图形类型后，单击“确定”按钮，即可在文档中插入所选的SmartArt图形，如图3-83所示。

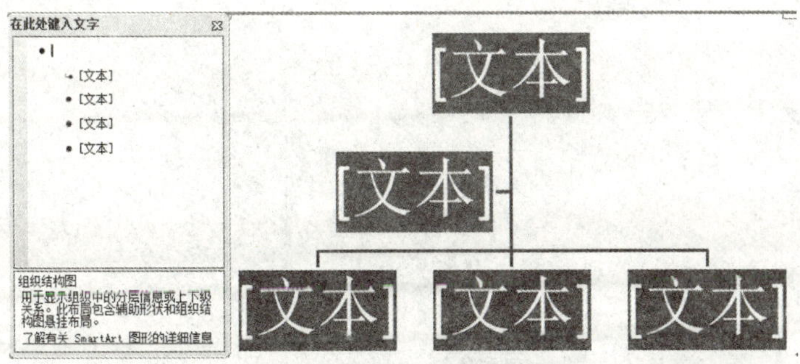

图3-83 插入SmartArt图形

2.编辑SmartArt图形

（1）在插入好的SmartArt图形中，输入文字，如图3-84所示。文字既可以在左边的“在此处键入文字”窗格中输入，也可以直接在图形中输入。

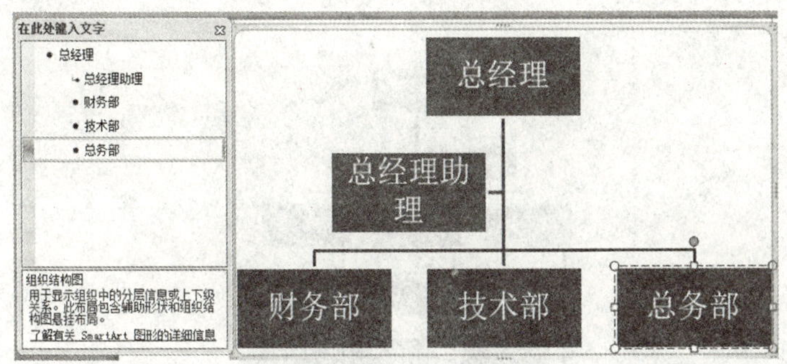

图3-84 输入文字

（2）在“财务部”下添加下级部门。选中“财务部”，在打开的“SmartArt工具/设计”功能区中，选择“设计”选项卡。单击“创建图形”分组中的“添加形状”按钮，打开自动换行级联菜单，选择“在下方添加形状”，如图3-85所示。

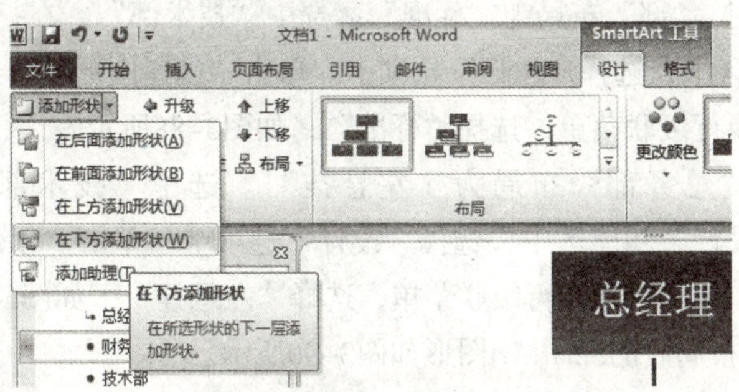

图3-85 添加形状

（3）输入添加的文字。在打开的“在此处键入文字”窗格中，在财务部的下方输入文字，如图3-86所示。也可以直接在图形中输入文字。

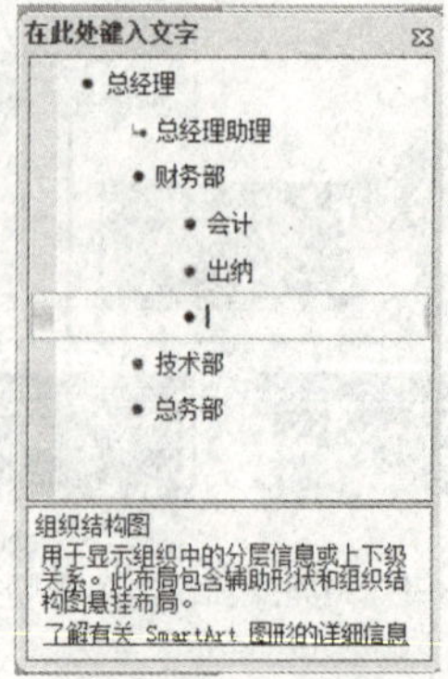

图3-86　在“在此处键入文字”窗格中输入文字

（4）按照同样的方法，为“技术部”“总务部”添加下级部门，效果如图3-87所示。

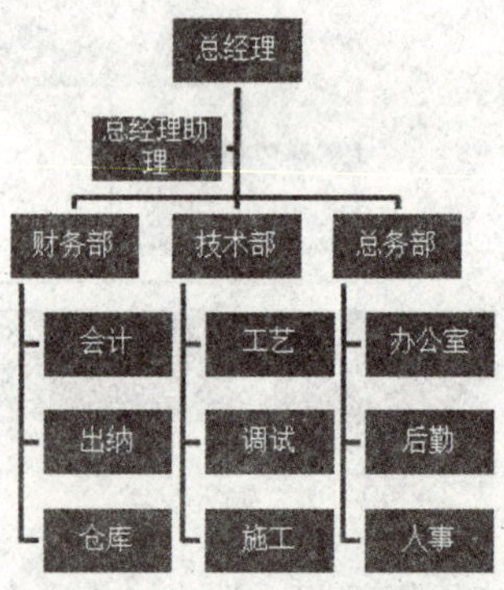

图3-87　添加下级部门

3.设置SmartArt图形布局

（1）设置“技术部”布局为“标准”。选中“技术部”，在打开的“SmartArt工具/设计”功能区中，选择“设计”选项卡。单击“创建图形”分组中的“布局”按钮，打开自动换行级联菜单，选择“标准”，如图3-88所示。

（2）设置“总务部”布局为“左悬挂”。选中“技术部”，在打开的“SmartArt工具/设计”功能区中，选择“设计”选项卡。单击“创建图形”分组中的“布局”按钮，打开自动换行级联菜单，选择“左悬挂”，如图3-89所示。

（3）设置好布局后的SmartArt图形如图3-90所示。

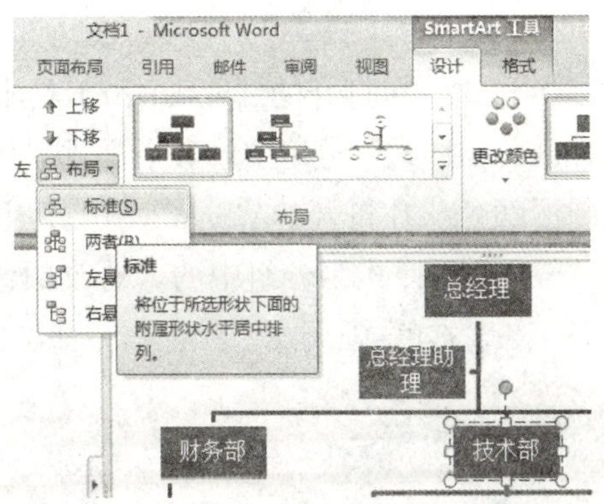

图3-88　设置“技术部”布局

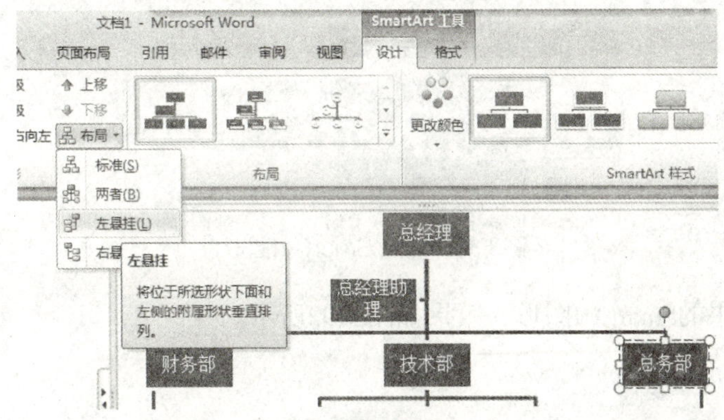

图3-89　设置“总务部”布局

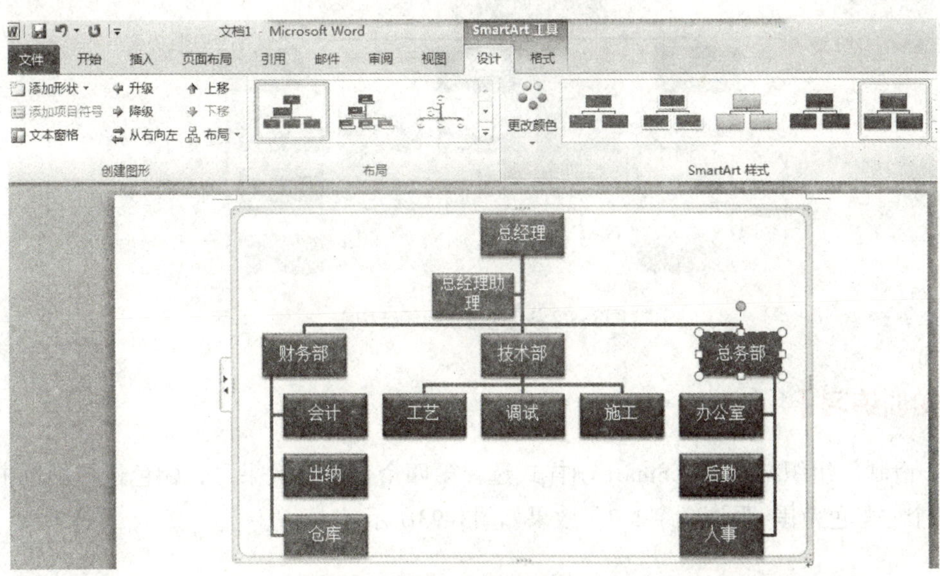

图3-90　设置好的布局

4.美化SmartArt图形

（1）设置SmartArt图形样式。在打开的“SmartArt工具/设计”功能区中，选择“设计”选项卡。单击“SmartArt样式”分组中第五个样式“强烈效果”。

（2）设置SmartArt图形颜色。在打开的“SmartArt工具/设计”功能区中，选择“设计”选项卡。单击“SmartArt样式”分组中的“更改颜色”按钮，打开自动换行级联菜单，选择第2行第1格“彩色–强调文字颜色”，如图3–91所示。

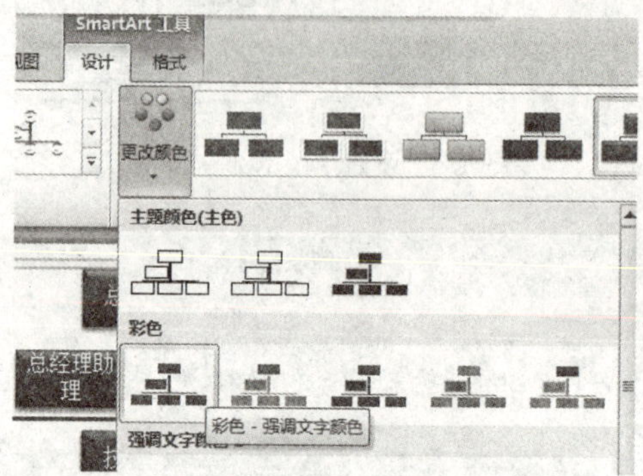

图3–91　美化SmartArt图形

设置好效果的SmartArt图形，效果如图3–92所示。

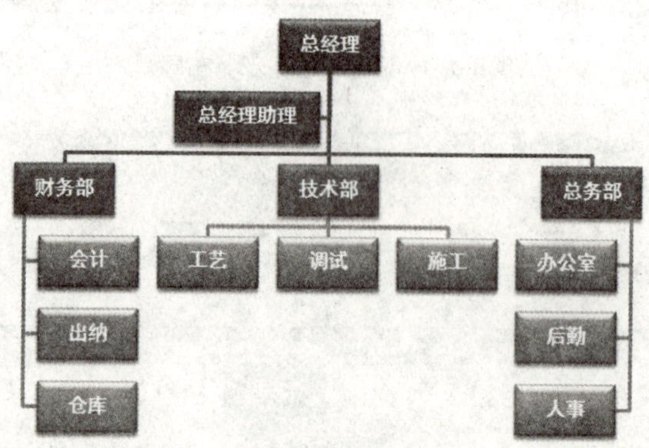

图3–92　公司行政组织结构图

【实训练习】

请制作组织结构图。SmartArt样式选择第四个“中等效果”，颜色选择彩色中第2个“彩色范围–强调文字2~3”效果如图3–93所示。

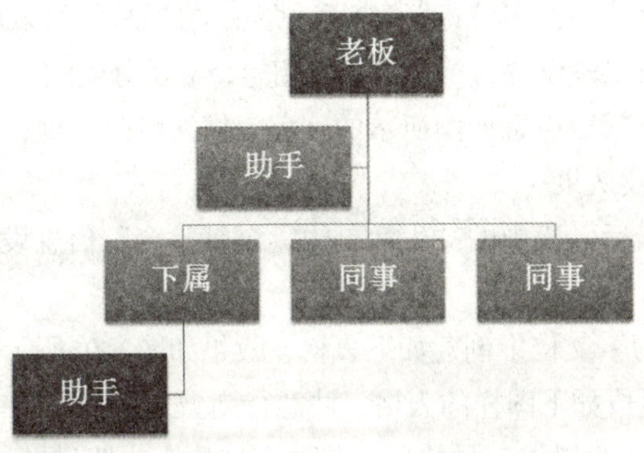

图3-93 组织结构图效果图

综合上机练习

1.打开一个名为“综合练习”的文档，完成以下练习，最终效果如图3–94所示。

（1）标题为二号楷体字，有着重号，并为居中对齐。

（2）正文字体大小为小四号字宋体，设置为首行缩近2个字符，并设置为左对齐方式。

（3）全文设置固定值18磅的行间距，段前间距为0行，段后间距为1行。

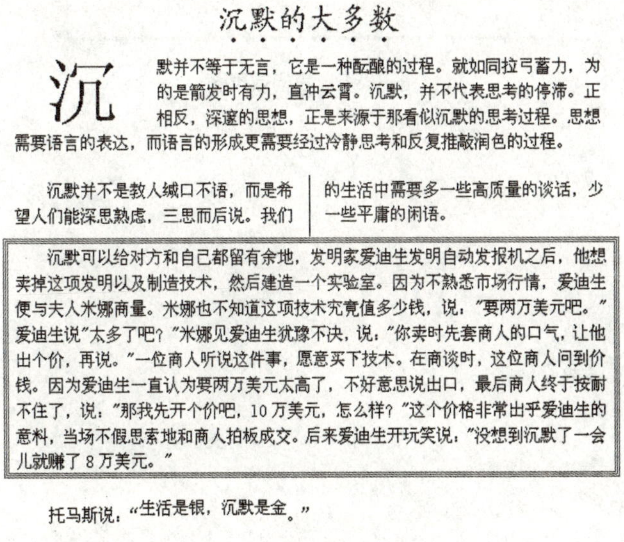

沉默的大多数

沉默并不等于无言，它是一种酝酿的过程。就如同拉弓蓄力，为的是箭发时有力，直冲云霄。沉默，并不代表思考的停滞。正相反，深邃的思想，正是来源于那看似沉默的思考过程。思想需要语言的表达，而语言的形成更需要经过冷静思考和反复推敲润色的过程。

沉默并不是教人缄口不语，而是希望人们能深思熟虑，三思而后说。我们的生活中需要多一些高质量的谈话，少一些平庸的闲语。

沉默可以给对方和自己都留有余地，发明家爱迪生发明自动发报机之后，他想卖掉这项发明以及制造技术，然后建造一个实验室。因为不熟悉市场行情，爱迪生便与夫人米娜商量。米娜也不知道这项技术究竟值多少钱，说：”要两万美元吧。”爱迪生说”太多了吧？”米娜见爱迪生犹豫不决，说：”你卖时先套商人的口气，让他出个价，再说。”一位商人听说这件事，愿意买下技术。在商谈时，这位商人问到价钱。因为爱迪生一直认为要两万美元太高了，不好意思说出口，最后商人终于按耐不住了，说：”那我先开个价吧，10 万美元，怎么样？”这个价格非常出乎爱迪生的意料，当场不假思索地和商人拍板成交。后来爱迪生开玩笑说：”没想到沉默了一会儿就赚了 8 万美元。”

托马斯说：“生活是银，沉默是金。”

图3-94 综合练习效果图

（4）将正文第一段首字设置下沉3行、距正文1厘米的效果。

（5）将正文第二段设置为两栏，栏宽相等，显示分隔线。

（6）为文章第三段设置如图所示的红色三横线段落边框，宽度为 1/2磅，并添加了浅黄的段落底纹效果。

（7）将正文最后一段中的“生活是银，沉默是金”信息设置为提升5磅的文字效果。

2.在“综合练习”文档中创建如下表格，效果如图3–95所示。

（1）请正确生成如下图样的表格，注意行列数、文字与图一致。

（2）第1行字体为黑体三号效果，其他字体均为小四号楷体；将表格设置为中部居中效果。

（3）将第1行合并设为如图样式，并设置浅绿色底纹。

（4）为表格添加如图所示的红色3磅外边框和蓝色1磅内边框。

办公用品采购清单			
	铅笔	打印纸	订书机
		10	
	20		
			5

图3-95　表格效果图

模块四
Excel 2010的使用

本模块以典型的案例介绍了Excel 2010常用的功能，主要包括Excel 2010的基本操作、Excel 2010公式与函数的使用、Excel 2010的数据管理、Excel 2010的图表处理等内容，案例通俗易懂，简单易于操作。

实训一 企业员工信息表制作——Excel 2010的基本操作

【实训目标】

1.掌握工作簿的创建、打开和保存。
2.熟练掌握单元格的编辑。
3.熟练掌握单元格的格式化。
4.掌握工作表的管理。

【实训任务】

企业员工信息表是企业掌握员工基本材料的一种途径。本节以制作“企业员工信息表”为例，介绍工作簿的常用管理，以及单元格的常用编辑和格式化方法等。员工信息表效果如图4-1所示。

【实训步骤】

1.工作簿的新建、打开和保存

（1）工作簿的新建。

从开始菜单的程序中找到Microsoft Office下的Microsoft Office 2010命令项，即可启动该程序，启动程序后，将可以看到如图4-2所示的操作界面，这就是Excel 2010

的主工作界面了。

员工信息登记表									
姓 名		性 别		出生日期		民 族		所学专业	
政治面貌		婚姻状况		现任职务		聘任职务时间		手机号码	
最高学位		最高学历		职称名称		聘任职称时间		座机号码	
现住址								邮编	
教育情况									
时间		学 校		专业			备注		
主要工作经历									
起始时间		工作单位		从事何种工作			备注		

图4-1　企业员工信息表效果图

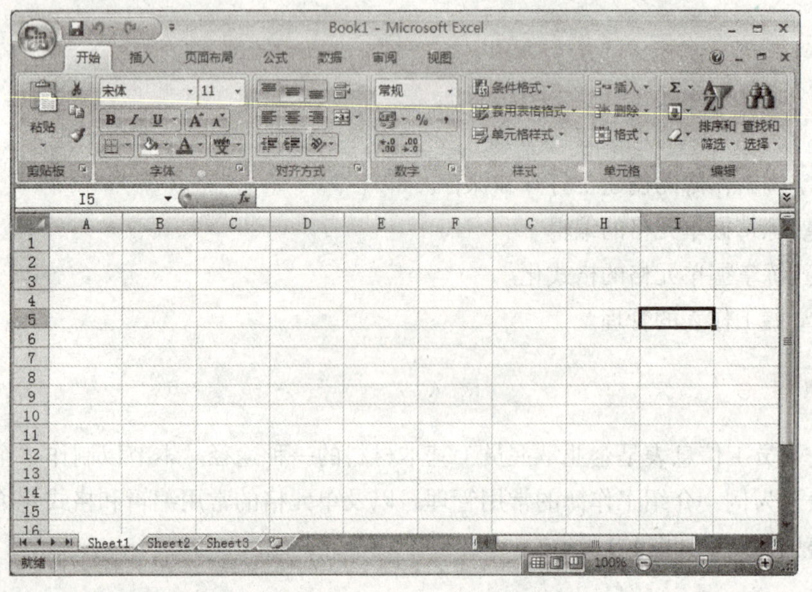

图4-2　Excel 2010操作主界面

（2）工作簿的保存。

如需建立如图4-1所示的工作簿文件，完成数据的编辑后，点击“保存”命令，设置保存路径及文件名。本例保存在e:\study路径下，文件名为“案例1：员工信息登记表”。

2.单元格的格式化

（1）单元格的合并与取消合并。

如图4-1所示的表格，其中就有许多的单元格需要合并，如第1行，具体操作方法为：1）选中需要合并的2个或多个单元格，如A1：J1；2）在选中的单元格区域上单击鼠标右键，选中“设置单元格格式”命令，弹出 “设置单元格格式”对话框，单击“对齐”选项卡，显示如图4-3所示的设置界面，再选中的“合并单元格”复选框即可。照这样的操作方法，对第5行的B5：H5、第6行的A6：J6单元格以及其他单元格进行合并。

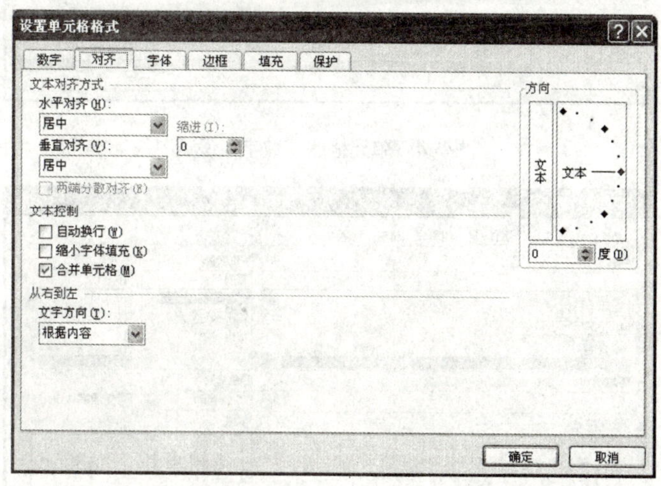

图4-3 单元格的“对齐”设置

若需要取消对某合并单元格的合并效果，只需要单击需要取消合并的单元格，照以上方法打开图4-3所示的操作界面，取消对“合并单元格”的选中即可。

（2）不同类型数据的输入。

有时候需要在单元格中输入不同类型的数据，如数值数据、文本数据、日期型数据等，操作方法也很简单。选中需要输入数据的单元格后，在单元格上单击右键选“设置单元格格式”命令，在弹出的“设置单元格格式”对话框中单击“数字”选项卡后，即打开如图4-4所示的设置界面，在罗列出的数据分类中，选中需要输入的数据类型后单击“确定”按钮后，直接输入就可以了。本例中按照常规的方法输入相应数据即可。

3.单元格字体设置

选中需要设置字体的单元格，如A1单元格后，在单元格上单击右键选“设置单元格格式”命令，在弹出的“设置单元格格式”对话框中单击“字体”选项卡后，即打开如图4-5所示的设置界面，在该界面下可以设置字体的名称、字体的大小、字体的颜色，等等，如将A1单元格的大小设置为18号字。

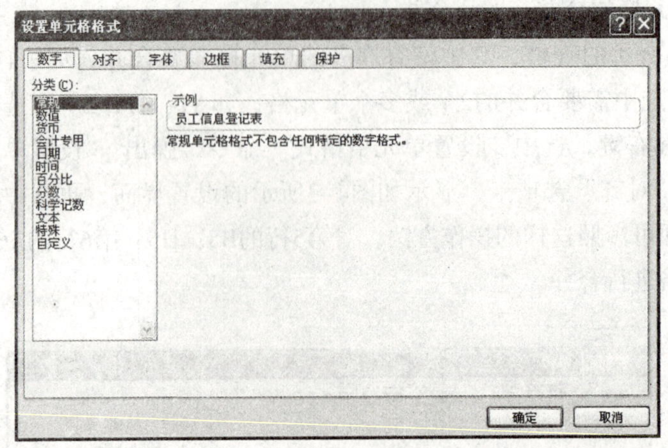

图4-4　单元格的“数字”设置

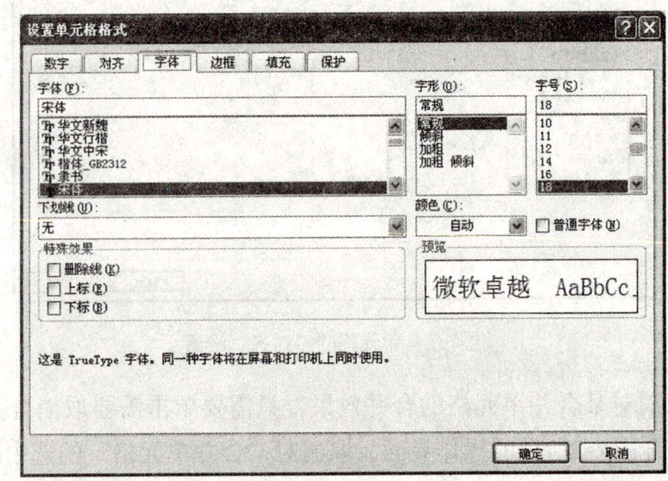

图4-5　单元格的“字体”设置

4.设置单元格的边框

边框设置是单元格设置中常见的操作，具体设置步骤如下：

（1）选中需要设置字体的单元格，如选中A1单元格后，在单元格上单击右键选“设置单元格格式”命令。

（2）在弹出的“设置单元格格式”对话框中单击“边框”选项卡后，即打开如图4-6所示的设置界面。

（3）在该设置界面的右边区域，有设置线条的颜色和样式，在该区域对该内容设置后，然后在左边的预设效果中单击需要设置边框的范围，如外边框、内边框等。如在图4-1中，为A1：J16单元格设置了黑色的细实线的内外边框。

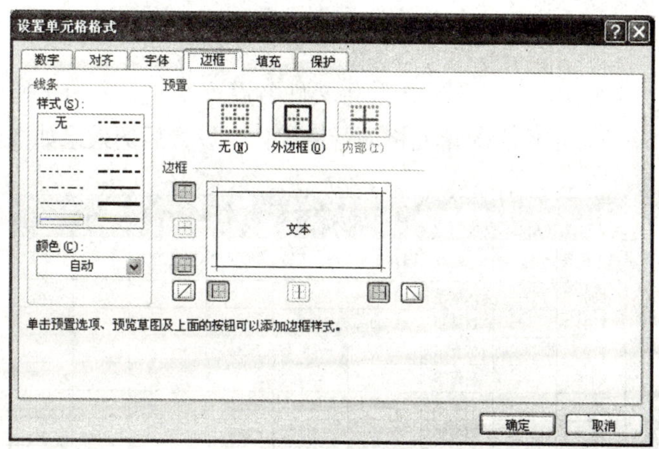

图4-6　单元格的“边框”设置

5.设置单元格的底纹

有时候需要为单元格添加一定格式的底纹样式，如A1单元格的效果，其设置方法也很简单。

（1）选中需要设置字体的单元格，如选中A1单元格后，在单元格上单击右键选“设置单元格格式”命令。

（2）在弹出的“设置单元格格式”对话框中单击“图案”选项卡后，即打开如图4–7所示的设置界面。

（3）在颜色和图案设置区域选择合适的底纹颜色和底纹图案效果后单击“确定”按钮即可。若需要取消设置的图案效果时，只需要在该对话框下的颜色设置区域选择“无颜色”选项就可以了。

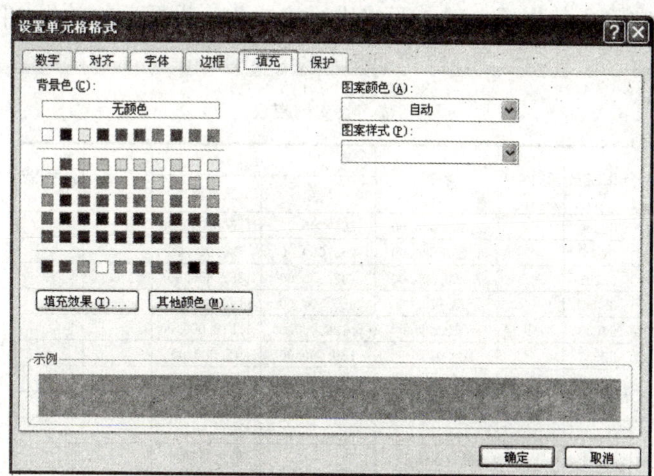

图4-7　单元格的“对齐”设置

【实训练习】

1.创建一个新的Excel 工作簿，并将文件名设置为“某公司工资表.xls”，并在相应单元格中输入数据后，对单元格进行格式化，设置后的效果如图4-8所示。

某公司工资表								
员工编号	员工姓名	所在部门	基本工资	岗位工资	绩效工资	应发工资	扣税	实发工资
M003		人事部	1850	650	330			
M004		财务部	1620	430	280			
M005		综合部	1450	600	340			
M006		科研部	1980	440	320			
M007		人事部	1560	665	260			
M008		财务部	2120	430	375			
M009		科研部	1800	500	345			
M010		院办	2100	465	420			
M011		综合部	1780	700	350			
M012		人事部	1800	650	400			
制表人：	胡军		审核人：	鲁中斌		制表日期：	2015-5-25	

图4-8　工资表设置效果图

具体设置要求为：

（1）将第1行单元格设置如图所示的合并效果和灰色底纹。

（2）在对应的单元格中输入相应数据。

（3）设置所有单元格的字体为小四号字。

（4）为单元格添加如图所示的细实线的内框和粗实线的外框。

（5）在H14单元格中输入制表的实际日期。

2.创建一个新的Excel 工作簿，并将文件名设置为“部门收支内控表.xls”，并在相应单元格中输入数据后，对单元格进行格式化，设置后的效果如图4-9所示。

部门收支内控表						
部门编号	部门名称	收款	支出		结余	盈亏状况
			现金	支票		
GS006		2,365,400.00	356,000.00	1,500,000.00		
GS008		1,233,500.00	256,000.00	750,000.00		
GS001		2,130,000.00	742,500.00	857,456.00		
GS002		523,120.00	465,500.00	120,000.00		
GS004		8,012,300.00	6,124,000.00	1,210,000.00		
GS003		140,000.00	130,000.00	12,000.00		
GS007		1,456,500.00	7,400,000.00	3,001,250.00		
GS005		345,000.00	321,000.00	50,000.00		
		最大盈余：		最大亏损：		

图4-9　收支内控表设置效果图

具体设置要求为：

（1）将第1行合并成如图样式效果，并将D2：E2单元格合并。

（2）对应单元格中输入如图所示的数据。

（3）为相应的单元格设置边框。

3.创建一个新的Excel 工作簿，将文件名设置为“某品牌汽车2014年度销售情况.xls”，并在相应单元格中输入数据后，对单元格进行格式化，设置后的效果如图4-10所示。

	A	B	C	D	E	F	G
1	某品牌汽车2014年销售情况						
2	店址	店编号	销售台数	销售单价	总营业额	折后总营业额	是否完成销售目标
3	北京	A0114		235,600			
4	长沙	A0111		224,500			
5	武汉	A0121		227,800			
6	沈阳	A0113		236,000			
7	大连	A0110		245,600			
8	北京	A0118		273,500			
9	武汉	A0116		245,600			
10	大连	A0117		235,000			
11	重庆	A0112		249,800			
12	郑州	A0119		236,000			
13	北京	A0120		248,000			
14	重庆	A0115		275,400			
15	大连	A0122		264,500			
16							
17		业绩指数：	1.2				
18	最大销售量：		最小销售量：		平均销售总营业额：		

图4-10 汽车销售表设置效果图

具体设置要求为：

（1）设置如图所示的第1行的效果。

（2）在对应单元格中输入相应的数据。

（3）为单元格设置如图所示的边框样式。

4.创建一个新的Excel 工作簿，将文件名设置为“2015年期末考试成绩表.xls”，并在相应单元格中输入数据后，对单元格进行格式化，设置后的效果如图4-11所示。

具体设置要求为：

（1）设置如图所示的第1行的效果。

（2）在对应单元格中输入相应的数据。

（3）为单元格设置如图所示的边框样式。

（4）单元格的所有数据居中显示。

	A	B	C	D	E	F	G	H
1	2015年期末考试成绩表							
2	学号	姓名	专业	大学语文	英语	计算机	总分	是否合格
3	15011			75	74	75		
4	15032			65	68	72		
5	15013			84	82	71		
6	15024			67	74	84		
7	15015			92	78	82		
8	15036			54	51	89		
9	15017			74	82	94		
10	15018			72	71	91		
11	15029			54	64	70		
12	15020			77	68	65		
13	15021			84	85	67		
14		单科最高分						
15		单科最低分						
16		单科平均分						

图4-11 期末成绩表设置效果图

实训二 员工工资数据处理——Excel 2010公式与函数使用

【实训目标】

1.熟练掌握公式的基本操作。

2.理解并掌握单元格的相对引用和绝对引用。

3.熟练掌握常用函数的使用。

【实训任务】

将保存的“某公司工资表.xls”工作簿中的数据填充完整，结果如图4-12所示。

【实训步骤】

1.用函数查找出对应编号员工的姓名，具体对照信息按照该工作簿中的“编号姓名对照表”的数据查找。

在B3单元格中输入函数=VLOOKUP（A3，编号姓名对照表！$A$2：$B$11，2，FALSE），然后按下鼠标左键将B3单元格中的公式从B4填充到B12单元格。

2.求出所有职工的应发工资数，其结果等于基本工资、岗位工资、绩效工资三者之和。

	A	B	C	D	E	F	G	H	I
1	2014年12月工资表								
2	员工编号	员工姓名	所在部门	基本工资	岗位工资	绩效工资	应发工资	扣税	实发工资
3	M003	李明	人事部	1850	650	330	2830	425	2405
4	M004	胡一菲	财务部	1620	430	280	2330	233	2097
5	M005	王大兵	综合部	1450	600	340	2390	239	2151
6	M006	张雪	科研部	1980	440	320	2740	411	2329
7	M007	苏州	人事部	1560	665	260	2485	249	2236
8	M008	薛敏	财务部	2120	430	375	2925	439	2486
9	M009	温红	科研部	1800	500	345	2645	397	2248
10	M010	张俊红	院办	2100	465	420	2985	448	2537
11	M011	吴三立	综合部	1780	700	350	2830	425	2405
12	M012	赵斌	人事部	1800	650	400	2850	428	2422
13									
14	制表人：	胡军		审核人：	鲁中斌		制表日期：		

图4-12 某公司工资表结果图

在G3单元格中输入函数=SUM(D3:F3)，然后按下鼠标左键将公式向下一直填充到G12单元格。

3.求出所有职工应该缴纳的税款，并对最后结果进行整数位后四舍五入。

在H3单元格中输入函数=ROUND(IF(G3>2500,G3*0.15,G3*0.1),0)，然后按下鼠标左键将公式向下一直填充到H12单元格。

4.求出所有职工的实发工资，结果等于应发工资减去扣税款。

在I3单元格中输入公式=G3-H3，然后按下鼠标左键将公式向下一直填充到I12单元格。

【实训练习】

1.打开实训一中建立的“部门收支内控表.xls”工作簿，将其中的信息使用公式或函数填充完整，结果如图4-13所示。（其中编号与部门的对照表在该工作簿的“编号部门对照表”工作表中）

2.打开实训一中建立的“某品牌汽车2014年度销售情况.xls”工作簿，将其中的信息使用公式或函数填充完整，结果如图4-14所示。（其中每个门店销售汽车的数量在该工作簿的“销售数据表”工作表中；其中，若销售数量大于400则表示完成销售任务，否则为未完成）

部门收支内控表						
部门编号	部门名称	收款	支出		结余	盈亏状况
			现金	支票		
GS006	劳资部	2,365,400.00	356,000.00	1,500,000.00	509,400.00	盈余
GS008	采购部	1,233,500.00	256,000.00	750,000.00	227,500.00	盈余
GS001	财务部	2,130,000.00	742,500.00	857,456.00	530,044.00	盈余
GS002	经营部	523,120.00	465,500.00	120,000.00	-62,380.00	亏损
GS004	安保部	8,012,300.00	6,124,000.00	1,210,000.00	678,300.00	盈余
GS003	办公室	140,000.00	130,000.00	12,000.00	-2,000.00	亏损
GS007	机关部	1,456,500.00	7,400,000.00	3,001,250.00	-8,944,750.00	亏损
GS005	后勤部	345,000.00	321,000.00	50,000.00	-26,000.00	亏损
		最大盈余:	678,300.00	最大亏损:	-8,944,750.00	

图4-13 “部门收支内控表”数据处理效果图

某品牌汽车2014年销售情况						
店址	店编号	销售台数	销售单价	总营业额	折后总营业额	是否完成销售目标
北京	A0114	385	235,600	90,706,000	108,847,200	未完成
长沙	A0111	579	224,500	129,985,500	155,982,600	完成
武汉	A0121	350	227,800	79,730,000	95,676,000	未完成
沈阳	A0113	457	236,000	107,852,000	129,422,400	完成
大连	A0110	480	245,600	117,888,000	141,465,600	完成
北京	A0118	389	273,500	106,391,500	127,669,800	未完成
武汉	A0116	465	245,600	114,204,000	137,044,800	完成
大连	A0117	342	235,000	80,370,000	96,444,000	未完成
重庆	A0112	365	249,800	91,177,000	109,412,400	未完成
郑州	A0119	420	236,000	99,120,000	118,944,000	完成
北京	A0120	388	248,000	96,224,000	115,468,800	未完成
重庆	A0115	320	275,400	88,128,000	105,753,600	未完成
大连	A0122	420	264,500	111,090,000	133,308,000	完成
	业绩指数:	1.2				
最大销售量:	579	最小销售量:	320	平均销售总营业额:	245,946	

图4-14 “某品牌汽车2014年度销售情况”数据处理效果图

3.打开实训一中建立的“2015年期末考试成绩表.xls”工作簿，将其中的信息使用公式或函数填充完整，结果如图4-15所示。（其中学号与姓名的对照表在该工作簿的“销售数据表”工作表中；其中，学号的第二、三位为01表示为通信工作专业，为02表示会计学专业，为03表示工商管理专业；各科平均分对小数点第三位进行四舍五入；若考试总分大于等于220则为合格，否则为不合格）

	A	B	C	D	E	F	G	H
1	2015年期末考试成绩表							
2	学号	姓名	专业	大学语文	英语	计算机	总分	是否合格
3	15011	王盼	通信工程	75	74	75	224	合格
4	15032	李飞	工商管理	65	68	72	205	不合格
5	15013	李力飞	通信工程	84	82	71	237	合格
6	15024	李江	会计学	67	74	84	225	合格
7	15015	胡兰	通信工程	92	78	82	252	合格
8	15036	薛芳	工商管理	54	51	89	194	不合格
9	15017	张赫	通信工程	74	82	94	250	合格
10	15018	吴鹏	通信工程	72	71	91	234	合格
11	15029	贺吴明	会计学	54	64	70	188	不合格
12	15020	孙妝	会计学	77	68	65	210	不合格
13	15021	赵贺	会计学	84	85	67	236	合格
14		单科最高分		92	85	94		
15		单科最低分		54	51	65		
16		单科平均分		72.55	72.45	78.18		

图4-15 “2015年期末考试成绩表”数据处理效果图

实训三 期末考试成绩管理——Excel 2010的数据管理

【实训目标】

1.熟练掌握数据的排序。

2.熟练掌握数据的筛选。

3.熟练掌握数据的汇总。

4.熟练掌握使用数据透视表对数据进行分析。

【实训任务】

对实训二中处理后的“2015年期末考试成绩表”中的数据进行管理，具体要求如下：

（1）将所有记录按照总分由高到低排序。

（2）筛选出总分成绩合格的所有记录。

（3）按照分类汇总统计每个专业三门考试的平均分。

（4）使用数据透视表，按照专业分别求出每个专业的同学的大学语文的平均分、英语的最高分和计算机的最低分。

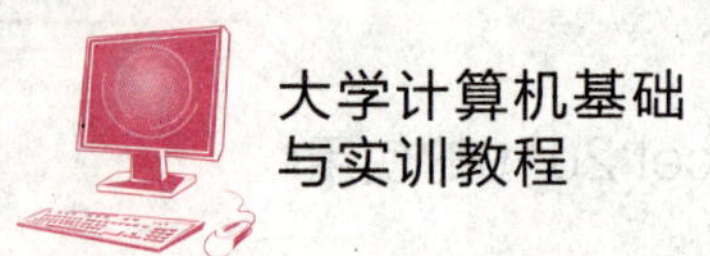

【实训步骤】

1.将所有记录按照总分由高到低排序。

（1）选中A2：H13单元格。

（2）单击“数据”菜单下的“排序”命令，在打开的“排序”对话框中进行如图4-16所示的设置后，单击“确定”按钮即可，排序效果如图4-17所示。

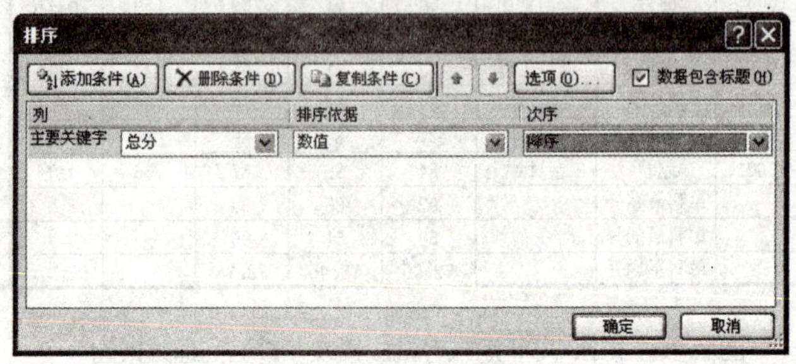

图4-16　排序设置界面

	A	B	C	D	E	F	G	H
1	2015年期末考试成绩表							
2	学号	姓名	专业	大学语文	英语	计算机	总分	是否合格
3	15015	胡兰	通信工程	92	78	82	252	合格
4	15017	张赫	通信工程	74	82	94	250	合格
5	15013	李力飞	通信工程	84	82	71	237	合格
6	15021	赵贺	会计学	84	85	67	236	合格
7	15018	吴鹏	通信工程	72	71	91	234	合格
8	15024	李江	会计学	67	74	84	225	合格
9	15011	王盼	通信工程	75	74	75	224	合格
10	15020	孙波	会计学	77	68	65	210	不合格
11	15032	李飞	工商管理	65	68	72	205	不合格
12	15036	薛芳	工商管理	54	51	89	194	不合格
13	15029	贺吴明	会计学	54	64	70	188	不合格
14		单科最高分		92	85	94		
15		单科最低分		54	51	65		
16		单科平均分		72.55	72.45	78.18		

图4-17　排序后效果图

2.筛选出总分成绩合格的所有记录。

（1）将鼠标置于H2单元格后，单击“数据”菜单下的“筛选”命令。

（2）单击“是否合格”字段后的▾下拉箭头，在打开的设置对话框中只将“合格”字段前的复选框选中后，单击“确定”按钮即可，设置效果如图4-18所示。

3.按照分类汇总统计每个专业三门考试的平均分。

（1）按照“专业”作为关键字对A2：H13单元格进行排序。

（2）选中A2：H13单元格，单击“数据”菜单下的“分类汇总”命令项，在打开的“分类汇总”对话框中进行如图4-19所示的设置。

A	B	C	D	E	F	G	H
2015年期末考试成绩表							
学号	姓名	专业	大学语	英语	计算机	总分	是否合
15015	胡兰	通信工程	92	78	82	252	合格
15017	张赫	通信工程	74	82	94	250	合格
15013	李力飞	通信工程	84	82	71	237	合格
15021	赵贺	会计学	84	85	67	236	合格
15018	吴鹏	通信工程	72	71	91	234	合格
15024	李江	会计学	67	74	84	225	合格
15011	王盼	通信工程	75	74	75	224	合格

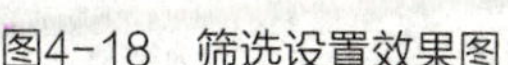

图4-18 筛选设置效果图

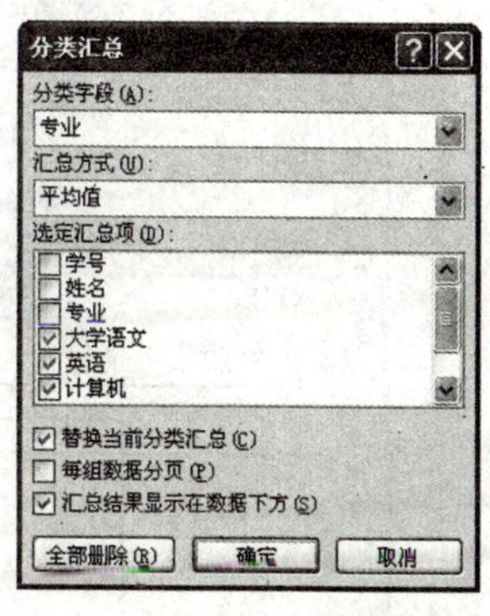

图4-19 分类汇总设置界面

（3）单击“确定”按钮，即有如图4-20所示的设置效果图。

	A	B	C	D	E	F	G	H
1	2015年期末考试成绩表							
2	学号	姓名	专业	大学语文	英语	计算机	总分	是否合格
3	15015	胡兰	通信工程	92	78	82	252	合格
4	15017	张赫	通信工程	74	82	94	250	合格
5	15013	李力飞	通信工程	84	82	71	237	合格
6	15018	吴鹏	通信工程	72	71	91	234	合格
7	15011	王盼	通信工程	75	74	75	224	合格
8			**通信工程 平均值**	79.4	77.4	82.6		
9	15021	赵贺	会计学	84	85	67	236	合格
10	15024	李江	会计学	67	74	84	225	合格
11	15020	孙波	会计学	77	68	65	210	不合格
12	15029	贺吴明	会计学	54	64	70	188	不合格
13			**会计学 平均值**	70.5	72.75	71.5		
14	15032	李飞	工商管理	65	68	72	205	不合格
15	15036	薛芳	工商管理	54	51	89	194	不合格
16			**工商管理 平均值**	59.5	59.5	80.5		
17			**总计平均值**	72.54545	72.45455	78.18182		
18		单科最高分		92	85	94		
19		单科最低分		54	51	65		
20		单科平均分		72.92	72.86	78.01		

图4-20 分类汇总效果图

4.使用数据透视表，按照专业分别求出每个专业的同学的大学语文的平均分、英语的最高分和计算机的最低分。

（1）选中A2：H13单元格，单击“插入”菜单下的“数据透视表”选项下的“数据透视表”命令项后，将打开如图4-21所示的设置界面。

（2）在图4-21所示右侧的数据透视字段列表中，将“选择要添加到报表的字段”区域下的“专业”“大学语文”“英语”“计算机”前的复选框依次选中后，将显示如图4-22的设置界面。

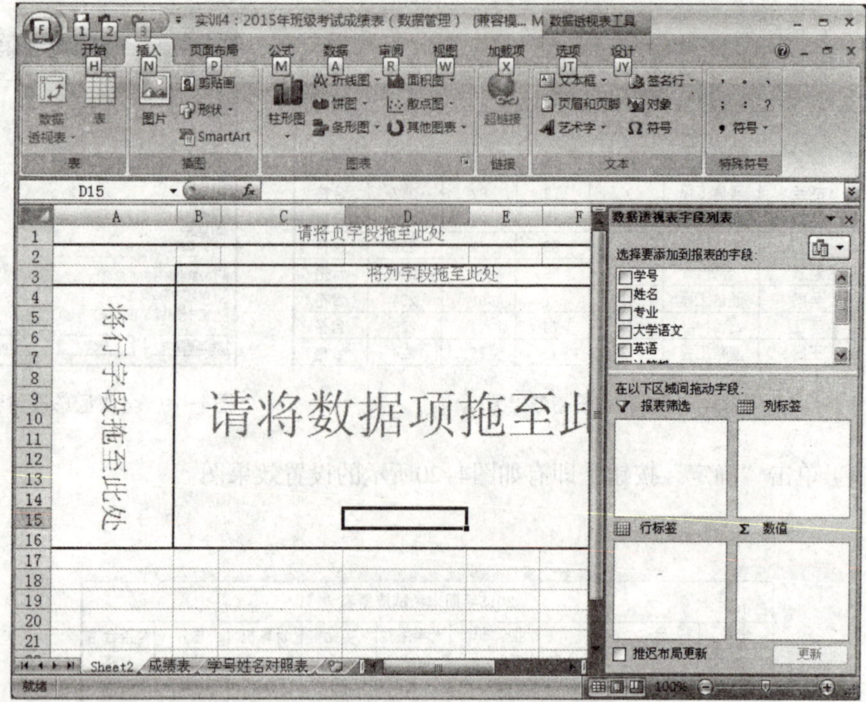

图4-21　数据透视表设置界面1

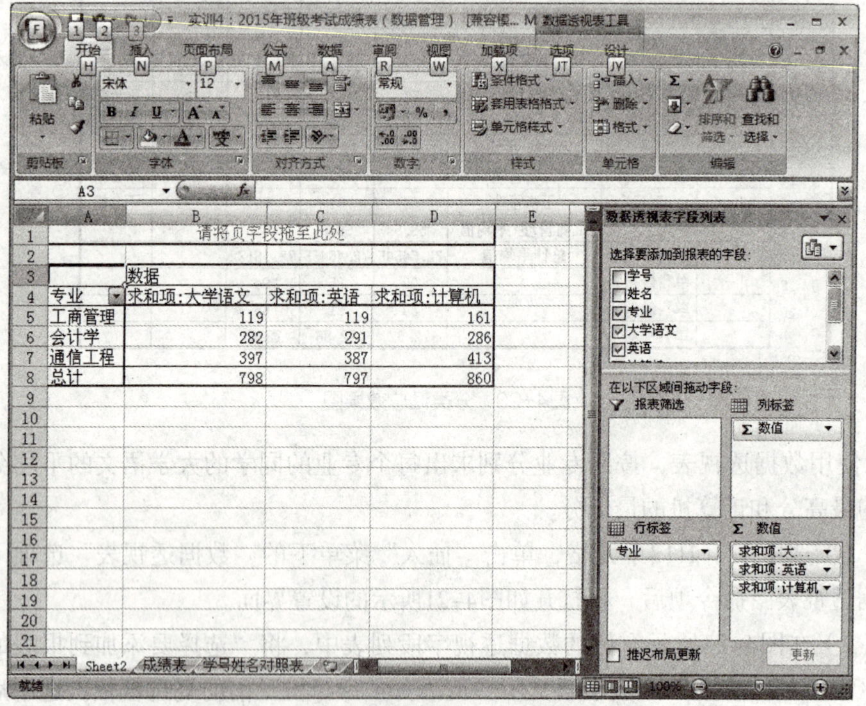

图4-22　数据透视表设置界面2

（3）在图4–22所示右侧的数据透视字段列表中的数值区域，单击“求和项：大学语文”右侧的下拉箭头，在打开的“值字段设置”对话框中，进行如图4–23所示的设置后，单击“确定”按钮。

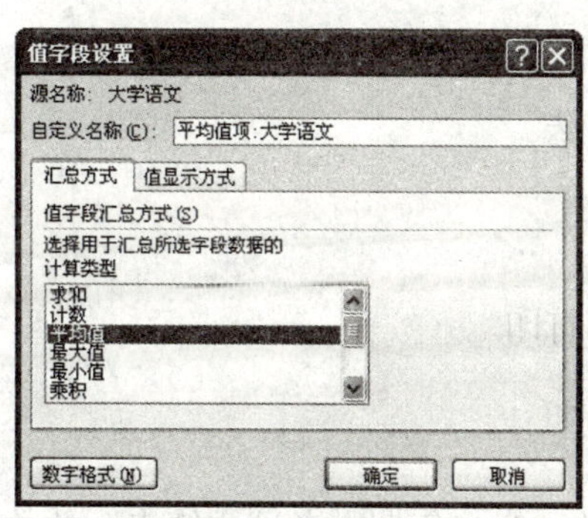

图4–23　数据透视表设置界面3

（4）与步骤（3）类似，分别将英语和计算机科目的汇总方式设置为最大值和最小值方式后，即可得到如图4–24所示的设置效果图。

1				
2				
3		数据		
4	专业	平均值项:大学语文	最大值项:英语	最小值项:计算机
5	工商管理	59.5	68	72
6	会计学	70.5	85	65
7	通信工程	79.4	82	71
8	总计	72.54545455	85	65

图4–24　数据透视表效果图

【实训练习】

1.打开实训二中保存的“某品牌汽车2014年度销售情况.xls”工作簿，进行如下设置。

（1）按照“结余”项对数据进行从高到低排序。

（2）筛选显示“盈亏状况”为亏损的数据。

2.打开实训一中保存的“某品牌汽车2014年度销售情况.xls”工作簿，进行如下设置。

（1）按照“总营业额”对数据按照由低到高显示。

（2）按照“店址”求同一城市的销售平均数。

（3）使用数据透视表求同一城市销售的总数，平均销售单价，营业额的最大值。

（4）筛选出未完成销售目标的记录。

实训四 成绩单的数据分析——Excel 2010的图表处理

【实训目标】

1.掌握图表的创建方法。

2.掌握图表的编辑。

3.熟练掌握页面设置。

4.熟练掌握工作表的打印。

【实训任务】

对实训二中处理后的“2015年期末考试成绩表”的数据，生成如图4-25所示的图表。

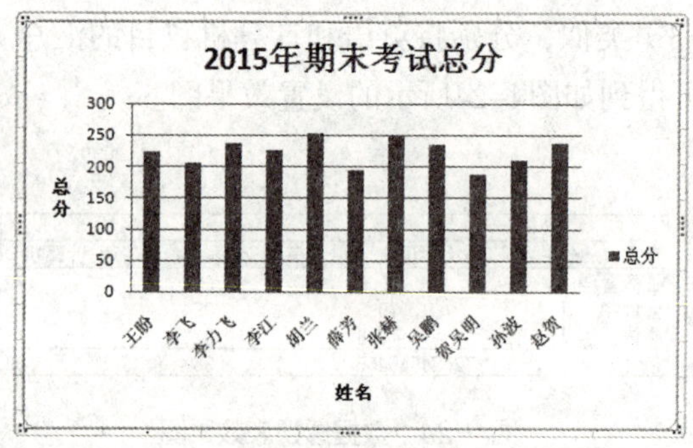

图4-25 图表处理效果图

【实训步骤】

1.选择要显示在图表中的单元格的数据，如本例中应该选择B2：B13，G2：G13单元格。

2.切换到“插入”→“图表”选项组，单击“柱形图”按钮打开下拉菜单，单击“簇状柱形图”子图表类型，即可新建图表。

3.选中默认建立的图表，切换到“图表工具”→“布局”菜单，单击“图表标题”按钮展开下拉菜单，单击“图表上方”命令选项，图表中则会显示“图表标题”编辑框，在标题框中输入标题文字即可，本例中输入“2015年期末考试总分”内容。

图表标题用于表达图表反映的主题。有些图表默认不包含标题框，此时需要添加标题框并输入图表标题；或者有的图表默认包含标题框，也需要重新输入标题文字才能表达图表主题。

坐标轴标题用于对当前图表中的水平轴与垂直轴表达的内容做出说明。默认情况下不含坐标轴标题，如需使用需要再添加。

4.选中图表，切换到“图表工具”→“布局”菜单，单击“坐标轴标题”按钮。根据实际需要选择添加的标题类型，此处选择“主要纵坐标轴标题→竖排标题”，如图3–97所示。

5.图表中则会添加“坐标轴标题”编辑框，在编辑框中输入标题名称。

【实训练习】

1.打开实训一中建立的“部门收款数据图.xls”工作簿，生成如图4–26所示的饼图，反映不同部门收款的数据。

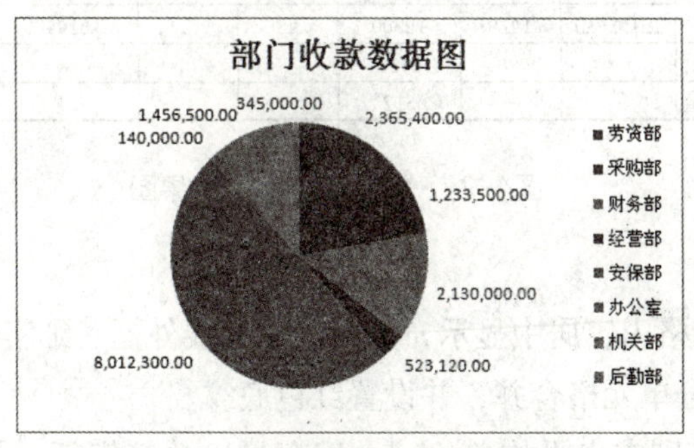

图4–26　部门收款数据图效果

2.对实训二中处理后的“2015年期末考试成绩表”的数据，生成如图4–27所示的图表。

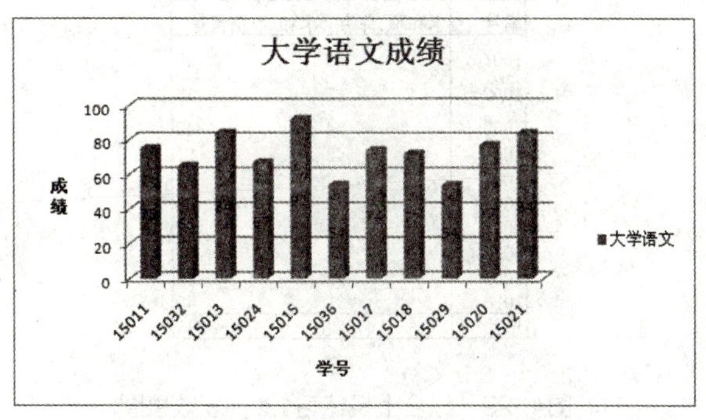

图4–27　2015年期末考试成绩表效果图

综合上机练习

1.生成如图4-28所示的Excel工作表和透视表。

笔记本电脑销售情况							
编号	品牌	型号	单价（元）	销售量	库存	总销售额（元）	是否进货
1001	HP	G32	4800	25	28	120000	是
1002	DELL	M5000	5200	35	12	182000	是
1003	THINKPAD	T410I	8200	42	34	344400	否
1004	ACER	4741G	4100	21	42	86100	否
1005	HP	6930P	5100	55	58	280500	否
1006	DELL	M5020	4100	40	18	164000	是
1007	DELL	M5010	4200	38	23	159600	是
1008	ACER	4752G	4800	33	44	158400	否
1009	HP	2540P	3800	56	22	212800	是
1010	THINKPAD	T410	12800	48	31	614400	否
平均单价			5710				
库存总量			312				

图4-28　综合上机练习1效果图

设置要求如下：

（1）所有单元格内容居中显示，并设置粗实线外框、细实线内框。

（2）第1行部分单元格合并，并设置红色底纹。

（3）用函数分别求出平均单价、总库存量、总销售额、是否进货（若库存量小于30则提示进货）。

（4）生成如图4-29所示的透视表。

	数据	
编号	求和项:库存	求和项:销售量
1001	28	25
1002	12	35
1003	34	42
1004	42	21
1005	58	55
1006	18	40
1007	23	38
1008	44	33
1009	22	56
1010	31	48
总计	312	393

图4-29　综合上机练习1透视表效果图

2.由如图4-30所示的原始数据，格式化后生成如图4-31所示的工作表。

	A	B	C	D	E
1	10月答辩表				
2	答辩学生	指导教师	答辩秘书	答辩分数	是否通过
3	肖国强		谭鹏	80	
4	汤学明		邹清	75	
5	朱虹		徐有	75	
6	许如初		赵贻珠	95	
7	李玉华		赵贻珠	50	
8	李瑞轩		赵贻珠	57	
9	韩建军		瞿彬	92	
10	廖小飞		李晨阳	48	
11	李胜利		邹好	98	
12	许向阳		李丹	86	
13	肖道举		李国宽	60	
14	许兰芳		李国宽	70	
15	阳富民		李国宽	78	
16	最高分				
17	平均分				

图4-30　综合上机练习2原始数据图

	A	B	C	D	E
1	10月答辩表				
2	答辩学生	指导教师	答辩秘书	答辩分数	是否通过
3	肖国强	冯俊	谭鹏	80	通过
4	汤学明	余胜生	邹清	75	通过
5	朱虹	余胜生	徐有	75	通过
6	许如初	李丽	赵贻珠	95	通过
7	李玉华	冯俊	赵贻珠	50	不通过
8	李瑞轩	卢兵	赵贻珠	57	不通过
9	韩建军	卢兵	瞿彬	92	通过
10	廖小飞	冯俊	李晨阳	48	不通过
11	李胜利	卢兵	邹好	98	通过
12	许向阳	余胜生	李丹	86	通过
13	肖道举	卢兵	李国宽	60	通过
14	许兰芳	余胜生	李国宽	70	通过
15	阳富民	李丽	李国宽	78	通过
16	最高分			98	
17	平均分			74.2	

图4-31　综合上机练习2效果图

设置要求如下：

（1）所有单元格居中对齐。

（2）所有单元格添加细实线边框。

（3）第1行的部分单元格合并。

（4）用函数填充B列内容，具体学生与指导老师的对应关系如图4-32所示。

（5）求出答辩最高分、平均分，其中平均分保留小数点后1位。

	A	B
1	答辩学生	指导教师
2	廖小飞	冯俊
3	许如初	李丽
4	朱虹	余胜生
5	汤学明	余胜生
6	李玉华	冯俊
7	李瑞轩	卢兵
8	韩建军	卢兵
9	肖国强	冯俊
10	许兰芳	余胜生
11	许向阳	余胜生
12	肖道举	卢兵
13	李胜利	卢兵
14	阳富民	李丽

图4-32　学生与指导老师对应图

（6）判断每个通过是否通过答辩（若答辩分数低于60分，则不通过，否则为通过）。

（7）生成如图4-33所示的柱形图。

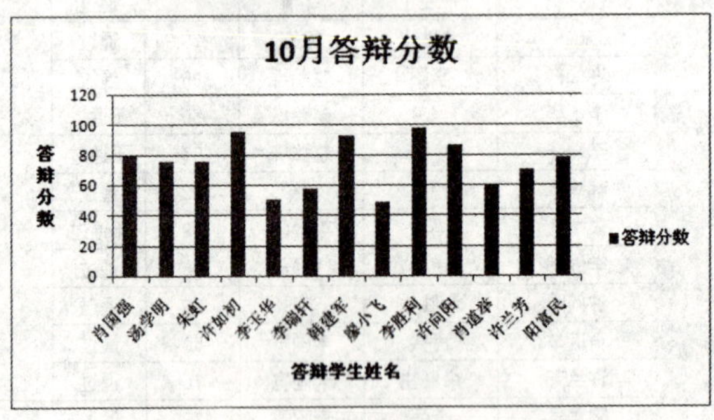

图4-33　综合上机练习2柱形图效果

模块五 PowerPoint 2010的使用

本模块为PowerPoint 2010的应用部分，通过本模块“珍爱地球”宣传海报、“驾校报名”宣传文稿、“十月电影推荐”宣传幻灯片、演讲稿等多个实训案例的练习，掌握PowerPoin 2010的基本使用方法、演示文稿的创建、动画效果设置技巧、放映方式的设置以及制作统一风格的幻灯片方法。

实训一 “珍爱地球”宣传幻灯片的制作——幻灯片基础操作

【实训目标】

1.掌握创建和保存演示文稿的方法。

2.掌握幻灯片背景的设置。

3.掌握幻灯片复制、删除的操作方法。

4.掌握插入图片的操作方法。

5.掌握文字的编辑方法。

【实训任务】

创建“珍爱地球.pptx”演示文稿，插入图片作为背景；新建一张幻灯片，设置蓝白线性渐变色背景，在对应的位置插入图片、输入文字标题；复制第二张幻灯片，删除原有图片与文字，插入新的图片与文字。将制作完成的演示文稿保存在最后一个盘根目录下。最后效果如图5-1所示。

图5-1 “珍爱地球”演示文稿

【实训步骤】

1.插入图片背景

（1）启动PowerPoint 2010软件，新幻灯片默认版式为“标题幻灯片”。

（2）选择“设计”选项卡，在“背景”组中打开“背景样式”下拉菜单，选择“设置背景格式”命令或直接在幻灯片空白处单击右键，在弹出的快捷菜单中选择“设置背景格式”，打开“设置背景格式”对话框。在“填充”面板中选择“图片或纹理填充”按钮。

（3）选择“图片或纹理填充”面板中的 文件(F)... 按钮，打开“插入图片”对话框，选择名为“飞机”的图片，单击“插入”按钮。

（4）选择图片后，返回到“设置背景格式”对话框，直接单击“关闭”按钮，将所选图片应用于当前幻灯片中。

2.输入并编辑文本

（1）单击“单击此处添加标题”占位符，输入文本“珍爱地球”，选中文本设置文本格式：“宋体”、字号72、绿色、加粗。

（2）单击“单击此处添加副标题”占位符，输入文本“爱护环境”，选中文本设置文本格式：“宋体”、字号40、黄色。效果如图5-2所示。

3.新建并编辑第二张幻灯片

（1）选择“开始”选项卡，打开“幻灯片”组中的“新建幻灯片”下拉菜单，选择“图片与标题”版式。

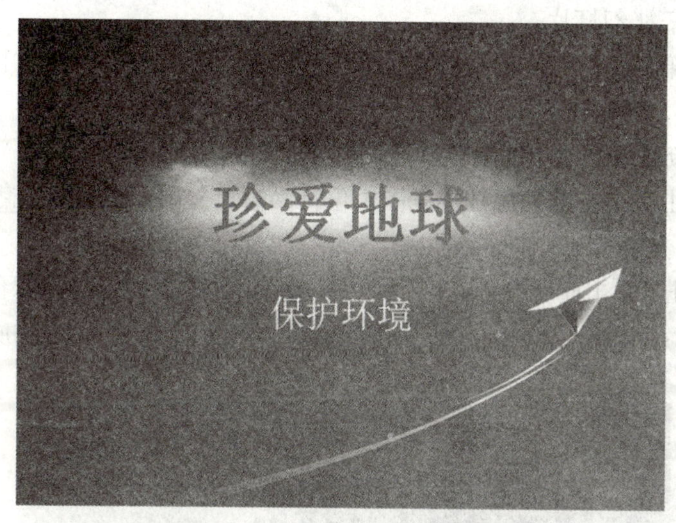

图5-2 “第一张幻灯片”最终效果

（2）打开“设置背景格式”对话框，单击“渐变填充”按钮。

（3）在“渐变光圈”中单击第一个游标，打开“颜色”下拉菜单，选择与第一张图片背景相似的蓝色，将第二个游标设置作稍浅一点的蓝色，将第三个游标设置为“白色，背景1，深色5%”，将移动游标至合适的位置。游标效果如图5-3所示。

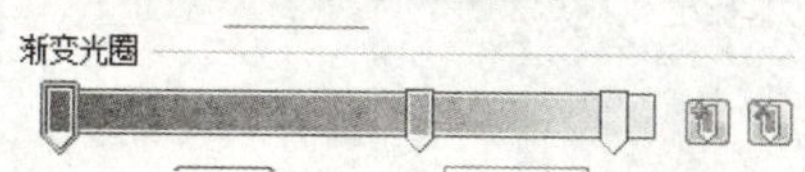

图5-3 游标样式

（4）单击“单击图标添加图片”占位符中的图标，打开“插入图片”对话框，选择名为“捡垃圾”的图片。

（5）单击“单击此处添加标题”占位符，输入文本“爱护环境，请不要随便乱丢垃圾！”，设置文本格式：宋体、字号24、“红色，强调文字颜色2，深色25%”，加粗，效果如图5-4所示。

图5-4 第二张幻灯片效果图

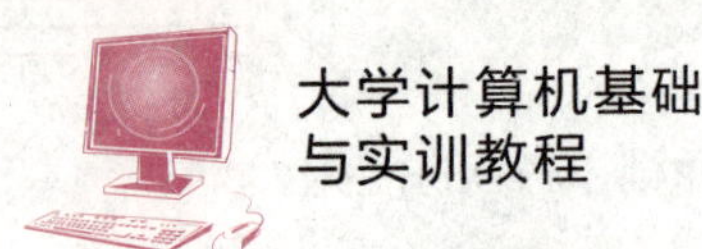

4.编辑第三张幻灯片

（1）在第二张幻灯片的缩略图上单击右键，在弹出的快捷菜单中选择“复制幻灯片”命令，将复制得到的幻灯片中的图片与文本删除。

（2）重新插入图片“绿地”。

（3）单击“单击此处添加标题”占位符，输入文本“不要乱排乱放，污染环境”，设置文本格式：宋体、字号24、深绿、加粗。

（4）单击“单击此处添加文本”占位符，输入文本“留住那一片绿色与清泉”，设置文本格式：宋体、字号16、绿色。第三张幻灯片最后效果如图5-5所示。

图5-5　第三张幻灯片效果图

5.保存演示文稿

打开“文件”选项卡，选择“另存为”命令，打开“另存为”对话框，选择最后一个盘，修改文件名为“珍爱地球”，单击“保存”按钮，保存演示文稿。

【实训练习】

1.按照如下要求制作演示文。最后效果如图5-6所示。

（1）新建一个演示文稿，选择“标题和内容”版式。

（2）设置背景为“图片或纹理填充”标签中的“水滴”。

（3）插入名为“绿叶”的图片。

（4）输入标题文本“雨后的绿叶”，并设置字体格式。

（5）将制作好的演示文稿以“绿叶”为名，保存到桌面。

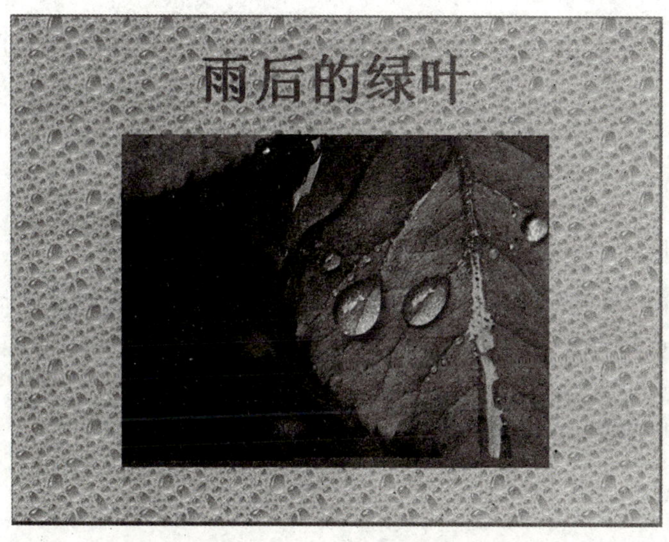

图5-6　“绿叶”幻灯片效果图

2.按照如下要求制作演示文稿。最后效果如图5-7所示。

（1）新建一个演示文稿，输入标题“可爱猫咪”，编辑文字格式。

（2）设置所有幻灯片的背景为“羊皮纸”的预设颜色，选择方向为“线性对角-左上到右下”。

（3）新建第二张幻灯片，选择“图片与标题”版式，插入图片，编辑文本。

（4）新建第三张幻灯片，选择“标题和内容”版式，插入图片，编辑文本。

（5）将文件以“可爱猫咪”的名称保存到桌面。

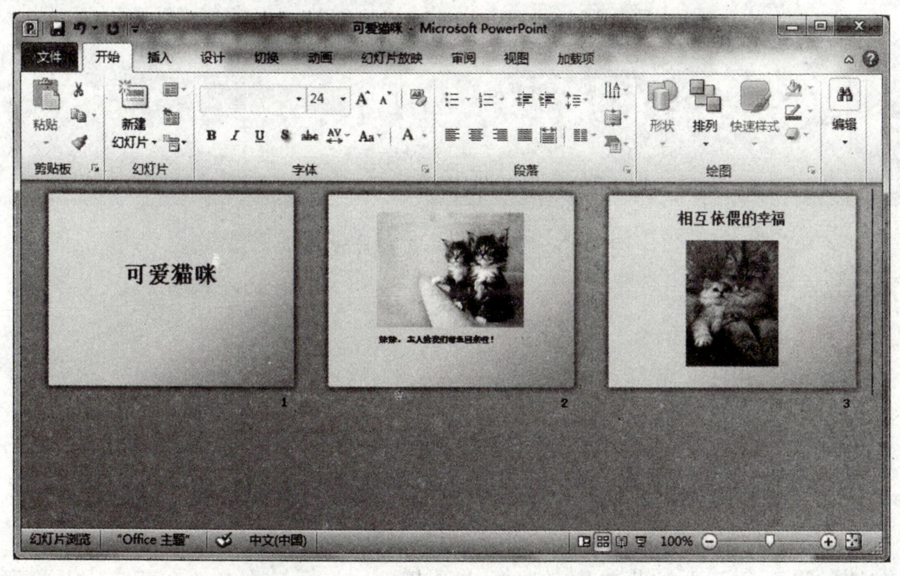

图5-7　“可爱猫咪”幻灯片效果图

实训二 “驾校报名”宣传演示文稿的制作——图表操作

【实训目标】

1.掌握艺术字的编辑方法。
2.掌握表格的编辑方法。
3.掌握SmartArt图形的编辑方法。
4.掌握自选图形的编辑方法。
5.掌握图表的编辑方法。

【实训任务】

创建“驾校报名.pptx”演示文稿，插入统一的颜色背景；新建一张幻灯片，用圆形的方式画出学车流程图；新建第二张幻灯片，利用SmartArt图形建立学车详细流程说明；新建第三张幻灯片，创建十大城市驾校近两年报名费用表；根据第三张幻灯片中表格的数据，在第四张幻灯片中创建图表。最后效果如图5-8所示。

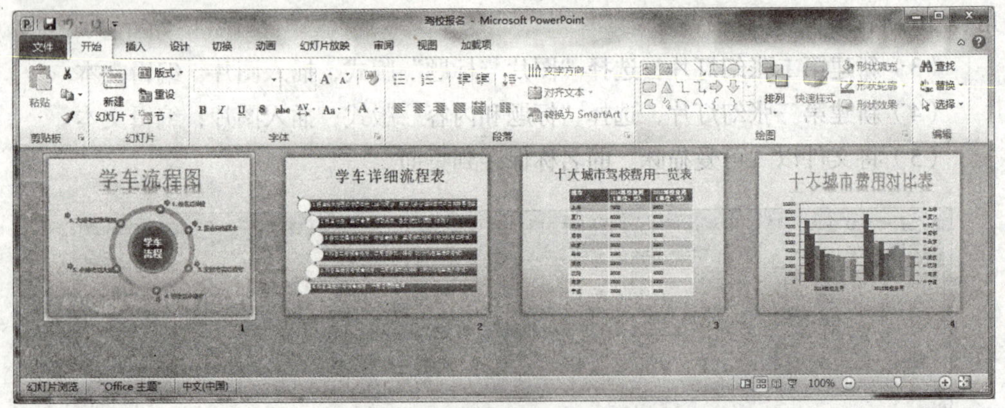

图5-8 “驾校报名”幻灯片效果图

【实训步骤】

设置背景

（1）启动PowerPoint 2010软件，将第一张幻灯片的版式改为“空白”。

（2）在幻灯片空白处单击右键，在弹出的快捷菜单中选择“设置背景格式”命令。在打开的“设置背景格式”对话框的“填充”面板中选择“渐变填充”按钮，在“预设颜色”下拉菜单中，选择“羊皮纸”选项，单击“全部应用”将所选颜色应用于所有幻灯片。

（3）打开“插入”选项卡，选择“文本”组中的“艺术字”的下拉菜单，选择“填充-蓝色，强调文字颜色1，塑料棱台，映像”样式，在出现的占位符中输入文本“学车流程图”，并设置字体格式为72号字、加粗，将占位符移至幻灯片标题处，如图5-9所示。

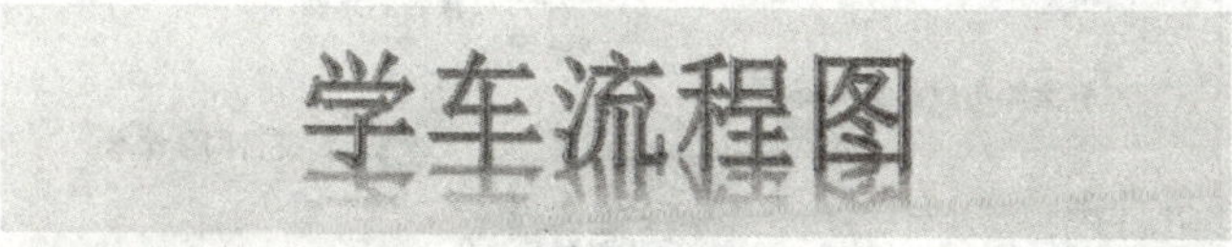

图5-9 制作艺术字标题

（4）在“插入”选项卡的“插图”组中，打开“形状”下拉菜单，选择形状“同心圆”，在幻灯片空白处画出一个同心圆。按住同心圆中间的黄色控点，向外移动，将内圈扩大。

（5）打开“格式”选项卡，打开“形状样式”组中的“形状填充”下拉菜单，选择“主题颜色”→“蓝色，强调文字1，淡色60%”，修改同心圆的颜色。在“形状轮廓”下拉菜单中选择“无轮廓”清除同心圆的边框颜色。

（6）在已经画好的同心圆内部再画一个类似的同心圆，填充颜色与刚才所画的相同，形状轮廓颜色设置为“深蓝，颜色2，淡色60%”。利用上下左右的方向键可调整两个同心圆的位置。

（7）在最内层再画一个圆，设置“形状填充”颜色为“渐变”→“变体”中的“中心辐射”，“形状轮廓“颜色为“蓝色，强调文字颜色1，淡色40%”，调整圆位置。

（8）复制粘贴中间的圆形，选择“形状填充”→“渐变”→“其他渐变”命令，打开“设置形状格式”对话框，将“渐变填充”面板中的“渐变光圈”中的第一个和第三个颜色游标互换位置。圆形从中心变成浅色。复制该圆形，并放到最外圈的同心圆上，效果如图5-10所示。

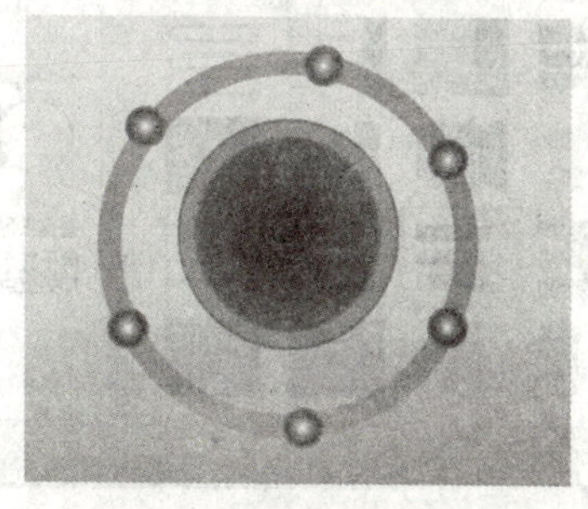

图5-10 绘制小圆形

（9）在每个小圆形的旁边画一个“右箭头”，设置“形状填充”颜色为“橄榄色，强调文字颜色3”。利用文本框输入如图5-11所示的文本。

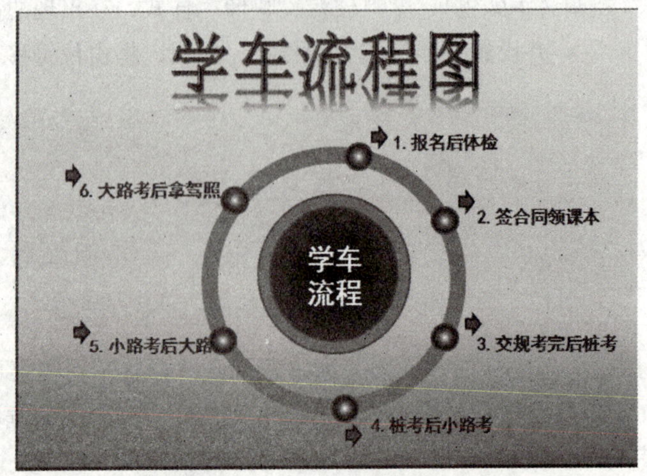

图5-11　第一张幻灯片最终效果图

（10）新建第二张“空白”版式的幻灯片，插入艺术字“学车详细流程表”，设置艺术字样式“填充-红色，强调文字颜色2，暖色粗糙棱台”，并移到标题处，如图5-12所示。

学车详细流程表

图5-12　艺术字标题样式

（11）选择“插入”选项卡中的“SmartArt”，在“选择SmartArt图形”对话框中选择“列表”项中的“垂直曲形列表”样式，如图5-13所示。

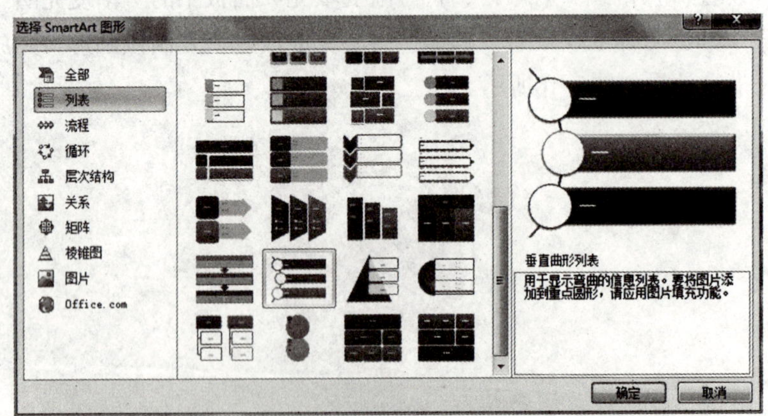

图5-13　“垂直曲形列表”SmartArt图形

（12）打开“设计”选项卡，在“SmartArt样式”组中选择“优雅”样式，单击“更改颜色”下拉菜单，选择“渐变范围-强调文字颜色2”，并输入文本信息，如图5-14所示。

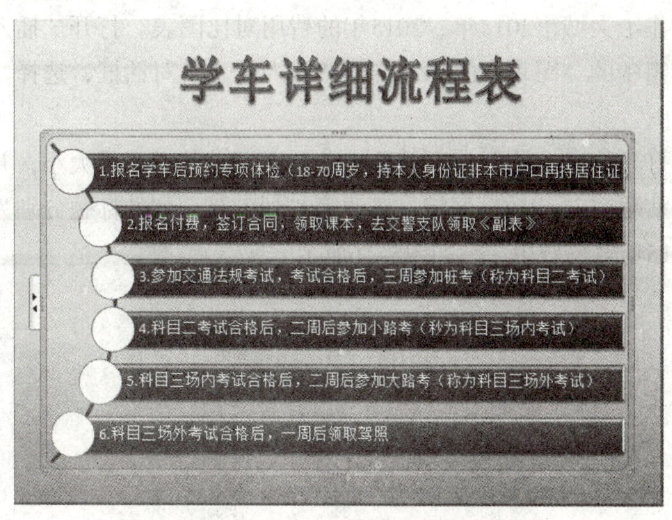

图5-14　第二张幻灯片效果图

（13）新建一张“标题与内容”版式的幻灯片。输入标题“十大城市驾校费用一览表”，设置文字格式为：44号字，“橙色，强调文字颜色6，深色25%”，加粗。

（14）在内容占位符中单击“表格”按钮，在弹出的“插入表格”对话框，插入一个3列11行的表格。

（15）打开“设计”选项卡，在“表格样式”组中选择“中度样式2，强调2”。输入文本信息，如图5-15所示。

十大城市驾校费用一览表

城市	2014驾校费用（单位：元）	2015驾校费用（单位：元）
上海	7800	8600
厦门	6000	6500
杭州	4500	4900
成都	4000	5000
北京	3500	3500
长沙	3380	3980
武汉	3300	4500
沈阳	3000	4000
南京	2900	3300
宁波	2800	3200

图5-15　第三张幻灯片效果图

（16）新建第四张“空白”版式的幻灯片，插入艺术字“十大城市费用对比图”，设置艺术字样式为“填充-蓝色，强调文字颜色1，塑料棱台，映像”。将艺术字移动到标题处。

（17）制作十大城市2014年、2015年的费用对比图表。打开“插入”选项卡，单击“插图”组中的“图表”图标，打开“插入图表”对话框，选择“柱形图”类的“簇状柱形图”。

（18）在打开的Excel文件中，按住蓝色控点调整数据区域大小，并将幻灯片表中的数据复制粘贴到Excel数据区域，修改第二列、第三列的标题分别为“2014年驾校费用”“2015年驾校费用”，如图5-16所示。

E7 fx

	A	B	C	D
1	城市	2014驾校费用	2015驾校费用	
2	上海	7800	8600	
3	厦门	6000	6500	
4	杭州	4500	4900	
5	成都	4000	5000	
6	北京	3500	3500	
7	长沙	3380	3980	
8	武汉	3300	4500	
9	沈阳	3000	4000	
10	南京	2900	3300	
11	宁波	2800	3200	
12				
13				

图5-16　设置Excel数据区数据

（19）选中幻灯片中插入的图表，打开“设计”选项卡，单击“数据”组中的“切换行/列”图标，交换图表生成的行、列。最后效果如图5-17所示。

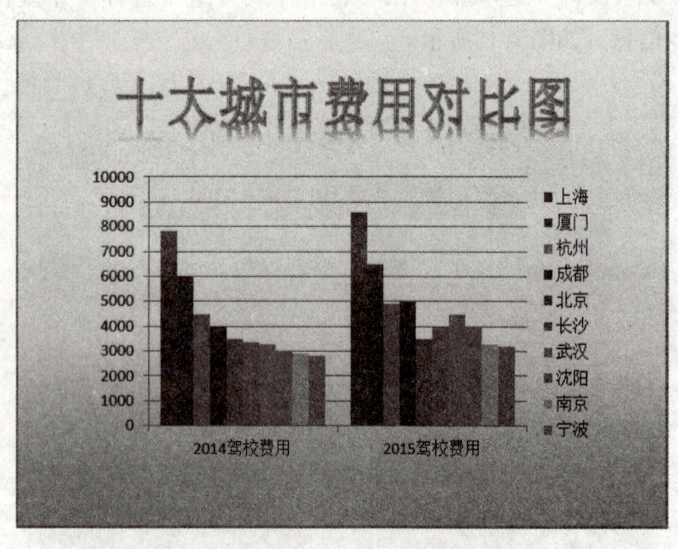

图5-17　第四张幻灯片最终效果图

【实训练习】

按照如下要求制作演示文稿。最后效果如图5-18所示。

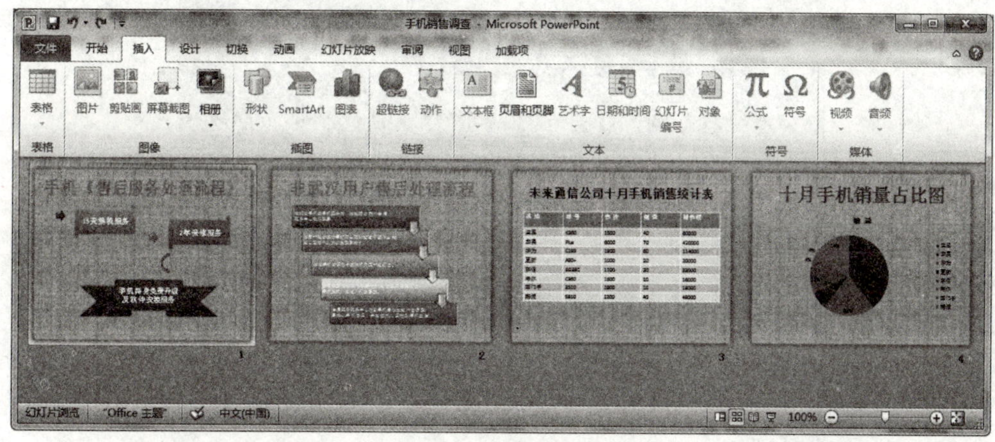

图5-18　最终效果图

（1）新建一张 “空白” 版式的幻灯片，设置所有幻灯片背景为 “纸莎草纸”。插入艺术字标题，绘制图形，并输入文本信息，如图5-19所示。

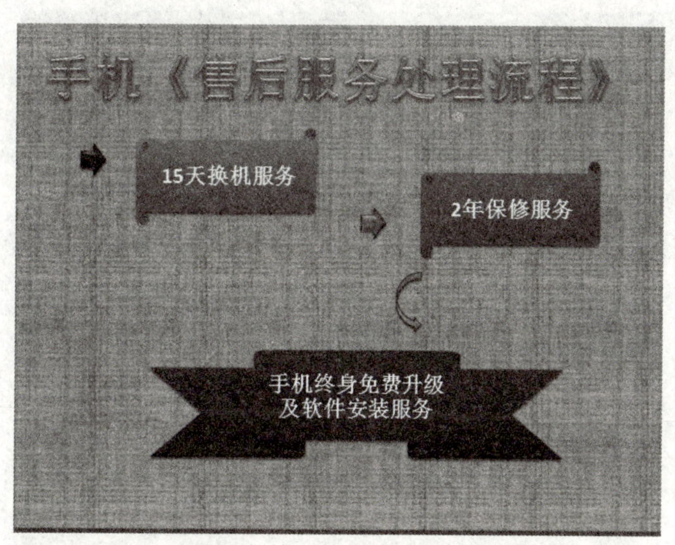

图5-19　第一张幻灯片效果图

（2）新建第二张 “空白” 版式幻灯片，插入艺术字标题，插入SmartArt图形，并输入如图5-20所示文字信息。

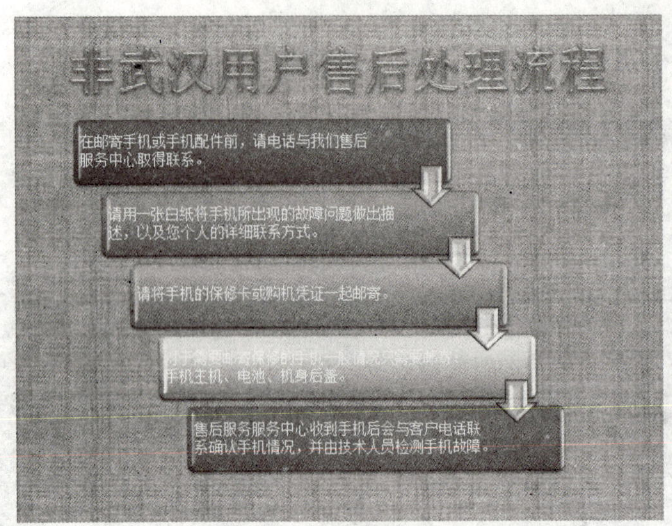

图5-20　第二张幻灯片效果图

（3）新建第三张“标题和内容”版式的幻灯片，输入标题，插入表格，并输入表格信息，如图5-21所示。

未来通信公司十月手机销售统计表

品牌	型号	售价	销量	销售额
三星	K360	1500	40	60000
苹果	Plus	6000	70	420000
华为	C199	1900	60	114000
夏新	A90+	1000	20	20000
东信	EG88C	1100	30	33000
海尔	C360	1600	10	16000
西门子	3510	1800	10	18000
酷派	5810	1200	40	48000

图5-21　第三张幻灯片效果图

（4）新建第四张“标题和内容”版式的幻灯片。输入标题，根据第三张幻灯片表中的数据信息建立手机销量占比图，如图5-22所示。

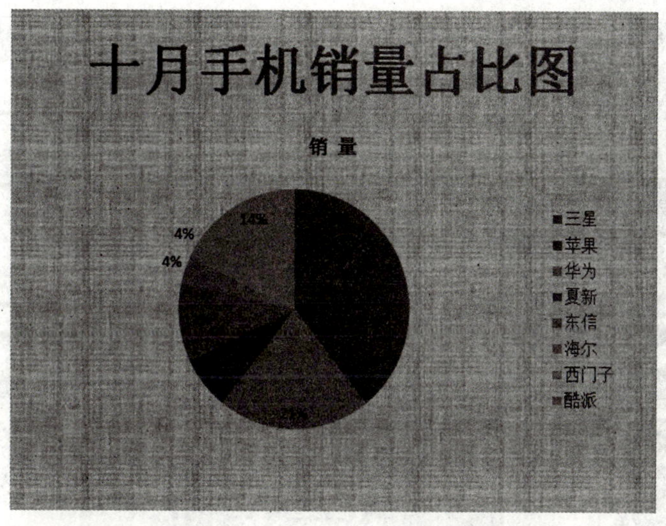

图5-22 第四张幻灯片效果图

实训三 “十月电影推荐”宣传幻灯片的制作——动画设置

【实训目标】

1.掌握设置对象动画效果的方法。

2.掌握超链接的设置方法。

3.掌握动作按钮的制作方法。

4.掌握幻灯片切换的设置。

5.掌握在幻灯片中插入并设置音频的方法。

【实训任务】

创建“十月电影推荐.pptx”演示文稿，制作封面，插入背景音乐，创建新幻灯片绘制图形边框，插入图片、编辑文字制作电影简介的幻灯片，插入“返回”动作按钮，创建超链接。最后效果如图5-23所示。

【实训步骤】

1.制作演示文稿封面

（1）启动PowerPoint 2010软件，将第一张幻灯片的版式改为“空白”。

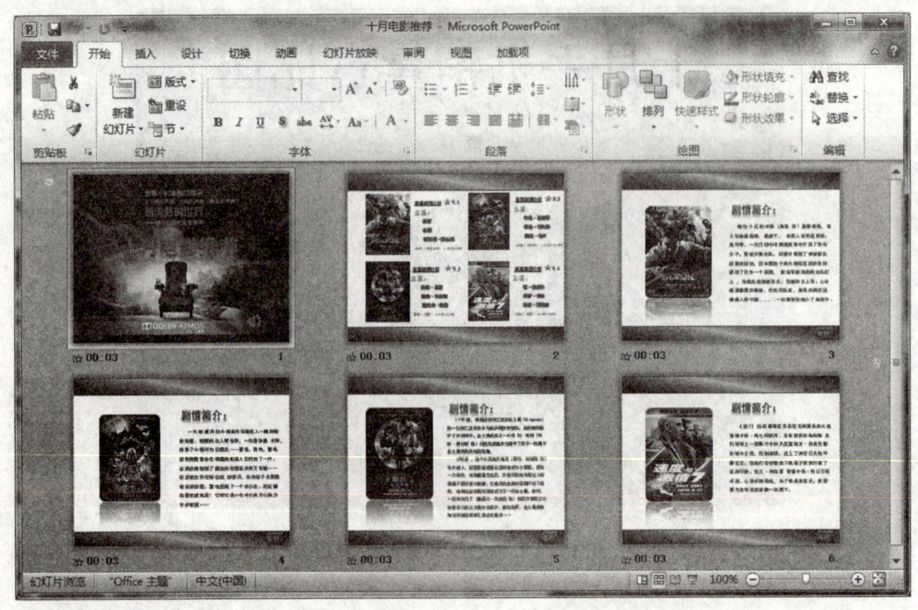

图5-23　“十月电影推荐”演示文稿效果图

（2）在幻灯片空白处单击右键，在弹出的快捷菜单中选择“设置背景格式”命令。在打开的“设置背景格式”对话框的“填充”面板中选择“图片或纹理填充”按钮；单击“插入自文件”按钮，选择“素材”文件夹中的名为“封面”的图片，作为背景插入到第一张幻灯片中。

（3）插入艺术字“十月电影推荐”，设置艺术字样式为“填充-蓝色，强调文字颜色1，塑料棱台，映像”，字号：66，加粗。

（4）复制上述艺术字，修改艺术字样式为“渐变填充-灰色，轮廓-灰色”，并放置到第一个艺术字的下一层，向右移动制作出阴影的效果。最后效果如图5-24所示。

图5-24　第一张幻灯片效果图

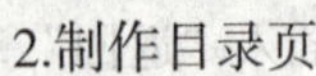

2.制作目录页

（1）新建一张“空白”版式的幻灯片。画一个矩形，填充渐变色，设置的具体参数如图5-25所示。将矩形放到幻灯片顶端，再复制出一个矩形，拖放到幻灯片底端。插入艺术字“十月电影推荐”，字号：18，加粗效果，设置艺术字样式“填充-红色，强调文字颜色2，暖色粗糙棱台”，将艺术字放到幻灯片右上角。

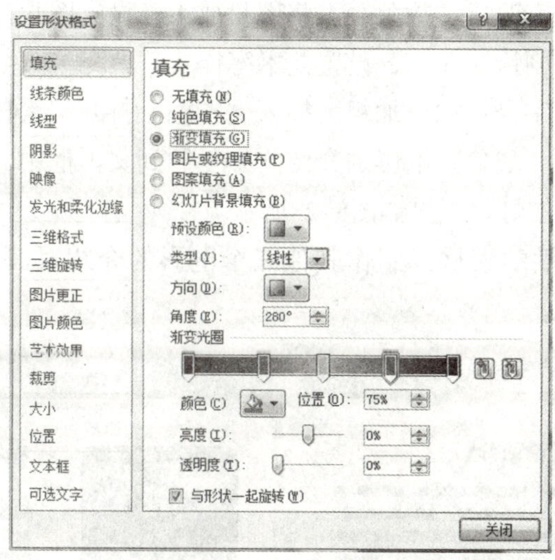

图5-25　设置矩形渐变

（2）插入图片“战狼”，缩小到合适的大小，插入艺术字“查看剧情介绍”，设置艺术字样式为“填充-蓝色，强调文字颜色1，塑料棱台，映像”，字号：14，加粗。绘制一个五角星，设置形状样式为“强烈效果-橙色，强调颜色6”。写出电影评分及主演等信息，如图5-26所示。

（3）按“战狼”所述步骤分别写出其他三部电影的目录，效果如图5-27所示。

图5-26　《战狼》目录

图5-27　第二张幻灯片“目录”效果图

3.制作剧情介绍页

（1）复制第二张幻灯片，去掉图片及文字保留上、下两个矩形条和“战狼”

图片，将右上角艺术字改成“战狼”。将图片放大，设置图片样式为“映像圆角矩形”；插入艺术字“剧情简介”，设置艺术字样式“填充-蓝色，强调文字颜色1，塑料棱台，映像”，字号：32，加粗。插入文本框，打开“素材”文件夹，将“剧情简介”文件中有关“战狼”电影的介绍文字复制到文本框中，设置为红色字体，加阴影效果。第三张幻灯片效果如图5-28所示。

（2）根据所提供的素材，制作其他三个电影的介绍页面，效果如图5-29、图5-30、图5-31所示。

图5-28　第三张幻灯片《战狼》简介效果图

图5-29　第四张幻灯片《魔法总动员》简介效果图

图5-30　第五张幻灯片《王牌特工》简介效果图

图5-31　第六张幻灯片《速度与激情7》简介效果图

4.设置超链接

（1）在第二张幻灯片中，选中文字“查看剧情介绍”，点击“插入”选项卡中的“超链接”按钮，在打开的“编辑超链接”对话框选“本文本档中的位置”，在右侧的列表中选择要链接的幻灯片。

（2）将第二张幻灯片中其他三个“查看剧情介绍”与后面对应的幻灯片设置超链接。

5.设置动作按钮

（1）画出按钮的形状：在第三张幻灯片右下角画一个五边形，调整其形状，设置形状样式为“强烈效果-紫色，强调颜色4”，写上文字“返回”，设置字体格式：白色，18号字，加粗。

（2）设置动作：选中“返回”按钮，单击“插入”选项卡中的“动作”命令，在打开的“动作设置”中，选择“超链接到”对应的幻灯片，选中“单击时突出显示”框。

（3）复制制作好的“返回”按钮，分别粘贴到第四、五、六张幻灯片的右下角，如图5-32所示。

图5-32 “返回”按钮

6.插入背景音乐

（1）插入音频文件：选择第一张幻灯片，打开“插入”选项卡，在“媒体”组中，打开“音频”按钮的下拉菜单，选择“文件中的音频”命令，打开“插入音频”对话框，插入“素材”文件夹中的音频文件。

（2）设置音频文件：选中幻灯片中插入的音频图标，打开“动画”选项卡，单击“动画”组右下方的“显示其他效果选项”图标，打开“播放音频”对话框。在“效果”选项卡中，选择开始播放方式为“从头开始”，停止播放的方式为“在6张幻灯片后”，即背景音频从头开始播放只到最后一张幻灯片播放完毕才停止。

（3）打开“播放”选项卡，在“音频选项”中设置开始方式为“自动”“放映时隐藏”。

7.设置动画效果

（1）选择第三张幻灯片中的图片对象，打开“动画”选项卡，在“动画”组中选择“淡出”效果。在“计时”组中将“开始”的方式设置为“上一动画之后”。

（2）选中“剧情简介”对象，在“高级动画”组中打开“添加动画”的下拉菜单，选择“更多进入效果”命令，在打开的“添加进入效果”对话框中，选择“缩放”效果。设置效果选项为“缩小”、开始方式为“上一动画之后”。

（3）选中具体的剧情介绍文字，设置动画效果为“擦除”，效果选项方式为“自左侧”“按段落”。开始方式为“上一动画之后”。

8.设置幻灯片切换

打开“切换”选项卡，在“切换到此幻灯片”组中选择“淡出”效果，设置换片方式为“设置自动换片时间”为3秒。设置好后，单击“全部应用”按钮，将所调换片方式应用于所有的幻灯片。

【实训练习】

按照如下要求制作演示文稿。最后效果如图5-33所示。

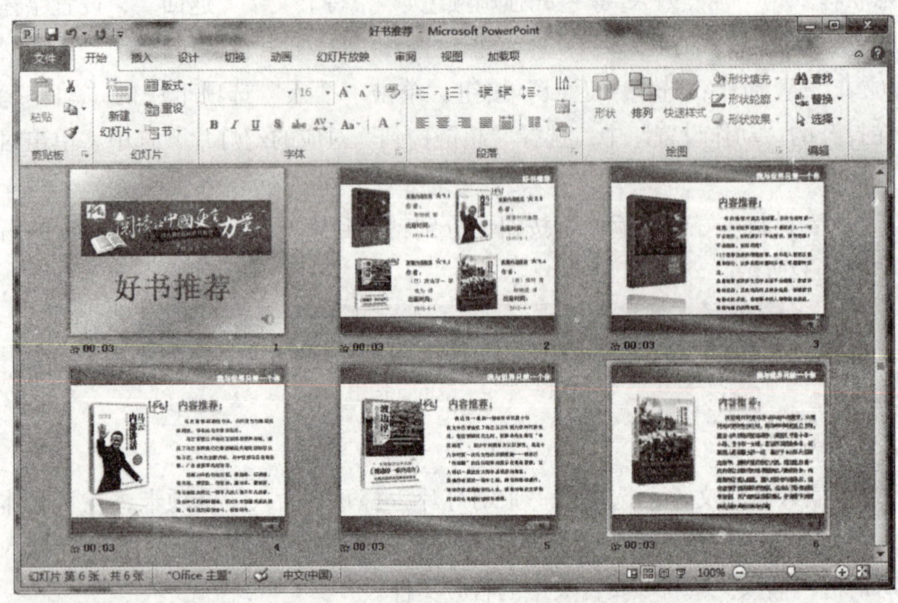

图5-33 "好书推荐"文稿最终效果图

（1）新建一张"空白"版式的幻灯片，设置渐变填充颜色背景；插入素材文件夹中的"封面"图片；插入标题"好书推荐"；再插入素材文件夹中的"光轨03.mp3"文件作为背景音乐。如图5-34所示。

（2）设置封面图片的动画效果为"展开"，开始方式为"与上一动画同时"；设置文字标题动画效果为"翻转由远及近"，开始方式为"上一动画之后"。

图5-34 第一张幻灯片效果图

（3）新建一张空白幻灯片，画两个红色渐变矩形分别放到幻灯片顶端和底端，在右上角插入艺术字标题文字；分别插入文件夹中的素材图片，写出如图5-35所示文字介绍。

（4）新建第三张幻灯片，插入图片，设置图片效果；输入标题；插入能返回至第二张幻灯片的动作按钮，输入如图5-36所示文字。

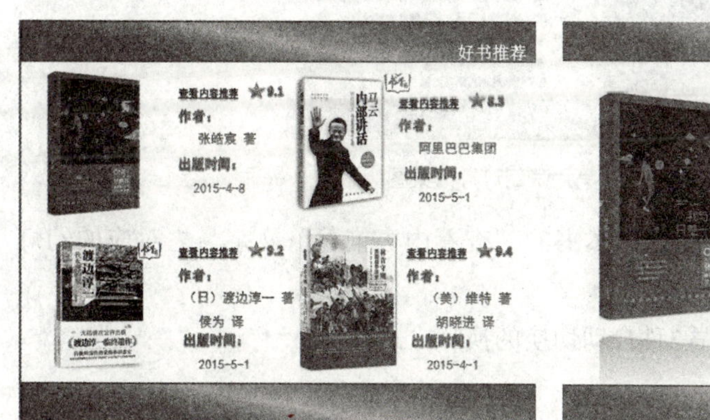

图5-35 第二张幻灯片效果图　　图5-36 第三张幻灯片效果图

（5）新建第四张幻灯片，插入图片，设置图片效果；输入标题；输入如图5-37所示文字。

（6）新建第五张幻灯片，插入图片，设置图片效果；输入标题；输入如图5-38所示文字。

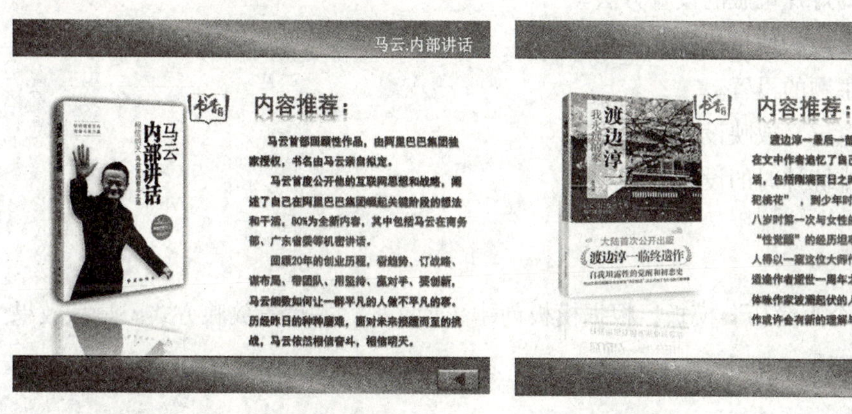

图5-37 第四张幻灯片效果图　　图5-38 第五张幻灯片效果图

（7）新建第六张幻灯片，插入图片，设置图片效果；输入标题；输入如图5-39所示文字。

图5-39　第六张幻灯片效果图

（8）返回第二张幻灯片，将这本书的“查看内容推荐”文字与之对应的幻灯片创建超链接。

（9）为全部的幻灯片设置3秒自动切换的换片方式。

实训四　“个人简历”演讲幻灯片制作——文稿外观设计及放映设置

【实训目标】

1.掌握幻灯片母版的设置方法。

2.掌握模板的使用。

3.掌握主题的设置。

4.掌握自定义放映设置的方法。

5.掌握排练计时的设置方法。

【实训任务】

创建“个人简历”模板，根据模板创建演示文稿，并设置放映方式。最后效果如图5-40所示。

【实训步骤】

1.利用幻灯片母版制作统一的背景图片样式

（1）启动PowerPoint 2010软件，创建第一张幻灯片，打开“设计”选项卡，在“主题”组中，单击将“活力”主题应用于所有幻灯片。

图5-40　“个人简历”演示文稿效果图

（2）打开“视图”选项卡，选择“幻灯片母版”命令，制作幻灯片母版。

（3）在第一张幻灯片母版下方画一个红色梯形，设置无形状轮廓、形状效果为“发光”-“深紫，18pt发光，强调文字颜色4”。在梯形的右下方插入文本框输入文字“个人简历”。插入素材文件夹中的图片“小人1.pnd”，母版效果如图5-41所示。关闭幻灯片母版视图。

2.制作封面幻灯片

（1）将幻灯片的版式修改为“空白”版式，打开“设置前景格式”对话框，勾选“隐藏背景图形”选项，忽略首页的幻灯片中的图形。

（2）分别插入图片“跑道.jpg”“小人1.pnd”和文字，效果如图5-42所示。

图5-41　制作幻灯片母版

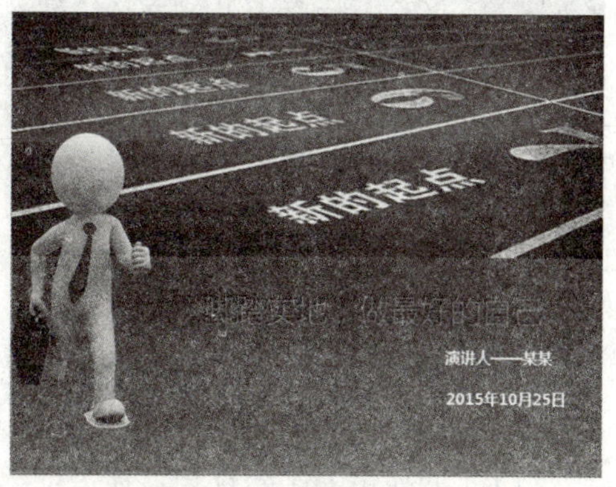

图5-42　“封面”幻灯片效果

3.制作其他各张幻灯片

（1）新建一张“空白”版式的幻灯片，绘制如图5-43所示图形，利用文本框添加文字信息。

（2）制作第三张幻灯片，添加标题“个人基本信息”；绘制图片输入相关文字信息；插入图片，效果如图5-44所示。

图5-43　“目录”幻灯片效果

图5-44　“个人基本信息”幻灯片效果

（3）制作第四张幻灯片：输入标题“工作经历”，添加SmartArt图形，输入如图5-45所示文字信息。

（4）制作第五张幻灯片：输入标题“对竞聘岗位的认识”，绘制图形添加文字说明，效果如图5-46所示。

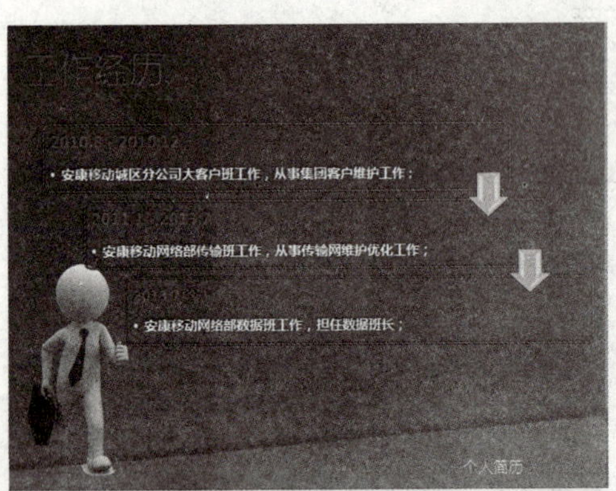

图5-45　“工作经历”幻灯片效果

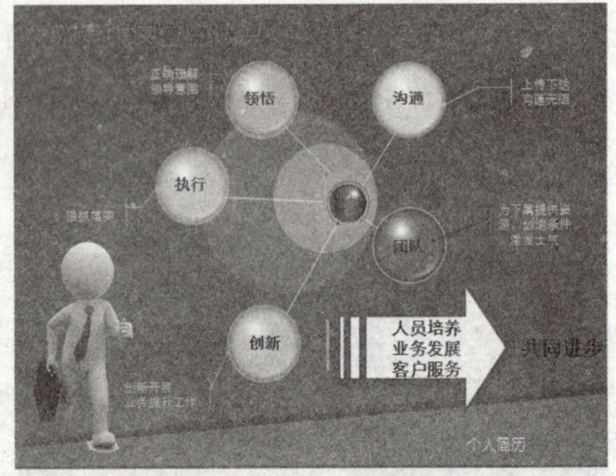

图5-46　“工作经历”幻灯片效果

（5）制作第六张幻灯片：输入标题“市场环境分析”，绘制图形，添加文字说明，效果如图5-47所示。

（6）制作第七张幻灯片：输入标题“工作思路”，绘制图形，添加项目符号和文字说明，效果如图5-48所示。

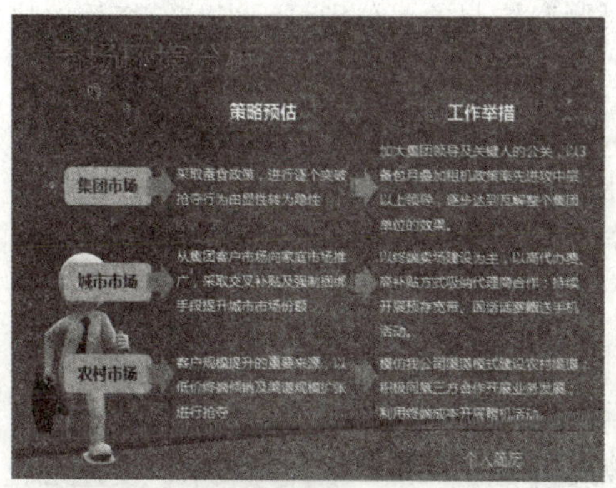

图5-47 “市场环境分析”幻灯片效果

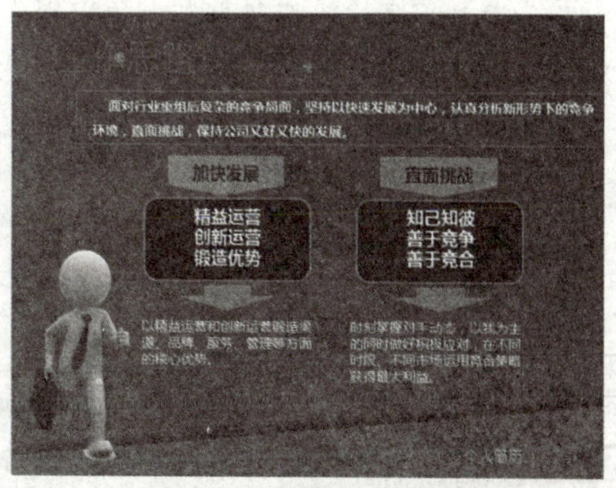

图5-48 “工作思路”幻灯片效果

（7）制作第八张幻灯片：输入标题“个人优势与不足”，绘制图形，添加项目符号和文字说明，效果如图5-49所示。

（8）制作第九张幻灯片：输入标题“个人表态”，绘制图形，添加文字说明，效果如图5-50所示。

图5-49 “个人优势与不足”幻灯片效果

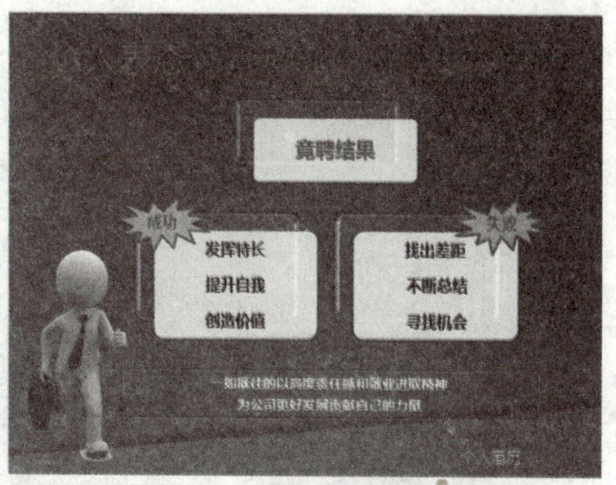

图5-50 “个人表态”幻灯片效果

（9）制作第十张幻灯片：复制第一张幻灯片，将复制得到的幻灯片移动到最后一张的位置；将幻灯片中的文字改成“感谢聆听！”“Thanks for your time！”，效果如图5-51所示。

图5-51 最后一张幻灯片效果

4.设置排练计时

（1）打开“幻灯片放映”选项卡，在“设置”组中单击“排练计时”命令，启动幻灯片全屏放映。

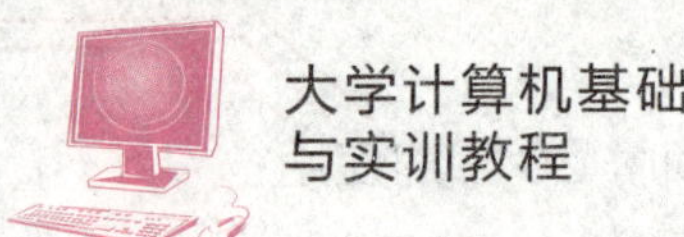

（2）幻灯片放映时，左上角出现“录制”控制条，分别显示当前幻灯片放映所需时间和整体放映时间。

（3）录制时可以精确地控制每一张幻灯片播放的时长，当播放结束时，会弹出提示框，如果对排练时间满意，单击“是”按钮，保存排练时间的设置，幻灯片自动显示为浏览视图，在每张幻灯片左下方将显示该张幻灯片播放的时间。

5.设置幻灯片放映

（1）在“幻灯片放映”选项卡的“开始放映幻灯片”组中，打开“自定义幻灯片放映”命令，在打开的“自定义放映”对话框中单击“新建”命令。输入幻灯片放映名称，将需要放映的幻灯片从左侧列表中选中添加到右侧列表中，设置完毕后单击“确定”按钮。

（2）以上操作根据需要可新建多个自定义放映的方式。

（3）打开“幻灯片放映”选项卡的“设置”组中的“设置幻灯片放映”命令，在“设置放映方式”对话框中选择“自定义放映”，在下拉菜单中选择已创建的自定义放映方式即可。

【实训练习】

按照如下要求制作演示文稿。最后效果如图5-52所示。

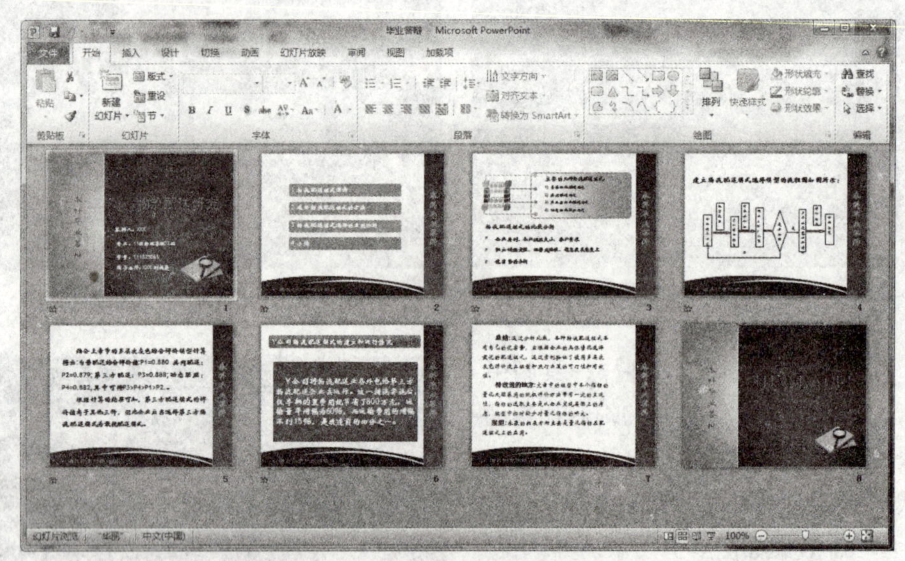

图5-52　“毕业答辩”演示文稿效果图

（1）新建一个演示文稿，设置主题、输入标题及其他文字信息、插入图片，效果如图5-53所示。

（2）根据素材提供的图片，制作空白版式的幻灯片母版，效果如图5-54所示。

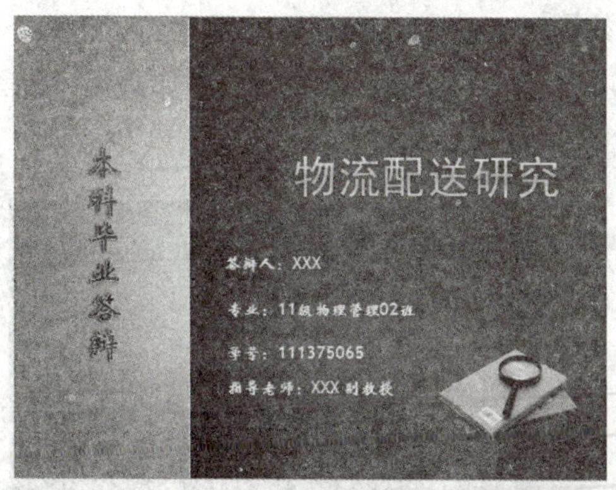

图5-53　第一张幻灯片效果图

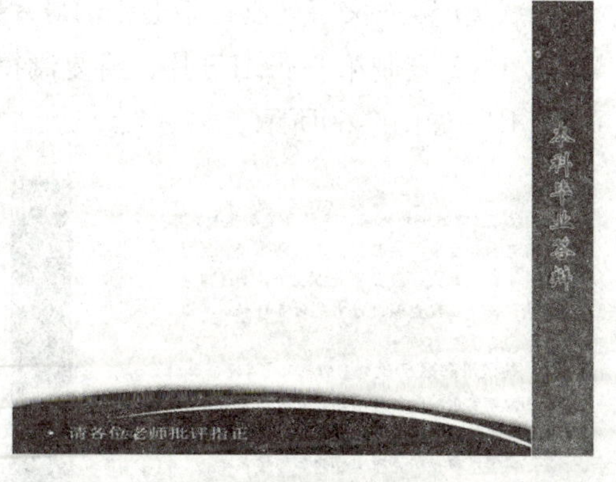

图5-54　“空白”版式幻灯片母版效果

（3）利用母版制作第二张幻灯片，效果如图5-55所示。

（4）插入图片与文字标题，制作第四张幻灯片，效果如图5-56所示。

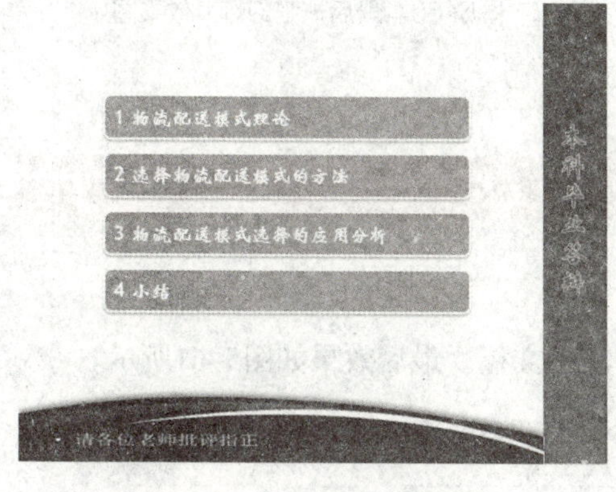

图5-55　第二张幻灯片效果图

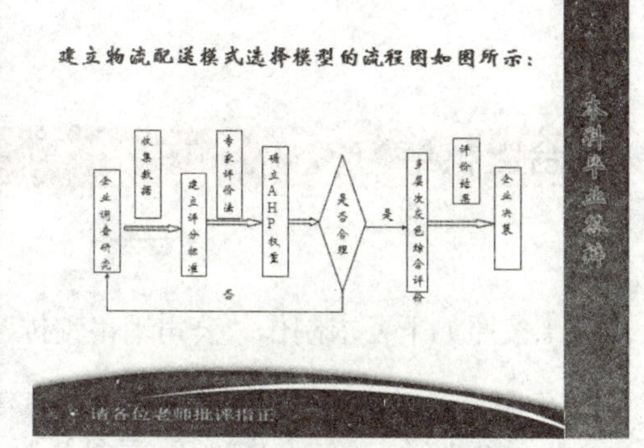

图5-56　第四张幻灯片效果图

（5）输入文字，制作第五张幻灯片，效果如图5-57所示。

（6）输入标题与文字，制作第六张幻灯片，如图5-58所示。

结合上章节的多层次灰色综合评价模型计算得出：自营配送综合评价值：P1=0.880 共同配送：P2=0.879；第三方配送：P3=0.888；动态联盟：P4=0.882，其中可得P3>P4>P1>P2.。

根据计算的结果可知，第三方配送模式的评价值高于其他三种，因此企业应当选择第三方物流配送模式为最优配送模式。

本科毕业答辩

请各位老师批评指正

图5-57　第五张幻灯片效果图

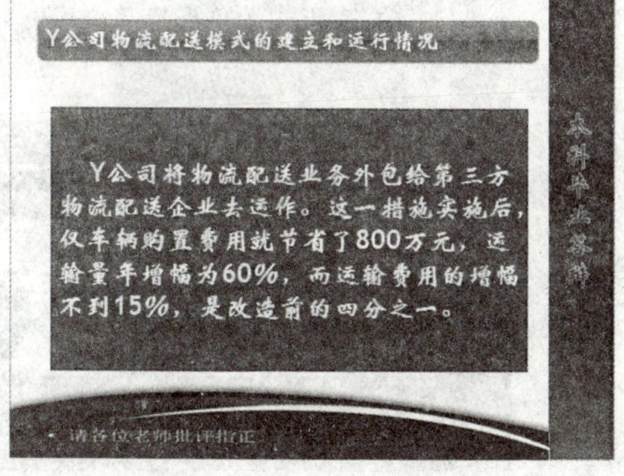

图5-58　第六张幻灯片效果图

（7）输入文字，制作第七张幻灯片，如图5-59所示。

（8）复制第一张幻灯片，将复制得到的幻灯片移到最后一张，制作最后一张幻灯片，如图5-60所示。

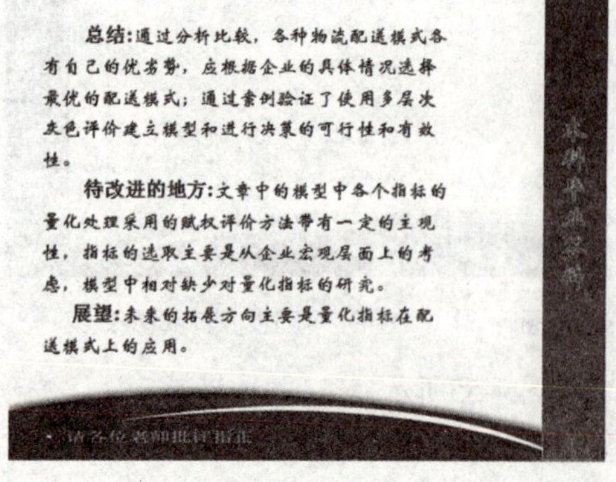

图5-59　第七张幻灯片效果图

图5-60　最后一张幻灯片效果图

综合上机练习

1.按照如下要求制作“公司销售宣传”演示文稿。最后效果如图5-61所示。

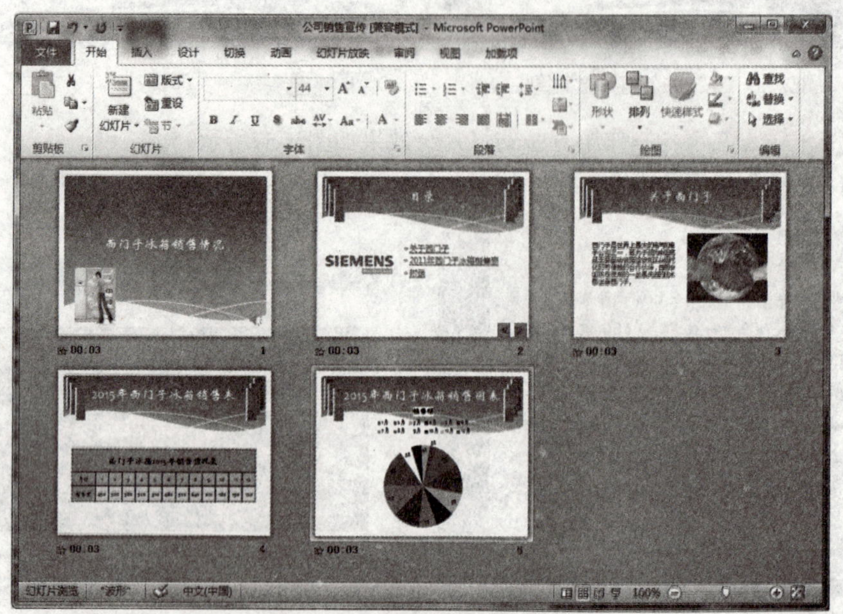

图5-61　演示文稿效果图

2.插入图片输入标题，制作封面幻灯片；并插入背景音乐，播放完最后一张幻灯片后音乐停止。效果如图5-62所示。

3.制作空白版式的幻灯片母版：插入图片制作幻灯片标题图片效果。关闭母版，插入图片；输入目录文字，将文字与后面相关幻灯片进行超链接，在幻灯片右下角添加两个动作按钮，分别能跳转到上一张或下一张。效果如图5-63所示。

图5-62　演示文稿效果图

图5-63　第二张幻灯片效果图

4.创建第三张幻灯片：插入图片，输入文字，并设置文字的动画效果为：淡出。效果如图5-64所示。

5.创建第四张幻灯片：制作如图5-65所示的表格。

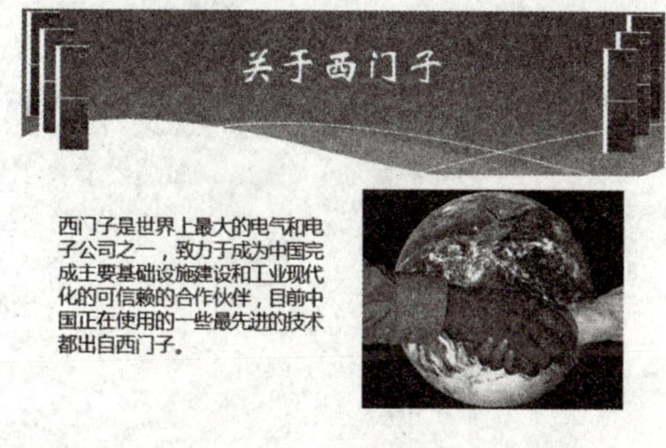

图5-64　第三张幻灯片效果图

西门子冰箱2015年销售情况表												
月份	1	2	3	4	5	6	7	8	9	10	11	12
销售量	450	500	380	320	310	480	520	640	210	180	150	120

图5-65　第四张幻灯片效果图

6.创建第五张幻灯片：根据第四张幻灯片中的销售信息，制作如图5-66所示的图表。

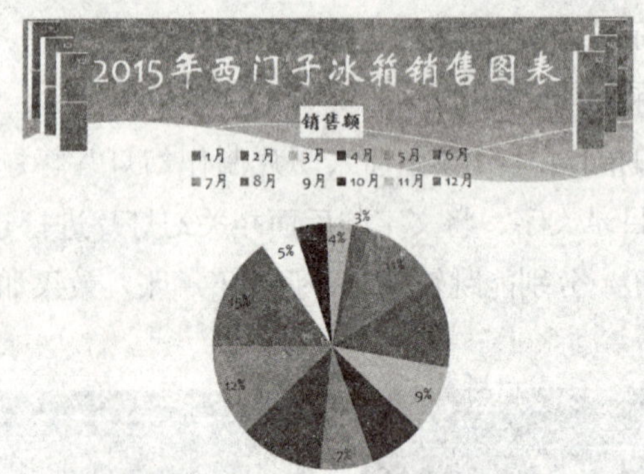

图5-66　第五张幻灯片效果图

7.设置所有幻灯片的切换方式为：3秒自动换片，换片效果为“淡出”。

8.根据播放需要设置合适的“排练计时”时间。